Elemente der Mathematik

SACHSEN

7. Schuljahr

Herausgegeben von

Heinz Griesel, Helmut Postel, Friedrich Suhr

Schroedel

ELEMENTE DER MATHEMATIK 7
Sachsen

Herausgegeben und bearbeitet von
Prof. Dr. Heinz Griesel, Prof. Helmut Postel, Friedrich Suhr

Bearbeitet von
Christine Fiedler, Reinhard Kind, Werner Ladenthin, Prof. Dr. Matthias Ludwig, Prof. Helmut Postel, Heinz Klaus Strick, Friedrich Suhr

Für Sachsen bearbeitet von
Angelika Barth, Arno Bierwirth, Jens Köcher, Tino Müller, Ute Petlinski, Ines Petzschler, Carola Raack, Peter Weigert, Anita Wolf

Abgestimmt auf dieses Unterrichtswerk sind umfangreiche Unterrichtsmaterialien entwickelt worden:
Unterrichtsmaterialien Band 2 (Algebra/Geometrie 7–10, Teil 1) Best.-Nr. 87002

Zum Schülerband erscheint: Arbeitsheft Best.-Nr. 87067, Lösungen Best.-Nr. 87197

Druck A [4] / Jahr 2011
Alle Drucke der Serie A sind im Unterricht parallel verwendbar.

Redaktion: Nicole Sacha
Herstellung: Udo Sauter
Layout und Umschlaggestaltung: Loeper & Wulf, Hannover
Illustrationen: Dietmar Griese
Zeichnungen: Günter Schlierf, Langner und Partner
Satz und Repro: Triltsch, Print und digitale Medien GmbH, Ochsenfurt
Druck und Bindung: westermann druck GmbH, Braunschweig

ISBN 978-3-507-**87187**-8

Inhaltsverzeichnis

Anhang

Bildquellenverzeichnis

Umschlagsfoto: Kalt – Zefa, Düsseldorf
Seite 27 – Bildarchiv Preußischer Kulturbesitz, Berlin; Seite 26, 32 (Mädchen), 40, 44, 56, 73, 83, 104, 142 (Stoppuhr), 149, 152, 161, 163, 179, 205 – Michael Fabian, Hannover; Seite 29 Leidorf – Zefa, Düsseldorf; Seite 32 (Richtscheit) – westermann Archiv, Braunschweig; Seite 46 (Handballer) – HBL GmbH, Dortmund; Seite 46 (griechisches Theater), 207, 208 – akg-images, Berlin; Seite 48 (Schiff) – Carola Raack, Freital; Seite 48 (Pantoffeltierchen) – Dr. Keil; Seite 53 (Eifelturm) – www.miniwelt.de, Hartmannsdorf; Seite 53 (Basteibrücke) – A. & R. Adam, Verlag, Dresden; Seite 53 (H0 Eisenbahn) – Museum Adorf, Adorf; Seite 54 (Dinosaurier) – Saurierpark Kleinwelt, Bautzen; Seite 54 (sächsisches Haus) – Klein-Erzgebirge, Oederan; Seite 54 (mikroskopische Zelle) – SOMSO-Modelle; Seite 55 Leblond, 71 Bachmann, 159 Arthur, 183 (Dom Erfurt) Hackenberg, 200 Vidler – Mauritius, Mittenwald; Seite 69, 135, 136, 137 – Torsten Warmuth, Berlin; Seite 85 – Das Luftbildarchiv, Hamburg; Seite 142 (Feuerwerk) Guy Marche – Superbild, München; Seite 172 – Dr. E. Philipp, Berlin; Seite 177 dpa/dpaweb, 211 (Tetrapoden) ZB – Fotoreport – picture-alliance, Frankfurt/Main; Seite 181 – Haendler & Natermann GmbH, Hann. Münden; Seite 183 – neumeister werbeagentur GmbH, Erfurt; Seite 204 – M.C. Escher's „Stars" © 2005 The M.C. Escher Company-Holland. All rights reserved. www.mcescher.com; Seite 206 – Deutsches Museum, München; Seite 209 – Herrnhuter Sterne GmbH, Herrnhut; Seite 210 (Fußball Globus vor dem Brandenburger Tor) (c) Siegfried Layda – Artevent GMBH, Wien; Seite 210 (Fußball Globus), 211 (Klettergerüst) – Ines Petzschler, Leipzig

Zur allgemeinen Zielsetzung des Buches

Elemente der Mathematik ist auf die Bedürfnisse und Anforderungen eines gymnasialen Mathematikunterrichts am Anfang des 21. Jahrhunderts auf der Basis des Lehrplans Gymnasium 2004 zugeschnitten. Insbesondere wurden auch Ergebnisse und Schlussfolgerungen aus der TIMSS- und der PISA-Studie angemessen berücksichtigt. Den Unterrichtenden werden konkrete Hilfen an die Hand gegeben, um problem- und handlungsorientierte Lernsituationen zu schaffen, in denen die Schüler und Schülerinnen altersangemessen ihr mathematisches Wissen möglichst eigenständig entwickeln und strukturieren können. Beim gemeinsamen Entdecken, Erforschen, Beschreiben und Erklären erfahren die Schüler, dass nicht nur die Lösung eines Problems, sondern auch der Lösungsweg wichtig ist und dass dabei insbesondere die Analyse von Fehlern hilfreich sein kann. Besonderer Wert wird so auf den Kompetenzerwerb in den für den Mathematikunterricht relevanten überfachlichen Kompetenzbereichen gelegt: Problemlösefähigkeit, kritischer Vernunftgebrauch, verständiger Umgang mit fachgebundener Sprache, Anschauungsvermögen.

Zum methodischen Aufbau

1. Bis auf das Kapitel, das der Vernetzung dient, beginnen die Kapitel mit einer Einstiegsseite, die an den Erfahrungshintergrund der Schülerinnen und Schüler anknüpft und kurze Aktivitäten ermöglicht. Diese Seite eignet sich für einen möglichen offenen Einstieg und gibt einen Ausblick auf das Thema des Kapitels.

2. Die Erarbeitung des Lernstoffes erfolgt in den einzelnen Lerneinheiten, die durchnummeriert und mit einer Überschrift versehen sind. Sie sind jeweils untergliedert in einen Theorieteil und einen Übungsteil.

   Zum Theorieteil:
   Der Theorieteil beginnt häufig mit einer **Aufgabe** und deren vollständiger **Lösung**. Ist der mathematische Inhalt jedoch so, dass die Schülerinnen und Schüler kaum eine Chance haben, selbstständig die Lösung des zu behandelnden Problems zu finden, so beginnt der Theorieteil mit einer **Einführung**. Diese kann einen Lehrtext oder ein vollständig durchgeführtes Beispiel darstellen; in jedem Fall ist auch dieser Einstieg aktivitätsbezogen, da Mathematik nur über eigene Tätigkeit erlernt werden kann. Um alle Theorieanteile übersichtlich beieinander zu haben, folgen schon hier **weiterführende Aufgaben**, die im Unterricht in aller Regel erst nach einer erfolgten Festigung der zuerst behandelten Inhalte an einigen Übungsaufgaben behandelt werden sollten. Sie dienen der Abrundung und Weiterführung der Theorie. Ihr Thema wird den Unterrichtenden in einer Überschrift genannt. In aller Regel sollten weiterführende Aufgaben im Unterricht bearbeitet werden und nicht als Hausaufgaben gestellt werden.
   Der Theorieteil enthält häufig eine **Information**, in der Begriffe eingeführt werden, Rückblicke und Ausblicke gegeben werden. Wesentliche Inhalte werden dabei optisch deutlich in einem Kasten mit einem roten Rahmen hervorgehoben. Hier wird großer Wert gelegt auf prägnante, altersgemäße Formulierungen, die auch beispielgebunden sein können.

   Zum Übungsteil:
   Der Übungsteil beginnt in aller Regel mit einer Übungsaufgabe, die einen **alternativen Einstieg** zu dem im Theorieteil dargestellten ermöglicht. Da seine Lösung im Buch nicht dargestellt ist, kann er oftmals auch offener angelegt sein. Der alternative Einstieg wird im Layout hervorgehoben durch eine mit einem Zettel unterlegte Aufgabennummer. Die folgenden Übungen dienen zur Festigung des Gelernten, der operativen Durcharbeitung und der Vernetzung der Lerninhalte mit denen früherer Themen; dabei sind überall offene Aufgaben integriert. Zur soliden Durcharbeitung wird konsequent das Analysieren typischer Schülerfehler und entsprechendes Argumentieren gefordert.
   Bei einigen Aufgaben sind in einem blauen Rahmen Musterbeispiele als Vorbild für Schreibweisen und Lösungswege angegeben. Manche Aufgaben enthalten Selbstkontroll-Möglichkeiten für die Schüler(innen).
   Aufgaben, die die Selbstständigkeit und Problemlösefähigkeit in besonderer Weise herausfordern, sind durch eine rote Aufgabennummer gekennzeichnet.
   An geeigneten Stellen sind auch **Spiele** für Übungsphasen in spielerischer Form angegeben.

3. Abschnitte mit der Überschrift **Vermischte Übungen** finden sich an den Stellen eines Kapitels, an denen eine besonders starke Vermischung der bisher erworbenen Qualifikationen angebracht ist.

4. Den Abschluss eines jeden Kapitels bildet der Abschnitt **Bist du fit?**, in dem in besonderer Weise die erworbenen Grundqualifikationen getestet werden. Die Lösungen dieser Aufgaben sind im Anhang des Buches angegeben, sodass sie von den Schülerinnen und Schülern gut zum eigenständigen Üben für eine Klassenarbeit verwendet werden können.

5. Unter der Überschrift **Im Blickpunkt** werden innermathematische, aber insbesondere auch fachübergreifende, komplexere Themen, die von besonderem Interesse sind und in engem Zusammenhang mit dem Lerninhalt des Kapitels stehen, als Ganzes behandelt. Diese Abschnitte eignen sich auch zur Differenzierung und Förderung von eigenständigen Schüleraktivitäten über einen etwas größeren Zeitraum.

6. Um Schüler und Schülerinnen im eigenständigen Erarbeiten mathematischer Themen zu schulen, enthält fast jedes Kapitel eine Lerneinheit **Zum Selbstlernen**, in der das Thema so aufbereitet ist, dass es von den Lernenden ganz selbstständig bearbeitet werden kann. Unterkapitel, die solche Lerneinheiten enthalten, sind im Inhaltsverzeichnis gekennzeichnet.

7. An zwei Stellen des Buches befinden sich Vorschläge für zwei **Projekte**. Diese ermöglichen auch einen offenen Einstieg in das entsprechende Kapitel. Die hier vorgestellten Projekte sind für die eigenständige Arbeit der Schüler mehrfach erprobt und erfahren zudem eine Unterstützung mit Zusatzmaterialien, die kostenlos über das Internet abgerufen werden können (www.elemente-der-mathematik.de).

8. Am Ende des Buches findet man unter der Überschrift **Bist du topfit?** vermischte Aufgaben, an denen Lernende am Ende der Jahrgangsstufe 7 überprüfen können, inwieweit sie die in den bisherige Jahrgangsstufen erworbenen Qualifikationen beherrschen. Weiterhin besteht so für Schüler und Schülerinnen die Möglichkeit, sich auf die Orientierungsarbeit zu Beginn der Klasse 8 vorzubereiten. Die Lösungen dieser Tests findet man im Anhang.

Symbole

3. Das Unterlegen einer Aufgabennummer mit einem grünen Zettel kennzeichnet eine Übungsaufgabe, die auch als **alternativer Einstieg** geeignet ist.

5. Rote Aufgabennummern kennzeichnen Aufgaben, die die Selbstständigkeit und Problemlösefähigkeit der Schülerinnen und Schüler in besonderer Weise herausfordern.

7. Blaue Aufgabennummern (und Überschriften) kennzeichnen Zusatzstoffe.

DGS Hier bietet sich der Einsatz eines dynamischen Geometrie-Systems an.

TAB Hier bietet sich der Einsatz eines Tabellenkalkulations-Programmes an.

A In den Einheiten zum Selbstlernen kennzeichnet dieses Symbol einen Auftrag.

Drei Sprechblasen auf dem Rand kennzeichnen Aufgaben, die sich besonders für Partner- oder Gruppenarbeit eignen.

1. GEOMETRIE IN DER EBENE

Eine Großgemeinde will einen Park anlegen lassen. Auf dem Gelände stehen bereits drei alte Eichen, die Naturdenkmäler sind. Sie sollen durch einen kreisrunden Naturlehrpfad verbunden werden.

- Wie findet man den Mittelpunkt des Kreises?

An einer anderen Stelle soll ein Freilicht-Theater entstehen.

- Wie müssen die Stühle einer Sitzreihe angeordnet werden, damit man von jedem Platz der Reihe aus die Bühne unter demselben Winkel sieht?

Von dem Theater aus soll ein geradliniger Weg zum Naturlehrpfad führen und diesen berühren.

- Wie kann man im Bauplan von einem Punkt aus eine Gerade zeichnen, die einen Kreis in einem Punkt berührt?

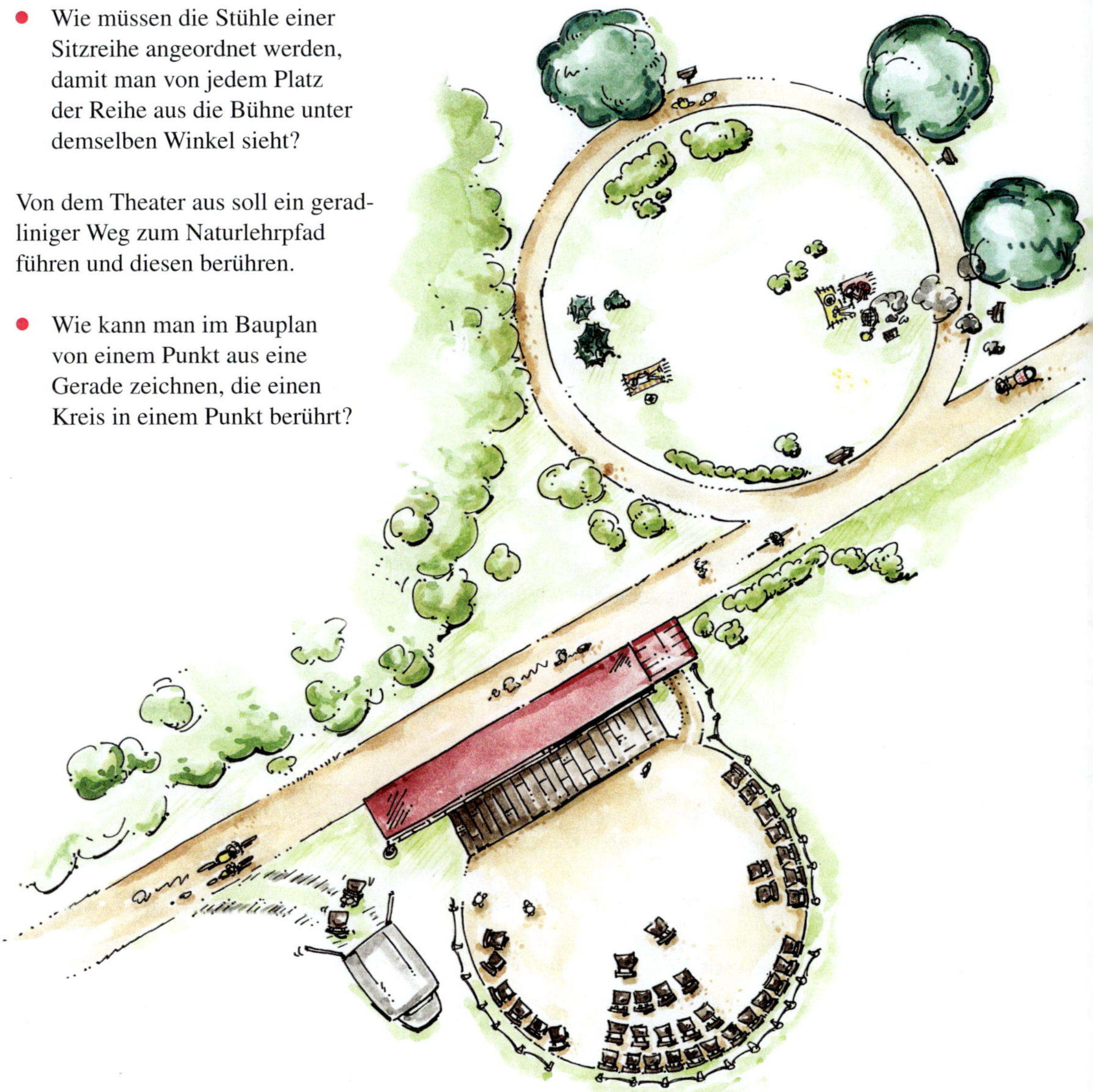

In diesem Kapitel werden wir uns mit geometrischen Problemen beschäftigen, die den Kreis im Zusammenhang mit Dreiecken und Vierecken betreffen.

1.1 Kreis und Gerade – Kreistangente

Einführung

Zeichne einen Kreis mit dem Mittelpunkt M sowie eine Gerade. Denke dir die Gerade parallel verschoben. Dann sind hinsichtlich der Lage von Kreis k und Gerade g drei Fälle möglich.
(1) Kreis und Gerade haben *keinen* Punkt gemeinsam.
(2) Kreis und Gerade haben *einen* Punkt gemeinsam.
(3) Kreis und Gerade haben *zwei* Punkte gemeinsam.
Im Falle (1) nennt man die Gerade g eine **Passante** des Kreises. Von besonderem Interesse sind die Fälle (2) und (3):

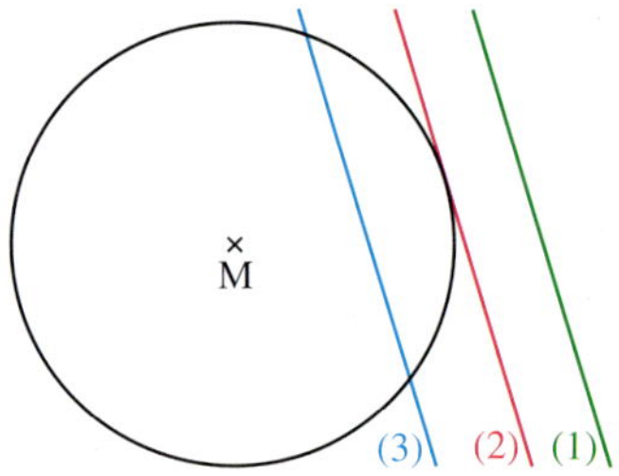

Definition

(1) Eine Gerade heißt **Tangente** des Kreises, wenn sie genau einen Punkt mit dem Kreis gemeinsam hat. Dieser Punkt heißt **Berührungspunkt** der Tangente.

(2) Eine Gerade heißt **Sekante** des Kreises, wenn sie den Kreis in zwei Punkten schneidet.

(3) Jede Verbindungsstrecke zweier Kreispunkte heißt **Sehne** des Kreises.
Eine Sehne durch den Kreismittelpunkt nennt man einen **Durchmesser** des Kreises.

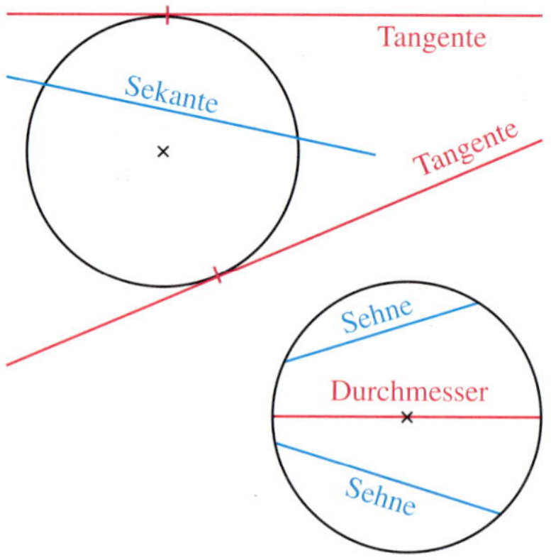

tangere ⟨lat.⟩ berühren, anrühren
secare ⟨lat.⟩ schneiden, zer-, abschneiden
passant ⟨franz.⟩ Vorübergehende(r)

Wir erinnern uns: Jeder Punkt des Kreises ist vom Mittelpunkt gleich weit entfernt.

Aufgabe 1

Michaela hat mit einem Geldstück einen Kreis gezeichnet. Konstruiere den Mittelpunkt des Kreises. Erläutere deine Überlegungen.

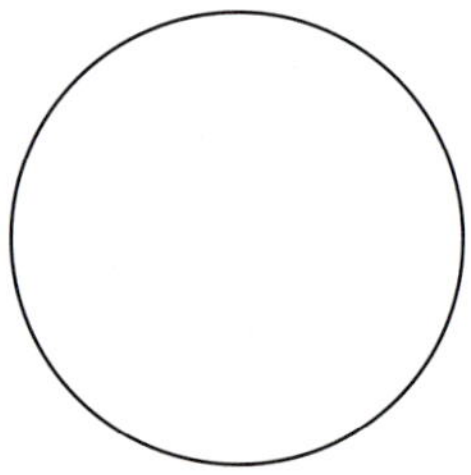

Lösung

Wir wissen, dass jeder Punkt des Kreises vom Mittelpunkt M gleich weit entfernt ist. Wählen wir zwei Punkte A und B auf dem Kreis, dann ist das Dreieck ABM gleichschenklig. Die Symmetrieachse dieses Dreiecks ist senkrecht zur Basis $\overline{AB}$ und halbiert sie; sie ist die Mittelsenkrechte von $\overline{AB}$. M muss also auf der Mittelsenkrechten der Sehne $\overline{AB}$ liegen.
Wir markieren nun noch einen dritten Punkt C auf dem Kreis. Dann liegt M auch auf der Mittelsenkrechten der Sehne $\overline{BC}$. Der Schnittpunkt dieser beiden Mittelsenkrechten ist der Mittelpunkt des Kreises.

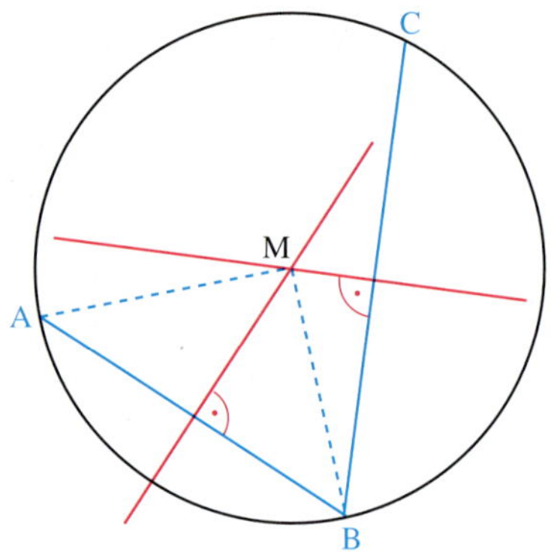

Information

> Definitionen sind Vereinbarungen, womit ein Begriff festgelegt wird.
> Sätze sind bewiesene mathematische Aussagen.

(1) Mittelsenkrechte einer Kreissehne

Die Lösung der Aufgabe 1 führt uns zu folgendem Satz:

Satz

Die Mittelsenkrechte einer Sehne geht durch den Kreismittelpunkt.

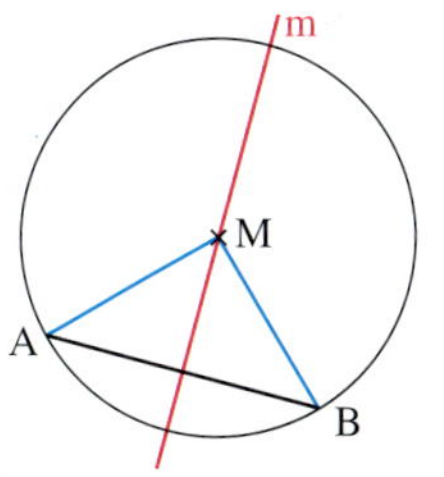

(2) Kreistangente

Denke dir die Sehne $\overline{AB}$ parallel verschoben, bis die zugehörige Sekante AB zur Tangente wird.
Die Mittelsenkrechte m zu $\overline{AB}$ ist senkrecht zu jeder zu AB parallelen Sekante. Daher ist die Mittelsenkrechte auch senkrecht zu der Tangente im Berührungspunkt P.
Den Radius $\overline{MP}$ nennt man den *Berührungsradius*.

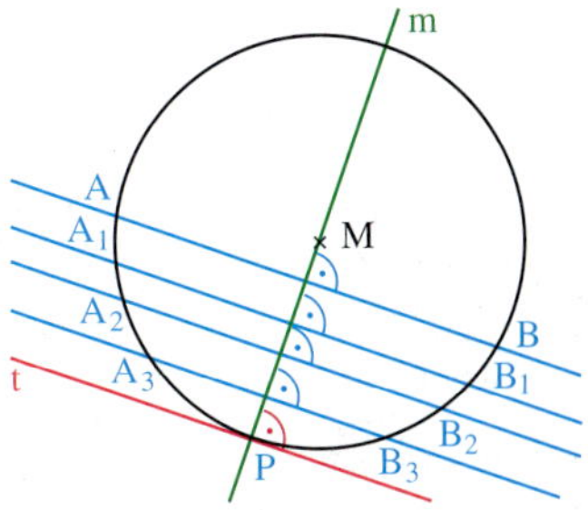

Satz

Die Tangente t an einen Kreis mit dem Mittelpunkt M in einem Kreispunkt P steht senkrecht auf dem Berührungsradius $\overline{MP}$:

$t \perp \overline{MP}$

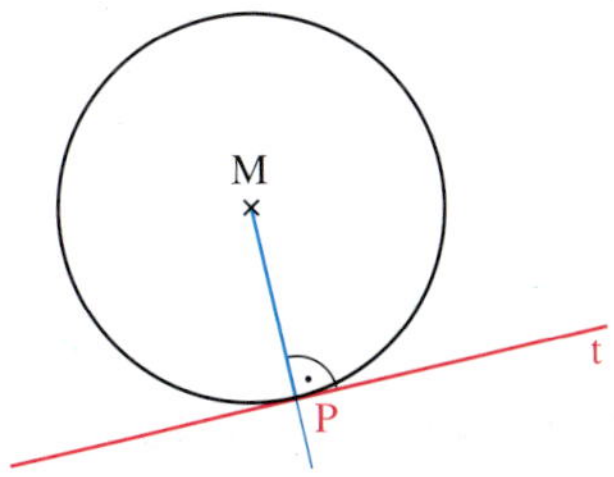

Weiterführende Aufgabe

2. *Konstruktion der Tangente in einem Kreispunkt*

Gegeben sind ein Kreis mit dem Mittelpunkt M und dem Radius r sowie ein Punkt P des Kreises. Konstruiere die Tangente an den Kreis im Punkt P. Beschreibe dein Vorgehen.

Übungsaufgaben

DGS

3. Konstruiere mit einem dynamischen Geometrie-System einen Kreis sowie zwei Punkte auf dem Kreis. Zeichne eine Gerade durch diese beiden Punkte. Zeichne von einem der beiden Punkte den Radius zum Kreismittelpunkt. Lasse das Programm den Winkel zwischen der Geraden und dem Kreisradius messen.
Verändere nun die Lage des anderen Punktes auf dem Kreis. Was beobachtest du?

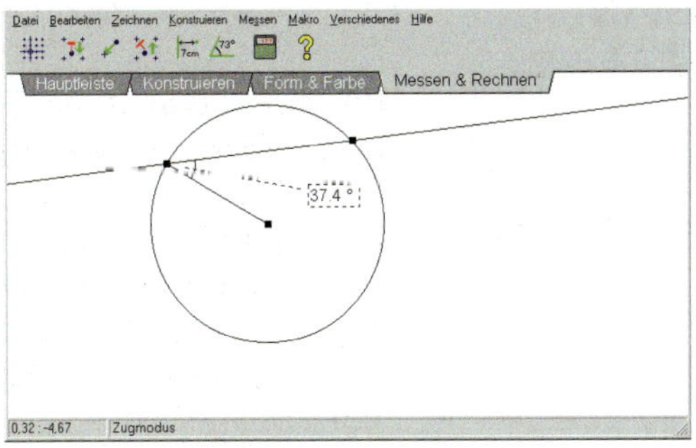

4. Gegeben sind in einem Koordinatensystem mit der Einheit 1 cm die Punkte $A(1|3)$ und $B(5|2)$. Konstruiere einen Kreis durch A und B mit dem Mittelpunkt auf der Geraden PQ, wobei $P(1|7)$ und $Q(7|1)$. Gib die Koordinaten des Kreismittelpunktes an.

5. Notiere alle Sekanten, Passanten, Tangenten und Durchmesser des Kreises in der Figur rechts.

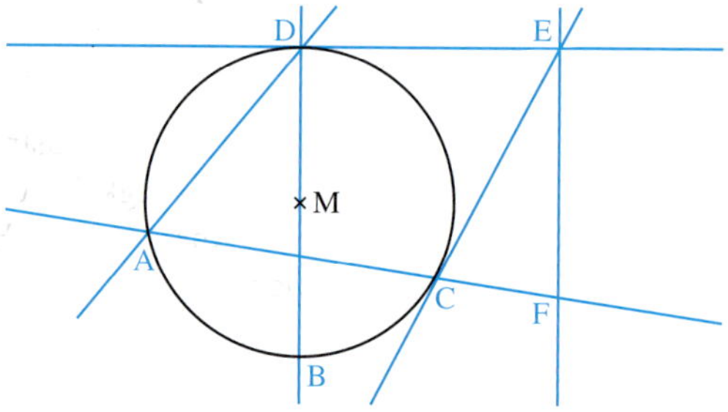

6. Welche Sekanten eines Kreises sind Symmetrieachsen des Kreises?

7. Zeichne zunächst einen Kreis mit dem Mittelpunkt M und dem Radius r = 3 cm.
Konstruiere nun eine Gerade g so, dass M von g den Abstand (1) 2 cm; (2) 3 cm; (3) 5 cm hat. Gib auch an, ob die Gerade g eine Passante, Sekante oder Tangente des Kreises ist.

8. Zeichne in einem Koordinatensystem mit der Einheit 1 cm einen Kreis um $M(5|3)$ mit dem Radius r = 5 cm. Die Punkte $A(8|\square)$, $B(9|\square)$, $C(\square|8)$, $D(\square|3)$ liegen auf dem Kreis.
Bestimme die fehlenden Koordinaten. Konstruiere die Tangenten in A, B, C und D an den Kreis.

9. Gegeben sind eine Gerade g und ein Punkt M, der nicht auf g liegt. Konstruiere einen Kreis, der M als Mittelpunkt und die Gerade g als Tangente hat. Beschreibe dein Vorgehen.

10. Zeichne eine Gerade g, markiere einen Punkt A auf g und einen Punkt B, der nicht auf g liegt. Konstruiere einen Kreis, der die Gerade g in A berührt und durch B geht.

11. Zeichne einen Kreis um einen Punkt A mit dem Radius r = 2 cm. Konstruiere dann einen Kreis mit dem Radius 3 cm um einen Punkt B, sodass sich beide Kreise in einem Punkt berühren. Beschreibe die Lage der gemeinsamen Tangente an beide Kreise. Suche möglichst viele Lösungen.

12. Zeichne einen Kreis mit dem Radius r = 2,5 cm und eine Sekante g des Kreises. Konstruiere nun die Tangenten an den Kreis, die zu der Sekante g parallel [senkrecht] sind.

13. a) Zeichne eine Gerade g und markiere einen Punkt P auf g. Konstruiere einen Kreis, der g im Punkt P berührt. Wo liegen die Mittelpunkte aller Kreise, die eine gegebene Gerade in einem gegebenen Punkt berühren? Beschreibe.

b) Zeichne zwei Geraden g und h. Konstruiere einen Kreis, der beide Geraden berührt. Unterscheide die Fälle $g \parallel h$ und $g \nparallel h$.
Wo liegen die Mittelpunkte aller Kreise, die zwei gegebene Geraden berühren?

c) Zeichne eine Gerade g. Konstruiere einen Kreis mit dem Radius r = 3,4 cm, der g berührt. Wo liegen die Mittelpunkte aller Kreise mit dem Radius r, die g berühren?

14. a) Gegeben ist ein Kreis mit dem Mittelpunkt M. Zeichne zwei Radien $\overline{MA}$ und $\overline{MB}$; miss den Winkel $\sphericalangle AMB$ zwischen ihnen. Konstruiere die Tangenten in A und B an den Kreis.
Wie groß ist der Winkel, den die Tangenten einschließen? Verallgemeinere das Ergebnis.

b) Bezeichne den Schnittpunkt der beiden Tangenten mit P. Wie ändert sich der Mittelpunktswinkel α, wenn P auf der Geraden PM zum Kreis hin [vom Kreis weg] wandert?

c) Gegeben ist ein Kreis mit dem Radius r = 4,1 cm. Konstruiere Tangenten an den Kreis, die einen 30° großen Winkel einschließen. Beschreibe dein Vorgehen.

1.2 Umkreis und Inkreis eines Dreiecks

1.2.1 Die Mittelsenkrechten des Dreiecks – Umkreis

Aufgabe 1

Eigenschaften der Mittelsenkrechten einer Strecke

Es wird eine Neubaustrecke für einen Hochgeschwindigkeitszug im Bereich zwischen Ahausen und Bedorf geplant. Über den Verlauf der Trasse wird heftig diskutiert. Die beiden Ortschaften einigen sich schließlich darauf, dass die Trasse so verlaufen soll, dass sie an jeder Stelle gleich weit von beiden Ortschaften entfernt ist.
Wie muss die neue Trasse verlegt werden?

Lösung

Wir stellen die beiden Ortschaften als Punkte A und B dar. Wir suchen alle Punkte, die von A und zugleich von B gleich weit entfernt sind.
Diese Punkte liegen offenbar auf der Symmetrieachse g der Strecke $\overline{AB}$, denn: Die Spiegelachse g ist senkrecht zur Strecke $\overline{AB}$ und halbiert sie; g ist die Mittelsenkrechte zu $\overline{AB}$.

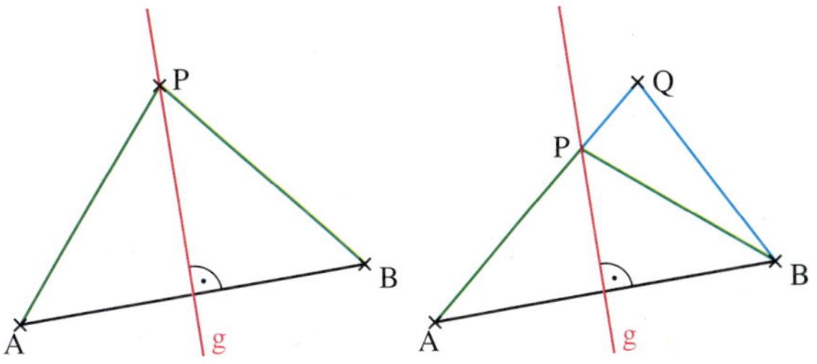

Für einen Punkt P auf der Spiegelachse g gilt:
Die Strecke $\overline{PB}$ ist das Bild von $\overline{PA}$ und somit:
$\overline{PB} = \overline{PA}$

Für einen Punkt Q, der nicht auf g liegt, gilt dies nicht, denn:
$\overline{AQ} = \overline{AP} + \overline{PQ} = \overline{BP} + \overline{PQ} > \overline{BQ}$ (Dreiecksungleichung)

Die gesuchten Punkte müssen also auf der Geraden g liegen.

Ergebnis: Die neue Trasse für den Hochgeschwindigkeitszug muss auf der Mittelsenkrechten zur Verbindungsstrecke $\overline{AB}$ beider Ortschaften verlegt werden.

Information

Mittelsenkrechte und ihre Eigenschaft

Definition

Gegeben ist eine Strecke $\overline{AB}$.
Unter der **Mittelsenkrechten** m der Strecke $\overline{AB}$ versteht man die Gerade, die senkrecht zu der Strecke $\overline{AB}$ ist und durch den Mittelpunkt M der Strecke $\overline{AB}$ geht.

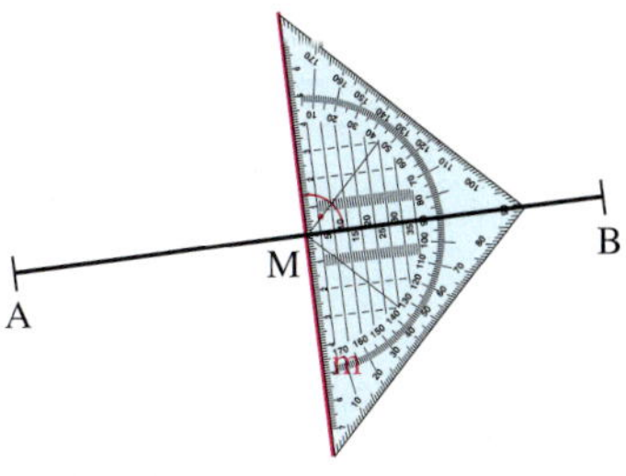

In der Lösung der Aufgabe 1 haben wir eine Eigenschaft der Mittelsenkrechten kennen gelernt und begründet.

Satz: *Eigenschaft der Mittelsenkrechten*

Jeder Punkt P der Mittelsenkrechten m einer Strecke $\overline{AB}$ ist von den Endpunkten A und B gleich weit entfernt.
Ein Punkt Q, der nicht auf der Mittelsenkrechten m liegt, ist von A und von B verschieden weit entfernt.

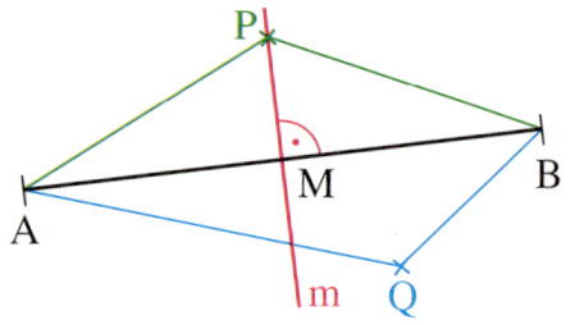

Aufgabe 2

Mittelsenkrechten im Dreieck

Für die drei Ortschaften A, B und C wird ein gemeinsames Schwimmbad geplant. Es soll ein Ort M gefunden werden, der von allen drei Ortschaften gleich weit entfernt ist. Für die Entfernungen der drei Ortschaften voneinander gilt:
$\overline{AB} = 4{,}8$ km; $\overline{BC} = 5{,}2$ km; $\overline{AC} = 3{,}4$ km.
Stelle die drei Ortschaften durch drei Punkte A, B, C dar und konstruiere einen solchen Punkt M. Beschreibe die Konstruktion und begründe sie. Gib auch die Entfernung des geplanten Schwimmbades von den Orten an.

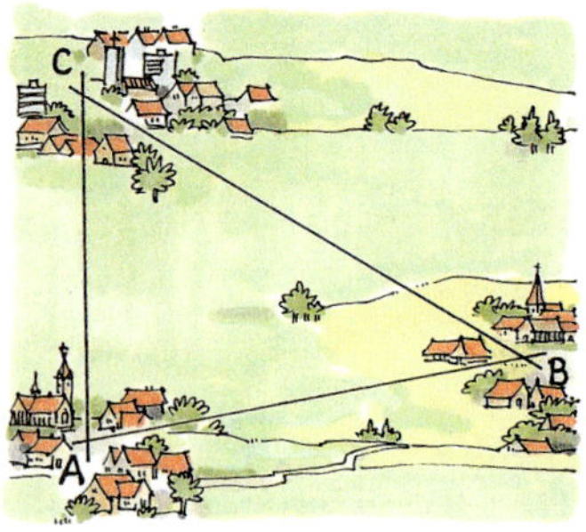

Lösung

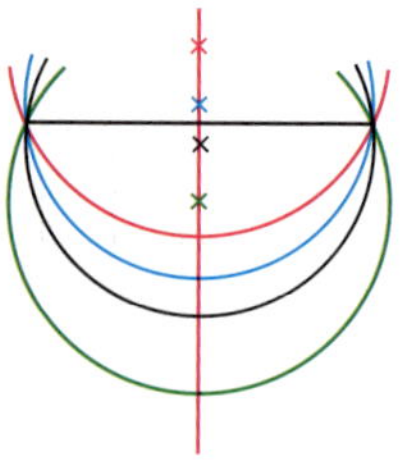

Vorüberlegung: Die Punkte A, B und C des Dreiecks sollen von M gleich weit entfernt sein; sie liegen also auf einem Kreis um M. Gesucht ist damit der Mittelpunkt dieses Kreises. Da die Dreiecksseiten Sehnen in diesem Kreis sind, liegt M auf den Mittelsenkrechten dieser Seiten.

Konstruktionsbeschreibung:

(1) Wir konstruieren das Dreieck aus den drei gegebenen Seiten. Wir wählen 1 cm für 1 km in der Wirklichkeit (Maßstab: 1 : 100 000).
(2) Zeichne die Mittelsenkrechte der Seite $\overline{AB}$.
(3) Zeichne die Mittelsenkrechte der Seite $\overline{BC}$.
(4) Bezeichne den Schnittpunkt der Mittelsenkrechten mit M.

Die Punkte A, B und C sind vom Punkt M gleich weit entfernt.

Konstruktion (hier verkleinert)

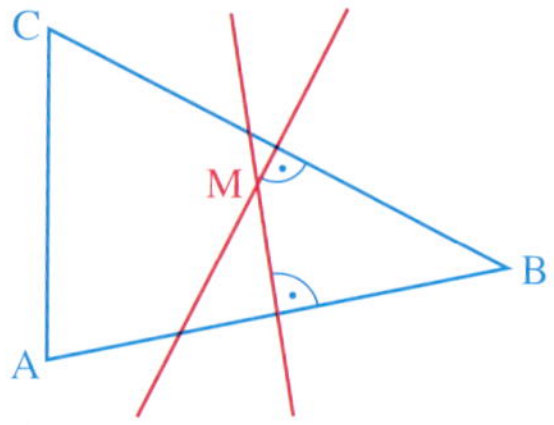

Begründung:

Da der Punkt M auf der Mittelsenkrechten zu $\overline{AB}$ liegt, gilt: $\overline{MA} = \overline{MB}$.
Da der Punkt M auch auf der Mittelsenkrechten zu $\overline{BC}$ liegt, gilt: $\overline{MB} = \overline{MC}$.
Für den Punkt M gilt: $\overline{MA} = \overline{MB} = \overline{MC}$.
Da also $\overline{MA} = \overline{MC}$, liegt M auch auf der Mittelsenkrechten der Seite $\overline{AC}$.
Die Punkte A, B und C liegen also auf einem Kreis um M.
Wir entnehmen der Zeichnung: Der Abstand der Punkte A und M beträgt 2,7 cm. Also:

Ergebnis: Die Entfernung des geplanten Schwimmbades von jedem der drei Orte beträgt 2,7 km.

Information

(1) Schnittpunkt der Mittelsenkrechten im Dreieck

Die Lösung der Aufgabe 2 zeigt uns:

Satz

In jedem Dreieck schneiden sich die Mittelsenkrechten der drei Seiten in *einem* Punkt.

(2) Umkreis eines Dreiecks

Die Eckpunkte des Dreiecks sind von dem Schnittpunkt M der drei Mittelsenkrechten gleich weit entfernt; sie liegen also auf einem Kreis um M.

Definition

Der Kreis, der durch die drei Eckpunkte des Dreiecks geht, heißt **Umkreis** des Dreiecks.

Satz

Jedes Dreieck besitzt einen Umkreis, dessen Mittelpunkt der Schnittpunkt der drei Mittelsenkrechten ist.

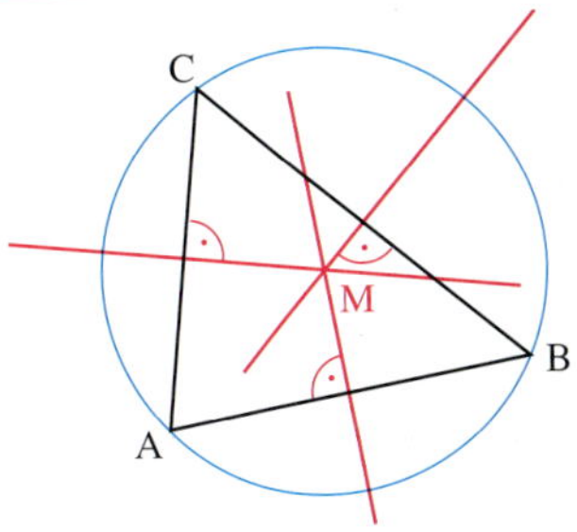

Weiterführende Aufgabe

3. *Lage des Umkreismittelpunktes bezüglich des Dreiecks*

Überlege dir an Beispielen, wie der Mittelpunkt des Umkreises in Bezug auf das Dreieck liegen kann. Gib jeweils an, um was für ein Dreieck es sich handelt. Formuliere.

Übungsaufgaben

4. Rechts siehst du die Skizze eines Handballfeldes. Gewisse Regelverstöße werden mit einem 7-m-Wurf geahndet.
Zeichne für das Tor eine Strecke und konstruiere die 7-Meter-Marke. Beschreibe und begründe dein Vorgehen.

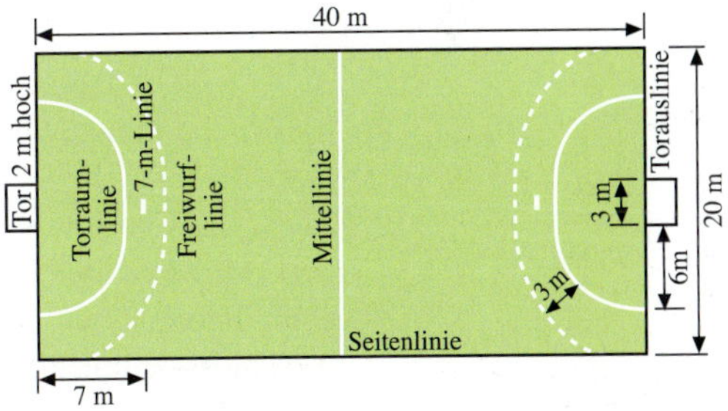

DGS

5. Gegeben ist die Strecke $\overline{AB}$. Bestimme mit einem dynamischen Geometrie-System den geometrischen Ort aller Punkte, die von den beiden Endpunkten dieser Strecke gleich weit entfernt sind.
Zeichne dazu um A einen Kreis durch einen Punkt P. Zeichne dann um B einen Kreis mit dem Radius $\overline{AP}$. Erzeuge die Schnittpunkte der beiden Kreise. Lasse dann die Spur der beiden Schnittpunkte aufzeichnen, wenn du den Punkt P bewegst.
Was stellst du fest? Beschreibe dein Ergebnis.

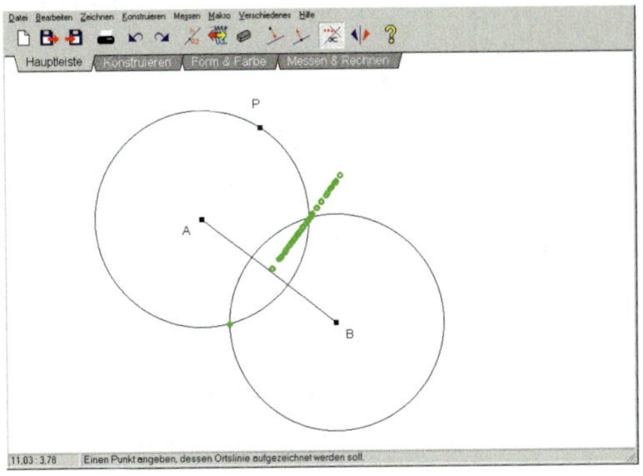

6. Gegeben sind in einem Koordinatensystem mit der Einheit 1 cm die Punkte P(3|1) und Q(6|2) sowie die Gerade AB mit A(2,5|4) und B(6|7).
Konstruiere einen Punkt auf der Geraden AB, der von P und Q gleich weit entfernt ist. Beschreibe dein Vorgehen.

DGS **7.** Zeichne mit einem dynamischen Geometrie-System ein Dreieck und anschließend die Mittelsenkrechten aller drei Seiten.
Was fällt auf? Beschreibe dein Ergebnis.
Überprüfe deine Vermutung auch, indem du die Form des Dreiecks veränderst.

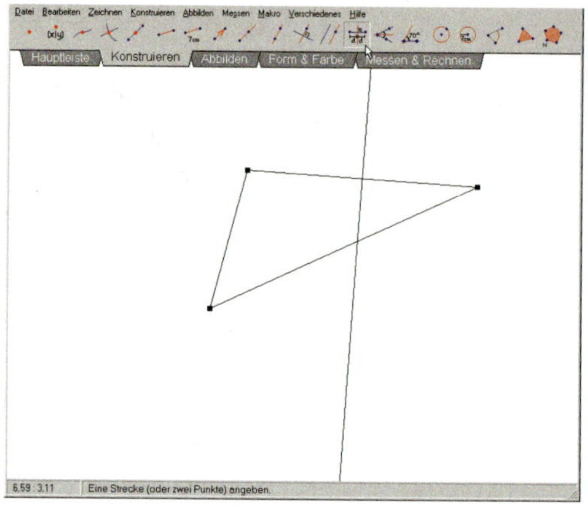

8. Gegeben sind in einem Koordinatensystem mit der Einheit 1 cm ein Dreieck ABC mit A(1|1), B(5|2,5), C(1,5|4,5) sowie ein Punkt P(0|4).
Wo liegen alle Punkte, die

a) von der Mitte der Seite $\overline{AB}$ und dem Punkt P gleich weit entfernt sind. Konstruiere.

b) von den Mittelpunkten der beiden Seiten $\overline{BC}$ und $\overline{AC}$ gleich weit entfernt sind. Konstruiere.

9. Gegeben sind in einem Koordinatensystem mit der Einheit 1 cm zwei Punkte P(1,5|4,5) und Q(5,5|6).

a) Welche Punkte sind von P weiter entfernt als von Q? Beschreibe.

b) Welche Punkte liegen von P höchstens so weit entfernt wie von Q?

10. Zwischen den Ortschaften Altstadt und Neudorf wird eine neue Umgehungsstraße gebaut. Beide Orte sollen eine gemeinsame Anschlussstelle erhalten, die von den jeweiligen Ortszentren gleich weit entfernt ist.
Wo kann sie liegen? Beschreibe.
Nimm auch Stellung zu diesem Vorgehen.

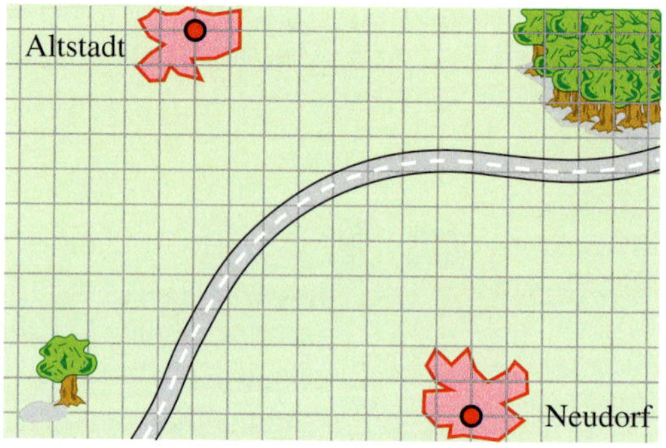

11. Zeichne das Dreieck ABC in ein Koordinatensystem mit der Einheit 1 cm. Konstruiere den Umkreis des Dreiecks ABC. Gib näherungsweise die Koordinaten des Mittelpunktes des Umkreises an; miss den Radius des Umkreises.

a) A(1|3)	**b)** A(1|1)	**c)** A(5|1)	**d)** A(1|3)
B(10|4)	B(8|2)	B(10|9)	B(8|0)
C(6|8)	C(11|5)	C(2|8)	C(4|7)

12. Konstruiere den Umkreis zu dem Dreieck ABC; miss den Radius des Umkreises.

a) a = 5,7 cm; c = 4,9 cm; $\beta = 49°$

b) a = 4,3 cm; c = 6,7 cm; $\gamma = 77°$

c) a = 4 cm; b = 5 cm; c = 7,5 cm

d) b = 4,8 cm; $\alpha = 102°$; $\beta = 37°$

13. Untersuche, ob der Umkreis der kleinste Kreis ist, der das Dreieck enthält. Beachte auch die verschiedenen Dreiecksarten. Beschreibe dein Ergebnis.

1.2.2 Die Winkelhalbierenden des Dreiecks – Inkreis

Aufgabe 1

Eigenschaften der Winkelhalbierenden eines Winkels

Vor vielen Jahren fanden Piranten eine Schatzkarte. Darauf war auf einer Insel eine Weggabelung zu sehen. Es war beschrieben, dass der Schatz gleich weit von den beiden abzweigenden Wegen entfernt liegt.
Wie müssen die Piraten vorgehen, um den Schatz zu finden?

Lösung

Wir stellen die Weggabelung als Winkel α mit dem Scheitel S und den Schenkeln a und b dar. Wir suchen alle Punkte, die von den beiden Schenkeln a und b gleich weit entfernt sind.
Diese Punkte liegen offenbar auf der Symmetrieachse g des Winkels α.
Für einen Punkt P auf g gilt:
Das Dreieck SR'P ist das Bild von Dreieck SPR bei Spiegelung an der Achse g und somit $\overline{PR'} = \overline{PR}$.
Die Winkel α_1 und α_2 sind auch gleich groß.
Die Spiegelachse g halbiert also den Winkel α; sie ist die Winkelhalbierende von α.
Für einen Punkt Q, der nicht auf der Spiegelachse g liegt, sind die Abstände von den Schenkeln a und b verschieden, wie das Bild zeigt.

Ergebnis: Der Schatz muss auf der Winkelhalbierenden des Winkels (Weggabelung) zu finden sein.

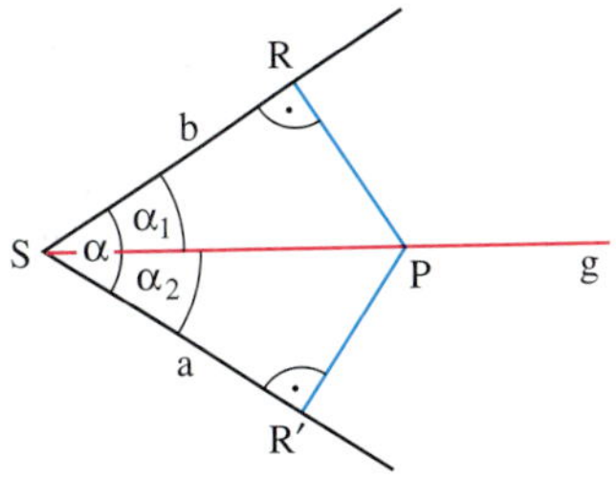

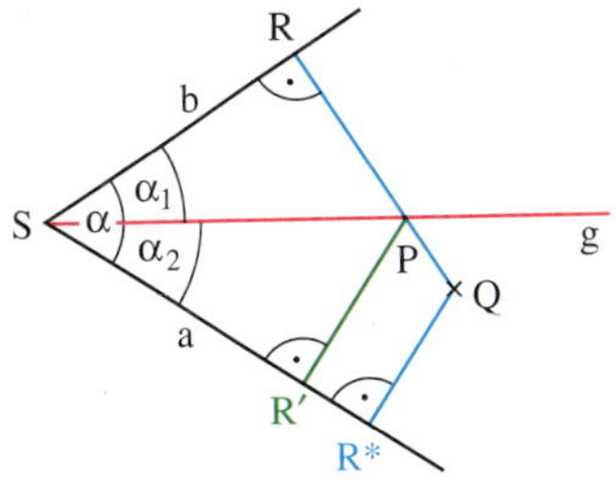

Information

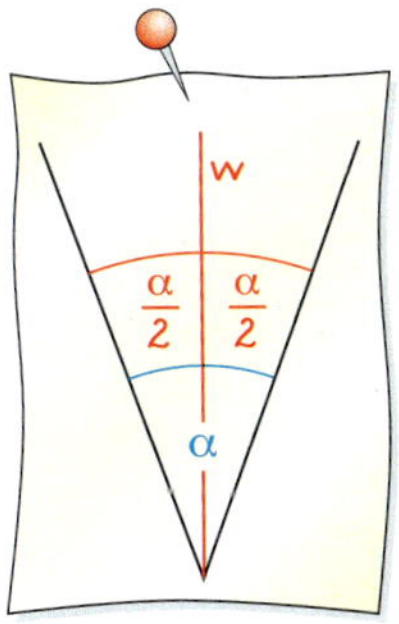

Winkelhalbierende eines Winkels und ihre Eigenschaft

Definition
Gegeben ist ein Winkel α mit dem Scheitel S.
Der Strahl w mit dem Anfangspunkt S, der den Winkel α in zwei gleich große Teilwinkel zerlegt, nennt man die **Winkelhalbierende** von α.

In der Lösung der Aufgabe 1 haben wir eine Eigenschaft der Winkelhalbierenden kennen gelernt und begründet.

Satz: *Eigenschaft der Winkelhalbierenden*
Für Winkel, die höchstens 180° groß sind, gilt:
Jeder Punkt P der Winkelhalbierenden w hat von den beiden Schenkeln des Winkels denselben Abstand.
Ein Punkt Q, der nicht auf der Winkelhalbierenden w liegt, hat von den Schenkeln unterschiedlichen Abstand.

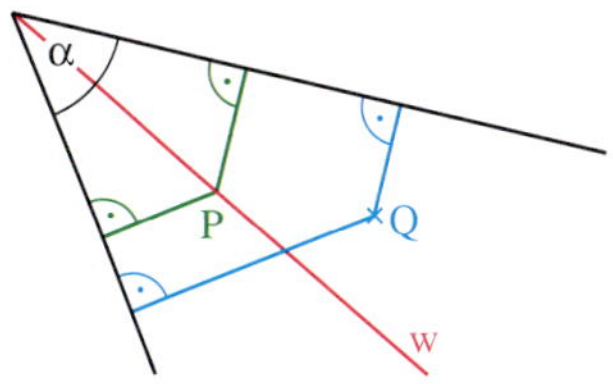

Aufgabe 2

Auf einer dreieckigen Rasenfläche in einem Park soll ein möglichst großes kreisförmiges Blumenbeet angelegt werden.
Wo muss der Mittelpunkt des Beetes liegen?
Welchen Abstand hat der Mittelpunkt von den Wegen?

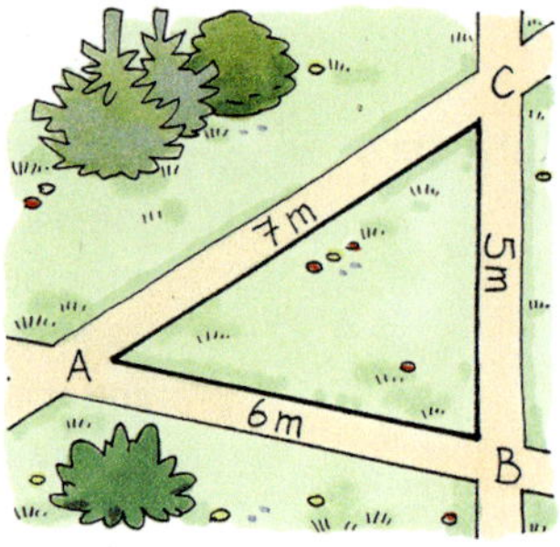

Lösung

Für die Rasenfläche zeichnen wir ein Dreieck ABC und suchen einen möglichst großen Kreis, der in das Dreieck passt.

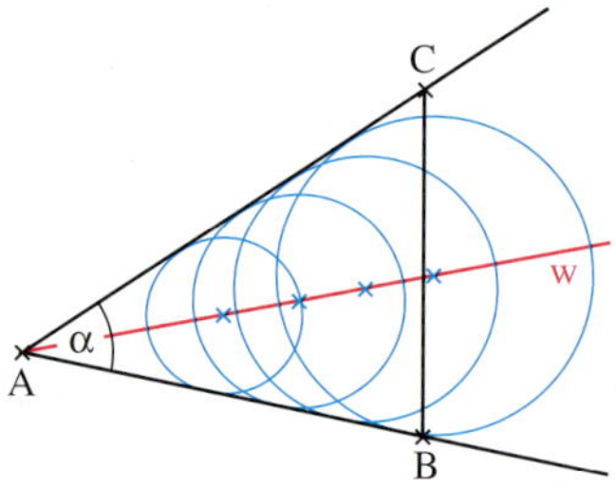

Vorüberlegung:

Der größte Kreis im Inneren des Dreiecks ABC muss alle drei Seiten berühren. Wir betrachten zunächst einmal die Seiten $\overline{AB}$ und $\overline{AC}$.

Der Mittelpunkt eines Kreises, der beide Seiten berührt, liegt auf der Winkelhalbierenden von α (siehe Seite 15).

Ebenso überlegen wir uns, dass der gesuchte Mittelpunkt auf der Winkelhalbierenden von β liegen muss, da der Kreis auch die Seiten $\overline{AB}$ und $\overline{BC}$ berühren soll.

Der gesuchte Punkt ist also der Schnittpunkt der Winkelhalbierenden von α und β.

Konstruktionsbeschreibung:

Wir konstruieren aus den drei Seitenlängen das Dreieck ABC. Dazu wählen wir 1 cm für 1 m (Maßstab 1:100).

(1) Zeichne die Winkelhalbierende des Winkels α.
(2) Zeichne die Winkelhalbierende des Winkels β.
(3) Bezeichne den Schnittpunkt der beiden Winkelhalbierenden mit W.
(4) Zeichne die Senkrechte zu AB durch W; nenne D den Schnittpunkt der Senkrechten mit der Seite $\overline{AB}$.
(5) Zeichne den Kreis um W mit dem Radius $\overline{WD}$.

Der Kreis berührt alle Seiten des Dreiecks.

Konstruktion (hier verkleinert)

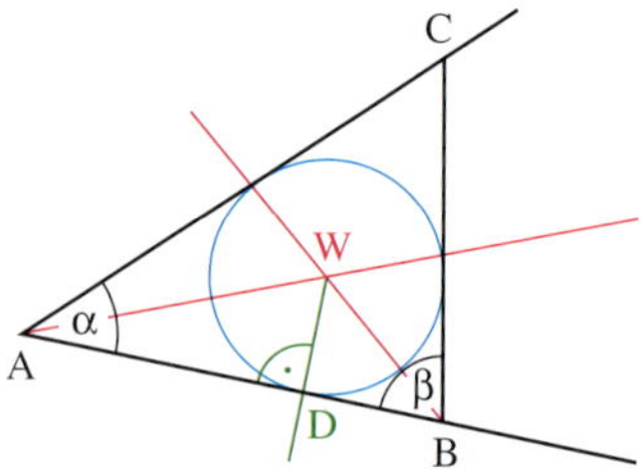

Begründung:

Da W auf der Winkelhalbierenden des Winkels α liegt, gilt: W hat von den beiden Schenkeln $\overrightarrow{AB}$ und $\overrightarrow{AC}$ denselben Abstand. Da W auf der Winkelhalbierenden des Winkels β liegt, gilt: W hat von den Schenkeln $\overrightarrow{BA}$ und $\overrightarrow{BC}$ denselben Abstand.

Also hat W auch von den beiden Schenkeln $\overrightarrow{CA}$ und $\overrightarrow{CB}$ denselben Abstand und liegt somit auf der Winkelhalbierenden des Winkels γ.

Damit gilt: Der Punkt W besitzt von allen drei Seiten des Dreiecks denselben Abstand.

Die Länge $\overline{WD}$ gibt den Abstand des Punktes von den Seiten an. Wir messen: $\overline{WD} = 1{,}6$ cm.

Ergebnis: Der Mittelpunkt des Blumenbeetes hat von den Wegen den Abstand 1,6 m.

Information

(1) Schnittpunkt der Winkelhalbierenden im Dreieck

Satz

In jedem Dreieck schneiden sich die Winkelhalbierenden der drei Innenwinkel in *einem* Punkt.

(2) Inkreis eines Dreiecks

Der Schnittpunkt W der drei Winkelhalbierenden hat von den Dreiecksseiten denselben Abstand; sie berühren einen Kreis um W.

ρ ist der griechische Buchstabe Rho.

Definition

Man nennt den Kreis, der die drei Seiten eines Dreiecks berührt, den **Inkreis** des Dreiecks. Den Radius bezeichnen wir mit ρ.

Satz

Jedes Dreieck besitzt einen Inkreis, dessen Mittelpunkt der Schnittpunkt der drei Winkelhalbierenden ist.

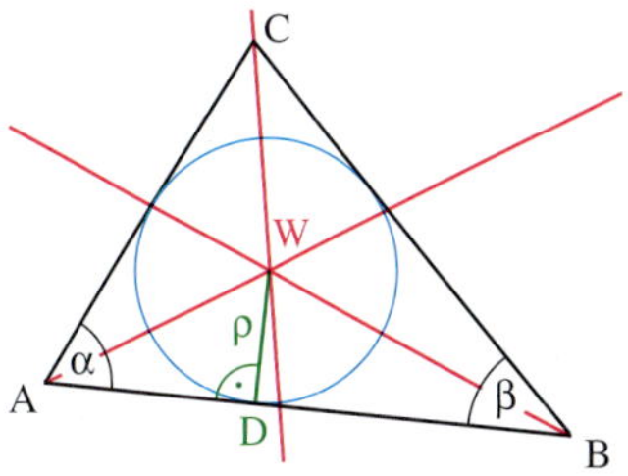

Weiterführende Aufgabe

3. *Lage des Inkreismittelpunktes bezüglich des Dreiecks*

Der Mittelpunkt des Umkreises eines Dreiecks kann innerhalb, außerhalb oder auf einer Seite des Dreiecks liegen.
Untersuche das auch für den Mittelpunkt des Inkreises.

Übungsaufgaben

4. DGS Gesucht sind alle Punkte, die von den Schenkeln eines gegebenen Winkels denselben Abstand haben.
Zeichne mit einem dynamischen Geometrie-System einen Punkt in einem Winkelfeld. Lasse seinen Abstand von den beiden Schenkeln messen. Bewege ihn dann so im Winkelfeld, dass er stets von beiden Schenkeln denselben Abstand hat. Lasse dabei die Spur zeichnen.
Was stellst du fest? Beschreibe dein Ergebnis.

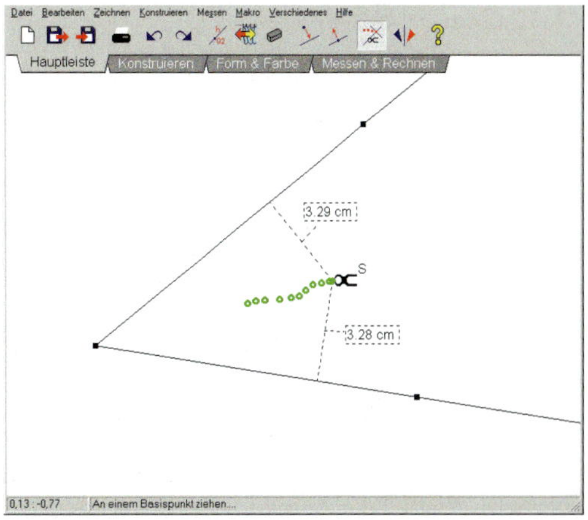

5. DGS Zeichne mit einem dynamischen Geometrie-System ein Dreieck und anschließend die Winkelhalbierenden aller drei Innenwinkel.
Was fällt auf? Beschreibe dein Ergebnis.
Überprüfe deine Vermutung auch, indem du die Form des Dreiecks veränderst.

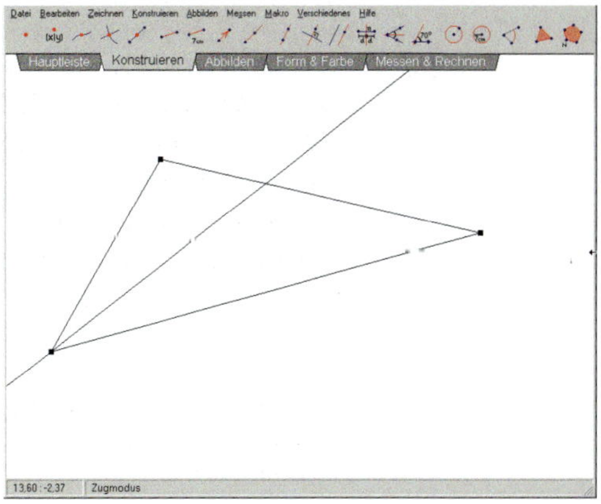

6. Gegeben ist ein spitzer Winkel.
Konstruiere die Winkelhalbierende w. Wähle dann einen Punkt P auf w und konstruiere die Senkrechte durch P zu den beiden Schenkeln.

7. Gegeben sind in einem Koordinatensystem mit der Einheit 1 cm zwei Geraden AB und CD mit A(0|3,5), B(7|5,5), C(0,5|8) und D(7|2,5).

a) Konstruiere die Punkte, die von AB und CD denselben Abstand haben und 3,5 cm vom Schnittpunkt entfernt sind. Beschreibe dein Vorgehen.

b) Konstruiere die Punkte, die von AB und CD denselben Abstand haben sowie 4,2 cm von P(4,5|3,5) entfernt sind. Beschreibe dein Vorgehen.

c) Konstruiere die Punkte, die von AB und CD denselben Abstand haben sowie von P(2,5|4,5) und Q(3,5|1) gleich weit entfernt sind. Beschreibe dein Vorgehen.

8. Zwischen einer Weggabelung in einem Park soll ein kreisrundes Blumenbeet angelegt werden. Die beiden Wege bilden einen 57° großen Winkel. Aus Symmetriegründen soll der Mittelpunkt des Beetes von den Wegen gleich weit entfernt sein.
Wo kann er liegen? Fertige eine Zeichnung an.

9. Konstruiere den Inkreis des Dreiecks ABC. Gib Mittelpunkt und Radius ϱ des Inkreises an.

a) A(0|2); B(7|3); C(10|6)

b) A(0|5); B(9|6); C(7|10)

c) A(4|3); B(9|11); C(1|10)

d) A(0|1); B(5|3); C(7|10)

10. Konstruiere ein Dreieck aus den angegebenen Stücken. Konstruiere dann den Inkreis und miss dessen Radius ϱ.

a) $a = 5{,}5$ cm; $b = 4{,}5$ cm; $\gamma = 115°$

b) $a = 7$ cm; $b = 6$ cm; $c = 4$ cm

c) $\alpha = 40°$; $c = 6{,}5$ cm; $\beta = 60°$

d) $a = 6{,}5$ cm; $\alpha = 50°$; $b = 4{,}0$ cm

11. Gegeben ist ein Dreieck ABC. Konstruiere einen Punkt, der von den drei Dreieckseiten denselben Abstand hat.

DGS **12.** Zeichne mit einem dynamischen Geometrie-System ein Dreieck mit Inkreis. Verändere nun das Dreieck und kontrolliere.

13. Tanja hat noch eine dreieckige Korkplatte mit den Seitenlängen $a = 17$ cm, $b = 14$ cm und $c = 21$ cm übrig. Sie möchte daraus einen möglichst großen kreisförmigen Untersetzer herstellen. Welchen Durchmesser hat der Untersetzer?

14. Konstruiere ein Dreieck ABC mit $c = 7$ cm, $b = 6$ cm, $a = 5$ cm. Konstruiere nun die Kreise, die genau die drei Dreiecksseiten bzw. deren Verlängerungen berühren.

15. Gegeben ist der Kreis mit dem Mittelpunkt M(5|4) und dem Radius $r = 1{,}5$ cm sowie das Dreieck ABC mit A(2|1), B(9|3) und C(3|9). Konstruiere nun das Dreieck, das den Kreis zum Inkreis hat und dessen Seiten parallel zu den Seiten des Dreiecks sind.

16. Gegeben ist ein spitzer Winkel und ein Punkt A, der auf einem der beiden Schenkel liegt.
Konstruiere einen Kreis, der die beiden Schenkel berührt und durch den Punkt A geht.
Beschreibe die Konstruktion.

1.3 Sehnenvierecke *Zum Selbstlernen*

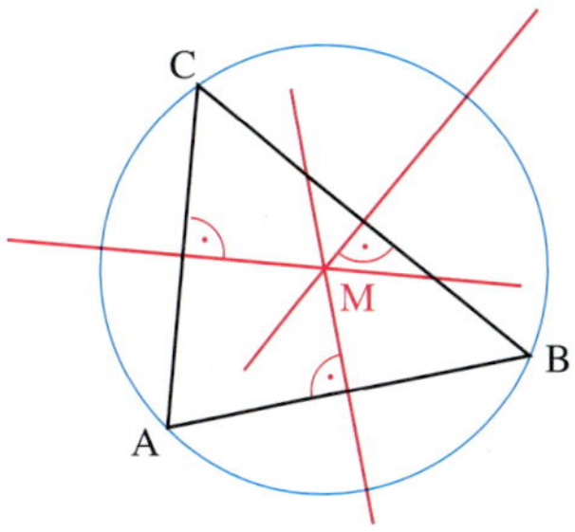

1.3.1 Umkreis bei Vierecken – Sehnenviereck

Ziel

Wir wissen: Jedes Dreieck besitzt einen Umkreis.

Wir wollen im Folgenden untersuchen, inwieweit dies auch bei Vierecken zutrifft.

Zum Erarbeiten

Umkreis bei besonderen Vierecken

Erläutere: Wenn ein Viereck einen Umkreis haben soll, dann müssen sich die vier Mittelsenkrechten der Seiten in einem gemeinsamen Punkt schneiden.

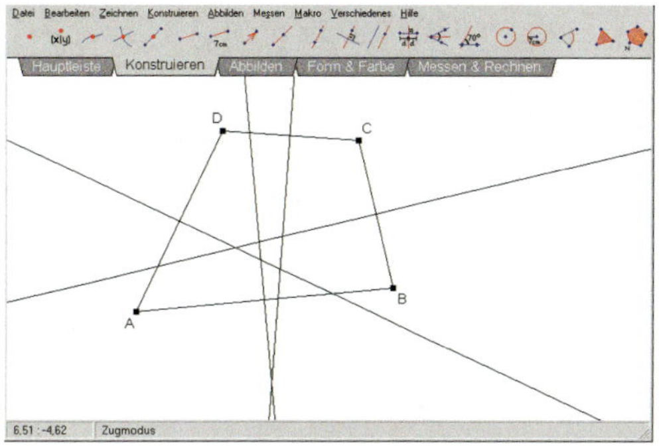

Zeichne mit einem dynamischen Geometrie-System ein Viereck wie rechts mit den vier Mittelsenkrechten.
Verändere das Viereck so, dass sich die Mittelsenkrechten in einem Punkt schneiden.
Um was für ein Viereck handelt es sich?
Zeichne auch den Umkreis.

Untersuche, ob es weitere Vierecke mit einem Umkreis gibt.

Information

(1) Begriff des Sehnenvierecks

Bei Vierecken, die einen Umkreis haben, sind die Seiten zugleich Sehnen des Vierecks. Man nennt solche Vierecke deshalb *Sehnenvierecke*.

Definition
Ein Viereck, dessen Seiten zugleich Sehnen eines Kreises sind, heißt **Sehnenviereck**.

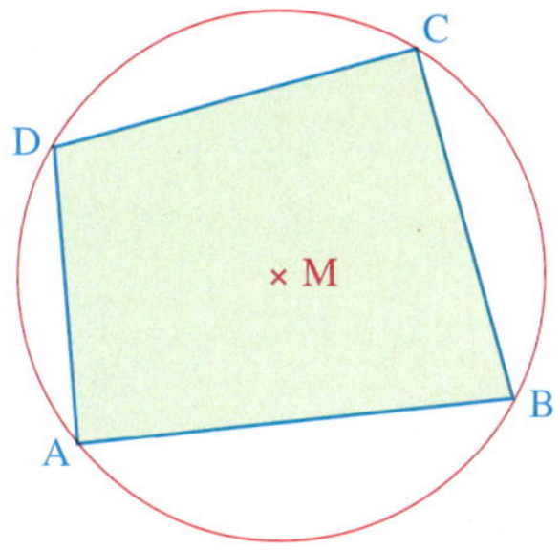

(2) Welche besonderen Vierecke sind auch Sehnenvierecke?

Wir wissen: Bei Quadrat und Rechteck sind die Diagonalen gleich lang und halbieren einander, d.h. die Eckpunkte sind vom Diagonalenschnittpunkt gleich weit entfernt.
Wir stellen fest: Rechteck und Quadrat besitzen einen Umkreis; Mittelpunkt M ist der Schnittpunkt der Diagonalen.

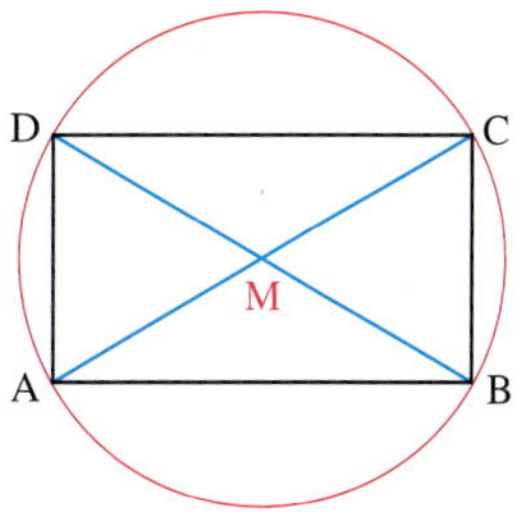

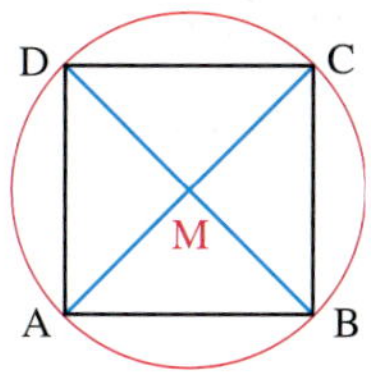

Bei Vierecken, die keine Rechtecke oder Quadrate sind, kann der Diagonalenschnittpunkt nicht der Mittelpunkt des Umkreises sein. Der Mittelpunkt muss jedoch auf den Mittelsenkrechten der Seiten der Vierecke, das sind Sehnen des Umkreises, liegen.
Wir versuchen es bei den übrigen besonderen Vierecken:

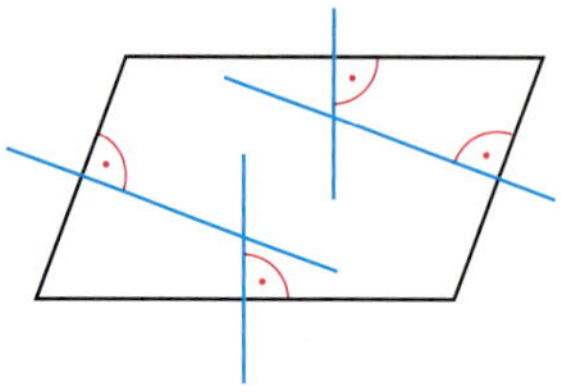
Parallelogramm
kein Umkreis

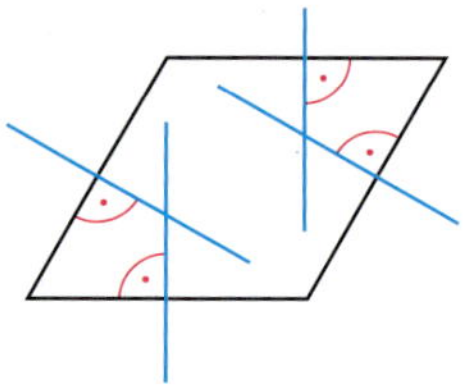
Raute
kein Umkreis

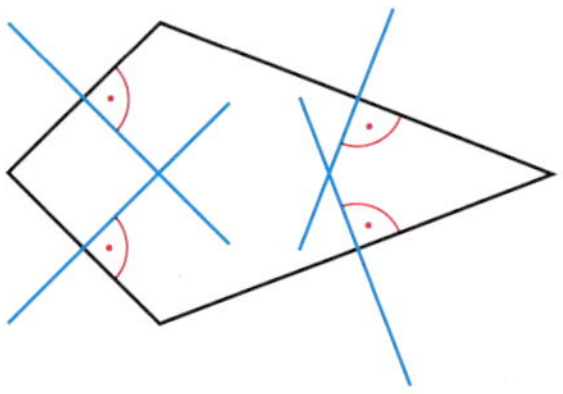
Drachenviereck
kein Umkreis

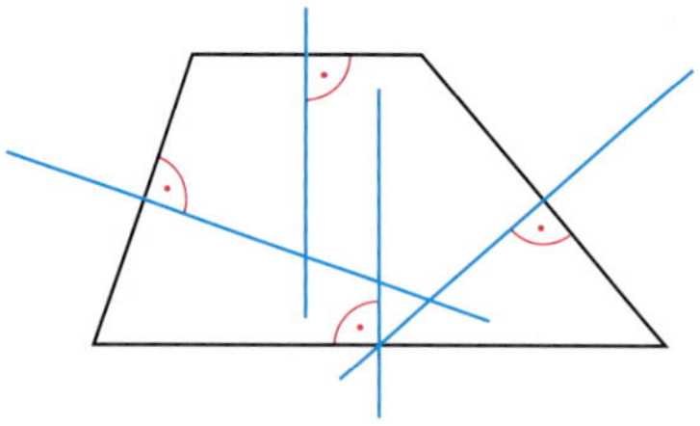
allgemeines Trapez
kein Umkreis

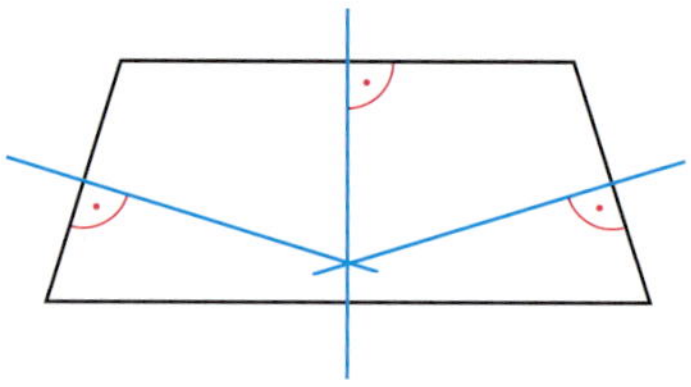
gleichschenkliges Trapez
(Umkreis?)

Offenbar besitzen Parallelogramm und Rhomben, sofern sie keine Rechtecke bzw. Quadrate sind, keinen Umkreis, ebenso Drachenviereck und allgemeines Trapez.
Die Zeichnung lässt aber vermuten: Gleichschenklige Trapeze besitzen einen Umkreis.

Zum Üben

1. Zeichne einen Kreis mit r = 4,0 cm.
(1) Zeichne hierzu ein Sehnenviereck ABCD mit $\overline{AB} = \overline{AD} = 4{,}5$ cm.
(2) Zeichne hierzu ein Sehnenviereck ABCD mit $\overline{AB} = 3{,}0$ cm; $\overline{BC} = 3{,}5$ cm; $\overline{CD} = 4{,}0$ cm.
Untersuche jeweils, ob es mehrere solche Sehnenvierecke gibt. Begründe deine Feststellung.

2. Zeichne einen Kreis mit r = 3,5 cm.
(1) Zeichne hierzu ein Sehnenviereck ABCD mit $\overline{AB} = 4{,}2$ cm; $\alpha = 100°$.
(2) Zeichne hierzu ein Sehnenviereck ABCD mit $\overline{AB} = 4{,}5$ cm; $\alpha = 105°$; $\beta = 55°$.
Untersuche jeweils, ob es mehrere solche Sehnenvierecke gibt. Begründe.

3. Hier findest du einige Schüleräußerungen.
Untersuche, ob sie wahr oder falsch sind.
Begründe deine Aussage.
Tim: Jedes Sehnenviereck, bei dem zwei Seiten parallel zueinander sind, ist ein Rechteck.
Julia: Es gibt ein Sehnenviereck, bei dem zwei Seiten parallel zueinander sind.
Paul: Es gibt Drachenvierecke, die Sehnenvierecke sind.
Anna: In jedem Drachenviereck, das zugleich ein Sehnenviereck ist, ist eine Diagonale zugleich ein Durchmesser des Kreises.

4. Begründe: Jedes Viereck, in dem sich die Mittelsenkrechten in einem Punkt schneiden, ist ein Sehnenviereck.

Zum Selbstlernen

1.3.2 Winkel im Sehnenviereck

Aufgabe 1

Lisa behauptet: Im Sehnenviereck genügt die Angabe zweier Winkel, um die Größe aller Innenwinkel zu bestimmen.
Beurteilt die Wahrheit dieser Aussage und formuliert eine Vermutung über die Größe der Innenwinkel in einem Sehnenviereck. Zeichnet dazu Sehnenvierecke, messt alle vier Innenwinkel und tragt die Messergebnisse in eine Tabelle ein. Ihr könnt euch die Arbeit teilen.

Lösung

Hier findet ihr die Ergebnisse für fünf Sehnenvierecke:

	α	β	γ	δ
(1)	75°	60°	105°	120°
(2)	35°	130°	145°	50°
(3)	100°	30°	80°	150°
(4)	57°	71°	123°	109°
(5)	124°	99°	56°	81°

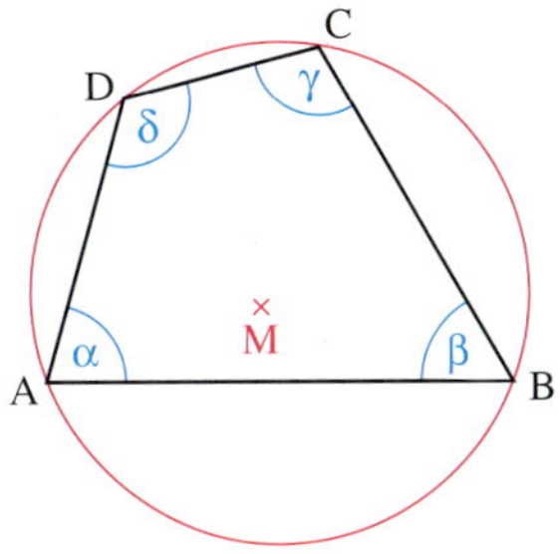

Wir vermuten:
Die gegenüberliegenden Winkel α und γ sowie β und δ sind jeweils zusammen 180° groß.
Das gilt auch für die besonderen Sehnenvierecke Rechteck und Quadrat.
Wenn diese Vermutung gilt, kann man aus zwei nebeneinander liegenden Innenwinkeln, z.B. α und β, die übrigen berechnen.

Information

(1) Satz über Winkel im Sehnenviereck – Beweis

Planfigur

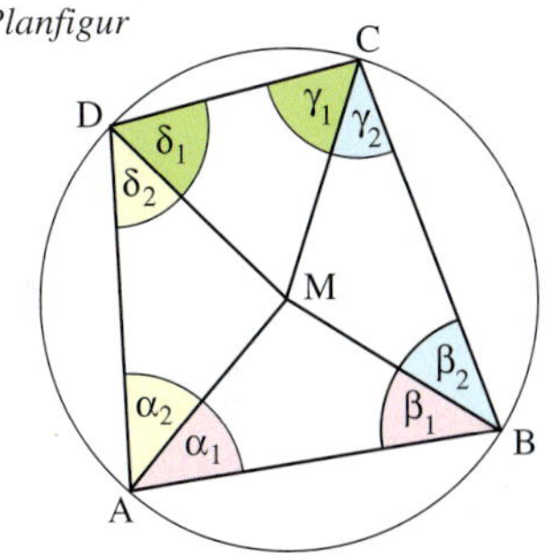

Wir überprüfen nun die obige Vermutung durch einen Beweis.

Voraussetzung (wir wissen):
Das Viereck ABCD ist ein Sehnenviereck, d.h. die Eckpunkte A, B, C und D liegen auf einem Kreis um einen Punkt M.

Behauptung (wir wollen zeigen):
$\alpha + \gamma = 180°$ und $\beta + \delta = 180°$

Beweis:
Zum Beweis verbinden wir den Mittelpunkt des Umkreises mit den vier Eckpunkten A, B, C und D.
Die Dreiecke ABM, BCM, CDM und DAM sind gleichschenklig, weil die Seiten $\overline{MA}$, $\overline{MB}$, $\overline{MC}$ und $\overline{MD}$ Radien des Umkreises und damit gleich lang sind.

$\alpha_1 = \beta_1$; $\beta_2 = \gamma_2$; $\gamma_1 = \delta_1$; $\delta_2 = \alpha_2$,

weil sie jeweils Basiswinkel in den gleichschenkligen Dreiecken sind.
Durch die Zerlegung des Sehnenvierecks in Dreiecke sind an den Eckpunkten insgesamt 8 Winkel entstanden. Färbt man gleich große Winkel mit derselben Farbe, so benötigt man vier Farben. Wir erkennen nun: In den zwei gegenüberliegenden Winkeln α und γ kommen alle vier Farben vor; ebenso in den gegenüberliegenden Winkeln β und δ. Also:
$\alpha + \gamma = \beta + \delta$
Wir können dies auch rechnerisch überprüfen:

$$\begin{aligned}\alpha + \gamma &= \alpha_1 + \alpha_2 + \gamma_1 + \gamma_2 \\ &= \beta_1 + \delta_2 + \delta_1 + \beta_2, \text{ da wie oben gezeigt: } \alpha_1 = \beta_1;\ \alpha_2 = \delta_2;\ \gamma_1 = \delta_1:\ \gamma_2 = \beta_2 \\ &= \beta_1 + \beta_2 + \delta_1 + \delta_2 \\ &= \beta + \delta\end{aligned}$$

Da die Winkelsumme im Viereck insgesamt 360° beträgt, sind jeweils zwei gegenüberliegende Winkel zusammen 180°. Also:
$\alpha + \gamma = 180°$ und $\beta + \delta = 180°$
In der obigen Beweisfigur lag der Mittelpunkt M innerhalb des Vierecks. Bei einem vollständigen Beweis muss man noch die Fälle betrachten:
M liegt auf einer Viereckseite.
M liegt außerhalb des Vierecks.
Siehe dazu die weiterführende Aufgabe 2.

Wir formulieren nun den Satz über die Winkel im Sehnenviereck:

Satz über gegenüberliegende Winkel im Sehnenviereck
Für jedes Sehnenviereck gilt:
Die gegenüberliegenden Innenwinkel sind zusammen 180° groß.

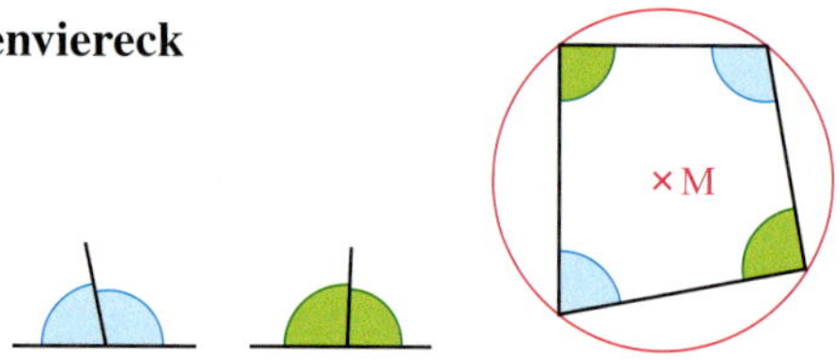

(2) Wenn-dann-Formulierungen von Sätzen

Strategie: Vorwärtsschreiten von Voraussetzung zur Behauptung.

Beim Beweis des obigen Satzes über die gegenüberliegenden Winkel im Sehnenviereck sind wir von einem Sehnenviereck (als Voraussetzung) ausgegangen, bei dem nach Definition alle vier Eckpunkte auf einem Kreis liegen. Daraus haben wir u.a. mithilfe des Basiswinkelsatzes für gleichschenklige Dreiecke und des Innenwinkelsatzes für Vierecke gefolgert, dass gegenüberliegende Winkel zusammen 180° groß sind (Behauptung). Das bringt man deutlicher zum Ausdruck, wenn man den obigen Satz wie folgt formuliert:

Wenn ein Viereck ein Sehnenviereck ist, dann sind gegenüberliegende Innenwinkel zusammen 180° groß.

In der Wenn-dann-Formulierung eines Satzes steht hinter dem „Wenn“ die *Voraussetzung* und hinter dem „Dann“ die *Behauptung*.
Jeden Satz, der mit *Für jedes … gilt, …* beginnt, kann man mit *Wenn …, dann* formulieren.

Weiterführende Aufgaben

2. *Vervollständigung der Fallunterscheidung*

Beweise den Satz über die Innenwinkel im Sehnenviereck für die Fälle:
(1) M liegt auf einer Viereckseite;
(2) M liegt außerhalb des Vierecks.

3. *Widerlegen einer Vermutung durch ein Gegenbeispiel*

Tom betrachtet Rechtecke und behauptet dann:
Wenn in einem Viereck nebeneinanderliegende Innenwinkel zusammen 180° betragen, dann handelt es sich um ein Sehnenviereck.
Widerlege Toms Aussagen.

Information

(1) Beweis durch vollständige Fallunterscheidung

Das Besondere am Beweis des Winkelsatzes für das Sehnenviereck ist, dass man verschiedene Fälle hinsichtlich der Lage des Mittelpunktes des Umkreises beachten musste.
Wir haben eine *vollständige Fallunterscheidung* vorgenommen.

(2) Widerlegen einer Wenn-dann-Aussage

Eine Wenn-dann-Aussage ist falsch, wenn man (wenigstens) ein Beispiel finden kann, für das die Voraussetzung zutrifft, nicht aber die Behauptung.
Ein solches Beispiel heißt *Gegenbeispiel.*

Beispiele:

(1) Die Aussage „Wenn eine Zahl durch 2 teilbar ist, dann ist sie auch durch 4 teilbar.“ ist falsch, denn 6 ist durch 2 teilbar, jedoch nicht durch 4.

(2) Die Aussage „Wenn jemand in Sachsen lebt, dann wohnt er in Leipzig.“ ist falsch. Ute P. wohnt in Chemnitz, sie lebt also in Sachsen. Ute P. wohnt aber nicht in Leipzig.

Übungsaufgaben

DGS

4. Zeichne mit einem dynamischen Geometrie-System einen Kreis und markiere vier Punkte A, B, C und D auf der Kreislinie. Miss die Innenwinkel bei den Eckpunkten des Vierecks ABCD. Verändere die Punkte auf dem Kreis. Was fällt dir auf? Formuliere einen Satz.

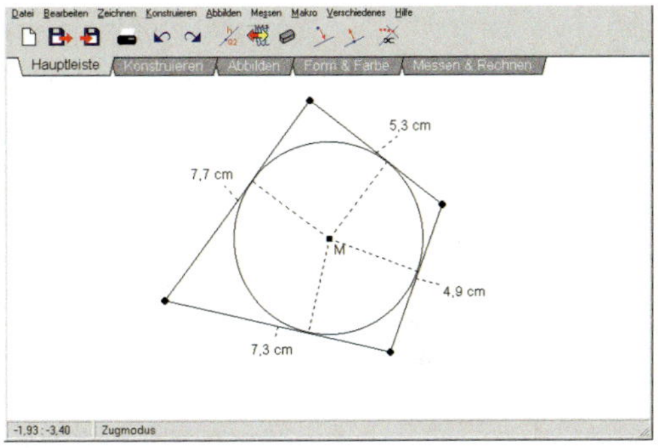

5. Berechne die übrigen Winkel eines Sehnenvierecks ABCD.

a) $\alpha = 72°$; $\beta = 114°$ **b)** $\alpha = 42°$; $\delta = 19°$ **c)** $\gamma = 45°$; $\delta = 112°$ **d)** $\beta = 90°$; $\gamma = 53°$

6. Notiere zwei Innenwinkel eines Sehnenvierecks. Lass deinen Partner die beiden übrigen berechnen. Kontrolliere. Jetzt notiert dein Partner zwei Innenwinkel.

7. a) Zeichne in einen Kreis mit dem Radius 3 cm ein Sehnenviereck ABCD mit a = 5 cm, $\alpha = 100°$ und $\beta = 60°$. Wie groß sind γ und δ?

b) Zeichne ein Sehnenviereck ABCD mit a = 6 cm, b = 4 cm, $\beta = 76°$ und $\gamma = 85°$. Wie groß sind α und δ?

DGS

8. Zeichne mit einem dynamischen Geometrie-System verschiedene Vierecke, bei denen die gegenüberliegenden Winkel zusammen 180° groß sind. Überprüfe, ob es sich jeweils um ein Sehnenviereck handelt.

9. Entscheide, ob die Aussage wahr oder falsch ist. Begründe.

(1) Es gibt Rhomben, die Sehnenvierecke sind.
(2) Es gibt Sehnenvierecke mit nur einem rechten Winkel.
(3) Jedes Drachenviereck ist ein Sehnenviereck.

10. Gib folgende Sätze in der Wenn-dann-Formulierung an.

(1) In jedem gleichschenkligen Dreieck sind die Basiswinkel gleich groß.
(2) In jedem gleichseitigen Dreieck sind alle Winkel gleich groß.

11. Zeichne ein beliebiges Viereck und die vier Winkelhalbierenden der Innenwinkel.
Beweise: Die vier Schnittpunkte von je zwei benachbart liegenden Winkelhalbierenden sind die Eckpunkte eines Sehnenvierecks.

1.4 Sätze über Peripheriewinkel und Zentriwinkel

Aufgabe 1

Betrachte das Sehnenviereck ABCD. Stelle dir vor, dass der Punkt D auf dem oberen Kreisbogen zwischen C und A wandert, während die Punkte A, B und C fest bleiben.
Untersuche die Größe des Winkels δ bei dieser Wanderung des Punktes D.
Formuliere eine Vermutung und begründe sie.

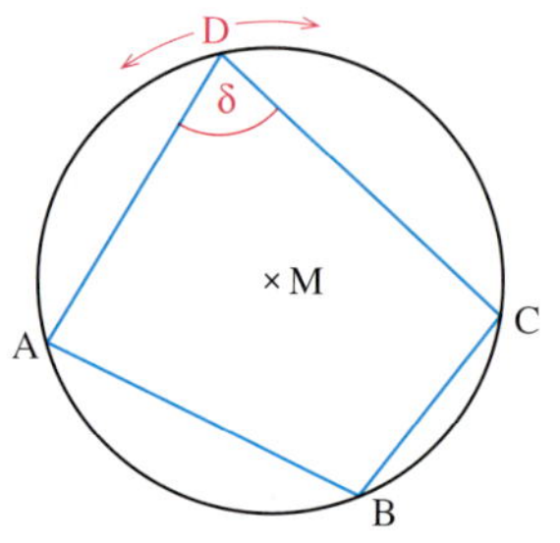

Lösung

Vermutung: Die Größe des Winkels δ ändert sich nicht:
$\delta_1 = \delta_2 = \delta_3$.
Wir wählen drei verschiedene Punkte D_1, D_2, D_3 auf dem oberen Kreisbogen. $ABCD_1$, $ABCD_2$ und $ABCD_3$ sind Sehnenvierecke.
Deshalb gilt:
$\delta_1 + \beta = 180°$; $\delta_2 + \beta = 180°$; $\delta_3 + \beta = 180°$, also:
$\delta_1 = 180° - \beta$; $\delta_2 = 180° - \beta$; $\delta_3 = 180° - \beta$
Also gilt $\delta_1 = \delta_2 = \delta_3$.
Die Größe von Winkel δ ändert sich nicht.

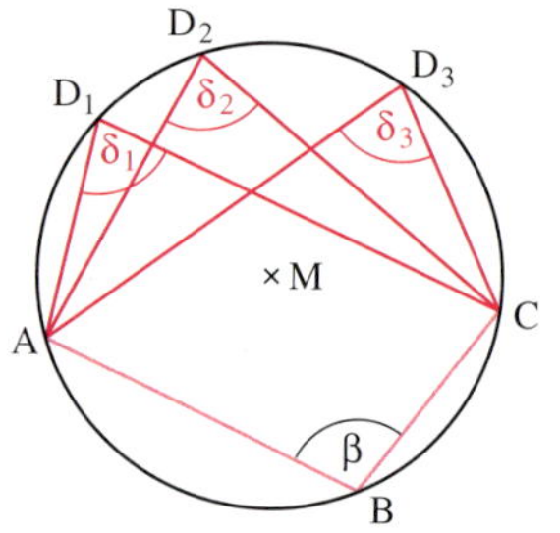

Information

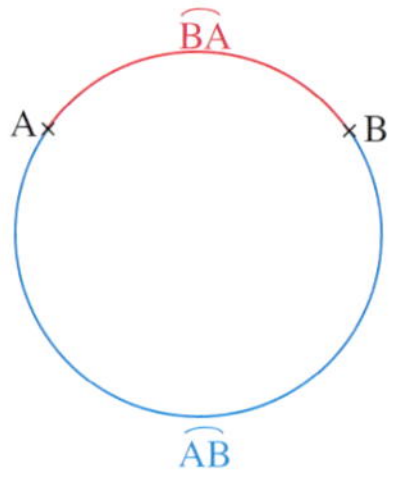

(1) Bezeichnung für Kreisbogen

Zur Angabe eines Bogens auf dem Kreis mithilfe der Kreispunkte A und B nennt man diese Punkte entgegen dem Uhrzeigersinn. Im Bild bezeichnet $\overset{\frown}{AB}$ den blauen Bogen, $\overset{\frown}{BA}$ den roten.

(2) Peripheriewinkel über einem Kreisbogen

In Aufgabe 1 haben wir Winkel betrachtet, deren Scheitelpunkte auf einem Kreis liegen und deren Schenkel durch zwei Kreispunkte gehen. Diese Winkel haben einen besonderen Namen.

Periperhie
Umfangslinie;
Rand

Definition

Ein Winkel, dessen Scheitelpunkt auf dem Kreis liegt und dessen Schenkel durch die Kreispunkte A und B gehen, heißt **Peripheriewinkel** (auch *Umfangswinkel*) über dem Bogen $\overset{\frown}{AB}$.

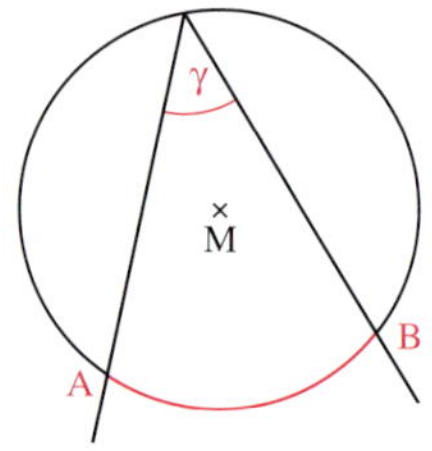

(3) Peripheriewinkelsatz

Betrachte die Figur zur Lösung von Aufgabe 1. Die Peripheriewinkel δ_1, δ_2 und δ_3 liegen über *demselben* Bogen $\overset{\frown}{AC}$. Nach der Lösung von Aufgabe 1 sind sie gleich groß.

Peripheriewinkelsatz

Wenn zwei Peripheriewinkel über *demselbem* Bogen liegen, dann sind diese Winkel gleich groß.

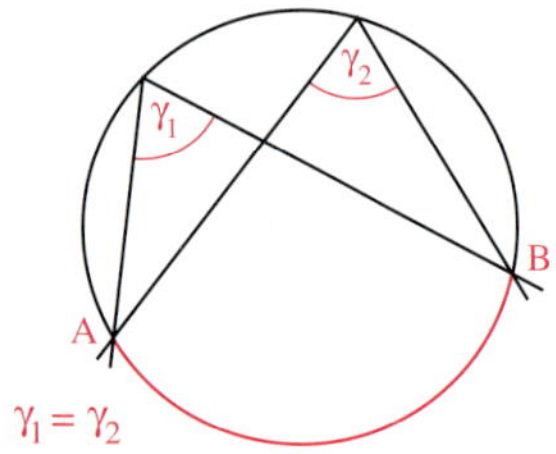

Weiterführende Aufgaben

2. *Zusammenhang zwischen Zentriwinkel und Peripheriewinkel*

Beweise den folgenden Satz nur für die Fälle $\varepsilon < 180°$ und $\varepsilon > 180°$.
Den Fall $\varepsilon = 180°$ beweisen wir auf Seite 27.

Zentrum
Mitte; Mittelpunkt

Zentriwinkel-Peripheriewinkel-Satz

Der Zentriwinkel über einem Bogen ist doppelt so groß wie jeder Peripheriewinkel über demselben Bogen.

$\varepsilon = 2\gamma$

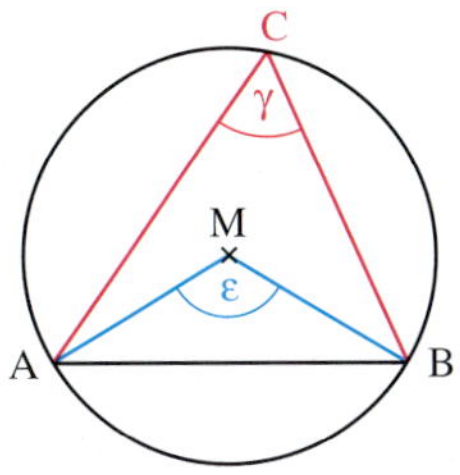

Anleitung zum Beweis:

Fall 1: $\varepsilon < 180°$

Wähle den Scheitelpunkt des Peripheriewinkels γ über $\overset{\frown}{AB}$ auf der Verlängerung von $\overline{BM}$.
Beachte: Dreieck AMC ist gleichschenklig.

Fall 2: $\varepsilon > 180°$

Beachte: $\varepsilon = 360° - \alpha$, wobei α der Zentriwinkel mit $\alpha < 180°$ ist;
ADBC ist ein Sehnenviereck.

1. Fall: $\varepsilon < 180°$

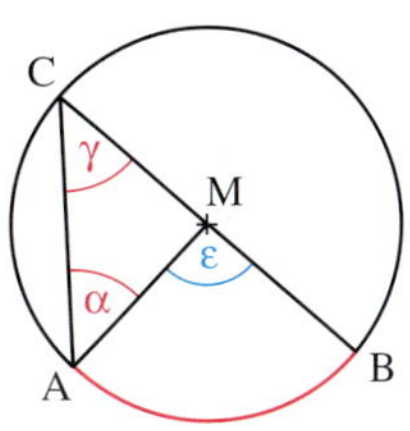

2. Fall: $\varepsilon > 180°$

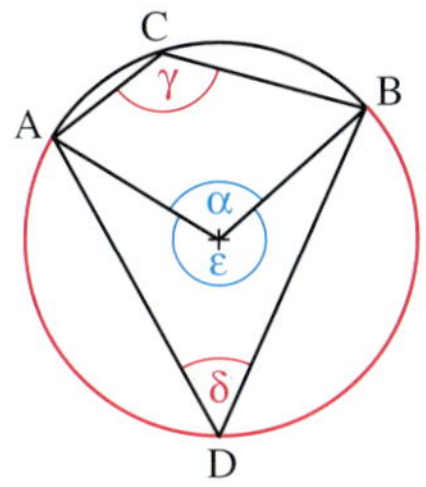

3. *Sehnentangentenwinkel*

a) Der Winkel γ', den die Tangente t mit der Sehne $\overline{AB}$ bildet, heißt *Sehnentangentenwinkel*.
Beweise: Der Peripheriewinkel γ über dem Bogen $\overset{\frown}{AB}$ ist genauso groß wie der Sehnentangentenwinkel γ'.

b) Konstruiere über einer 4,3 cm langen Sehen den Bogen mit dem Peripheriewinkel 65°.

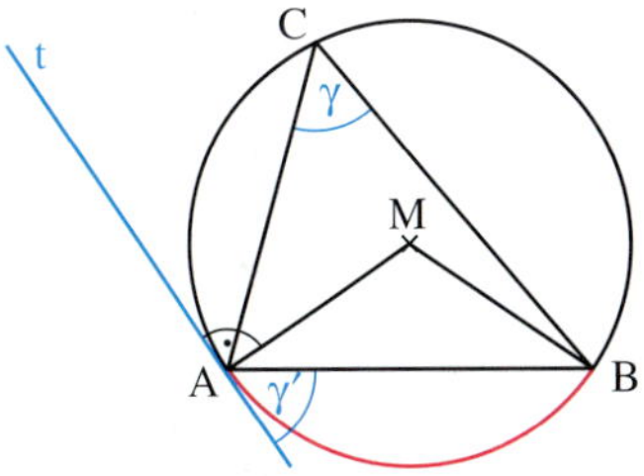

Übungsaufgaben

4. **a)** Rechts siehst du eine kreisförmige Zirkusarena mit den Eingängen A und B. Marc sitzt an der Stelle C und will den Auftritt des Clowns filmen. Er erwartet ihn am Gang A, doch der Clown kommt durch B.
Um wie viel Grad muss Marc seine Filmkamera drehen?
Untersuche dies auch für andere Stellen am Rand der Arena. Stelle eine Vermutung auf.

b) Untersuche auch andere Radien und andere Eingänge.

DGS **5.** Zeichne mit deinem dynamischen Geometrie-System einen Kreis. Erzeuge dann drei Punkte A, B, C auf dem Kreis und verbinde sie zu einem Dreieck. Lasse den Winkel bei C messen.
Verändere die Lage von Punkt C auf dem Kreis und beobachte, wie sich der Winkel bei C ändert.

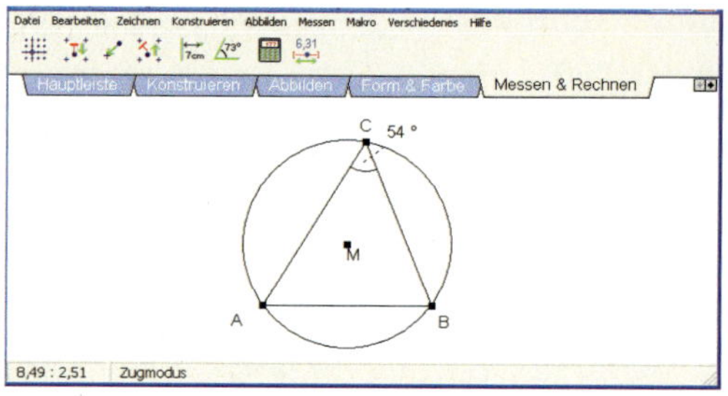

6. Zeichne einen Kreis r = 3 cm. Konstruiere eine Sehne $\overline{AB}$ des Kreises, sodass für den Peripheriewinkel γ über dem Bogen $\overset{\frown}{AB}$ gilt:

a) $\gamma = 80°$ **b)** $\gamma = 100°$ **c)** $\gamma = 25°$ **d)** $\gamma = 145°$

7. Zeichne eine Strecke $\overline{AB}$ der angegebenen Länge. Konstruiere dann einen Kreis mit $\overline{AB}$ als Sehne so, dass die Peripheriewinkel über dem Bogen $\overset{\frown}{AB}$ die Größe γ besitzen.

a) $\overline{AB} = 3{,}6$ cm; $\gamma = 35°$
b) $\overline{AB} = 4{,}8$ cm; $\gamma = 70°$
c) $\overline{AB} = 2{,}9$ cm; $\gamma = 110°$
d) $\overline{AB} = 5{,}8$ cm; $\gamma = 135°$
e) $\overline{AB} = 7{,}3$ cm; $\gamma = 90°$
f) $\overline{AB} = 6{,}1$ cm; $\gamma = 60°$

8. Der Zentriwinkel über dem Bogen $\overset{\frown}{AB}$ hat die Größe $\varepsilon = 110°$ [$\varepsilon = 58°$]. Wie groß ist ein Peripheriewinkel über demselben Bogen?

9. Die Wandtafel ist 4 m lang. Ermittle durch die Konstruktion alle Punkte, von denen aus man die Tafel unter einem Sehwinkel von 30° sieht.

10. Ein Haus ist 25 m lang. Im Abstand von 20 m verläuft eine Straße.
Von welchen Punkten der Straße aus sieht man die Hausfront unter einem Sehwinkel von 20° [40°; 50°]?

11. **a)** Gegeben ist
(1) $\alpha = 35°$; (2) $\beta = 78°$; (3) $\gamma = 126°$.
Berechne jeweils die übrigen Winkel.

b) Gegeben ist
(1) $\alpha = 42°$; (3) $\beta = 78°$;
(2) $\gamma = 134°$; (4) $\delta = 248°$.
Berechne jeweils die übrigen Winkel.

zu **a)**

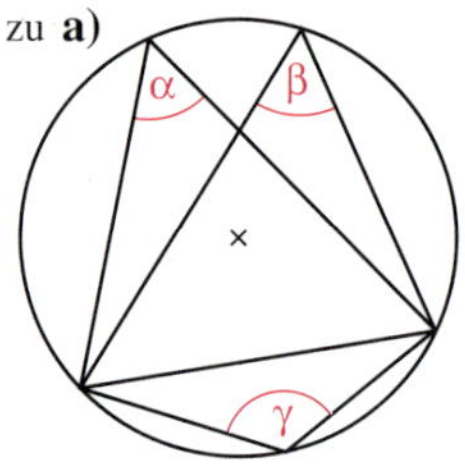

zu **b)**

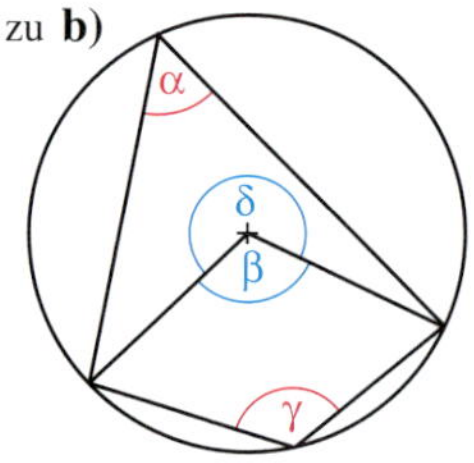

12. Ein Kreis ist (wie beim Zifferblatt einer Uhr) in 12 gleiche Teile unterteilt. Die beiden Kreissehnen bilden den Schnittwinkel α. Berechne den Winkel α.

a)

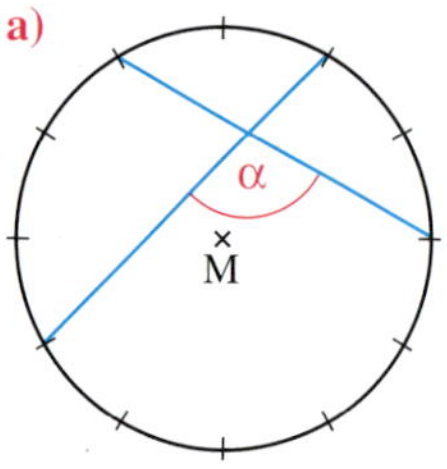

b)

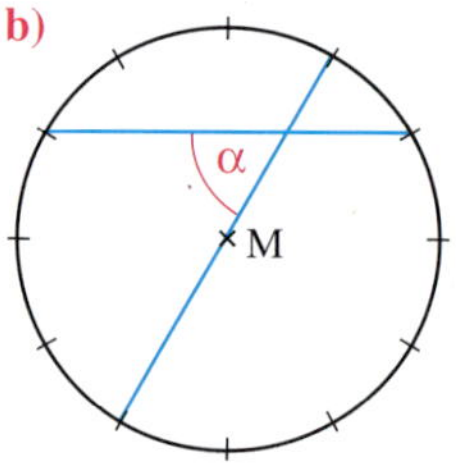

c)

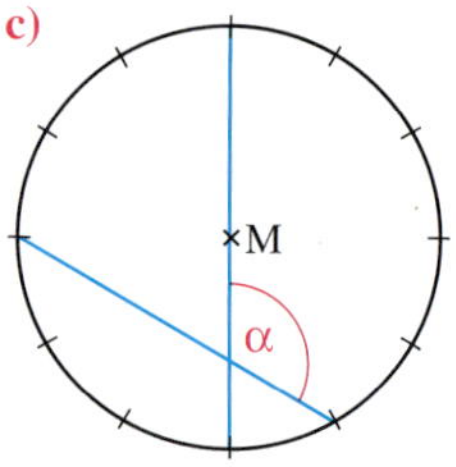

d)

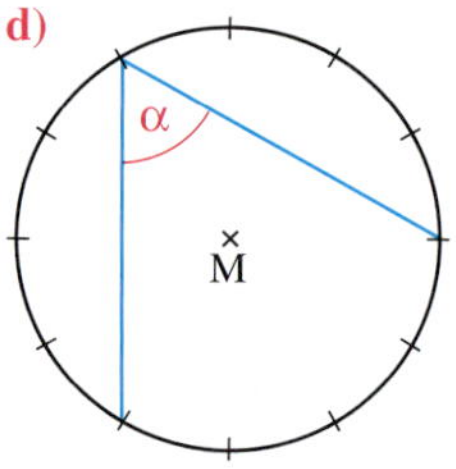

1.5 Satz des Thales und seine Umkehrung

1.5.1 Satz des Thales

Aufgabe 1

Zeichne in einen Kreis einen Durchmesser $\overline{AB}$.

a) Wie groß ist der zugehörige Zentriwinkel über dem Bogen $\overset{\frown}{AB}$?

b) Zeichne einen Peripheriewinkel über dem Bogen $\overset{\frown}{AB}$ und miss ihn. Was stellst du fest?

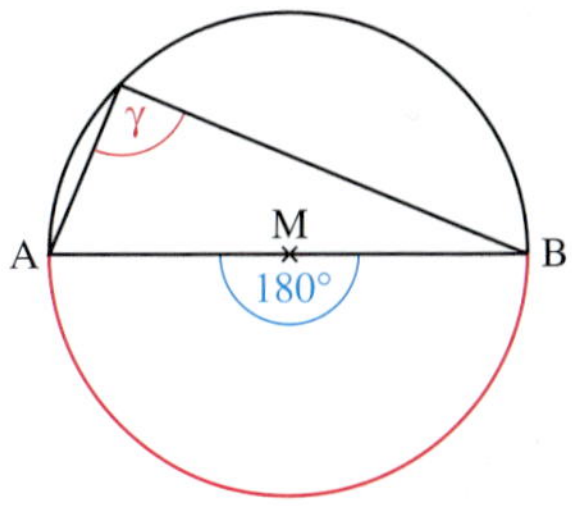

Lösung

a) Der Zentriwinkel über dem Halbkreis $\overset{\frown}{AB}$ ist 180° groß.

b) Das Messen ergibt: $\gamma = 90°$.

Information

(1) Satz des Thales und sein Beweis

Die Lösung der Aufgabe 1 lässt vermuten, dass jeder Peripheriewinkel über dem Halbkreis $\overset{\frown}{AB}$ bzw. über dem Durchmesser stets 90° groß ist.
Dies entspricht auch dem Zentriwinkel-Peripheriewinkel-Satz, den wir für den Fall $\alpha = 180°$ noch nicht bewiesen haben (vgl. Seite 25, Aufgabe 2). Dieser Fall ist von besonderer Bedeutung und hat einen eigenen Namen:

Wegen der Symmetrie des Kreises betrachtet man häufig nur einen Halbkreis.

Satz des Thales

Jeder Peripheriewinkel über einem Durchmesser eines Kreises (bzw. über einem Halbkreis) ist ein rechter Winkel.
Mit anderen Worten:
Wenn der Punkt C eines Dreiecks ABC auf dem Kreis mit der Seite $\overline{AB}$ als Durchmesser (dem so genannten *Thaleskreis*) liegt, dann ist das Dreieck rechtwinklig mit γ als rechtem Winkel.

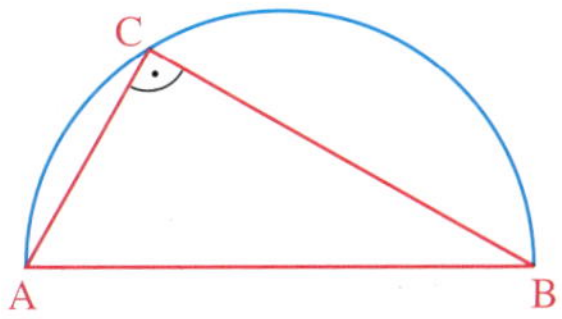

Wir beweisen nun den Satz des Thales:
Voraussetzung: γ ist ein Peripheriewinkel über dem Halbkreis $\overset{\frown}{AB}$ bzw. über dem Durchmesser $\overline{AB}$. Die Größe des zugehörigen Zentriwinkels beträgt 180°.
Behauptung: $\gamma = 90°$
Beweis: Für das Dreieck ABC gilt nach dem Innenwinkelsatz:
$\alpha + \beta + \gamma = 180°$
Die Verbindungsstrecke $\overline{MC}$ zerlegt das Dreieck ABC in die zwei gleichschenkligen Dreiecke AMC und MBC. Für die Basiswinkel in diesen Dreiecken gilt: $\alpha = \gamma_1$ und $\beta = \gamma_2$. Also gilt:
$\gamma_1 + \gamma_2 + \gamma = 180°$. Da $\gamma_1 + \gamma_2 = \gamma$ ist, folgt:

$$\gamma + \gamma = 180°$$
$$2 \cdot \gamma = 180°$$
$$\gamma = 90°$$

Entsprechendes gilt, wenn der Punkt C auf dem Halbkreis $\overset{\frown}{BA}$ liegt.

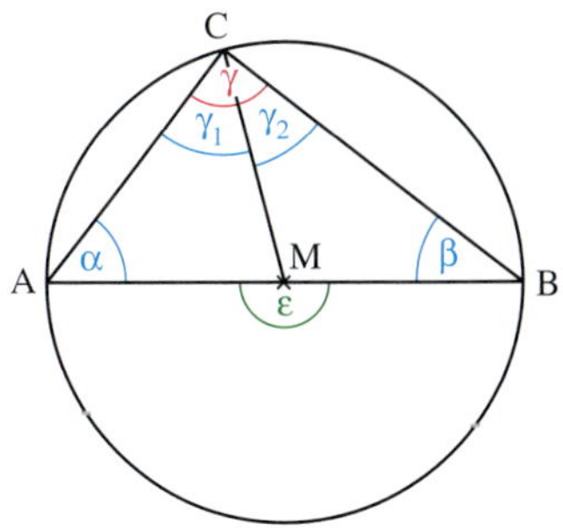

(2) Geschichtliches

Der obige Satz ist nach dem griechischen Mathematiker und Philosophen **Thales von Milet** (um 600 v. Chr.) benannt. Seine geometrischen Kenntnisse soll Thales auf seinen ausgedehnten Reisen in Ägypten erworben haben. Er soll viele Sätze der Geometrie entdeckt und bewiesen haben.

Weiterführende Aufgabe

2. *Konstruktion der Tangenten von einem Punkt außerhalb des Kreises mithilfe des Thalessatzes*

Gegeben ist ein Kreis mit dem Mittelpunkt M und dem Kreisradius r sowie ein Punkt P außerhalb des Kreises.
Konstruiere die Tangenten von P an den Kreis.

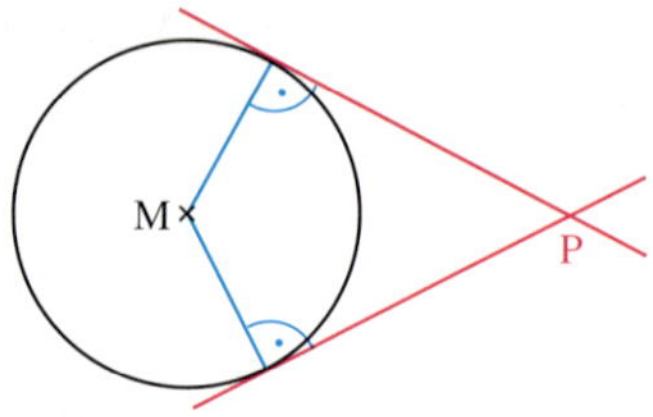

Übungsaufgaben

3. Rechts siehst du eine Zirkusarena mit zwei gegenüberliegenden Ein- bzw. Ausgängen. Julia sitzt an der Stelle C und will den Auftritt des Clowns filmen. Sie erwartet ihn am Eingang A. Doch der Clown betritt die Arena bei B.
Um wie viel Grad muss Julia ihre Filmkamera drehen?
Untersuche das auch für andere Stellen am Rand der Arena.
Formuliere dein Ergebnis.

4. Zeichne einen Kreis und zwei Durchmesser. Zeichne nun ein Viereck, das die beiden Durchmesser als Diagonalen besitzt.
Um was für ein Viereck handelt es sich? Begründe.

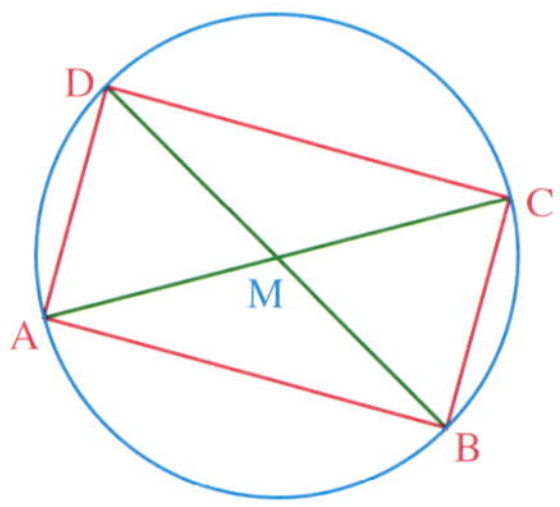

5. Gegeben ist ein Kreis mit dem Radius r = 3,4 cm. Konstruiere ein Rechteck, dessen Ecken auf dem Kreis liegen; eine Seite des Rechtecks soll 2,1 cm lang sein.
Beschreibe dein Vorgehen.

6. Gegeben ist eine Gerade g und ein Punkt P, der nicht auf g liegt. Konstruiere mithilfe des Thalessatzes die Senkrechte zu g durch P.
Beschreibe dein Vorgehen.

7. Zeichne eine Gerade g und zwei Punkte A und B auf derselben Seite von g. Konstruiere nun einen Punkt C auf g so, dass $\sphericalangle ACB = 90°$ gilt.
Unterscheide hinsichtlich der Lage von A und B verschiedene Fälle.

8. Zeichne ein beliebiges Dreieck ABC und zu den beiden Seiten $\overline{AB}$ und $\overline{BC}$ jeweils den Thaleskreis. Wo schneiden sich die beiden Kreise? Begründe.

9. ABC soll ein rechtwinkliges Dreieck mit $\gamma = 90°$ sein; M soll der Mittelpunkt der Seite $\overline{AB}$ sein. Konstruiere die Winkelhalbierenden von $\sphericalangle CMA$ und von $\sphericalangle BMC$.
Wie groß ist der Winkel, den diese beiden Winkelhalbierenden miteinander bilden? Begründe.

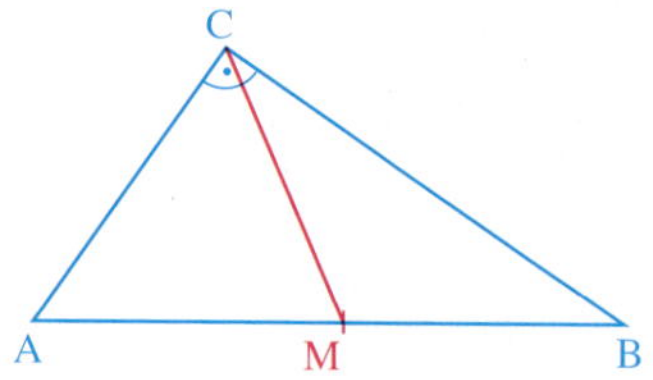

10. Begründe:
In einem rechtwinkligen Dreieck ABC mit $\gamma = 90°$ gilt:
Wenn $\alpha = 30°$, dann ist die Seite $\overline{BC}$ halb so lang wie die Seite $\overline{AB}$.

11. Gegeben sind in einem Koordinatensystem mit der Einheit 1 cm zwei Punkte P(1,5|2) und Q(6|1,5). Konstruiere eine Gerade durch P, die von Q den Abstand 2,5 cm hat.

12. Zeichne eine 4,3 cm lange Strecke $\overline{AB}$. Konstruiere die Gerade durch A, die von B den Abstand 1,8 cm hat. Welche Gerade durch A hat von B den größten Abstand?

13. Stelle verschiedene Möglichkeiten zusammen, wie man ohne Geodreieck einen rechten Winkel konstruieren kann.

14. Konstruiere ein gleichschenkliges Dreieck, bei dem der Thaleskreis über dem einen Schenkel den anderen Schenkel in seinem Mittelpunkt schneidet.

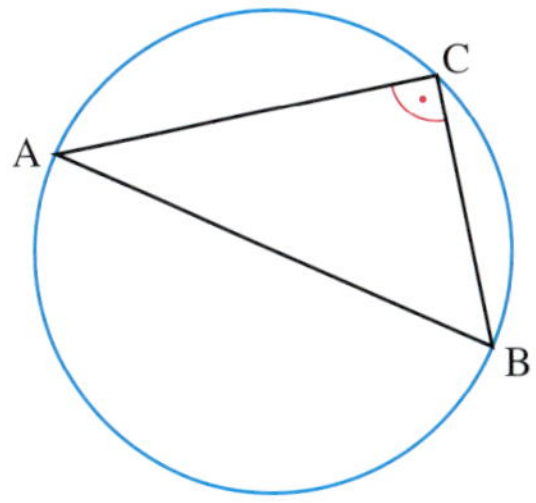

15. Der Thaleskreis ist gleichzeitig auch Umkreis des rechtwinkligen Dreiecks ABC. Für die Konstruktion des Umkreismittelpunktes eines beliebigen Dreiecks hast du einen Satz kennen gelernt. Erläutere Zusammenhänge.

16. Zeichne in einem Koordinatensystem mit der Einheit 1 cm einen Kreis um den Punkt M(10|6) mit dem Radius r = 3 cm. Konstruiere von P(4|3) [Q(10|1); R(16|6); S(6|8)] aus die Tangenten an den Kreis. Gib näherungsweise die Koordinaten der Berührungspunkte an.

17. Gegeben ist ein Punkt P und der Mittelpunkt M eines Kreises. Die Strecke $\overline{MP}$ soll 7 cm lang sein. Die beiden Tangenten von P an den Kreis sollen einen Winkel von 44° einschließen. Konstruiere den Kreis. Begründe dein Vorgehen.

18. Gegeben sind ein Kreis um den Punkt M mit dem Radius r sowie ein Punkt mit dem angegebenen Abstand von M. Konstruiere die Tangenten von P an den Kreis.

a) r = 3,3 cm; $\overline{MP}$ = 4,9 cm

b) r = 4,6 cm; $\overline{MP}$ = 6,1 cm

19. Gegeben sind zwei Punkte M_1 und M_2 mit $\overline{M_1M_2} = 9$ cm. Konstruiere einen Kreis um M_1 mit dem Radius $r_1 = 3$ cm und einen Kreis um M_2 mit dem Radius $r_2 = 2$ cm. Zeichne durch M_1 die Tangenten an den Kreis um M_2 und durch M_2 die Tangenten an den Kreis M_1.
Beschreibe dein Vorgehen.

20. Gegeben sind eine Gerade g und zwei Punkte A und B. Konstruiere nun durch B eine Gerade h derart, dass A sowohl von g als auch von h denselben Abstand hat.

21. **a)** Zeichne einen Winkel von 45° [110°] und drei Kreise, welche die beiden Schenkel des Winkels berühren.

b) Zeichne einen Winkel von 40° und einen Kreis mit dem Radius 2,5 cm, welcher die Schenkel des Winkels berührt.

22. Zeichne einen Kreis. Konstruiere Tangenten an den Kreis, die einen Winkel von 45° bilden.

23. Zwei Autobahnen kreuzen sich unter einem Winkel von 110°. Die Verbindung der beiden Autobahnen soll durch Kreisbögen hergestellt werden. Konstruiere.

1.5.2 Umkehrung des Satzes von Thales

Aufgabe 1

Zeichne eine 8 cm lange Strecke $\overline{AB}$. Zeichne nun mithilfe des Geodreiecks verschiedene rechte Winkel, deren Schenkel durch A bzw. B gehen.
Was vermutest du über die Lage der Scheitel?

Lösung

Wir vermuten:

Alle Scheitelpunkte der rechten Winkel, deren Schenkel durch die Punkte A bzw. B gehen, liegen auf einem Kreis mit der Strecke $\overline{AB}$ als Durchmesser.

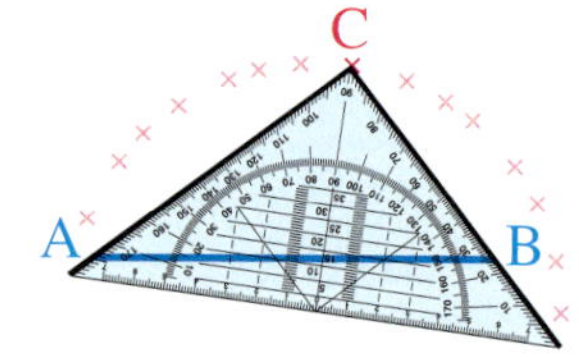

Information

(1) Umkehrung des Satzes von Thales

Jeder in Aufgabe 1 markierte Scheitel C bestimmt mit A und B ein rechtwinkliges Dreieck ABC. Wir können unsere Vermutung dann auch wie folgt formulieren:

Wenn ABC ein rechtwinkliges Dreieck mit $\gamma = 90°$ ist, dann liegt der Eckpunkt C auf dem Kreis über der Seite $\overline{AB}$ als Durchmesser.

Was hat diese Aussage mit dem Satz des Thales zu tun? Betrachte dazu Voraussetzung und Behauptung des Satzes und unserer Vermutung:

	Voraussetzung	Behauptung
Satz von Thales	Der Punkt C des Dreiecks ABC liegt auf dem Kreis mit $\overline{AB}$ als Durchmesser	Das Dreieck ABC ist rechtwinklig mit $\gamma = 90°$
Vermutung	Das Dreieck ABC ist rechtwinklig mit $\gamma = 90°$	Der Punkt C des Dreieck ABC liegt auf dem Kreis mit $\overset{\frown}{AB}$ als Durchmesser

Man erhält also unsere Vermutung, wenn man beim Satz des Thales Voraussetzung und Behauptung vertauscht. Man spricht deshalb auch von der Umkehrung des Satzes von Thales.

Umkehrung des Thalessatzes

Wenn ABC ein rechtwinkliges Dreieck mit $\gamma = 90°$ ist, dann liegt C auf dem Thaleskreis über der Seite $\overline{AB}$.

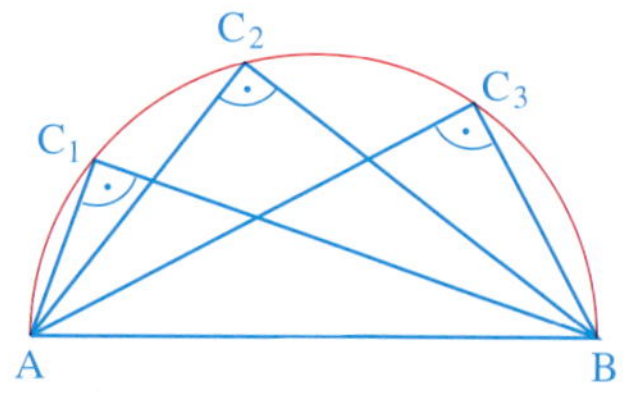

Die Umkehrung eines Satzes muss nicht wahr sein. Dies zeigt das folgende Beispiel:
Der Satz *Wenn in einem Viereck zwei Winkel rechte sind, dann besitzt das Viereck keinen überstumpfen Winkel* ist wahr.
Die Umkehrung dieses Satzes lautet:
Wenn ein Viereck keinen überstumpfen Winkel besitzt, dann besitzt das Viereck zwei rechte Winkel.
Diese Wenn-dann-Aussage ist falsch, wie das nebenstehende Parallelogramm zeigt.

Man muss also stets prüfen, ob die Umkehrung eines Satzes wahr ist, also selbst ein mathematischer Satz ist.

(2) Beweis der Umkehrung des Satzes von Thales

Liegt der Punkt C nicht auf dem Halbkreis über $\overline{AB}$, dann gibt es zwei Möglichkeiten:

(1) C liegt innerhalb des Thaleskreises.

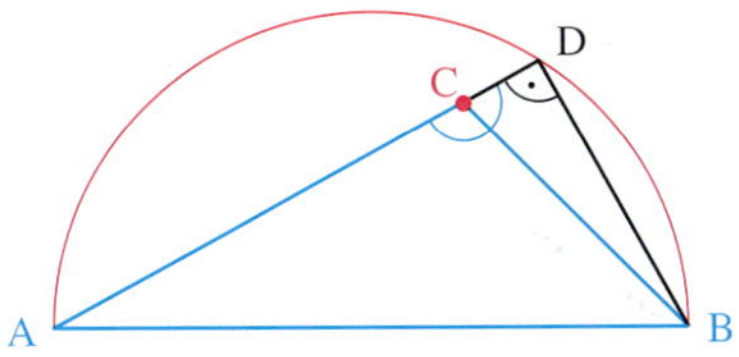

Das Dreieck BDC besitzt bei D einen rechten Winkel, also ist in diesem Dreieck nach dem Innenwinkelsatz der Innenwinkel bei C spitz. Dann ist aber der Winkel γ im Dreieck ABC stumpf: $\gamma > 90°$.

(2) C liegt außerhalb des Thaleskreises.

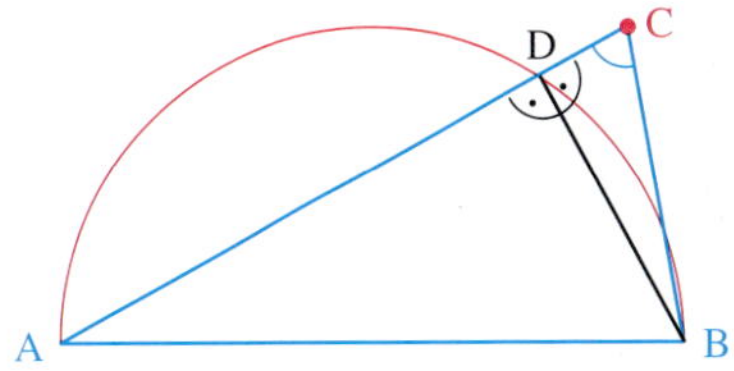

Das Dreieck ABD besitzt bei D einen rechten Winkel, ebenso das Dreieck BCD. Somit ist nach dem Innenwinkelsatz der Winkel γ bei C spitz: $\gamma < 90°$.

Liegt also der Punkt C *nicht* auf dem Halbkreis $\overset{\frown}{AB}$, dann ist das Dreieck ABC *nicht* rechtwinklig. Ist es aber rechtwinklig, dann muss C auf dem Halbkreis liegen.

(3) Umkehrung von Wenn-dann-Sätzen und genau dann-wenn-Sätze

Satz:
Wenn A, dann B.
Umkehrung:
Wenn B, dann A.

> Man erhält die Umkehrung eines Wenn-dann-Satzes, indem man Voraussetzung und Behauptung vertauscht.

Beispiel:

Wenn ein Viereck ein Sehnenviereck ist, dann sind gegenüberliegende Winkel zusammen 180° groß.
Umkehrung: Wenn in einem Viereck gegenüberliegende Winkel zusammen 180° groß sind, dann ist das Viereck ein Sehnenviereck.

Wenn zu einem Satz auch die Umkehrung wahr ist, so kann man den Satz und seine Umkehrung wie folgt zusammenfassen:

> Ein Dreieck ABC ist *genau dann* rechtwinklig mit $\gamma = 90°$, *wenn* der Punkt C auf dem Kreis mit der Seite $\overline{AB}$ als Durchmesser liegt.

Übungsaufgaben

2. Gegeben ist eine Strecke $\overline{AB}$.
Gesucht ist die Spur aller Punkte C, so dass das Dreieck ABC einen rechten Winkel bei C hat.
DGS Probiere mit einem dynamischen Geometrie-System. Versuche den Punkt C so zu bewegen, dass der Winkel stets 90° groß ist. Zeichne dabei die Spur.
Äußere eine Vermutung.

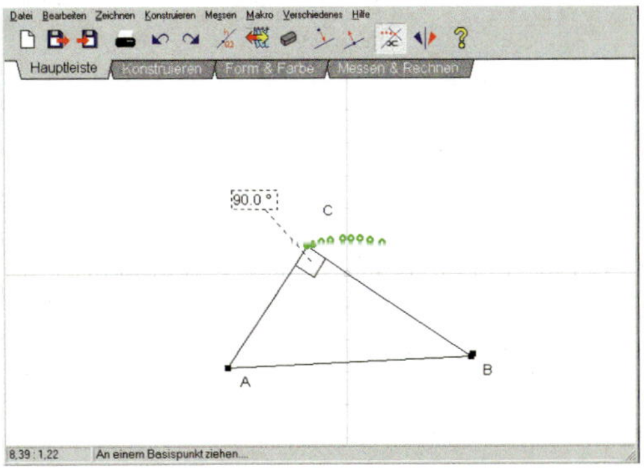

3. Zeichne ein beliebiges Viereck ABCD mit $\alpha = \gamma = 90°$. Warum liegen die Ecken des Vierecks auf einem Kreis?

DGS

4. Zeichne mit einem dynamischen Geometrie-System eine Strecke $\overline{AB}$ sowie einen Strahl $\overrightarrow{AD}$. Zeichne dann das Lot von B auf den Strahl $\overrightarrow{AD}$; der Schnittpunkt mit $\overrightarrow{AD}$ soll C heißen. Bewege nun den Punkt D und somit den Strahl $\overrightarrow{AD}$. Was kannst du über die Spur des Punktes C aussagen? Begründe.

5. Zeichne mit einer Münze oder einer Dose einen Kreis.
Finde mithilfe eines Geodreiecks (ohne Verwendung der Skalen) den Mittelpunkt des Kreises. Begründe dein Vorgehen.

6. Arbeitet in Gruppen.
Jeder zeichnet ein Dreieck ABC mit $\gamma = 90°$ und die Mittelsenkrechten der Seiten $\overline{AC}$ und $\overline{BC}$.
Vergleicht die Lage des Mittelpunktes des Umkreises.
Formuliert euer Ergebnis und begründet es.

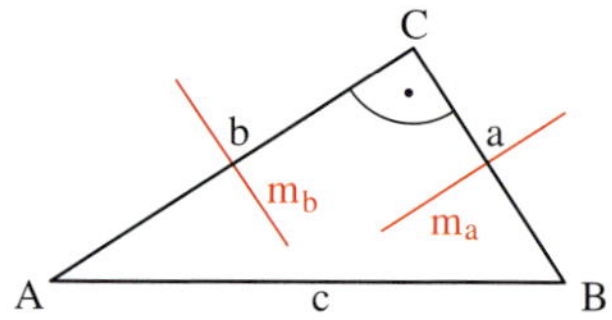

7. Im Bild rechts siehst du einen Richtscheit. Beschreibe ihn. Wie kann man mit dem Richtscheit prüfen, ob der Bogen ein Halbkreis ist?

8. Gib die Umkehrung des folgenden wahren Satzes an und widerlege ihn:
Wenn ein Sehnenviereck ein Rechteck ist, dann sind zwei gegenüberliegende Seiten parallel zueinander.

9. Gib zu folgenden Sätzen jeweils die Umkehrung an. Falls die Umkehrung falsch ist, widerlege sie.
(1) Wenn eine Zahl durch 10 (ohne Rest) teilbar ist, dann ist sie auch durch 5 teilbar.
(2) Wenn eine natürliche Zahl durch 6 (ohne Rest) teilbar ist, dann ist sie auch durch 3 teilbar.
(3) Wenn eine Zahl durch 2 und durch 3 teilbar ist, dann ist sie auch durch 6 teilbar.
(4) Wenn zwei natürliche Zahlen durch 7 (ohne Rest) teilbar sind, dann ist auch die Summe der beiden Zahlen durch 7 teilbar.
(5) Wenn eine Zahl a Teiler einer Zahl b ist, dann ist $a \leq b$.
(6) Wenn es regnet, dann ist die Straße nass.
(7) Wenn jemand 18 Jahre alt ist, dann ist er volljährig.
(8) Wenn Sonntag ist, dann ist schulfrei.

10. **a)** Gib jeden Satz in der Wenn-dann-Formulierung an. Notiere jeweils zunächst Voraussetzung und Behauptung.
(1) Für jeden Rhombus gilt: Gegenüberliegende Winkel sind gleich groß.
(2) Für jeden Rhombus gilt: Die Diagonalen halbieren die Innenwinkel.
(3) Für jeden Rhombus gilt: Die Diagonalen sind gleich lang und halbieren einander.
(4) Für jedes Parallelogramm gilt: Die Diagonalen halbieren einander.
(5) Für jedes Parallelogramm gilt: Gegenüberliegende Seiten sind gleich lang.
(6) Für jedes Drachenviereck gilt: Die Diagonalen sind senkrecht zueinander.
(7) Für jedes gleichschenklige Trapez gilt: Die Diagonalen sind gleich lang.

b) Notiere jeweils die Umkehrung der Sätze aus Teilaufgabe a). Falls die Umkehrung eine falsche Aussage ist, begründe dies.

1.6 Konstruktion von Dreiecken

Information

Was versteht man unter einer Konstruktion?

In Lexika findet man folgende Erklärung: eine Figur *konstruieren* bedeutet eine Figur nach vorgegebenen Größen oder vorgegebenen Eigenschaften zeichnen.
Dazu können wir verschiedene Werkzeuge verwenden:
(1) Lineal mit Messskala; Geodreieck mit Winkelskala; Zirkel.
(2) Dynamisches Geometrie-System.

Der griechische Philosoph Platon (um 400 v. Chr.) soll angeregt haben, die beim Konstruieren zu verwendeten Werkzeuge auf Zirkel und Lineal *ohne* Messskala einzuschränken (siehe Blickpunkt im Mathematikbuch für das 6. Schuljahr).

1.6.1 Konstruktion von Dreiecken unter Verwendung geometrischer Sätze

Aufgabe 1

Konstruiere ein rechtwinkliges Dreieck ABC mit c = 3,5 cm, $\alpha = 44°$ und $\gamma = 90°$.

Lösung

Vorüberlegung:

Der rechte Winkel γ liegt gegenüber der gegebenen Seite c. Der Punkt C ist der Schnittpunkt eines Schenkels des Winkels α mit dem Thaleskreis.

Planfigur

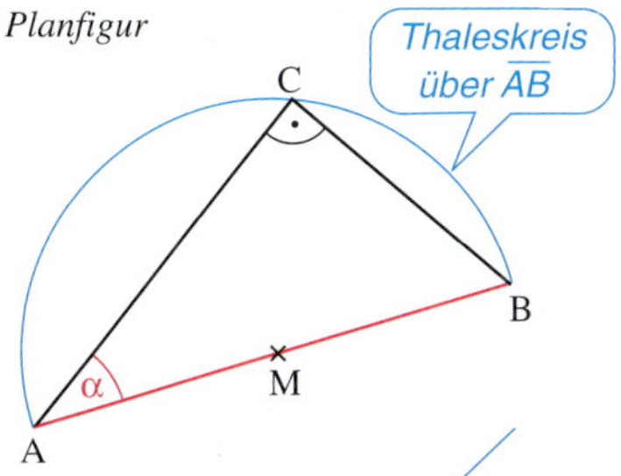

Konstruktionsbeschreibung:

(1) Zeichne eine Strecke $\overline{AB}$ mit c = 3,5 cm.
(2) Trage in A den Winkel α der Größe 44° an.
(3) Konstruiere über der Strecke $\overline{AB}$ den Thaleskreis.
Er schneidet den freien Schenkel des Winkels α im Punkt C.
(4) Verbinde B und C.

ABC ist das gesuchte Dreieck.

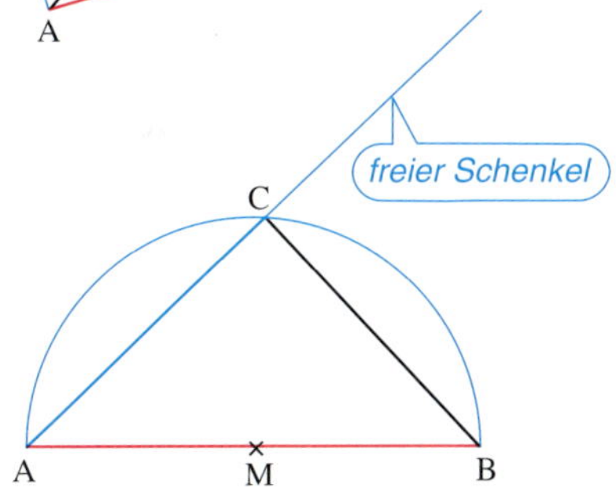

Rückblick:

Berechnet man mithilfe des Innenwinkelsatzes für Dreieck den Winkel β, so kann man das Dreieck ABC gemäß dem Kongruenzsatz wsw konstruieren. Mithilfe des Satzes von Thales kommt man ohne Winkelberechnung aus.

Weiterführende Aufgaben

ρ ist der Radius des Inkreises.

2. *Konstruktion eines Dreiecks mithilfe von Umkreis bzw. Inkreis*
Von einem Dreieck ABC sind zwei Stücke und der Umkreisradius r oder Inkreisradius ρ gegeben. Konstruiere das Dreieck.

a) c = 5,7 cm; b = 3,8 cm; r = 4,3 cm **b)** $\alpha = 37°$; $\gamma = 64°$; $\rho = 3,4$ cm.

Beschreibe die Konstruktion.

3. *Konstruktion eines Dreiecks mithilfe des Peripheriewinkel-Satzes*
Konstruiere ein Dreieck ABC aus $a = 5{,}6$ cm $b = 4{,}2$ cm $c = 7{,}4$ cm. Konstruiere nun das Dreieck ABC* mit $\gamma^* = \gamma$ und $a^* = 6{,}5$ cm.
Beschreibe die Konstruktion.

Übungsaufgaben

DGS

4. **a)** Konstruiere mithilfe eines dynamischen Geometrie-Systems ein Dreieck ABC mit $a = 8$ cm und $b = 3$ cm, dessen Umkreis einen Radius von 5 cm hat. Beende die rechts begonnene Konstruktion.
Wie viele verschiedene, nicht zueinander kongruente Dreiecke erhältst du?

b) Ändere in Teilaufgabe a) eine Seitenlänge ab, so dass die Konstruktionsaufgabe – abgesehen von Kongruenz – nur ein einziges Lösungsdreieck hat.

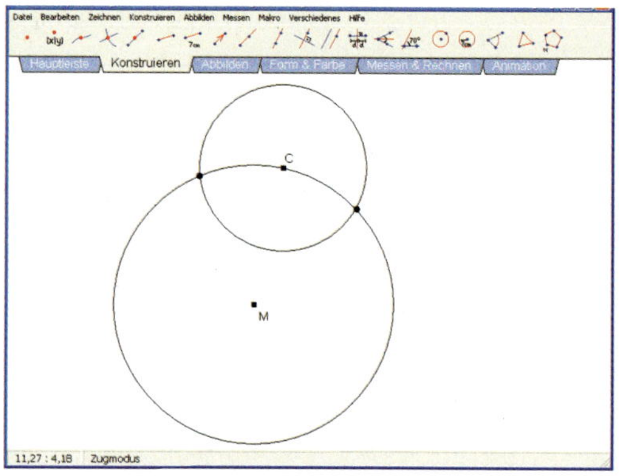

5. Konstruiere ein rechtwinkliges Dreieck ABC mit den angegebenen Größen. Beschreibe die Konstruktion.

a) $c = 5{,}4$ cm, $\beta = 37°$, $\gamma = 90°$
b) $a = 4{,}7$ cm, $\gamma = 63°$, $\alpha = 90°$
c) $b = 5{,}2$ cm, $\beta = 90°$, $\alpha = 52°$
d) $b = 6{,}3$ cm, $\gamma = 37°$, $\beta = 90°$

6. Konstruiere ein rechtwinkliges Dreieck ABC mit den angegebenen Größen. Beschreibe die Konstruktion.

a) $c = 6{,}0$ cm, $h_c = 2{,}5$ cm, $\gamma = 90°$
b) $c = 8$ cm, $h_c = 3$ cm, $\gamma = 90°$
c) $b = 6{,}4$ cm, $h_b = 2{,}3$ cm, $\beta = 52°$
d) $a = 4{,}7$ cm, $h_a = 1{,}9$ cm, $\alpha = 90°$

7. Konstruiere ein rechtwinklig-gleichschenkliges Dreieck ABC mit der Basis

a) $c = 4{,}7$ cm; **b)** $a = 5{,}1$ cm; **c)** $b = 6{,}4$ cm.

8. Von einem Dreieck ABC sind zwei Stücke und der Umkreisradius r gegeben. Konstruiere das Dreieck ABC. Beschreibe die Konstruktion.

a) $c = 5$ cm; $a = 4{,}5$ cm; $r = 3$ cm
b) $a = 3{,}5$ cm; $b = 2$ cm; $r = 4{,}5$ cm
c) $c = 4{,}8$ cm; $\alpha = 48°$; $r = 2{,}7$ cm
d) $b = 3{,}7$ cm; $\gamma = 55°$; $r = 2{,}5$ cm

9. Konstruiere ein Dreieck ABC aus den gegebenen Stücken.

a) $\gamma = 36°$; $\beta = 75°$; $\rho = 1{,}2$ cm
b) $\alpha = 28°$; $\gamma = 108°$; $\rho = 2{,}5$ cm

10. Konstruiere ein Dreieck ABC aus $c = 5$ cm; $b = 3{,}5$ cm; $a = 2{,}7$ cm.

a) Von welchen Punkten aus sieht man die Seite $\overline{AC}$ unter einem Winkel von 40° und die Seite $\overline{AB}$ unter einem Winkel von 30°?

b) Gibt es einen Punkt, von dem aus man alle drei Seiten unter demselben Winkel sieht?

11. Konstruiere, ohne fehlende Stücke zu berechnen, ein Dreieck ABC mit den angegebenen Größen. Beschreibe die Konstruktion:

a) $c = 4{,}5$ cm; $\gamma = 65°$; $\alpha = 49°$
b) $a = 5{,}4$ cm; $\alpha = 75°$; $\gamma = 35°$
c) $b = 3{,}9$ cm; $\beta = 54°$; $\alpha = 44°$
d) $c = 5{,}1$ cm; $\gamma = 125°$; $\beta = 34°$

12. Konstruiere ein Dreieck ABC aus den gegebenen Stücken. Beschreibe dein Vorgehen.

a) $c = 5$ cm; $h_c = 3$ cm; $\gamma = 50°$
b) $a = 4$ cm; $\alpha = 70°$; $h_a = 2{,}7$ cm
c) $c = 6$ cm; $h_c = 1{,}5$ cm; $\gamma = 130°$
d) $c = 4{,}5$ cm; $\alpha = 120°$; $h_a = 1{,}5$ cm

13. Führe folgende Konstruktion nacheinander aus:
(1) Konstruiere ein Dreieck ABC mit $c = 7{,}2$ cm, $b = 5{,}8$ cm und $\alpha = 45°$.
(2) Konstruiere nun der Umkreis des Dreiecks ABC.
(3) Wähle einen Punkt P auf dem Umkreis und konstruiere die Senkrechten zu den Dreieckseiten bzw. ihrer Verlängerungen durch P.

Was fällt dir auf? Wähle weitere Punkte auf dem Umkreis. Kannst du damit deine Vermutung bestätigen? Findest du auch eine Erklärung?

14. Führe nacheinander die folgenden Konstruktionen aus:
(1) Zeichne eine 7,6 cm lange Strecke $\overline{AB}$ und trage an $\overline{AB}$ in B den Winkel $\beta = 42°$ an.
(2) Konstruiere nun die Mittelsenkrechte zu $\overline{AB}$.
(3) Die Mittelsenkrechte zu $\overline{AB}$ schneidet den freien Schenkel von β im Punkt P. Zeichne um P einen Kreis durch B.
(4) Dieser Kreis soll der Umkreis eines Dreiecks ABC sein. Markiere den Punkt C und zeichne das Dreieck.
(5) Bestimme den Winkel γ.

15. Denke dir eine geometrische Figur aus und notiere die Konstruktionsbeschreibung. Lass deinen Nachbar bzw. deine Nachbarin die Konstruktion ausführen.

1.6.2 Konstruktion von Dreiecken aus Teildreiecken

Information

Bezeichnung von Längen besonderer Linien im Dreieck

(1) w_α, w_β und w_γ bezeichnen die Längen der drei Strecken auf den *Winkelhalbierenden* der Innenwinkel α, β bzw. γ im Dreieck.

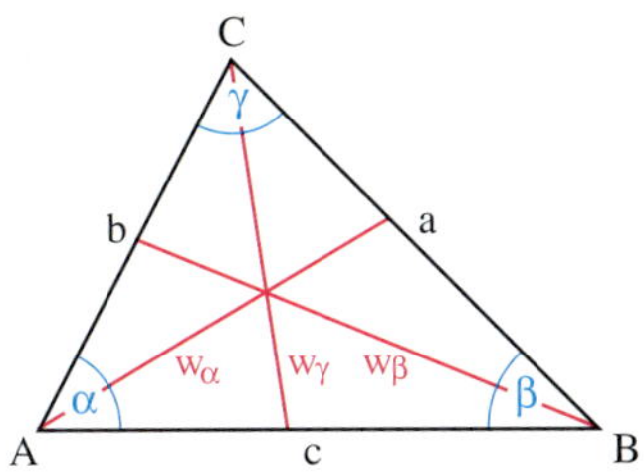

(2) s_a, s_b und s_c bezeichnen die Längen der drei *Seitenhalbierenden* im Dreieck.

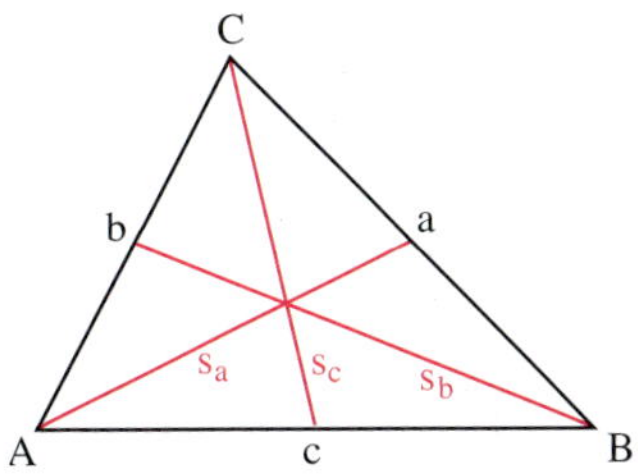

(3) h_a, h_b und h_c bezeichnen die Längen der drei *Höhen* im Dreieck.
Beachte: Eine Höhe kann auch außerhalb des Dreiecks liegen.

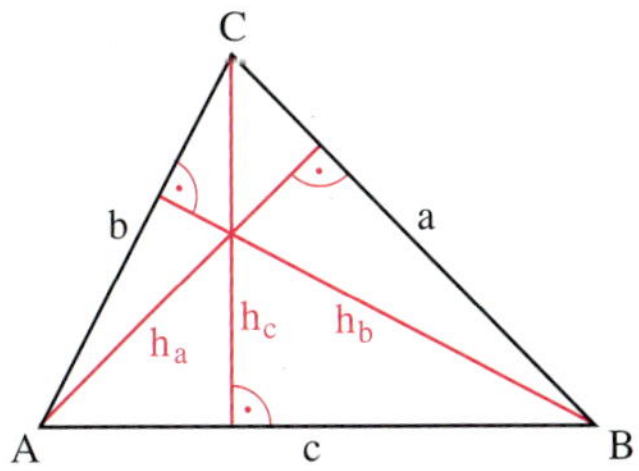

Aufgabe 1

Zeichne ein Dreieck ABC und beschreibe die Konstruktion.

a) $a = 5{,}5\text{ cm}$; $w_\beta = 6\text{ cm}$; $\gamma = 100°$ **b)** $a = 7\text{ cm}$; $b = 6\text{ cm}$; $s_b = 6\text{ cm}$

c) $a = 6\text{ cm}$; $c = 5{,}5\text{ cm}$; $h_c = 5\text{ cm}$

Anleitung: Lege eine Planfigur an und markiere gegebene Stücke farbig. Überlege, welches Teildreieck des gesuchten Dreiecks du aus den gegebenen Stücken konstruieren kannst.

Lösung

a) *Vorüberlegung:*

Man kann zunächst das Teildreieck DBC mit $w_\beta = 6\text{ cm}$, $a = 5{,}5\text{ cm}$ und $\gamma = 100°$ zeichnen (Kongruenzsatz Ssw).

Planfigur

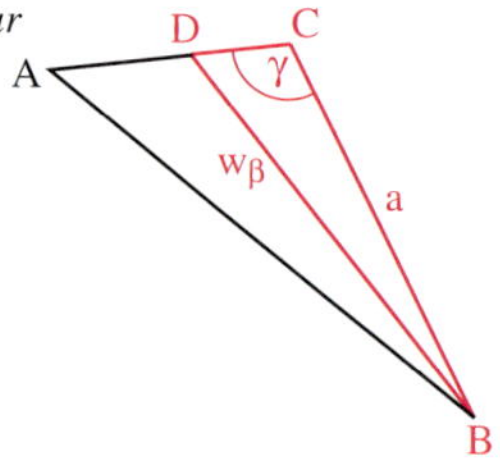

Konstruktion (Längen hier auf die Hälfte verkleinert):

(1)

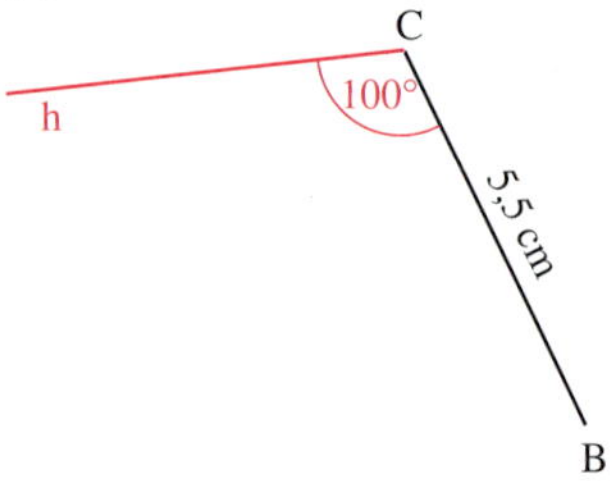

Zeichne die Seite $\overline{BC}$ mit $a = 5{,}5\text{ cm}$; trage C in den Winkel γ mit $\gamma = 100°$ an.
h ist der freie Schenkel des Winkels γ.

(2)

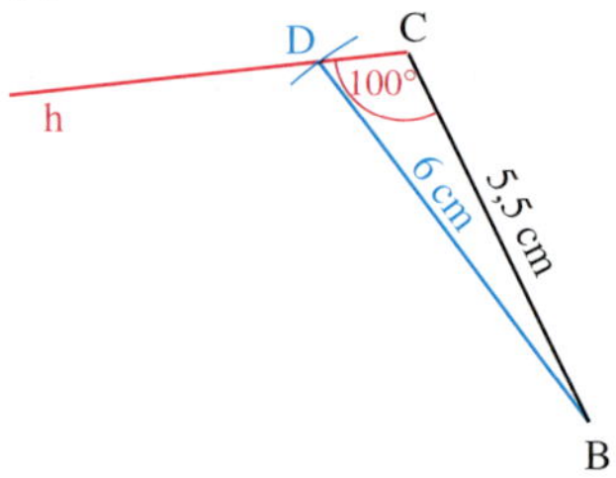

Zeichne um B den Kreis mit dem Radius 6 cm. Markiere den Schnittpunkt des Kreises mit h; nenne ihn D.

(3)

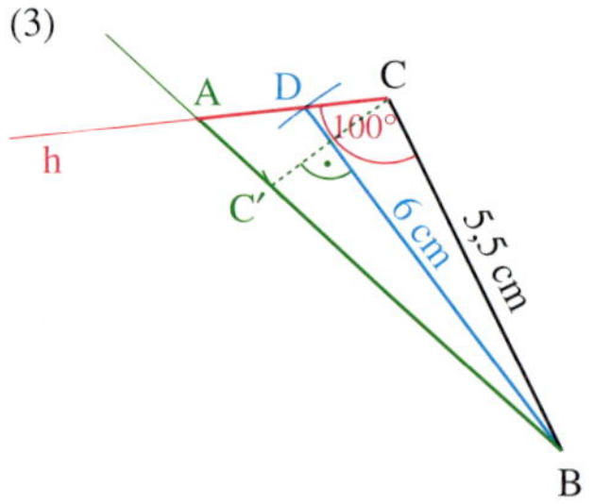

Verdoppele ∢CBD durch Spiegeln des Punktes C an der Geraden BD. Zeichne die Gerade BC′; ihr Schnittpunkt mit h ist der Punkt A.

b) *Vorüberlegung:*

Da mit b auch $\frac{b}{2}$ gegeben ist, kann man zunächst das Teildreieck BCD mit $a = 7\text{ cm}$, $\frac{b}{2} = 3\text{ cm}$ und $s_b = 6\text{ cm}$ nach dem Kongruenzsatz sss konstruieren.

Planfigur

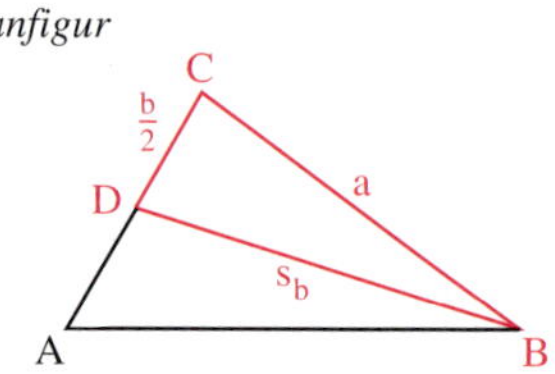

Konstruktion:

(1)

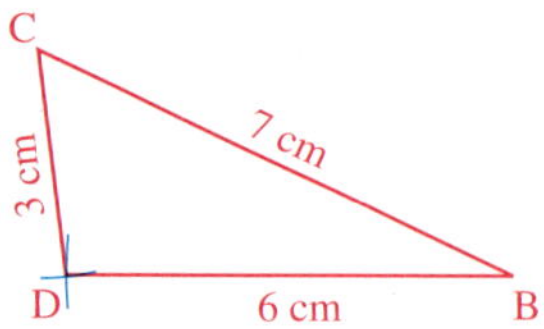

Zeichne Dreieck BCD mit $a = 7\text{ cm}$, $\frac{b}{2} = 3\text{ cm}$ und $s_b = 6\text{ cm}$.

(2)

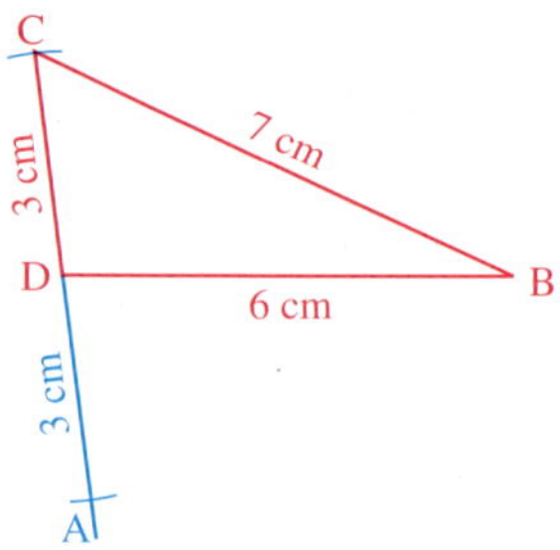

Verlängere $\overline{CD}$ über D hinaus. Zeichne den Punkt A so, dass $\overline{DA}$ 3 cm lang ist.

(3)

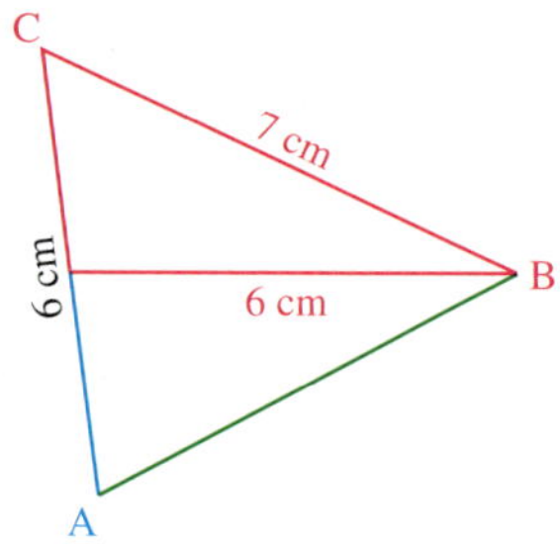

Zeichne die Seite $\overline{AB}$.

c) *Vorüberlegung:*

Man kann zunächst das bei D rechtwinklige Teildreieck DBC mit h_c = 5 cm und a = 6 cm zeichnen (Kongruenzsatz Ssw).

Planfigur

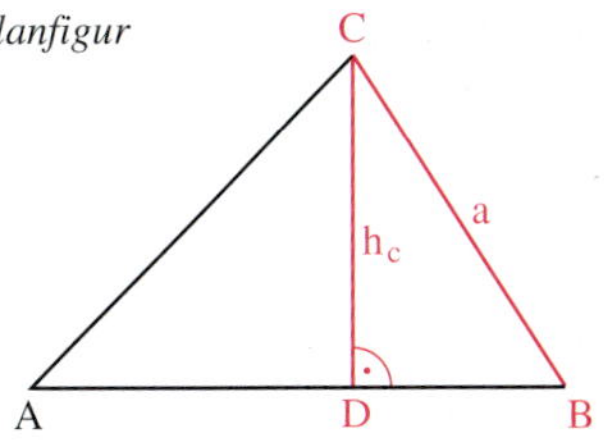

Konstruktion:

(1)

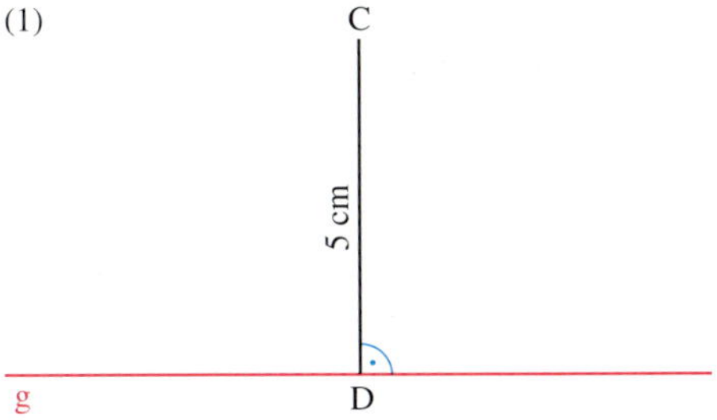

(2)

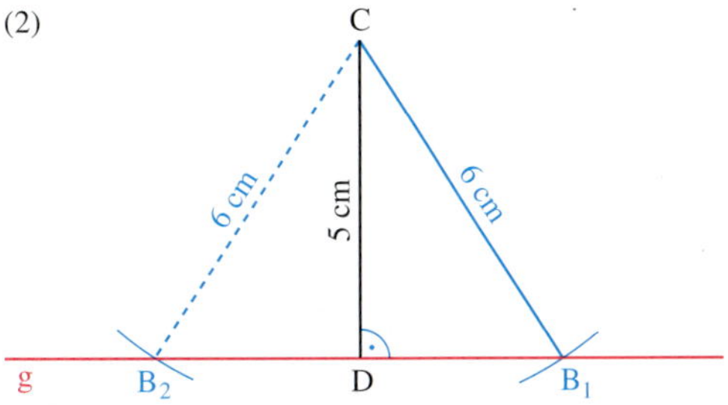

Zeichne die Strecke $\overline{DC}$ mit h_c = 5 cm; zeichne durch D die zu DC orthogonale Gerade g.

Zeichne um C den Kreis mit dem Radius 6 cm. Der Kreis schneidet die Gerade g in den beiden Punkten B_1 und B_2.

Man erhält also zwei Dreiecke, bei denen die Höhe h_c einmal innerhalb und einmal außerhalb des Dreiecks liegt.

1. Fall:
Die Höhe liegt innerhalb des Dreiecks.

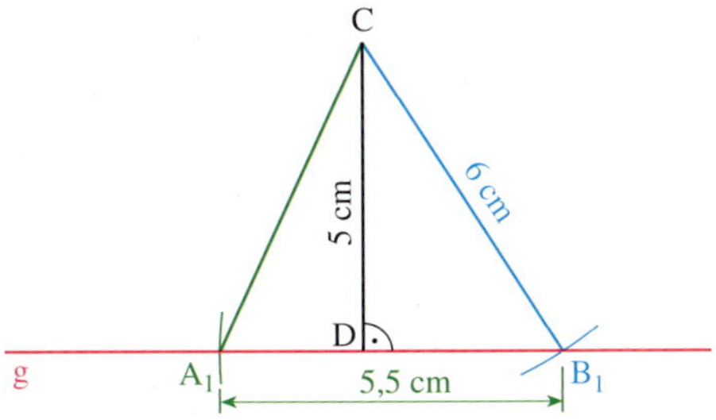

Verlängere die Strecke $\overline{B_1D}$ über D hinaus und trage auf ihr von B_1 aus die Strecke $\overline{A_1B_1}$ mit c = 5,5 cm ab.

2. Fall:
Die Höhe liegt außerhalb des Dreiecks.

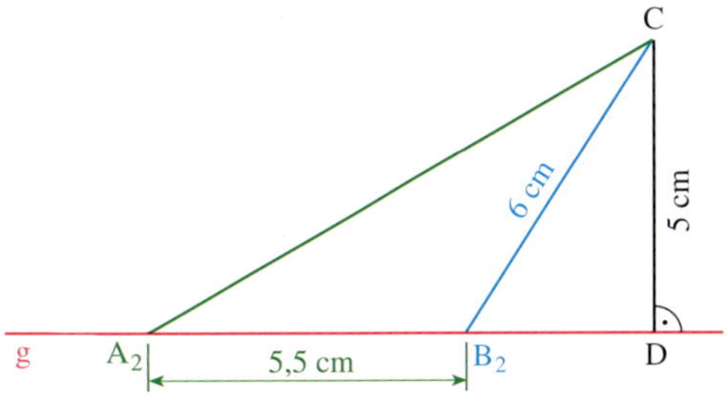

Verlängere die Strecke $\overline{DB_2}$ über B_2 hinaus und trage auf ihr von B_2 aus die Strecke $\overline{A_2B_2}$ mit c = 5,5 cm ab.

Information

In Aufgabe 1 haben wir ein Dreieck aus zwei so genannten Hauptstücken (Seitenlängen; Größe von Innenwinkeln) und einem Nebenstück (Höhe; Länge einer Seitenhalbierenden; Länge der Strecke auf einer Winkelhalbierenden im Dreieck) konstruiert.

Bei der Lösung haben wir folgende **Strategie** verwandt:

(1) Markiere in einem Dreieck ABC als Planfigur die gegebenen Größen.

(2) Suche ein Teildreieck, welches du aus den gegebenen Größen nach einem Kongruenzsatz konstruieren kannst.

(3) Ergänze dieses Teildreieck zu dem gesuchten Dreieck.

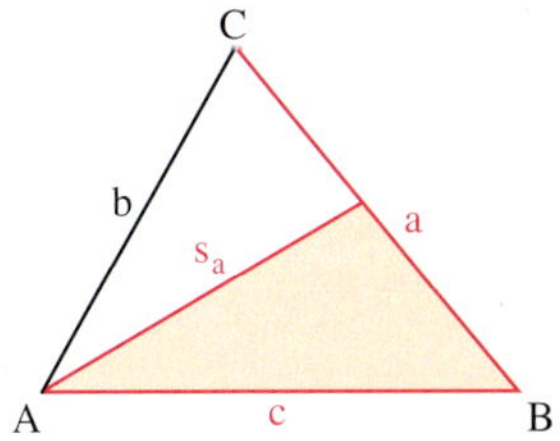

Übungsaufgaben

2. Konstruiere ein Dreieck ABC aus den gegebenen Stücken. Beschreibe die Konstruktion.

a) $b = 9$ cm; $a = 5$ cm; $h_b = 4$ cm
b) $a = 4$ cm; $b = 5$ cm; $h_c = 3$ cm
c) $a = 5{,}4$ cm; $\gamma = 54°$; $h_a = 3{,}7$ cm
d) $b = 8{,}1$ cm; $\gamma = 100°$; $h_c = 2{,}2$ cm
e) $\alpha = 54°$; $\gamma = 68°$; $h_b = 3{,}4$ cm
f) $b = 6{,}3$ cm; $h_a = 4{,}1$ cm; $\beta = 82°$

3. Konstruiere ein Dreieck ABC aus den gegebenen Stücken. Beschreibe die Konstruktion.

a) $a = 6{,}2$ cm; $\gamma = 125°$; $w_\gamma = 2{,}4$ cm
b) $b = 3{,}1$ cm; $\alpha = 80°$; $w_\alpha = 3{,}4$ cm
c) $a = 4{,}6$ cm; $\beta = 76°$; $w_\gamma = 4{,}9$ cm
d) $b = 6{,}5$ cm; $\gamma = 49°$; $w_\alpha = 5{,}1$ cm
e) $\alpha = 35°$; $\beta = 75°$; $w_\alpha = 6{,}1$ cm
f) $\beta = 120°$; $\gamma = 25°$; $w_\beta = 3$ cm

4. Konstruiere ein Dreieck ABC aus den gegebenen Stücken. Beschreibe die Konstruktion.

a) $a = 6$ cm; $c = 7$ cm; $s_a = 5$ cm
b) $a = 4{,}8$ cm; $b = 3$ cm; $s_a = 3{,}2$ cm
c) $c = 7$ cm; $\alpha = 114°$; $s_c = 4{,}1$ cm
d) $c = 6{,}3$ cm; $\alpha = 33°$; $s_b = 4$ cm

5. Konstruiere ein gleichschenkliges Dreieck ABC mit der Basis $\overline{AB}$. Beschreibe die Konstruktion.

a) $a = 6$ cm; $h_a = 4{,}5$ cm
b) $c = 4{,}8$ cm; $h_b = 3{,}8$ cm
c) $\alpha = 40°$; $h_a = 4{,}2$ cm
d) $c = 8{,}4$ cm; $h_c = 4{,}2$ cm
e) $h_c = 6$ cm; $\beta = 47°$
f) $w_\alpha = 5$ cm; $\alpha = 46°$
g) $w_\gamma = 4{,}3$ cm; $\gamma = 52°$
h) $a = 4{,}1$ cm; $s_c = 3{,}2$ cm
i) $a = 5{,}4$ cm; $s_a = 4{,}2$ cm

6. Konstruiere ein gleichseitiges Dreieck mit $h_c = 4{,}2$ cm. Beschreibe die Konstruktion.

7. Konstruiere ein rechtwinkliges Dreieck ABC mit $\gamma = 90°$ aus: $a = 3{,}7$ cm; $h_c = 2{,}1$ cm

8. Konstruiere ein Dreieck ABC aus den gegebenen Stücken.

a) $a = 8$ cm; $h_a = 7$ cm; $\alpha = 90°$
b) $b = 6{,}4$ cm; $h_b = 2{,}3$ cm; $\beta = 90°$
c) $c = 6{,}8$ cm; $\gamma = 105°$; $h_c = 1{,}8$ cm
d) $b = 4$ cm; $\beta = 46°$; $h_b = 2{,}1$ cm

ρ ist der Radius des Inkreises.

9. Konstruiere ein Dreieck ABC aus den angegebenen Größen. Beschreibe die Konstruktion.

a) $h_a = 4{,}2$ cm; $w_\alpha = 4{,}6$ cm; $\rho = 1{,}4$ cm
b) $c = 6{,}8$ cm; $\beta = 58°$; $\rho = 1{,}7$ cm
c) $\beta = 80°$; $h_c = 4{,}8$ cm; $\rho = 1{,}6$ cm
d) $\alpha = 54°$; $w_\alpha = 4$ cm; $\rho = 1{,}2$ cm

10. Ein Architekturbüro plant den Bau einer Fabrikhalle, das ein verglastes Sägedach wie rechts erhalten soll. Für die Dachkonstruktion werden dreieckige Metallrahmen benötigt. Die Neigungswinkel des Daches sollen 65° und 25° betragen. Das Dach soll 2,40 m hoch werden. Bestimme die Länge der einzelnen Teile, aus dem der Rahmen zusammengebaut wird.

11. Ein Haus mit Satteldach ist 8,60 m breit; ein Neigungswinkel des Daches soll 30° betragen. Der Dachraum soll in der Spitze 3,20 m hoch sein.
Wie groß muss der andere Neigungswinkel sein? Wie lang müssen die Dachsparren sein, wenn 30 cm Überstand vorgesehen ist?

1.7 Konstruktion von Vierecken

1.7.1 Konstruktion eines Vierecks mithilfe eines geometrischen Satzes

Aufgabe 1

Konstruiere ein Sehnenviereck ABCD mit c = 4,8 cm; d = 3,6 cm; $\delta = 123°$; $\alpha = 78°$. Beschreibe die Konstruktion.

Lösung

Vorüberlegung:

Aus den Stücken c, d und δ kann man das Dreieck ACD gemäß Kongruenzsatz sws konstruieren. Der Umkreis dieses Dreiecks ist auch der Umkreis des gesuchten Sehnenvierecks ABCD. Der Punkt B ist durch den freien Schenkel des Winkels α bestimmt.

Planfigur

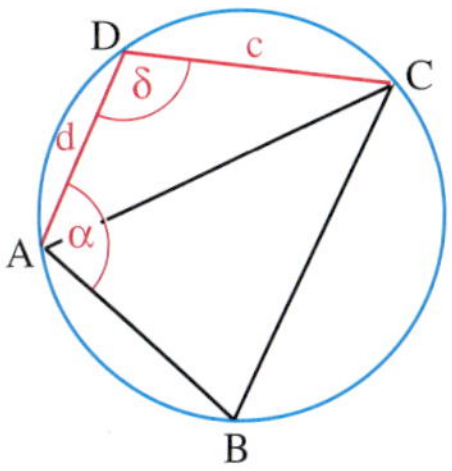

Konstruktionsbeschreibung:

(1) Konstruiere das Dreieck ACD aus c = 4,8 cm, d = 3,6 cm und $\delta = 123°$.
(2) Konstruiere die Mittelsenkrechten zu $\overline{DC}$ und $\overline{AD}$; ihr Schnittpunkt ist M.
(3) Zeichne um M den Umkreis des Dreiecks ACD.
(4) Trage an die Seite $\overline{AD}$ im Punkt A den Winkel α an.
(5) Der freie Schenkel von α schneidet den Umkreis in B. Verbinde A mit B und C mit B.

ABCD ist das gesuchte Sehnenviereck.

Konstruktion

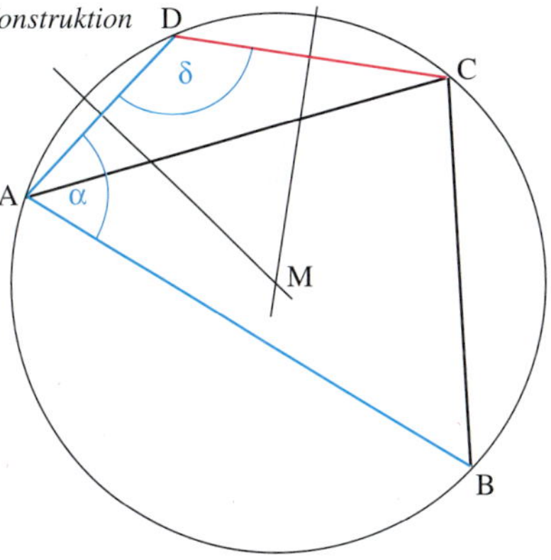

Übungsaufgaben DGS

2. **a)** Konstruiere ein Sehnenviereck ABCD mit a = 5 cm, c = 3 cm, d = 4 cm und $\alpha = 100°$. Beende die rechts begonnene Konstruktion.

b) Kannst du die Seitenlänge c so abändern, dass die Konstruktionsaufgabe unlösbar wird?

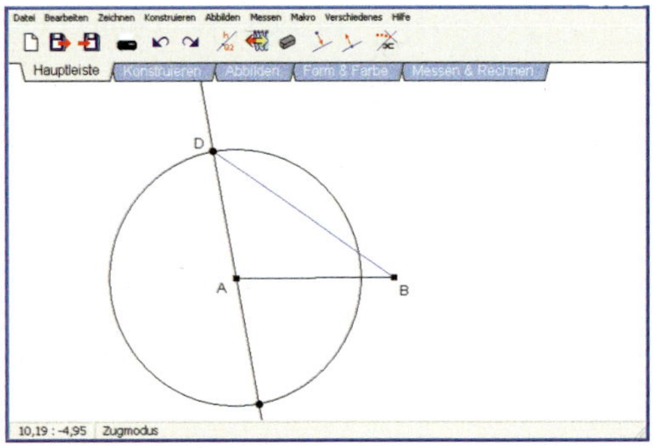

3. Konstruiere ein Sehnenviereck ABCD. Beschreibe die Konstruktion.

a) a = 7 cm; b = 5 cm; $\alpha = 70°$; $\beta = 80°$
b) a = 4,0 cm; b = 3,5 cm; c = 5,0; $\alpha = 115°$
c) a = 3,5 cm; b = 4,7 cm; c = 2,9 cm; $\beta = 80°$
d) a = 5,2 cm; b = 3,7 cm; $\gamma = 55°$; $\delta = 75°$

4. Konstruiere ein Sehnenviereck ABCD. Beschreibe die Konstruktion.

a) a = 4 cm; b = 5 cm; c = 7 cm; e = 8 cm
b) a = 4,9 cm; b = 3,4 cm; f = 6,2 cm; $\alpha = 105°$

r Radius des Umkreises

5. Konstruiere ein Sehnenviereck ABCD. Beschreibe die Konstruktion.

a) $b = 4{,}5$ cm; $d = 4{,}0$ cm; $\gamma = 99°$; $r = 3$ cm

b) $a = 4{,}0$ cm; $b = 3{,}5$ cm; $c = 4{,}5$ cm; $r = 2{,}8$ cm

c) $c = 3$ cm; $\beta = 75°$; $f = 5$ cm; $r = 4$ cm

d) $a = 4{,}2$ cm; $e = 6{,}8$ cm; $\gamma = 62°$; $r = 3{,}5$ cm

6. Konstruiere ein Rechteck ABCD aus $e = 5{,}0$ cm; $b = 1{,}8$ cm [$f = 6{,}4$ cm; $c = 5{,}1$ cm].

7. Denke dir eine Konstruktion aus und notiere sie. Lass deinen Nachbar bzw. deine Nachbarin sie ausführen.

1.7.2 Konstruktion von Vierecken mithilfe von Teildreiecken

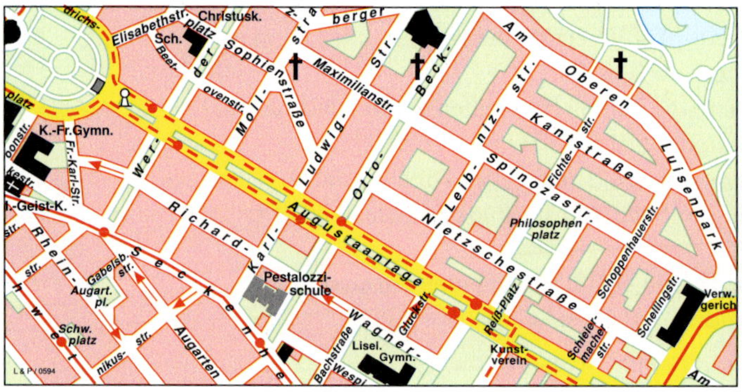

Auf dem Stadtplan entdeckst du Vierecke, insbesondere Vierecke, die von Straßen eingeschlossen werden. Nicht immer liegt eine Sonderform wie beispielsweise ein Rechteck vor.
Auf dem Foto rechts wird ein viereckiges Grundstück vermessen. Dabei will man mit möglichst wenigen Messungen auskommen.

Aufgabe 1

Drei Schülergruppen haben an einem Grundstück unterschiedliche Stücke gemessen:

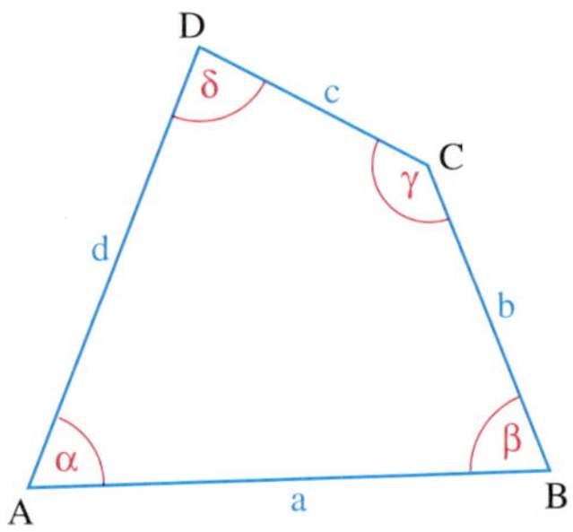

a) Die erste Schülergruppe hat drei Grundstücksgrenzen und zwei Winkel gemessen:

$a = 42$ m; $b = 29$ m; $c = 21$ m; $\beta = 55°$; $\gamma = 99°$

b) Die zweite Gruppe hat statt eines Winkels eine weitere Strecke gemessen:

$a = 42$ m; $b = 29$ m; $c = 21$ m; $d = 16$ m; $\beta = 55°$

c) Die dritte Gruppe versucht sogar, gänzlich ohne Winkelmessungen auszukommen:

$a = 42$ m; $b = 29$ m; $c = 21$ m; $d = 16$ m; $\overline{AC} = 35$ m

Versuche mithilfe einer Zeichnung die Größe der übrigen Stücke zu bestimmen. Beschreibe die Konstruktion.

Lösung

a) Wir wählen in der Zeichnung 1 mm für 1 m in der Wirklichkeit (Maßstab 1 : 1 000).

(1) Zeichne die Strecke $\overline{AB}$ der Länge a = 4,2 cm.

(2) Trage an die Strecke $\overline{AB}$ in B den Winkel β der Größe 55° an.

(3) Zeichne um B den Kreis mit dem Radius b = 2,9 cm. Er schneidet den freien Schenkel des Winkels β in C.

(4) Trage in C an die Strecke $\overline{BC}$ den Winkel γ der Größe 99° an.

(5) Zeichne um C den Kreis mit dem Radius c = 2,1 cm. Er schneidet den freien Schenkel des Winkels γ in D.

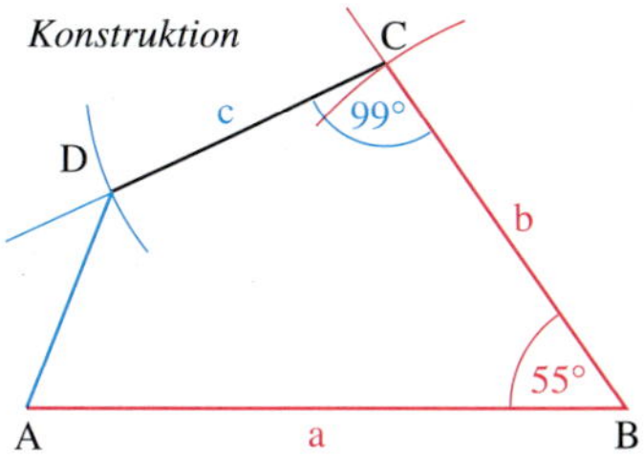

ABCD ist das gesuchte Viereck. Es gibt nur eine Lösung.

Wir messen: $\overline{AD}$ = d = 1,6 cm (also in Wirklichkeit 16 m); α = 67°; δ = 139°

b) (1) Zeichne die Strecke $\overline{AB}$ der Länge a = 4,2 cm.

(2) Trage an die Strecke $\overline{AB}$ in B den Winkel β der Größe 55° an.

(3) Zeichne um B den Kreis mit dem Radius b = 2,9 cm. Er schneidet den freien Schenkel des Winkels β in C.

(4) Zeichne um C den Kreis mit dem Radius c = 2,1 cm und um A den Kreis mit dem Radius d = 1,7 cm.
Beide Kreise schneiden sich in D_1 und D_2.

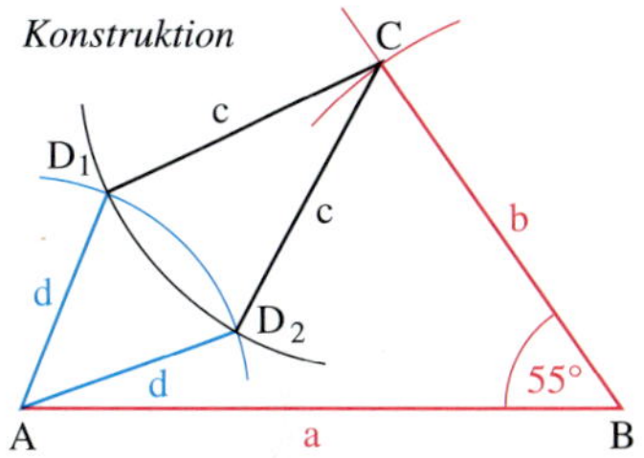

Wir erhalten hier zwei nicht zueinander kongruente Lösungsvierecke $ABCD_1$ und $ABCD_2$. Die genaue Form des viereckigen Grundstücks ist also durch die gegebenen Maße nicht eindeutig bestimmt.

Bei den gesuchten Größen der Innenwinkel α, γ und δ erhalten wir jeweils zwei Lösungen,

und zwar im Viereck $ABCD_1$: $\alpha_1 = 67°$; $\gamma_1 = 99°$; $\delta_1 = 139°$
und im Viereck $ABCD_2$: $\alpha_2 = 20°$; $\gamma_2 = 64°$; $\delta_2 = 221°$

c) (1) Zeichne eine Strecke $\overline{AB}$ der Länge a = 4,2 cm.

(2) Zeichne um den Punkt A einen Kreis mit dem Radius e = $\overline{AC}$ = 3,5 cm.

(3) Zeichne um B einen Kreis mit dem Radius b = 2,9 cm. Er schneidet den anderen Kreis im Punkt C.

(4) Zeichne um C den Kreis mit dem Radius c = 2,1 cm und um A den Kreis mit dem Radius d = 1,7 cm.
Beide Kreise schneiden sich in D_1 und D_2.

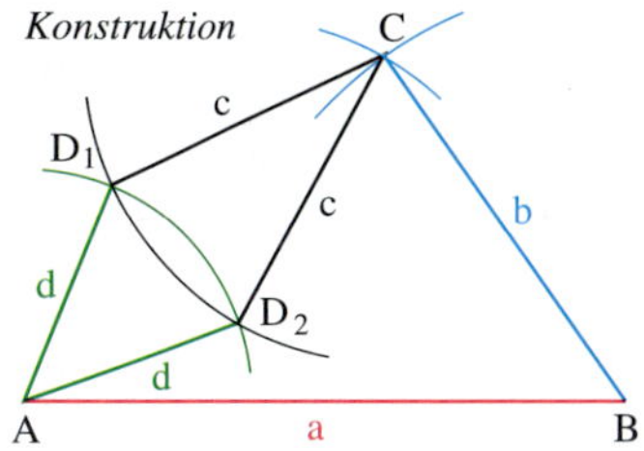

Auch hier erhalten wir wie in Teilaufgabe b) die zwei nicht zueinander kongruenten Vierecke $ABCD_1$ und $ABCD_2$ mit β = 55° und den dort angegebenen Winkelgrößen.

Information

Anzahl der notwendigen Stücke beim Konstruieren von Vierecken

Man kann die Konstruktion von Vierecken auf die von Dreiecken zurückführen. Durch Einzeichnen einer Diagonalen erhalten wir nämlich Teildreiecke.

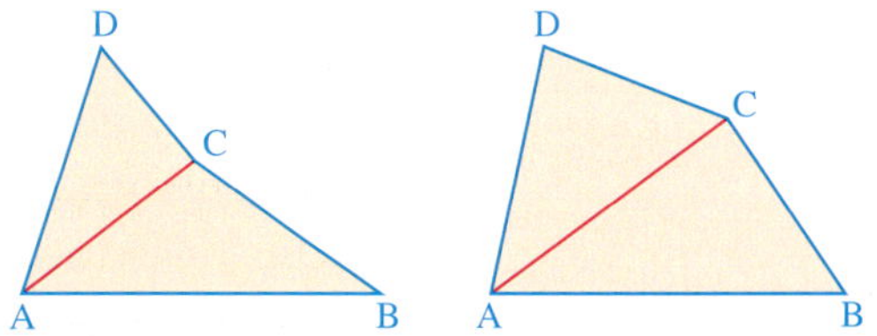

Wir wissen: Ein Dreieck ist durch die Angabe der Größe von *drei* geeigneten Stücken (sss, sws, Ssw, wsw) bis auf die Kongruenz eindeutig bestimmt, d. h. auch die übrigen Größen der Stücke sind dann festgelegt.

In der Lösung von Aufgabe 1 ist das Teildreieck ABC aufgrund des Kongruenzsatzes sws eindeutig konstruierbar. Damit ist auch die Länge der Seite $\overline{AC}$ festgelegt; sie ist sowohl Diagonale im Viereck ABCD als auch Seite im zweiten Teildreieck ACD.
Um dieses Teildreieck ACD und damit schließlich das Viereck ABCD zu konstruieren, benötigt man noch zusätzlich *zwei* weitere geeignete Stücke des Vierecks. Mithilfe von vier Stücken kann man also ein Viereck nicht eindeutig konstruieren, wir benötigen mindestens fünf Stücke.
In der Lösung war das Teildreieck ACD aufgrund des Kongruenzsatzes sws bzw. sss eindeutig bestimmt. Bei der Konstruktion des Vierecks erhielten wir im Falle (b) durch die beiden spiegelbildlich liegenden zueinander kongruenten Dreiecke jedoch zwei nicht zueinander kongruente Lösungsvierecke. Erst durch eine weitere Angabe wie z. B., dass das Viereck ABCD keine überstumpfen Winkel besitzt, erhält man nur *ein* Lösungsviereck.

> Zur eindeutigen Konstruktion eines Vierecks benötigt man im Allgemeinen fünf Stücke.

Übungsaufgaben

2. Um ein Dreieck eindeutig zu konstruieren, genügen drei geeignete Stücke. Untersuche, wie viele geeignete Stücke man für ein Viereck benötigt.

DGS **3.** Du weißt, dass ein Dreieck aus drei geeigneten Stücken bis auf Kongruenz eindeutig konstruierbar ist. Wie viele Stücke benötigt man für ein Viereck?
Zeichne dazu mit einem dynamischen Geometrie-System ein Viereck ABCD mit $\overline{AB} = 5$ cm, $\overline{BC} = 3$ cm, $\overline{CD} = 7$ cm und $\overline{AD} = 2$ cm. Stelle fest, ob seine Form eindeutig festliegt, indem du an einzelnen Punkten ziehst.

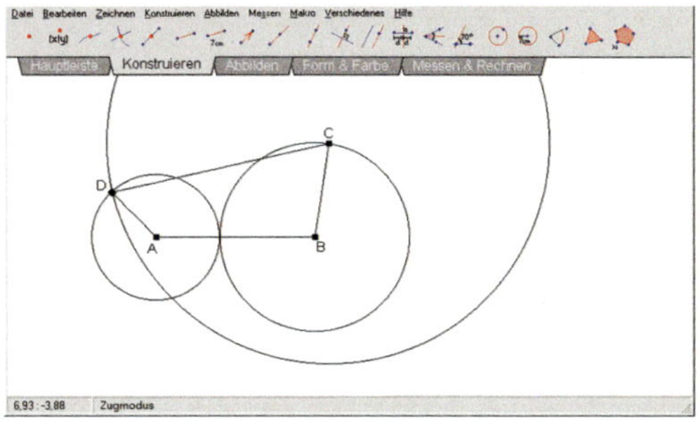

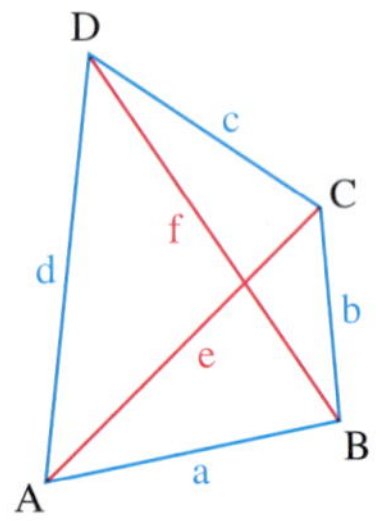

4. Hier gibt es nicht nur ein Lösungsviereck. Konstruiere; miss die übrigen Stücke.

a) b = 5,3 cm; c = 3,1 cm; d = 4,4 cm; f = 6,4 cm; β = 64°
b) a = 5,6 cm; b = 4,0 cm; c = 2,3 cm; d = 3,8 cm; α = 74°
c) a = 6,2 cm; b = 3,3 cm; c = 2,7 cm; α = 58°; β = 42°

Denke an die Planfigur!

5. Konstruiere ein Viereck ABCD aus den angegebenen Stücken.

a)	b)	c)	d)	e)	f)
a = 6 cm	a = 6,5 cm	a = 5,6 cm	b = 6 cm	c = 3,5 cm	c = 4 cm
b = 3,5 cm	d = 2,5 cm	b = 2,5 cm	c = 4,2 cm	d = 6,7 cm	γ = 75°
e = 4,5 cm	b = 4 cm	c = 3 cm	d = 5,5 cm	α = 110°	δ = 135°
d = 3 cm	α = 50°	d = 6,7 cm	β = 60°	β = 80°	e = 7 cm
α = 53°	β = 35°	e = 4 cm	γ = 50°	γ = 120°	f = 5 cm

Beschreibe die Konstruktion. Gib die Größe der übrigen Stücke durch Messen an. Bestimme auch den Flächeninhalt.

6. Das Waldstück rechts soll aufgeforstet werden. Damit die jungen Pflanzen nicht beschädigt werden, soll die Schonung eingezäunt werden.
Wie lang wird der Zaun?

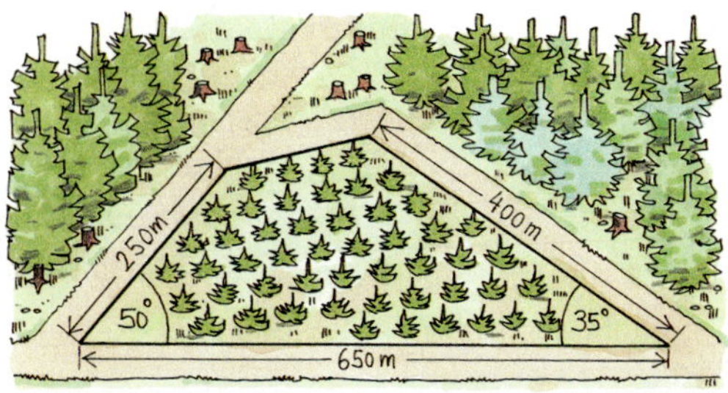

1.8 Vermischte Übungen

1. Gegeben ist eine 3,4 cm lange Strecke $\overline{AB}$. Konstruiere Kreise mit r = 2 cm [r = 1,7 cm] und $\overline{AB}$ als Sehne. Konstruiere die Tangenten an die Kreise in den Punkten A und B.

2. Zeichne einen Kreis mit dem Radius r = 3,7 cm und einen Punkt P im Abstand 6 cm vom Kreismittelpunkt. Konstruiere von P aus die Tangenten an den Kreis.

3. Die Strecken $\overline{AP}$ und $\overline{BP}$ heißen *Tangentenabschnitte.*
Zeichne einen Kreis mit dem Mittelpunkt M und dem Radius r = 3 cm. Konstruiere nun einen Punkt P außerhalb des Kreises so, dass die Länge der Tangentenabschnitte 4 cm beträgt.

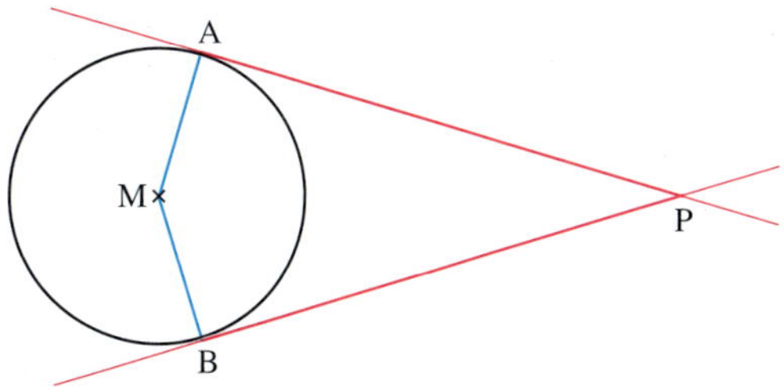

4. **a)** Zeichne eine Gerade g und einen Punkt Q auf g. Konstruiere einen Kreis durch Q mit der Geraden g als Tangente.

b) Zeichne zwei zueinander parallele Geraden g und h. Wähle einen Punkt P auf g. Konstruiere einen Kreis, der g in P berührt und dessen Mittelpunkt auf h liegt.

5. **a)** Zeichne einen Kreis und eine Sekante g [Passante g]. Konstruiere nun einen Kreis mit möglichst kleinem Radius, der sowohl den Kreis als auch die Gerade g berührt.

b) Zeichne zwei zueinander parallele Geraden g und h. Wähle einen Punkt P auf g. Konstruiere einen Kreis, der g in P berührt und dessen Mittelpunkt auf h liegt.

6. Betrachte die Figur rechts. Die beiden Tangenten t_1 und t_2 heißen *äußere Tangenten* an die beiden Kreise, die beiden Tangenten t_3 und t_4 *innere Tangenten.*
Zeichne zwei Kreise k_1 und k_2 mit $r_1 = 2{,}1$ cm und $r_2 = 1{,}3$ cm. Der Abstand der beiden Mittelpunkte soll 5,2 cm betragen.

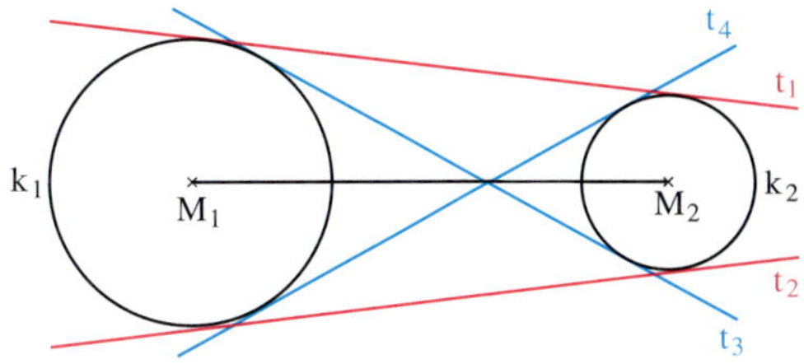

a) Konstruiere die äußeren Tangenten t_1 und t_2.
Anleitung: Zeichne zunächst einen Hilfskreis um M_1 mit dem Radius $r_1 - r_2$ und konstruiere die Tangenten von M_2 an diesen Kreis.

b) Konstruiere die inneren Tangenten t_3 und t_4.
Anleitung: Zeichne zunächst einen Hilfskreis um M_2 mit dem Radius $r_1 + r_2$ und konstruiere dann die Tangenten von M_1 an diesen Kreis.

7. Gegeben sind die Punkte A(4|6) und B(1|0). Konstruiere einen Kreis mit dem Radius r = 4,5 cm durch A und B.

a) Gegeben sind die Punkte A(0,5|3), B(6|1) und C(3,5|5). Konstruiere einen Kreis durch A, B und C.

c) Gegeben sind die Punkte A(0|2), B(5|0,5), C(1|5,5) und D(6,5|6). Der Mittelpunkt M des Kreises soll auf der Geraden CD liegen und durch die Punkte A und B gehen.

8. Zeichne einen Kreis und markiere einen Punkt P

a) außerhalb des Kreises; **b)** innerhalb des Kreises; **c)** auf dem Kreis.

Konstruiere nun einen zweiten Kreis, der durch den Punkt P geht und den ersten Kreis berührt.

9. Zeichne in ein Koordinatensystem mit der Einheit 1 cm einen Kreis um den Punkt $M(7|3)$ mit dem Radius $r = 3$ cm. Konstruiere von $P(1|0)$ [$Q(13|3)$] aus die Tangenten an den Kreis. Gib näherungsweise die Koordinaten der Berührpunkte an.

10. Gegeben ist das Dreieck ABC mit $A(2|4)$, $B(7|6)$ und $C(5|8)$.

a) Konstruiere den Umkreis; miss den Radius r.

b) Konstruiere den Inkreis; miss den Radius ρ.

11. In einer Wüste befinden sich drei Forschungsstationen A, B und C. Für ihre Entfernungen gilt: $\overline{AB} = 8$ km, $\overline{BC} = 6{,}1$ km, $\overline{AC} = 9{,}9$ km. Es soll ein Depot angelegt werden, von dem aus die drei Stationen versorgt werden können. Das Depot soll von den Stationen gleich weit entfernt sein. Bestimme diese Entfernung.

12. Konstruiere ein Dreieck ABC aus den angegebenen Größen (r = Radius des Umkreises; ρ = Radius des Inkreises).

a) $b = 4{,}3$ cm; $c = 2{,}7$ cm; $r = 3{,}4$ cm

b) $\alpha = 37°$; $\gamma = 64°$; $\rho = 1{,}4$ cm

c) $c = 5{,}2$ cm; $\beta = 58°$; $r = 3{,}2$ cm

d) $\alpha = 56°$; $\beta = 70°$; $\rho = 1{,}2$ cm

13. Hobbydrechsler müssen immer wieder exakt den Mittelpunkt von Rundhölzern bestimmen. Dafür verwenden sie einen so genannten Zentrierwinkel.
Erläutere, wie man mit diesem Gerät den Mittelpunkt eines Kreises bestimmen kann. Begründe auch.

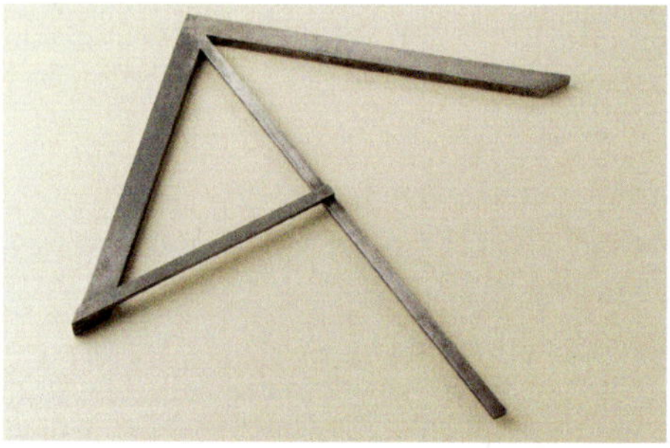

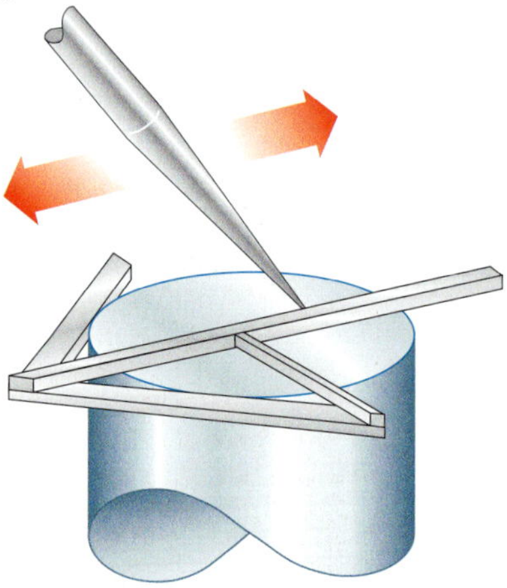

14. Durch eine punktförmige Lichtquelle L wird von einer Kugel mit dem Radius $r = 10$ cm ein Schatten auf dem Schirm S erzeugt.
Welchen Durchmesser hat der Schatten?

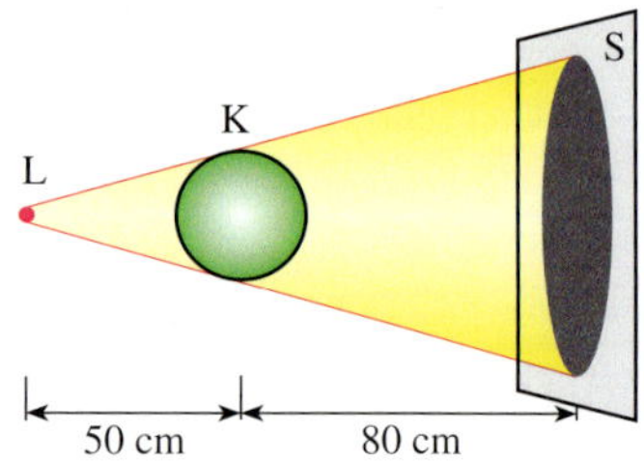

15. Zeichne einen Kreis mit dem Radius r = 3,2 cm und eine Passante g. Konstruiere Tangenten an den Kreis, die mit g einen Winkel von 30° bilden.

16. Untersuche, bei welchen Dreiecksarten die Mittelpunkte von Um- und Inkreis zusammenfallen.

17. Julian behauptet: Ich kann einen Punkt C auf dem Halbkreis über der Strecke $\overline{AB}$ finden, bei dem $\alpha + \beta$ möglichst groß ist.
Was meinst du dazu?

18. Zeichne ein beliebiges Dreieck. Konstruiere die Höhen durch die beiden Eckpunkte A und B. Die Fußpunkte der Höhen sollen D und E sein. Zeichne das Viereck ABDE.
Beweise: Das Viereck ABDE ist einen Sehnenviereck.

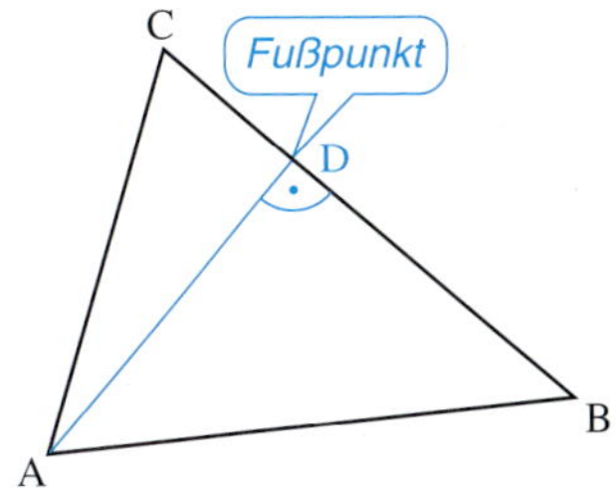

19. Im Dreieck ABC sei W der Mittelpunkt des Inkreises. Die Punkte D, E und F sollen die Berührpunkte der Seiten des Dreiecks ABC und des Inkreises sein.
Zeige: Die Vierecke ADWF, BEWD und CFWE sind Sehnenvierecke.

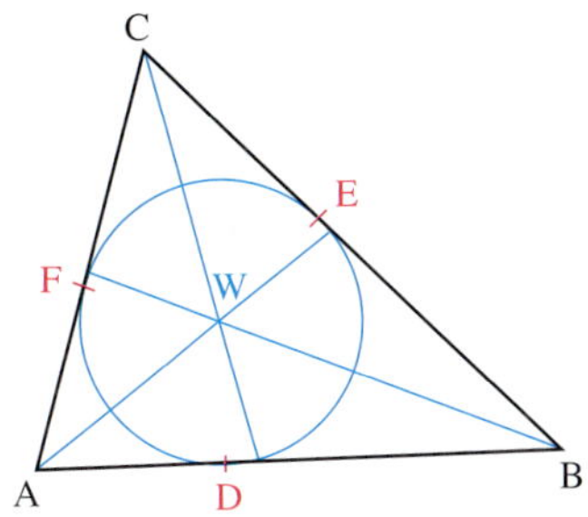

20. *Beweise:* Im Sehnenviereck schneiden die Winkelhalbierenden zweier Gegenwinkel den Umkreis in zwei Endpunkten eines Durchmessers. Dieser ist senkrecht zur Diagonalen durch die beiden anderen Viereckswinkel.

21. **a)** Gegeben sind in einem Koordinatensystem die Punkte A(6|9), B(8|6), C(10|3), D(0|5). Von welchen Punkten der Geraden CD sieht man die Strecke $\overline{AB}$ unter einem Winkel von 48°?

b) Gegeben ist ein gleichseitiges Dreieck. Von welchem Punkt aus sieht man alle drei Seiten unter dem gleichen Winkel?

22. Ein Viereck ABCD sei durch die Stücke a, b, c, d und e gegeben. Unter welcher Bedingung für diese Stücke gibt es genau ein, kein, zwei Lösungsvierecke?

23. Löse durch Konstruktion:
Eine 90 cm hohe Figur steht auf einem Podest, das selbst 1,70 m hoch ist.

a) Die Statue soll bildfüllend mit einer Kamera (Öffnungswinkel 45°) aus einer Augenhöhe von 1,80 m fotografiert werden. Welchen Abstand zur Figur muss man dazu wählen?

b) Für eine Stativaufnahme (Augenhöhe 1,60 m) soll die Statue bildfüllend unter einem möglichst großen Öffnungswinkel fotografiert werden. Welchen Abstand zur Figur muss man dazu wählen und wie groß ist dieser Öffnungswinkel?

24.

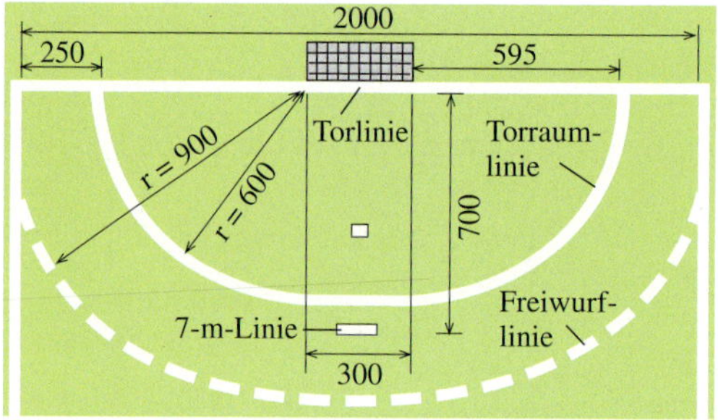

Beim Hallenhandball gibt es vor den Toren die Torraumlinie und die Freiwurflinie. Sie bestehen aus Kreisteilen und Strecken.

a) Beschreibe den Verlauf der Linien. Fertige eine Zeichnung an (1 m entspricht 1 cm)

b) Ist der Torwurf von allen Stellen der Torraumlinie gleich günstig?

c) Wo liegen alle Punkte, die denselben Wurfwinkel wie beim Siebenmeterwurf haben? Zeichne.

25. Berechne jeweils die markierten Winkel. Begründe dein Vorgehen.

a)

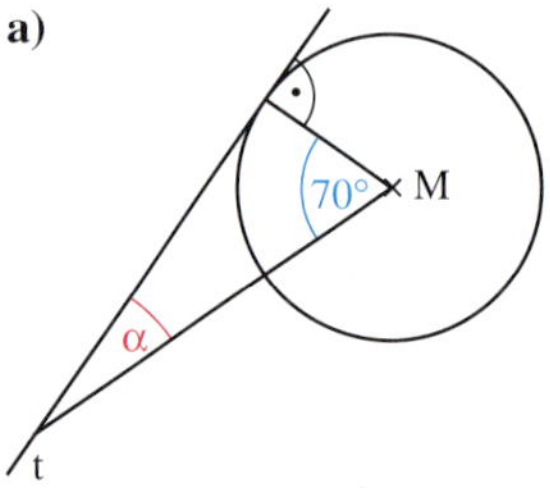

b)

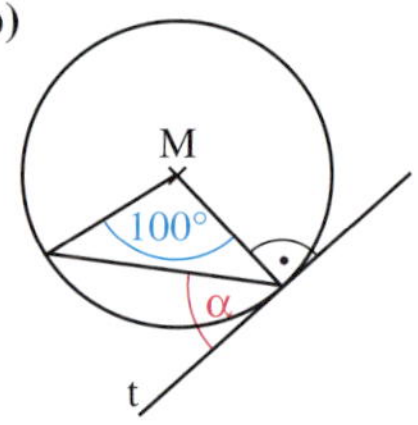

c)

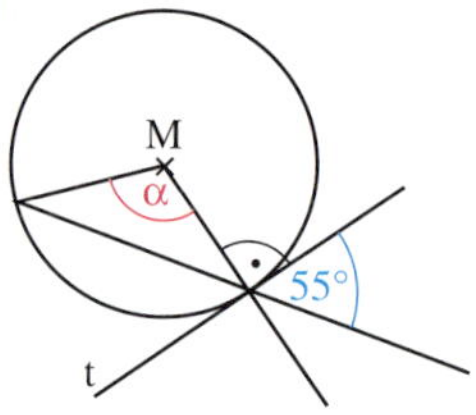

d)

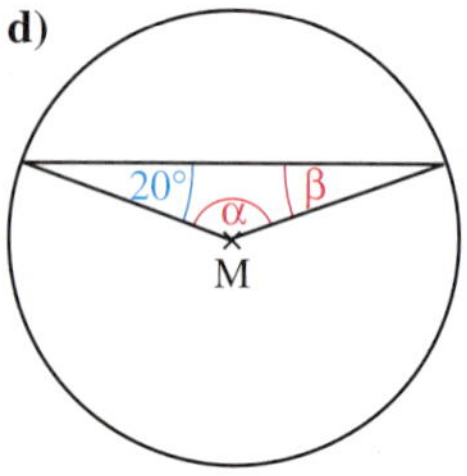

e)

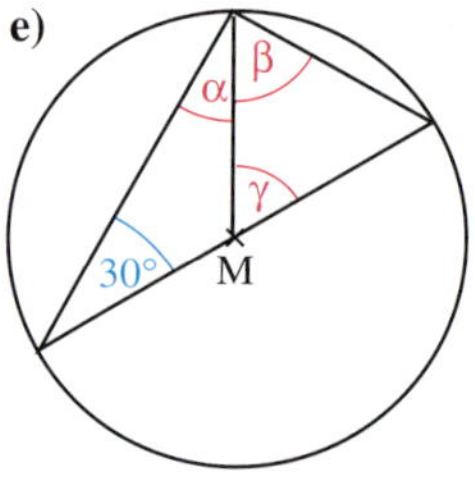

f)

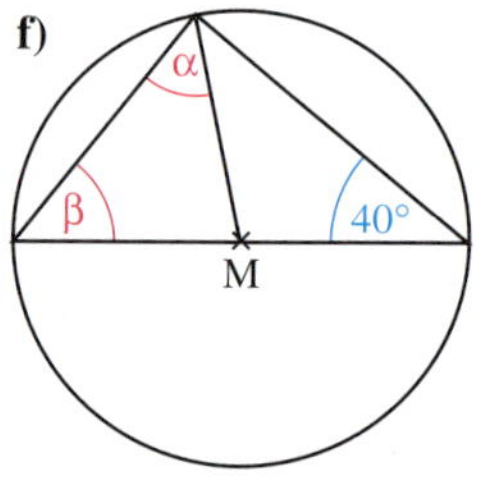

26. In den griechischen Theatern waren die Sitzreihen auf einem Kreis angeordnet.
Jan und Tim besuchen eine Aufführung in einem solchen Theater.
Jan sagt: „Wir setzen uns in die Mitte; da sieht man das Geschehen auf der Bühne besser.“
Tim entgegnet: „Wir können uns auch an die Seite setzen. Man sieht das Geschehen auf allen Plätzen der Sitzreihe gleich gut.“
Was meinst du dazu?

27. Beweise, dass in jedem gleichschenkligen Trapez die gegenüberliegenden Winkel zusammen 180° groß sind.

Bist du fit?

1. Gegeben ist in einem Koordinatensystem mit der Einheit 1 cm ein Kreis um den Punkt M(5|4) mit dem Radius r = 2,5 cm.

a) Konstruiere die Tangente an den Kreis im Punkt P(7|5,5).

b) Konstruiere die Tangenten an den Kreis, die zu der Geraden AB mit A(0|2) und B(7|0) parallel [senkrecht] sind.

c) Konstruiere vom Punkt O(0|0) die Tangenten an den Kreis.

2. Zeichne einen Kreis und eine Passante g des Kreises. Konstruiere einen zweiten Kreis, der denselben Mittelpunkt wie der erste Kreis hat und die Gerade g als Tangente besitzt.

3. Gegeben ist das Dreieck ABC mit A(1|1), B(8|3) und C(5|8). Konstruiere den Inkreis und den Umkreis des Dreiecks ABC. Gib jeweils den Mittelpunkt und den Radius an.

4. Konstruiere ein Dreieck ABC. Beschreibe die Konstruktion.

a) c = 4,2 cm; $\alpha = 67°$; r = 3,1 cm

b) b = 6,3 cm; $\gamma = 97°$; $\rho = 1,4$ cm

c) a = 4,7 cm; $\gamma = 63°$; $\alpha = 90°$

d) c = 6,0 cm; $h_c = 2,5$ cm; $\gamma = 90°$

5. Von einem Sehnenviereck ABCD sind gegeben: $\beta = 59°$; $\gamma = 108°$.
Berechne die Winkel α und δ.

6. Zeichne eine 2,5 cm lange Strecke $\overline{AB}$.

a) Konstruiere einen Kreis so, dass der zur Sehne $\overline{AB}$ gehörende Zentriwinkel 120° [150°; 90°] beträgt.

b) Konstruiere einen Kreis mit $\overline{AB}$ als Sehne, sodass für einen Peripheriewinkel γ über dem Bogen $\overset{\frown}{AB}$ gilt: $\gamma = 65°$ [$\gamma = 125°$].

7. Gegeben ist eine 2,7 cm lange Strecke $\overline{AB}$. Konstruiere alle Punkte, von denen man diese Strecke unter einem Winkel von 90° [30°] sieht.

8. Konstruiere ohne zu rechnen das Dreieck ABC aus c = 6,1 cm, $\alpha = 58°$ und $\gamma = 35°$.
Beschreibe die Konstruktion.

9. Konstruiere ein Sehnenviereck ABCD aus:

a) a = 4,2 cm; b = 3,8 cm; c = 2,9 cm; $\beta = 75°$

b) c = 4 cm; f = 5 cm; $\beta = 70°$; r = 4,5 cm

Beschreibe die Konstruktion.

10. Konstruiere ein Dreieck ABC aus:

a) c = 6,3 cm; b = 3,9 cm; $h_a = 3,2$ cm

b) a = 6,4 cm; $\beta = 118°$; $s_c = 7,8$ cm

c) a = 3,8 cm; $\beta = 112°$; $w_\gamma = 4,9$ cm

d) a = 3,9 cm; $\beta = 135°$; $h_a = 2,4$ cm

11. Ein Gebäude ist 19,50 m lang und 8,40 m breit. Von welchem Punkt sieht man beide Gebäudeseiten unter einem Winkel von 30°? Beschreibe dein Vorgehen.

Wahlthema
Maßstäbe und ihre Anwendungen

Maßstäbe

Viele Gegenstände können nicht in ihrer wirklichen Größe dargestellt werden, weil sie entweder zu groß sind, wie z. B. Türme, Bäume, Lkws, ..., oder zu klein, wie z. B. Bakterien, Viren und andere Mikroorganismen.

Der Dampfer ist 54 m lang.

Auf dem Bild hat der Dampfer eine Länge von 6 cm.

Das Bild ist eine Verkleinerung der Wirklichkeit.

Im Bild ist die Länge nur ein neunhundertstel der Länge des Originals.

Ein Pantoffeltierchen ist $\frac{1}{4}$ mm lang.

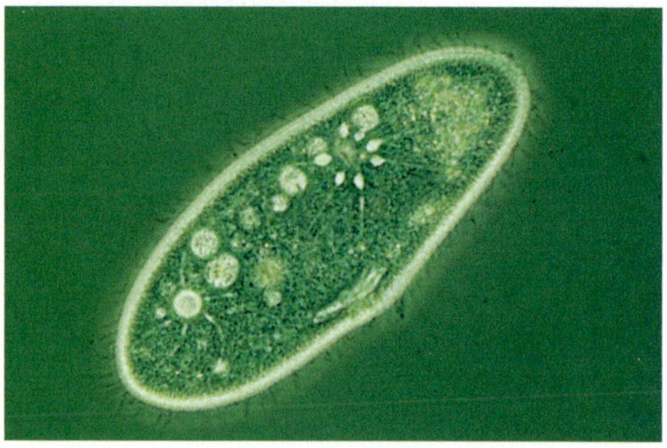

Auf dem Bild hat das Pantoffeltierchen eine Länge von 5 cm.

Das Bild ist eine Vergrößerung der Wirklichkeit.

Im Bild ist die Länge 200mal so groß wie im Original.

Man sagt:

Das Bild hat einen Maßstab von 1 : 900.

Das Bild hat einen Maßstab von 200 : 1.

Ein **Maßstab** gibt den Faktor an, mit dem ein Original vergrößert (verkleinert) wurde.

Maßstab 1 : 900 (gelesen: *eins zu neunhundert*) bedeutet:
1 cm auf dem Bild entspricht 900 cm = 9 m in der Wirklichkeit.

Im Bild hat also jede Strecke nur $\frac{1}{900}$ der Länge der Originalstrecke bzw. die Originalstrecke ist 900mal so lang wie die Strecke im Bild.

Das Original wurde mit dem Faktor $\frac{1}{900}$ verkleinert.

Maßstab 200 : 1 (gelesen: *zweihundert zu eins*) bedeutet:
200 mm auf dem Bild entspricht 1 mm in der Wirklichkeit.

Im Bild ist jede Strecke 200mal so lang wie in der Wirklichkeit bzw. in der Wirklichkeit hat jede Strecke nur ein zweihundertstel der Länge im Bild.

Das Original wurde mit dem Faktor $\frac{200}{1}$, also 200 vergrößert.

Landkarten

Aufgabe 1

Bei der Herstellung von Landkarten werden immer maßstäbliche Verkleinerungen genutzt. Auf dem abgebildeten Kartenausschnitt ist die Entfernung (Luftlinie) von Dresden und Zittau 5 cm. In Wirklichkeit beträgt sie 75 km.

a) Bestimme den Maßstab der Landkarte.

b) Wie groß wäre der Abstand auf einer Landkarte mit dem Maßstab
(1) 1 : 200 000; (2) 1 : 50 000?

Lösung

a) 5 cm entsprechen in der Wirklichkeit 75 km,
1 cm entspricht also 15 km, das sind 15 000 m = 1 500 000 cm,
d. h. die Landkarte hat einen Maßstab von 1 : 1 500 000.

b) (1) 1 cm entspricht auf der Karte 200 000 cm = 2 000 m = 2 km.
Dann sind 75 km auf der Landkarte 37,5 cm lang.

(2) 1 cm auf dem Bild entsprechen 50 000 cm in der Wirklichkeit,
d. h. 1 cm auf der Landkarte sind 0,5 km in der Realität.
Die Entfernung Zittau – Dresden wäre dann also 150 cm = 1,50 m lang.

Übungsaufgaben

2. Ein Stadtplan hat einen Maßstab von 1 : 15 000. Berechne die Entfernung zweier Orte voneinander, wenn die entsprechende Strecke auf dem Stadtplan folgende Länge hat:

a) 6 cm **b)** 2,5 cm **c)** 12,4 cm **d)** 6,8 cm **e)** 25,3 cm

3. Die Abbildung zeigt einen Ausschnitt des Stadtplanes von Dresden im Maßstab 1 : 50 000. Miss die Länge der folgenden Wege auf dem Stadtplan und berechne deren wirkliche Länge:
(1) Hauptbahnhof – Semperoper
(2) Rudolph-Harbig-Stadion – Eissporthalle
(3) Bahnhof Neustadt – Frauenkirche
(4) Hauptbahnhof-Kreuzkirche-Zwinger-Landtag – Bahnhof Neustadt

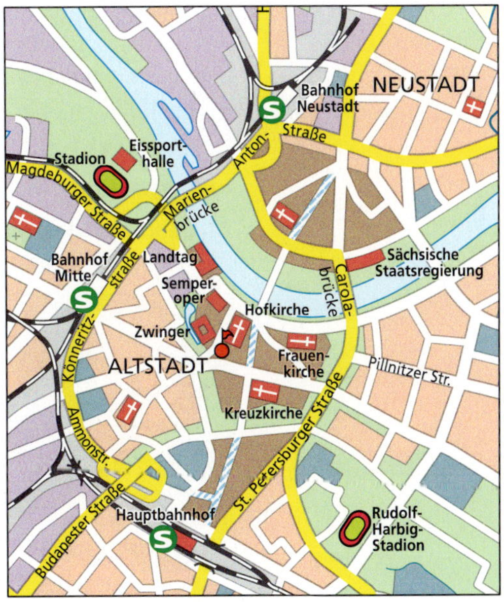

4. Eine topographische Karte des Spreeradweges im Maßstab 1 : 75 000 wird verwendet.
Wie lang ist die Strecke mit folgender Länge auf dieser Karte?

a) 60 km **c)** 0,6 km **e)** 750 m
b) 12,5 km **d)** 80 km **f)** 156 km

5. Im Handel werden verschiedene Kartenformate angeboten: Stadtpläne; Wanderkarten; Freizeitkarten; Radwanderkarten; Autoatlaskarten; Autobahnübersichtskarten; Weltkarten.
Informiere dich, welche Maßstäbe dafür verwendet werden.

6. Übertrage die Tabelle. Berechne die fehlenden Werte in der Tabelle.

Original	Bild	Maßstab
	7,5 cm	1 : 20 000
2 400 m		1 : 50 000
360 km	1,44 m	
600 m	12 mm	
	2,8 cm	1 : 2 000 000

7. In Zittau wird eine Gruppe aus der Partnerschule erwartet. Zu diesem Anlass wird eine „Stadtrallye“ mit verschiedenen Stationen entlang des Innenstadtringes (im Stadtplan markiert) vorbereitet.
Den Stadtplan haben die Schüler im Internet gefunden, auf dem aber kein Maßstab angegeben ist. Bekannt ist den Schülern die Entfernung zwischen Gymnasium (G) und Markt: 300 m.
Bestimme den Maßstab des Stadtplanes und berechne dann die Länge des Innenstadtringes.

8. Die Klasse 7 b plant eine Wanderung zum geografischen Mittelpunkt Sachsens. Zur Vorbereitung verwenden sie eine Wanderkarte mit dem Maßstab 1 : 30 000.
Mit dem Zug wollen sie zum Bahnhof Klingenberg fahren und von dort aus laufen. Die einzelnen Abschnitte für die Wanderung wurden gemessen. Die Gesamtlänge beträgt 16 cm.
Peter meint: „Das ist viel zu viel für eine Wanderung – denn wir müssen ja auch den Rückweg einplanen und haben nur 6 Stunden Zeit bis zur Rückfahrt mit dem Zug.“

a) Rechne nach; was meinst du? Welche Überlegungen sollten bei der Planung einer Wanderung außerdem eine Rolle spielen?

b) Berechne den Maßstab, den die abgebildete Karte hat.

c) Informiere dich über den geografischen Mittelpunkt Sachsens.
Wie wurde er bestimmt?

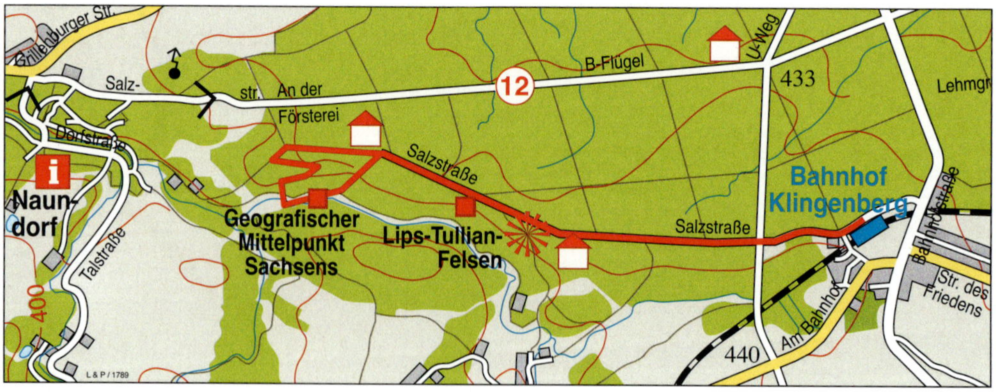

Zeichnungen und Baupläne

1. Petra bekommt nach dem Umzug ein eigenes Zimmer. Sie hat das neue Zimmer und die vorhandenen Möbel gemessen und alle Werte in einer Skizze eingetragen. Bevor das Zimmer eingeräumt wird, will sie sich genau überlegen, wohin die Möbel gestellt werden. Hilf ihr dabei.

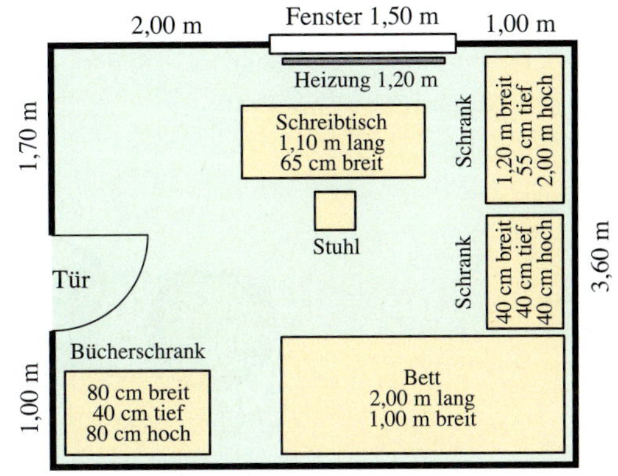

a) Zeichne den Grundriss im Maßstab 1 : 20 auf Millimeterpapier. Zeichne die vorhandenen Möbelstücke im gleichen Maßstab und schneide sie aus. Fertige einen Vorschlag für die Zimmereinrichtung an.

b) Petra darf sich zur Ergänzung noch Möbel aussuchen. Sie hat sich für eine Couch, einen kleinen Tisch, ein Regal und eine große Grünpflanze entschieden. Informiere dich über mögliche Maße dieser Teile, zeichne sie dann und vervollständige den Einrichtungsvorschlag.

2. Der Wohnungsgrundriss ist im Maßstab 1 : 100 gezeichnet.
Entnimm der Zeichnung die Maße und berechne die Wohnfläche.

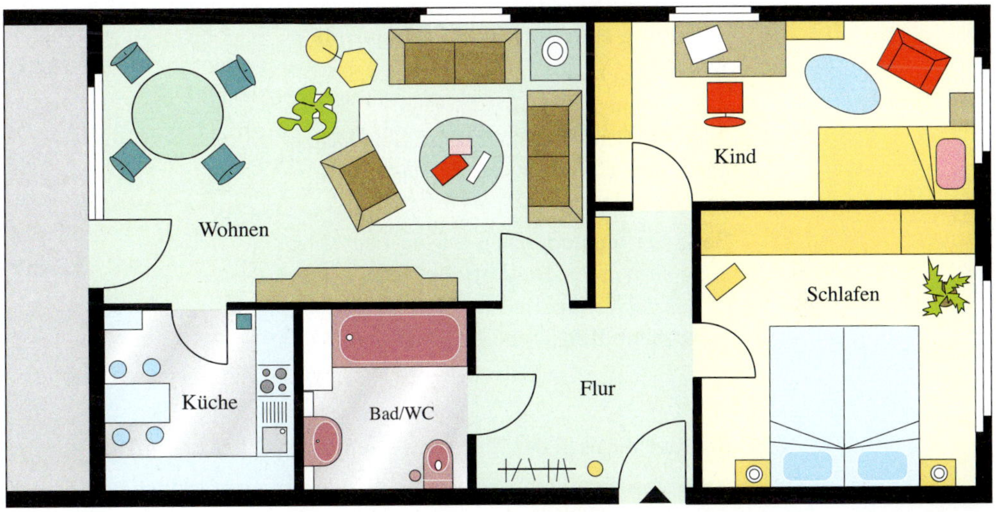

3. Die Zeichnung zeigt den Plan eines Gartens. Es ist bekannt, dass der Garten 30 m lang ist und die größte Breite 18 m beträgt.

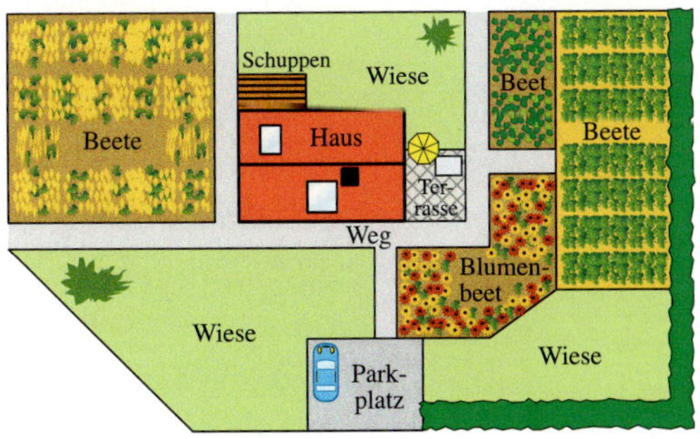

a) Bestimme den Maßstab, in dem die Zeichnung angefertigt wurde.

b) Ermittle die Größe der einzelnen Flächen: Haus, Schuppen und Terrasse, Parkplatz, Wiese, Beete, Wege.

c) Welcher Teil des Gartens wird für Beete genutzt?

Vergrößern und Verkleinern

1. Das Logo in Bild 1 wurde für ein Spiel- und Sportfest entworfen. Es soll auf Einladungen, Aushängen, Urkunden, … erscheinen. Dazu wird es in verschiedenen Größen benötigt.

Bild 1

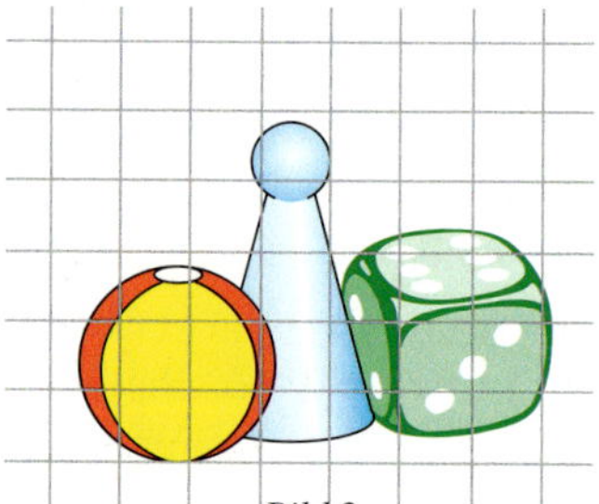
Bild 2

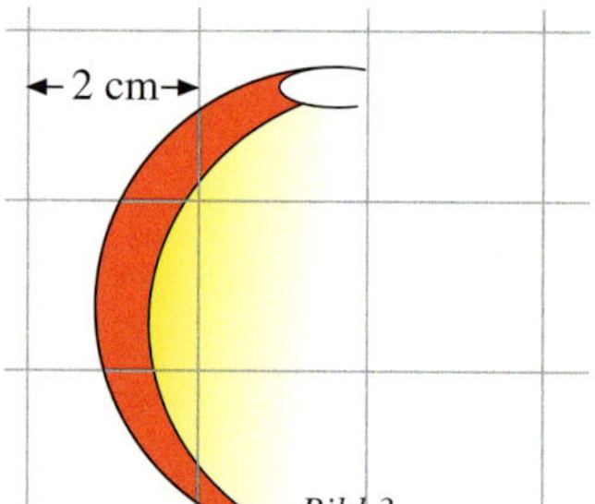

Bild 3

a) Welche Möglichkeiten gibt es, die Vorlage zu vergrößern oder zu verkleinern?

b) Übertrage das Logo mithilfe von Transparentpapier auf ein kariertes Blatt (Bild 2). Verwende nun wie in Bild 3 ein Blatt, auf dem die Quadrate des Rasters eine Seitenlänge von 2 cm haben. Vergrößere das Logo so wie es die Abbildung zeigt.

Ein bekanntes Hilfsmittel zum Vergrößern und Verkleinern von Zeichnungen ist der **Storchschnabel** (*Pantograph*).

Anleitung zum Bau eines Pantographen

Benötigt werden:
4 lange und 2 kurze Lochleisten
(z. B. aus dem Holz- oder Metallbaukasten)
passende Schrauben (S), ein Nagel (N)
ein Gummisauger (G), ein Bleistift (B)

Baue den Pantographen wie in der Abbildung zusammen. Bewege den Nagel auf den Linien der Vorlage, der Bleistift zeichnet das vergrößerte Bild.

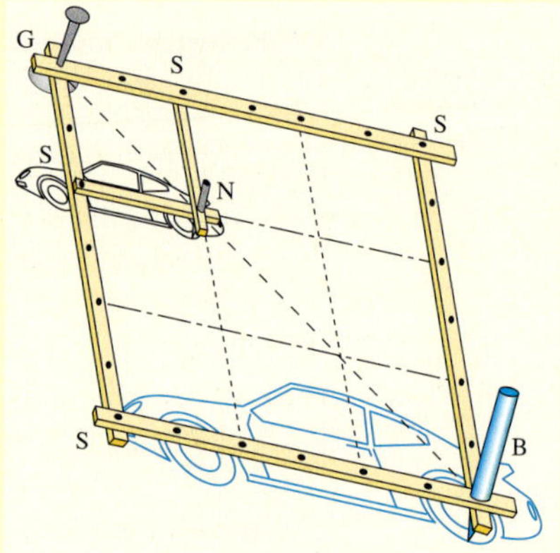

2. a) Baue dir nach der Anleitung einen Storchschnabel und vergrößere das Logo aus Aufgabe 1?

b) In welchem Verhältnis stehen die Längen von Original und Bild zueinander?

c) Wie kann die Größe des Bildes durch „Umbau“ des Storchschnabels verändert werden?

3. Mit dem Pantograph kann eine Zeichnung auch verkleinert werden.
Überlege, wie du dazu vorgehen musst. Probiere es dann aus.

4. Am einfachsten ist es, die Vorlage mithilfe des Computers oder des Kopierers zu bearbeiten. Kopierer haben verschiedene Einstellungen. Probiere aus, wie sich dein Bild verändert, wenn du 120 %, 141 % oder 200 % bzw. 71 % oder 85 % einstellst. Berechne jeweils den Maßstab.

5. Das Logo soll auch stark vergrößert auf eine Leinwand gemalt werden, um dann im Schulhaus auf die Veranstaltung hinzuweisen.
Erläutere eine Möglichkeit, wie diese Idee umgesetzt werden kann.

Modelle

Um eine bessere Vorstellung zu gewährleisten, reichen Zeichnungen nicht immer aus. Sehr häufig werden dann maßstabsgerechte Modelle angefertigt. Diese sind heute nicht nur in Museen und bei Stadtplanungen zu finden, sondern auch in vielen Freizeiteinrichtungen.
So ist zum Beispiel in der Miniwelt in Lichtenstein bei Zwickau eine große Auswahl bekannter Bauwerke zu betrachten.

1. **a)** Der Eiffelturm war ohne Aufbauten 300 m hoch, in der Miniwelt hat er eine Höhe von 12 m. In welchem Maßstab ist er angefertigt worden?

b) Im gleichen Maßstab wie in Teilaufgabe a) wurde das Modell vom Gewandhaus Zwickau gebaut.
Es hat eine Länge von 2,27 m, eine Breite von 0,82 m und ist 1,75 m hoch.
Wie groß ist das Gebäude in der Wirklichkeit?

c) Wie hoch sind in diesem Park die Modelle des Völkerschlachtdenkmals und der Dresdner Frauenkirche?

2. Die Sehenswürdigkeiten der Sächsischen Schweiz wurden aus Sandstein in einer Anlage im Dorf Wehlen nachgebaut. Dort findet man auch ein Modell der berühmten Basteibrücke.
Es wurde im Maßstab 1 : 175 gebaut.
Informiere dich über die Größe der Basteibrücke und berechne die Maße des Modells.
Informiere dich über weitere dort ausgestellte Attraktionen.

3. Die beliebtesten Modelle sind für viele die Modelleisenbahnen. Die am weitesten verbreitete Größe wird mit H0 bezeichnet und entspricht einem Maßstab von 1 : 87. Gebräuchliche Größen für Modelleisenbahnen sind auch TT und N.
Informiere dich, welchem Maßstab diese Bezeichnungen entsprechen.
Ein moderner ICE hat eine Länge von 200,32 m.
Berechne die Größe des entsprechenden Modells für H0-, TT- und N-Anlagen.

4. Peter ist ein großer Modelleisenbahnfan. Gemeinsam mit seinem Vater bastelt er oft an der H0-Anlage. Von seinem Großvater bekommt Peter ein besonders wertvolles Geschenk: ein Modell der ersten deutschen Dampflok „Adler“. Das Modell ist 862 mm lang.
Wie lang war diese Dampflok in Wirklichkeit?

5. Zu einer Modelleisenbahnanlage gehören nicht nur Züge; oft sind sie in besonders schönen Landschaften unterwegs. In einer H0-Anlage fahren die Züge über ein Modell der Göltzschtalbrücke.
Berechne die Höhe des Modells.

Projektvorschläge

1. Neben den Eisenbahnen werden im Format H0 auch Straßenbahnen, Busse und Mini-Trucks angeboten. Außerdem gibt es eine ganze Reihe von Gebäuden und Anlagen, die eine Modelleisenbahnanlage komplettieren.
Fertige ein Modell deines Wohnhauses in H0 an, komplettiere durch Außenanlagen, Straßen ...
Baut aus den einzelnen Teilen eure Wunschanlage.

2. Baut ein Modell der Schule und ihrer Umgebung im Maßstab 1 : 87 (H0) und vervollständigt es durch Fahrzeuge u.ä. in gleichem Format.
(Vielleicht lasst ihr ja auch eurer Phantasie freien Lauf und eine Straßenbahn bis vor die Schule fahren...?)

3. In Sachsen gibt es viele Einrichtungen, in denen Modelle von bekannten Bauwerken, Tiere u.ä. gezeigt werden, z.B. der Saurierpark in Kleinwelka oder das „Klein-Erzgebirge" in Oederan.
Bildet Gruppen und erstellt eine Übersicht über diese Einrichtungen:
   - wo befinden sie sich
   - was wird gezeigt
   - Besonderheiten, Empfehlungen
   - Öffnungszeiten und Eintrittspreise
   - Veranstaltungen

4. Fertigt für den nächsten „Tag der offenen Tür" einen Bastelbogen von Schule und/oder Turnhalle an bzw. von einzelnen Räumen.
Sammelt mithilfe der Modelle gute Ideen für die Verschönerung und Umgestaltung des Schulhofes oder die Umgestaltung des Speise- oder Clubraumes.

5. Mithilfe von Mikroskopen können die kleinsten Bausteine unseres Körpers – die Zellen – sichtbar gemacht werden. Ebenso gelingt es, Bakterien, Viren, Einzeller, ... darzustellen.
Mikroskopische Zeichnungen helfen dabei, den Aufbau und die Funktionsweise besser zu verstehen.
Noch anschaulicher sind Modelle.
Wähle geeignete Materialien aus und baue ein Modell für eine Zelle.

2. RATIONALE ZAHLEN

Von der Wetterkarte kennst du Zahlen, die mit einem Minuszeichen geschrieben werden (*negative Zahlen*).

- Was bedeuten negative Zahlen bei Temperaturangaben?
- Welche Informationen kannst du der abgebildeten Wetterkarte entnehmen?

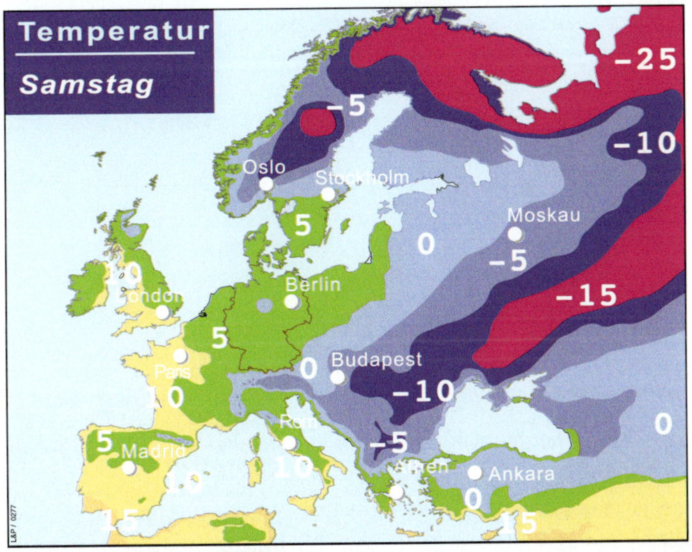

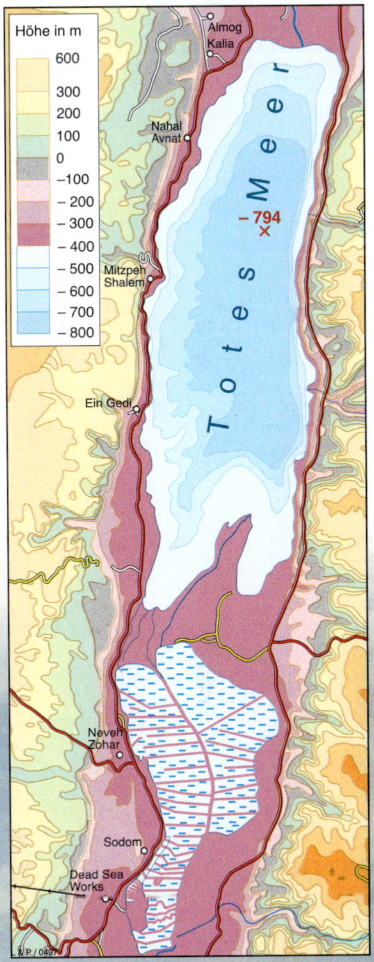

Das Tote Meer ist ein Salzsee zwischen Israel und Jordanien. Der Wasserspiegel des Toten Meeres ist mit etwa 408 Metern unter dem Meeresspiegel (*Normalnull*) die tiefstgelegene Wasseroberfläche der Welt. Nach Westen und Osten steigt das Ufer steil zu ausgedehnten Berg- und Hochländern an.

- Was bedeuten negative Zahlen in der Karte rechts?
- Welche Informationen kannst du der Karte des Toten Meeres entnehmen?
- Kennst du noch andere Beispiele aus dem Alltagsleben, in denen negative Zahlen verwendet werden?

In diesem Kapitel lernst du das Beschreiben von Situationen mit negativen Zahlen und das Rechnen mit ihnen kennen.

2.1 Negative Zahlen – Rationale Zahlen

Aufgabe 1

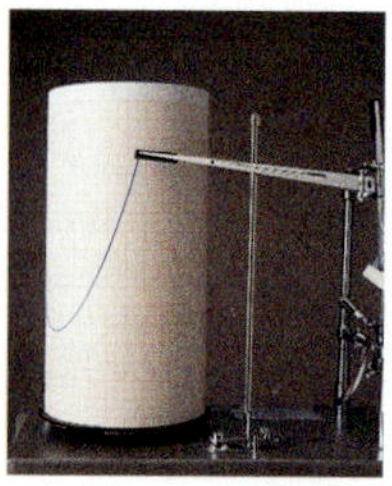

Die Schüler der Klasse 7b haben in einem Projekt zum Thema Wetter die Temperatur über einen Tag hinweg ständig gemessen.
Dafür stand ihnen ein Temperaturschreiber wie links zur Verfügung. Die folgende Abbildung zeigt die Aufzeichnung des Temperaturschreibers.

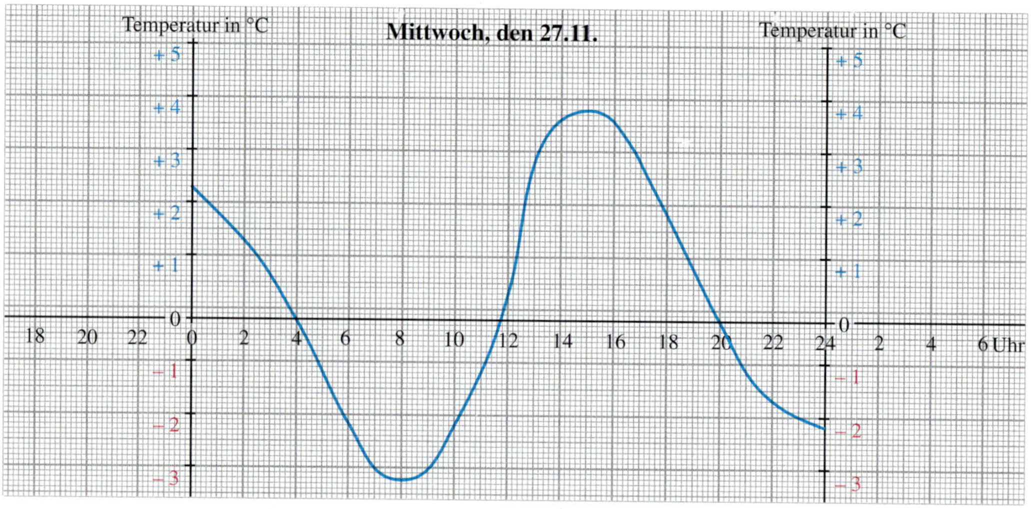

a) Was kannst du aus dem Diagramm ablesen? Gib verschiedene gebräuchliche Sprech- und Schreibweisen bei den Temperaturen an.

b) Lies am Diagramm zu den Zeitpunkten 0 Uhr, 4 Uhr, 8 Uhr, 12 Uhr, 16 Uhr, 20 Uhr, 24 Uhr die zugehörige Temperatur ab und trage sie in eine Tabelle ein.

c) Wann betrug die Temperatur (1) – 3 °C; (2) + 3 °C?

d) Um 10 Uhr wurde in einer Radiomeldung die Temperatur an verschiedenen Orten genannt:

Ort	Freiburg	Köln	Hannover	Berlin	Dresden
Temperatur (in °C)	– 5,5	– 1,0	+ 1,4	+ 0,7	+ 3,5

Zeichne auf Millimeterpapier eine Temperaturskala von – 7 °C bis + 7 °C.
Wähle 1 cm für 1 °C. Markiere anschließend die angegebenen Temperaturen. Notiere auch die Orte.

Lösung

a) Von Mitternacht bis 8 Uhr morgens sank die Temperatur. Die niedrigste Temperatur betrug – 3 °C (3 °C unter null; 3 Grad minus).
Danach stieg die Temperatur bis 15 Uhr wieder an. Die höchste Temperatur betrug + 4 °C (4 °C über null; 4 Grad plus). Schließlich wurde es wieder kälter.

b)

Zeitpunkt der Messung	0 Uhr	4 Uhr	8 Uhr	12 Uhr	16 Uhr	20 Uhr	24 Uhr
Temperatur (in °C)	+ 2,5	0,0	– 3,0	+ 0,5	+ 3,8	0,0	– 2,0

c) (1) Um 8 Uhr betrug die Temperatur – 3 °C.
(2) Sowohl um 13.00 Uhr als auch um 17.00 Uhr betrug sie + 3 °C.

d)

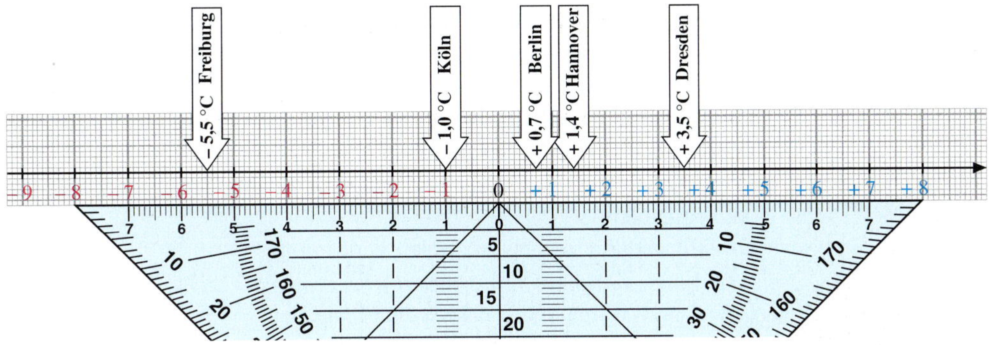

Information

(1) Rationale Zahlen

Bei der Aufgabe 1 kommen Angaben vor, die wir mit den bisher bekannten Zahlen (gebrochene Zahlen) nicht vollständig beschreiben können. Wir mussten eine zusätzliche Angabe hinzufügen, nämlich ob die Temperatur über null oder unter null liegt.

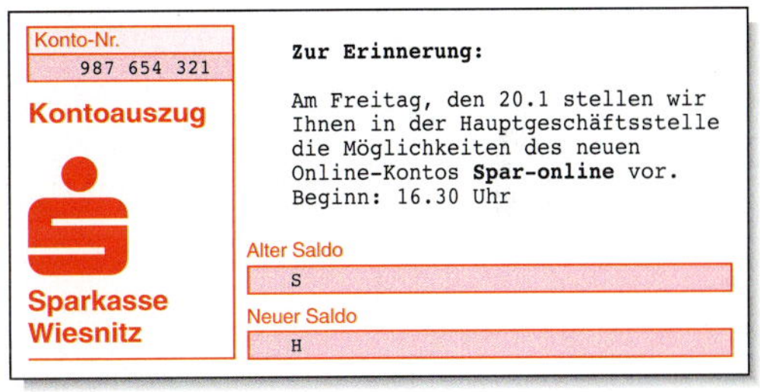

Im täglichen Leben gibt es mehrere Beispiele, bei denen ähnliche Zusatzinformationen gemacht werden müssen:

- Temperaturen (über oder unter dem Gefrierpunkt von Wasser)
- Höhenangaben (über NN (Normalnull) oder darunter)
- Geldangaben auf Bankkonten (Haben oder Soll)

In der Mathematik unterscheidet man solche Zustände über und unter einem festgelegten Normalzustand (dem Nullpunkt) durch das **Vorzeichen** + (plus) oder – (minus).

Normalnull: mittlere Höhe des Meeresspiegels (in Amsterdam)

Haben: Der Kontoinhaber hat Geld auf dem Konto.
Soll: Der Kontoinhaber schuldet dem Geldinstitut Geld.

Wir erweitern den *Zahlenstrahl*

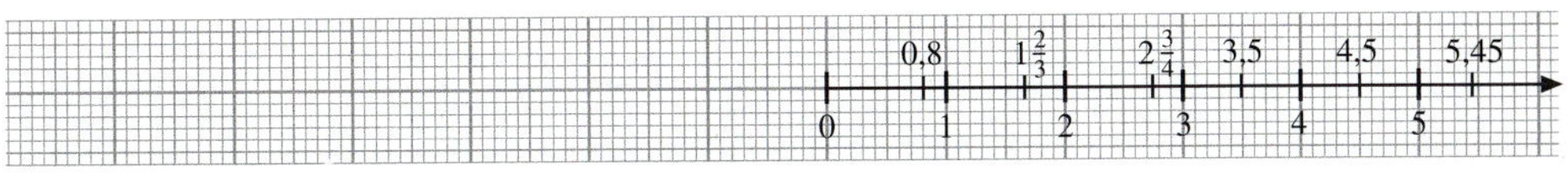

zur **Zahlengeraden**:

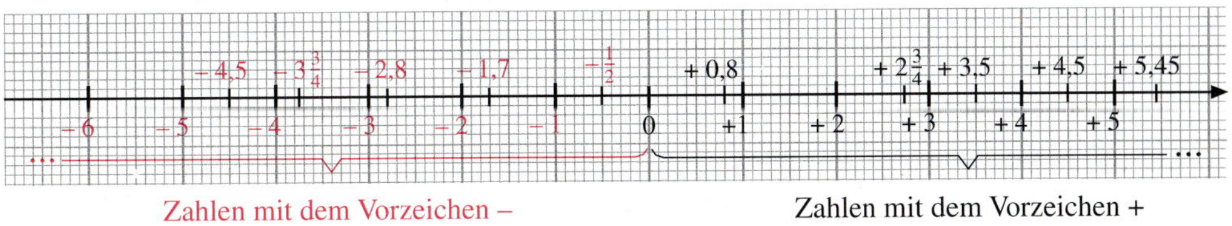

Für die Zahl null vereinbaren wir: $+0 = -0 = 0$

Zahlen wie $-\frac{1}{2}$; $-3\frac{3}{4}$; $+\frac{3}{4}$; $-4{,}5$; $+3{,}5$; 0; -7; $+11$ heißen **rationale Zahlen**.

Die Zahlen mit dem Vorzeichen + nennt man **positiv**, die Zahlen mit dem Vorzeichen – **negativ**.
Die Zahl 0 ist weder positiv noch negativ.
Natürliche Zahlen und gebrochene Zahlen sind auch rationale Zahlen: Sie sind positiv oder null.

Das Vorzeichen + wird oft weggelassen.

(2) Bezeichnungen für Zahlenmengen

Die Menge $\mathbb{N}$ der natürlichen Zahlen kennst du bereits: $\mathbb{N} = \{0; 1; 2; 3; 4; \ldots\}$.
Die Menge $\mathbb{Z} = \{\ldots; -2; -1; 0; 1; 2; \ldots\}$ nennt man Menge der **ganzen Zahlen**.
Die natürlichen Zahlen sind eine Teilmenge der ganzen Zahlen.
Die Menge aller rationalen Zahlen wird mit $\mathbb{Q}$ bezeichnet. $\mathbb{Z}$ ist eine Teilmenge von $\mathbb{Q}$.
Eine andere Teilmenge von $\mathbb{Q}$ ist die Menge der gebrochenen Zahlen $\mathbb{Q}_+$, die du schon kennen gelernt hast.

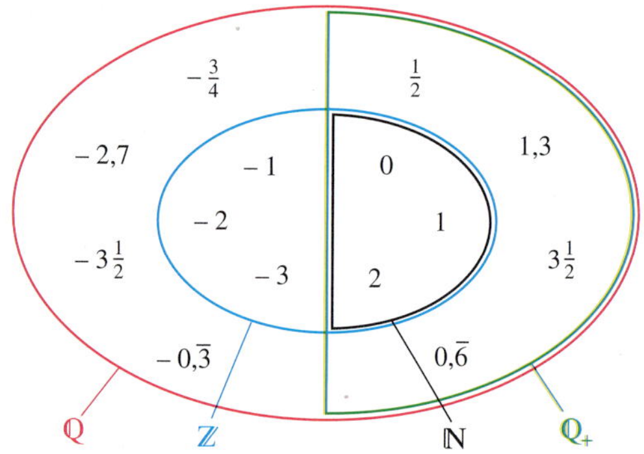

Weiterführende Aufgabe

2. *Betrag einer rationalen Zahl – Entgegengesetzte Zahl einer rationalen Zahl*

a) Mareike ist sich unsicher, wie viel Grad es sind.
Was meinst du dazu?

b) Markiere die Zahlen +4,5 und −4,5 auf der Zahlengeraden.
Beschreibe ihre Lage zueinander.

Information

Bilden der entgegengesetzten Zahl bedeutet: Spiegeln an 0.

Definition

(1) Ändert man bei einer Zahl das Vorzeichen, so erhält man ihre **entgegengesetzte Zahl**.
Die entgegengesetzte Zahl von 0 ist 0 selbst.

Beispiele:
Die Zahl −3 ist entgegengesetzte Zahl zu der Zahl +3.
Ebenso ist +3 die entgegengesetzte Zahl zu −3.

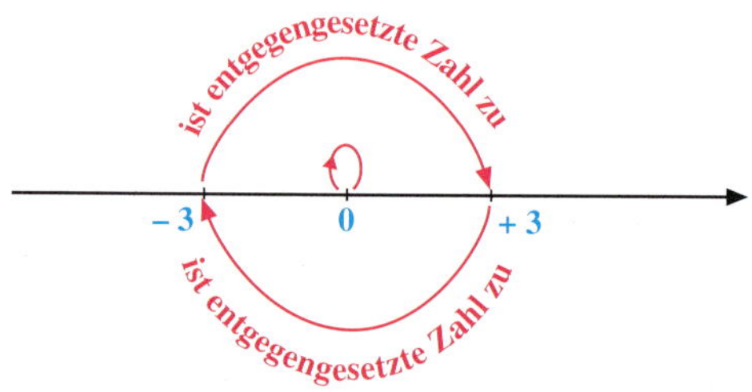

(2) Der Abstand einer Zahl (z. B. −3) von 0 heißt **Betrag** dieser Zahl. Wir bezeichnen den Betrag einer rationalen Zahl mit $|r|$ (gelesen: *Betrag von r*).

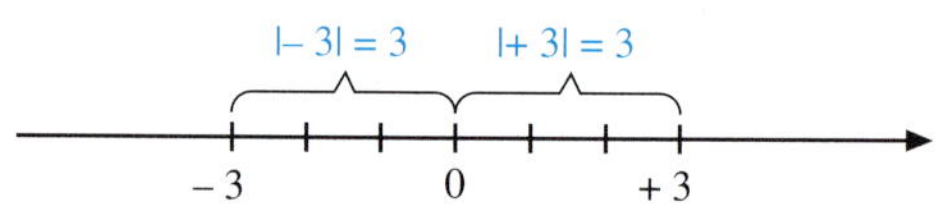

Beispiele: $|+1,5| = 1,5$; $|-1,5| = 1,5$; $|0| = 0$

Übungsaufgaben

3. Welche Bedeutung haben die Zahlenangaben?

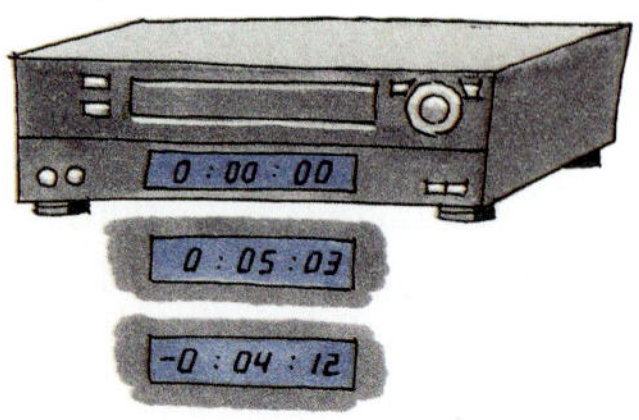

4. a) Was bedeuten die Zahlen + 8; – 8; – 5; 0; – 2; + 2
(1) bei einem Thermometer; (2) bei Höhenangaben?

b) Drücke mithilfe von Vorzeichen aus:
(1) 180 m über Normalnull (3) 12 °C unter null
(2) 270 m unter Normalnull (4) 23 °C über null

5. Zeichne die Zahlengerade ab; ergänze die Punkte für + 1; – 1; – 2; + 5; – 4; – 5; + 4; – 6.

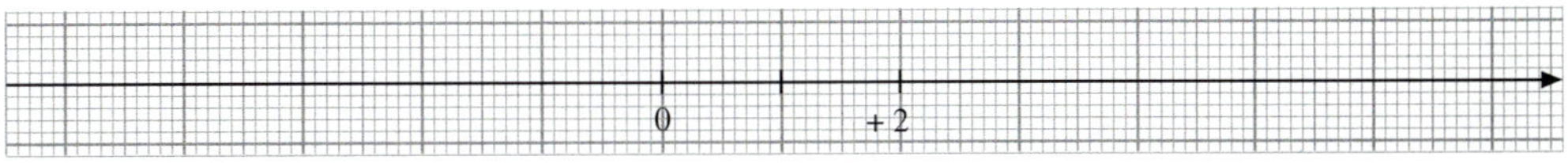

6. Auf der Zahlengeraden sind Zahlen durch Pfeile markiert. Notiere diese Zahlen.

(1)
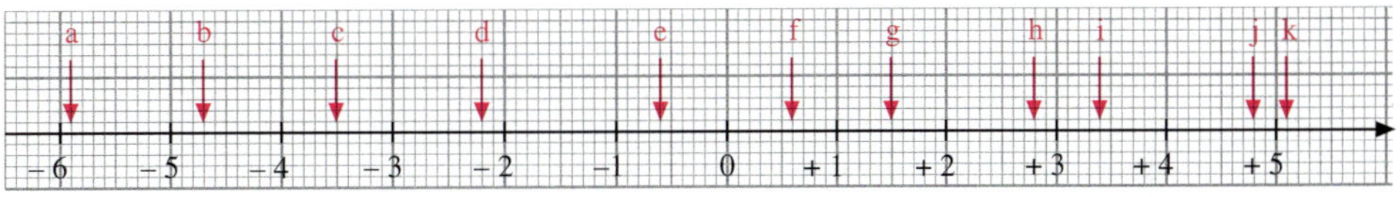

(2)
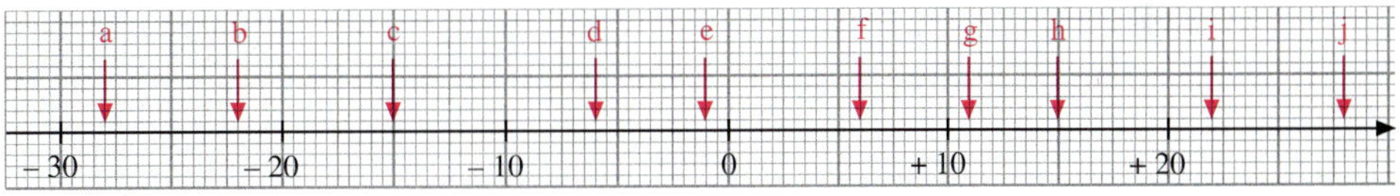

(3)
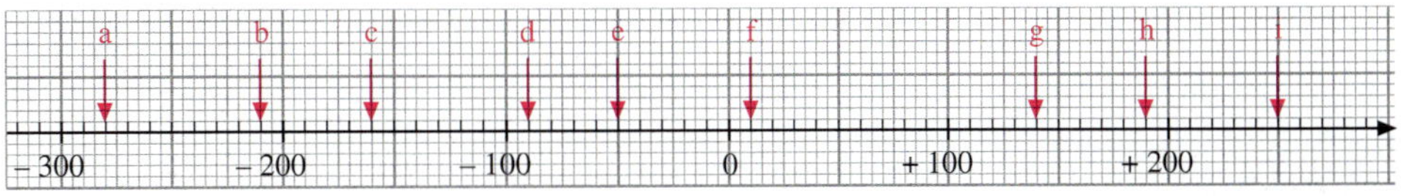

(4)
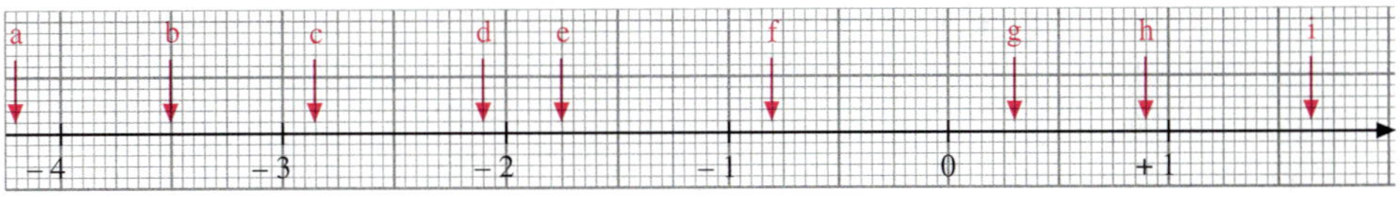

7. a) Wer knackt die Botschaft? Zu jeder Zahl gehört ein Buchstabe.
+ 0,5; – 5,1; + 3,7; – 3,6; + 1,8; – 2,9; – 3,4; + 6,6; – 0,3; + 5,4; + 4,2; – 4,1; – 2,3

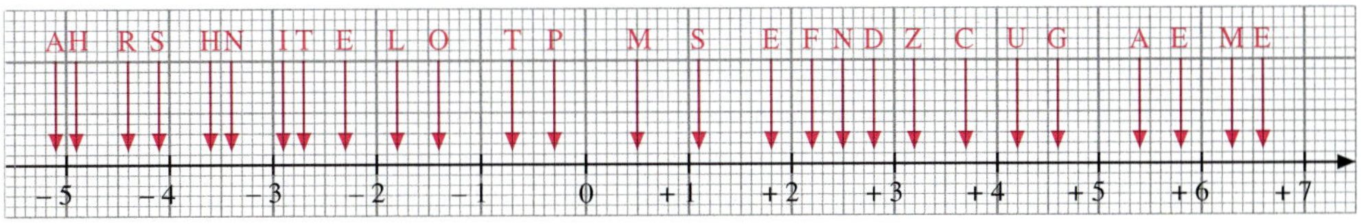

b) Überlege dir selbst eine Botschaft. Gib sie deinem Partner und lass ihn deine Botschaft entschlüsseln.

8. Lies die Temperaturen ab.

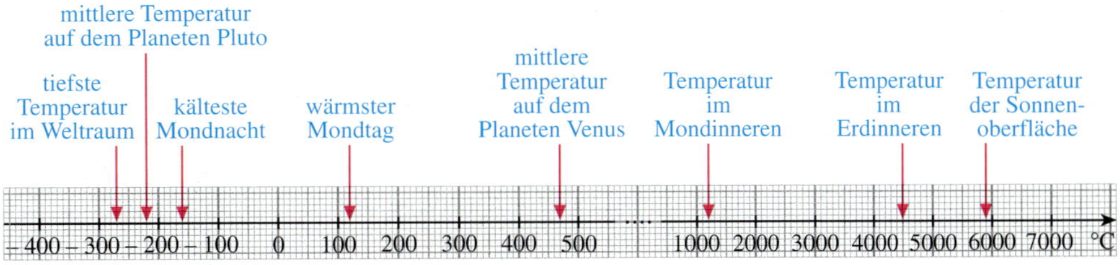

9. Markiere auf einer Zahlengeraden die rationalen Zahlen.

a) + 1,8; – 3,4; – 2,8; + 4,1; 0; – 0,7

b) – 25; + 13; – 3; + 18; – 8; – 17

c) + 50; + 220; – 130; – 20; – 290

d) + 4; – 0,4; + 2,5; $+1\frac{1}{4}$; $-2\frac{1}{10}$; – 3,75

10. Anna hat Zahlen auf der Geraden markiert und ihre Freundin Martina gebeten, das Blatt zu korrigieren. Die gibt es Anna zurück mit den Worten: „Du hast drei Fehler gemacht“.
Suche Annas Fehler.

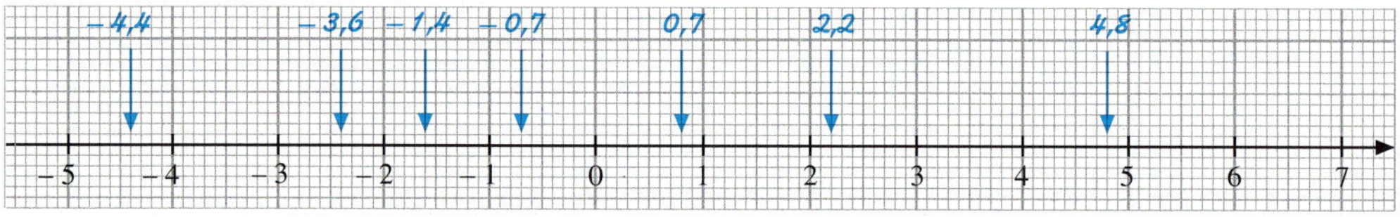

11. Sowohl die Gipfel der höchsten Berge auf der Erde als auch die Rinnen der Tiefseegräben sind nur wenige Kilometer von Normalnull entfernt. Zum Vergleich: Der Durchmesser der Erdkugel beträgt ungefähr 6 400 km.

Höhe einiger Berge	
Mount Everest	8 846 m
Kilimandscharo	5 892 m
Montblanc	4 807 m
Matterhorn	4 478 m
Zugspitze	2 962 m
Tiefe einiger Tiefseegräben	
Marianengraben	11 034 m
Philippinengraben	10 540 m
Puerto-Rico-Graben	9 219 m
Caymangraben	7 680 m
Perugraben	6 262 m

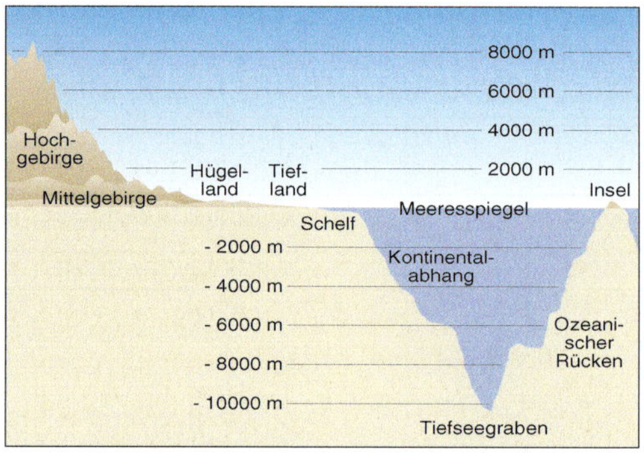

a) Unterscheide Angaben für Berge und Tiefseegräben durch Vorzeichen voneinander. Trage sie dazu auf einer gemeinsamen Skala ein. *Hinweis:* Runde zunächst geeignet.

b) Stelle geeignete Fragen und beantworte sie.

12. Nenne drei

a) rationale Zahlen;

b) positive Zahlen;

c) negative Zahlen;

d) natürliche Zahlen;

e) ganze Zahlen;

f) gebrochene Zahlen.

13. Julias älterer Bruder erledigt seine Hausaufgaben und spricht von nichtnegativen Zahlen.
Was sind das für Zahlen?

∈ (gelesen: ist Element von) bedeutet: gehört zu.

14. Zu welchen der Mengen $\mathbb{N}$, $\mathbb{Z}$, $\mathbb{Q}$ gehören folgende Zahlen?
Gib jeweils alle Möglichkeiten an.

-7; $+\frac{2}{3}$; $-\frac{18}{13}$; 0; -12; 43; $+\frac{121}{11}$; $-\frac{300}{15}$

$+3 \in \mathbb{N}$; $+3 \in \mathbb{Z}$; $+3 \in \mathbb{Q}$

15. Was ist mit den folgenden Zeitungsausschnitten gemeint?

Firma FLOTTIVA schreibt wieder schwarze Zahlen

Verein Waldeslust kommt aus den roten Zahlen nicht heraus

16. **a)** Welche Zahl liegt von 0 ebenso weit entfernt wie -4; $+1\,000$; $-7{,}84$; $+8\frac{2}{3}$; $-5\frac{3}{7}$?

b) Bestimme $|-7|$; $|+13|$; $|-13|$; $|+8{,}3|$; $|-14{,}8|$; $\left|-2\frac{3}{20}\right|$; $\left|+5\frac{4}{15}\right|$; $|-123|$.

c) Welche Zahlen haben den Betrag 11; $7{,}25$; $4\frac{1}{2}$; 0; $1\,000$; -3?

17. **a)** Bestimme die entgegengesetzte Zahl zu: $-1\,000$; $+82$; $+25{,}7$; $-15{,}34$; $-7\frac{5}{8}$; $+12\frac{2}{3}$

b) Beschreibe an der Zahlengeraden: Wie liegen Zahl und entgegengesetzte Zahl zueinander?

c) Für welche rationalen Zahlen ist die entgegengesetzte Zahl negativ [positiv; null]?

18. Fülle die Tabelle aus. In welchen Fällen hast du mehrere Möglichkeiten?

Zahl	$+5$	-2	$-3{,}1$	$+2\frac{1}{3}$	0							
entgegen-gesetzte Zahl						$-12{,}2$	$+5\frac{1}{4}$	0				
Betrag									9	$6{,}43$	$12\frac{1}{2}$	0

19. Begründe an der Zahlengeraden oder widerlege durch ein Beispiel.

a) Die entgegengesetzte Zahl einer rationalen Zahl ist immer negativ.

b) Zahl und zugehörige entgegengesetzte Zahl sind stets verschieden.

c) Zahl und zugehörige entgegengesetzte Zahl haben denselben Betrag.

d) Bildet man die entgegengesetzte Zahl der entgegengesetzten Zahl einer Zahl r, so erhält man wieder die Zahl r.

20. Untersuche bei deinem Taschenrechner:
(1) Wie gibt man negative Zahlen ein?
(2) Wie erhält man die entgegengesetzte Zahl einer Zahl?
(3) Gibt es eine Taste für die Bildung des Betrages?

21. Beim Abfüllen von Getränken kann die Füllhöhe einer jeden Flasche mithilfe von Lichtschranken geprüft werden. Eine Maschine sortiert dann alle Flaschen aus, deren Füllhöhe mehr als 1 cm von der genauen Füllhöhe abweicht.

a) Für sechs Flaschen wurden folgende Abweichungen (in cm) gemessen:
$-1{,}4$; $+1{,}3$; $-0{,}7$; -1; $-0{,}5$; $1{,}1$; $+0{,}9$
Welche müssen aussortiert werden?

b) Welche der Flaschen aus Teilaufgabe a) ist am genauesten gefüllt worden?

22. Wähle eine Zahl a.
(1) Bilde erst die entgegengesetzte Zahl von a und dann vom Ergebnis den Betrag.
(2) Bilde erst den Betrag der Zahl a und dann vom Ergebnis die entgegengesetzte Zahl.
Simon behauptet: Beide Anweisungen führen zu dem gleichen Endergebnis.
Was meinst du dazu?

2.2 Koordinatensystem *Zum Selbstlernen*

Ziel

In Klasse 5 hast du das Koordinatensystem für Punkte mit nichtnegativen Koordinaten kennen gelernt. Hier lernst du, wie man auch andere Punkte angeben kann.

Zum Erarbeiten

Erweitern des Koordinatensystems

Im Koordinatensystem ist das Dreieck mit den Eckpunkten A(1|3), B(8|1), C(7|6) gezeichnet.

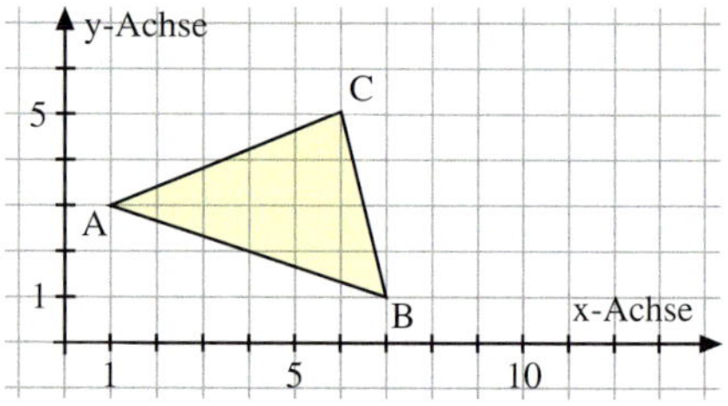

(1) Spiegele das Dreieck ABC an der x-Achse. Du erhältst das Dreieck $A_1B_1C_1$.
Bestimme die Koordinaten der Eckpunkte A_1, B_1 und C_1.

(2) Spiegele das Dreieck ABC an der y-Achse. Du erhältst das Dreieck $A_2B_2C_2$.
Bestimme die Koordinaten der Eckpunkte A_2, B_2 und C_2.

(3) Spiegele das Dreieck $A_2B_2C_2$ an der x-Achse. Du erhältst das Dreieck $A_3B_3C_3$.
Bestimme die Koordinaten der Eckpunkte A_3, B_3 und C_3.

Für die Lösung der Teilaufgaben (1), (2) und (3) müssen wir das Koordinatensystem erweitern. x-Achse und y-Achse sind nicht mehr Zahlenstrahlen, sondern Zahlengeraden.

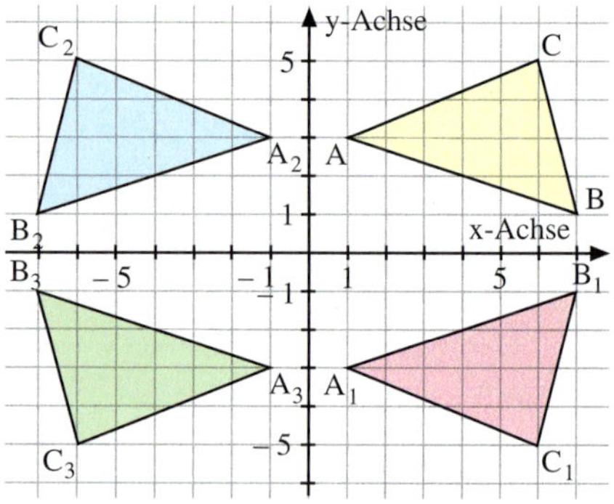

(1) Die Eckpunkte des Bilddreiecks haben die Koordinaten $A_1(1|-3)$, $B_1(8|-1)$, $C_1(7|-6)$.

(2) Die Eckpunkte des Bilddreiecks haben die Koordinaten $A_2(-1|3)$, $B_2(-8|1)$, $C_2(-7|6)$.

(3) Die Eckpunkte des Bilddreiecks haben die Koordinaten $A_3(-1|-3)$, $B_3(-8|-1)$, $C_3(-7|-6)$.

Mache dich mit dem Inhalt der folgenden Information vertraut

Information

Bei der Lösung der obigen Aufgabe entsteht ein vollständiges **Koordinatensystem**.

Es besteht aus zwei Zahlengeraden (*x-Achse* und *y-Achse*). Sie schneiden sich senkrecht im Punkt O(0|0), dem *Koordinatenursprung*. Statt Koordinatenursprung sagt man auch kurz: **Ursprung**.

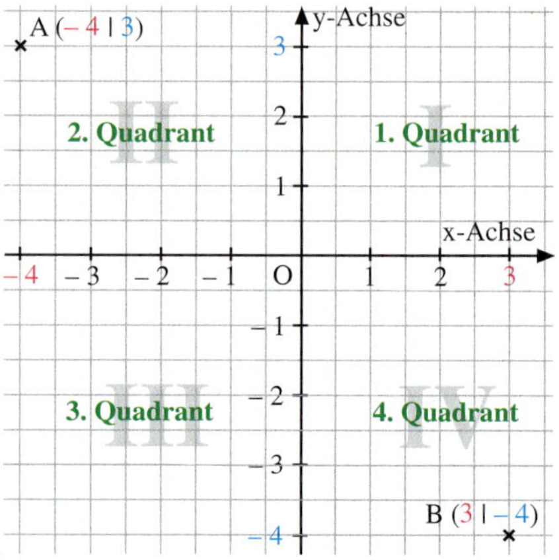

Wie die Koordinaten eines Punktes bestimmt werden, entnimmst du der nebenstehenden Zeichnung. Der Punkt A hat die erste Koordinate –4 auf der x-Achse und die zweite Koordinate 3 auf der y-Achse.

Wir schreiben A(–4|3) (gelesen: *Punkt A mit den Koordinaten – 4 und 3*).

Quadrant ⟨lat.⟩ der vierte Teil

Die Koordinatenachsen zerlegen die Ebene in vier Bereiche, die man die vier **Quadranten** nennt. Die Nummerierung der Quadranten entnimmst du der obenstehenden Zeichnung. Jeder Punkt, der nicht auf einer der beiden Koordinatenachsen liegt, gehört genau einem Quadranten an.

Zum Üben

1. Auf Michaels Geburtstag sollen bei einem Spiel vier Aufgaben gelöst werden. Die Zettel mit den Aufgabenlösungen sollen nacheinander in die Kästen mit den Standorten A, B, C und D eingeworfen werden. Jede Gruppe besitzt einen Kompass. Die Anweisungen für den Weg findest du rechts. Für die Auswertung sollen die ausgefüllten Zettel aus den Kästen geholt werden.

Gehe folgenden Weg:
- *vom Start: 100 m nach Osten und 150 m nach Norden (Kasten A)*
- *dann von A aus: 400 m nach Westen (Kasten B)*
- *dann von B aus: 500 m nach Süden (Kasten C)*
- *dann von C aus: 550 m nach Osten (Kasten D)*

a) Fertige eine Skizze an.

b) Wie kommst du vom Start aus direkt zu den Standorten B, C und D?

2. Lies die Koordinaten der Punkte ab und notiere sie, z. B. P(−3|1).

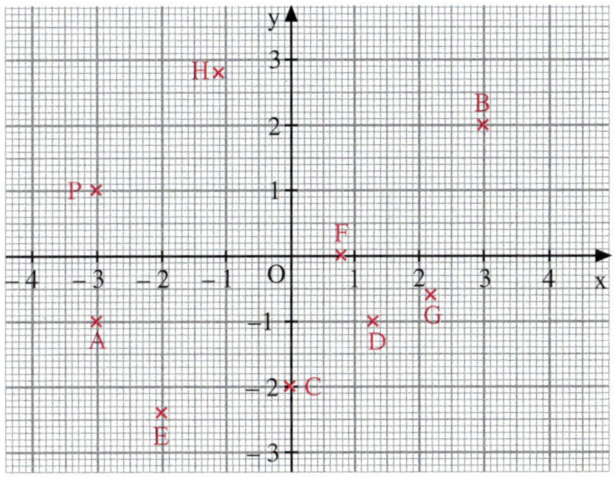

3. Zeichne ein Koordinatensystem mit der Einheit 1 cm und trage die Punkte ein.
In welchem Quadranten liegen sie?
A(−4|−2), B(3|7), C(4|−2), D(2|5), E(−3|7), F(−1|−1), G(0|−7), H(−7|9), K(7|−9), L(−1,3|3,6), M(−2,7|3,4), N(1,9|−2,9), P(3,6|1,2).

4. Zeichne in ein Koordinatensystem (Einheit 1 cm) die Punkte ein und verbinde sie mit dem Lineal der Reihe nach zu einer Figur.

a) A(1,5|0), B(4|4), C(0|1,5), D(−4|4), E(−1,5|0), F(−4|−4), G(0|−1,5), H(4|−4).

b) Zeichne selbst eine Figur (z. B. eine Maske, ein Schiff) in ein Koordinatensystem. Notiere die Koordinaten der Eckpunkte, gib sie deinem Partner und lasse ihn die Figur zeichnen.

5. Welche Vorzeichen haben die Koordinaten eines Punktes, der im 1. Quadranten, im 2. Quadranten, im 3. Quadranten, im 4. Quadranten liegt?

6. Ergänze zu einer symmetrischen Figur. Gib die Koordinaten aller Punkte an. Beginne bei A.

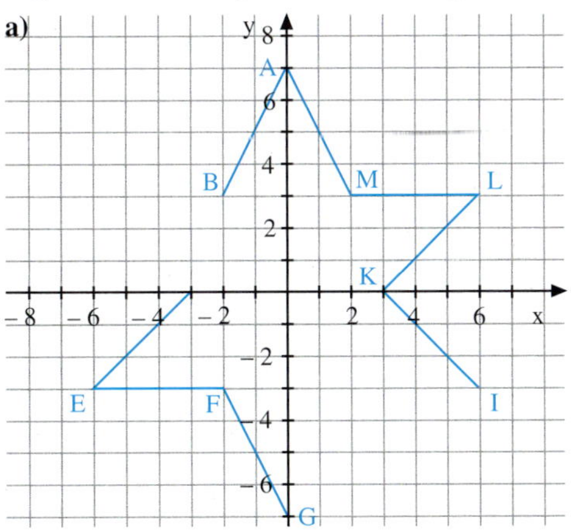

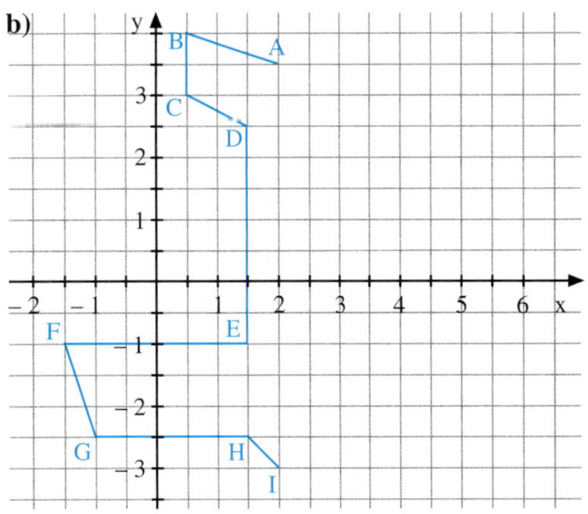

Zum Selbstlernen

2.3 Vergleichen und Ordnen rationaler Zahlen

Aufgabe 1

Die Abbildung rechts zeigt die mittlere Januar-Temperatur einiger Städte.

a) Zeichne eine Temperaturskala in dein Heft und trage die Temperaturen ein.

b) Ordne die Temperaturen, beginne mit der niedrigsten.
Verwende das Zeichen <.

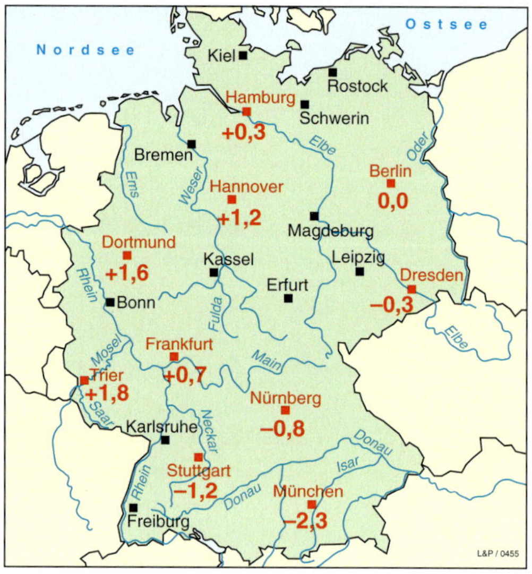

Lösung

a)

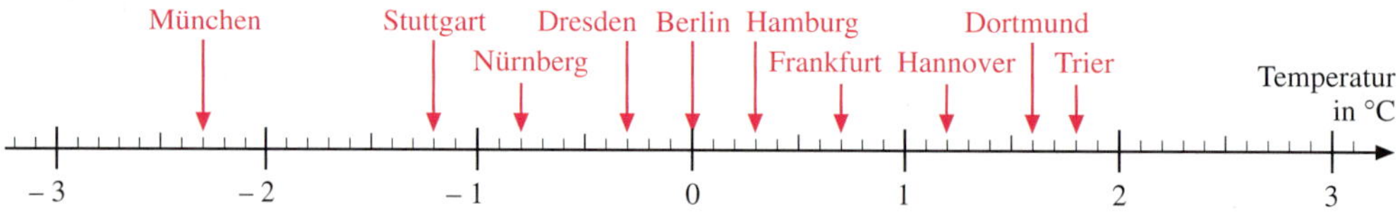

b) An der Temperaturskala kannst du unmittelbar die Ordnung ablesen: Der Ort ganz links auf der Skala hat die niedrigste, der Ort ganz rechts hat die höchste Temperatur.
$-2{,}3\,°C < -1{,}2\,°C < -0{,}8\,°C < -0{,}3\,°C < 0{,}0\,°C < +0{,}3\,°C < +0{,}7\,°C < +1{,}2\,°C < +1{,}6\,°C < +1{,}8\,°C$

Information

Temperaturen kann man mit „ist niedriger als“ vergleichen. Auf einer waagerechten Skala liegt die niedrigere Temperatur links von der höheren.

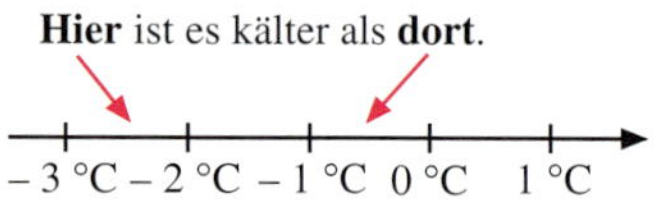

Für gebrochene Zahlen weißt du bereits: „ist kleiner als“ bedeutet auf einem waagerechten Zahlenstrahl „liegt links von“. Die Temperaturskala zeigt, dass dies auch für negative rationale Zahlen eine sinnvolle Festlegung ist.

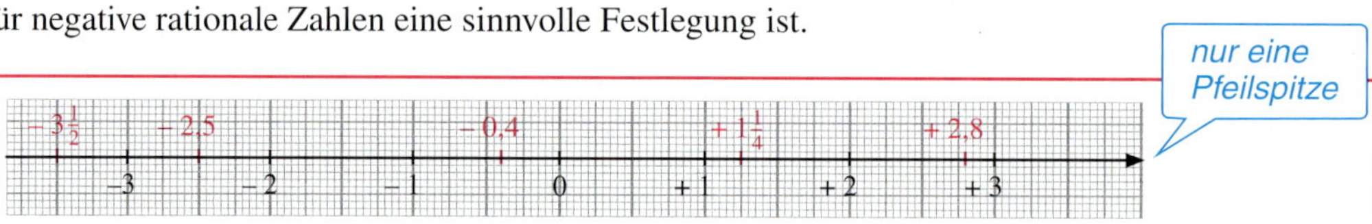

Rationale Zahlen kann man der Größe nach ordnen.
Auf der (waagerechten) Zahlengeraden liegt die kleinere von zwei Zahlen stets links, die größere von zwei Zahlen stets rechts. In Richtung der Pfeilspitze werden die Zahlen größer.

Beachte: Die positiven Zahlen liegen dabei rechts von 0.

Beispiele: $-2{,}5$ liegt links von $-0{,}4$, also $-2{,}5 < -0{,}4$
$-3\frac{1}{2}$ liegt links von $+1\frac{1}{4}$, also $-3\frac{1}{2} < +1\frac{1}{4}$
$+1\frac{1}{4}$ liegt links von $+2{,}8$, also $+1\frac{1}{4} < +2{,}8$

Übungsaufgaben

2. In den Niederlanden liegen einige Orte sehr niedrig, zum Teil sogar unter dem Meereswasserspiegel NN. Ordne die Orte nach der Höhe; beginne dabei mit dem am niedrigsten gelegenen Ort.

3. Ordne nach *ist niedriger als.*

Temperaturen:	−3,2 °C; −9,1 °C; +8,5 °C; 0 °C; −9,15 °C; +7,3 °C
Höhenangaben:	−2,7 m; +1,5 m; +0,3 m; −1,2 m; −3,1 m; −3,4 m; −0,2 m; +0,9 m
Kontostände:	−11,70 €; +3,25 €; −0,75 €; −3,50 €; +12,80 €; −9,70 €

4. Trage die Zahlen auf einer Zahlengeraden ein. Ordne auf diese Weise nach *ist kleiner als.* Notiere dein Ergebnis als Kette mithilfe des Zeichens <.

a) − 5; + 4; − 8; 0; − 3; + 2; − 1 Zeichne die Zahlengerade waagerecht.

b) − 3,7; + 2,5; $-1\frac{1}{4}$; + 2,8; − 3,5 Zeichne die Zahlengerade senkrecht.

5. Setze < oder > ein. Du kannst z. B. an Temperaturen oder Höhenangaben denken.

a) − 7 □ − 9; − 13 □ − 11; − 8 □ + 2; + 9 □ − 7; + 14 □ + 5

b) − 7,4 □ − 7,1; − 4,9 □ + 0,9; − 0,6 □ + 0,8; + 9,8 □ + 9,1; + 4,3 □ − 2,8

c) $-\frac{1}{2}$ □ $+\frac{1}{3}$; $-\frac{1}{3}$ □ $-\frac{1}{2}$; $+\frac{1}{8}$ □ $+\frac{2}{3}$; 0 □ $-\frac{1}{4}$; − 5 □ $-\frac{4}{5}$

d) − 1,8 □ 2,3; 0 □ − 0,1; − 5,7 □ 0; $+2\frac{1}{2}$ □ $+2\frac{1}{4}$; $-2\frac{1}{2}$ □ $-2\frac{1}{4}$

6. Bearbeite die Aufträge (1) bis (3) für die angegebenen Teilaufgaben.
(1) Ordne die rationalen Zahlen nach der Größe. Beginne mit der kleinsten.
(2) Notiere jeweils die entgegengesetzten Zahlen der angegebenen Zahlen. Ordne erneut.
(3) Bilde jeweils den Betrag der Zahlen. Ordne der Größe nach.
(4) Vergleiche die Ergebnisse von (1), (2) und (3). Was fällt auf?

a) − 5; − 7; 0; − 2; + 4; 8; + 1

b) − 34,2; − 34,9; + 7,3; + 7,1; − 39,4

c) $+\frac{3}{4}$; $-4\frac{3}{10}$; $-5\frac{1}{4}$; $-2\frac{3}{5}$; $-2\frac{4}{5}$; $+2\frac{7}{10}$

d) − 6,3; + 3,8; $-6\frac{1}{3}$; $+3\frac{3}{4}$; $-6\frac{1}{4}$

7. Die Zahlenschlange hat Hunger. Zuerst musst du ihr die größte Zahl zuwerfen, damit diese in den Schwanz gelangen kann. Die folgenden Zahlen müssen immer kleiner werden.

a) Zeichne eine Zahlenschlange in dein Heft. Füttere nun die Schlange mit den Zahlen
(1) − 7; + 2; − 12; − 6; 0
(2) − 6,2; $+\frac{3}{4}$; $-6\frac{1}{4}$; − 0,1; + 0,8

b) Denke dir weitere Beispiele für die Schlange aus und lasse sie von deinem Partner eintragen.

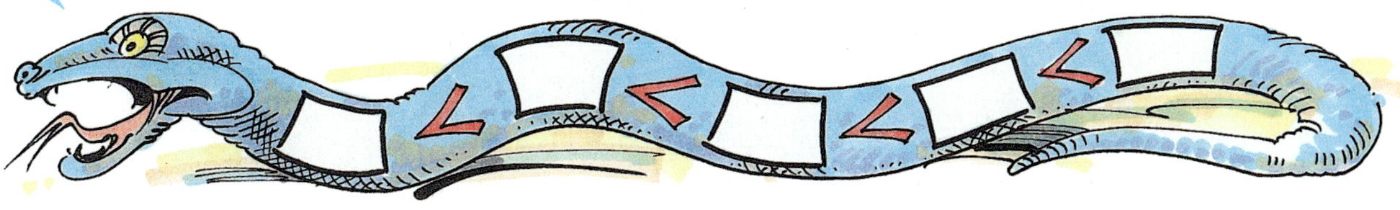

8. Nenne drei rationale Zahlen zwischen

a) – 4 und – 2; **b)** – 1 und 2; **c)** – 4,7 und – 3,4; **d)** $-3\frac{9}{10}$ und $-3\frac{1}{4}$.

9. Setze (soweit möglich) für die Variable eine passende

a) ganze Zahl, **b)** rationale Zahl, **c)** natürliche Zahl ein.

(1) $-3 < x < +2$ (3) $-4 < z < 0$ (5) $-5 < x < -4$ (7) $-2 < z < +3$

(2) $-3 < y < -2$ (4) $0 < x < +4$ (6) $-4 < y < +5$ (8) $+2 < z < +3$

10. Gib zu jeder der Zahlen – 3,7; – 7,1; + 7,1; – 5,9 die nächstkleinere und die nächstgrößere ganze Zahl an.

$-3 < -2{,}8 < -2$

11. **a)** Liegt – 3 oder + 4 näher an 0?

b) Liegt – 2,75 oder + 2,75 näher an 0?

c) Liegt – 2,7 näher an – 2 oder an – 3?

d) Liegt $+3\frac{2}{7}$ näher an – 3,1 oder an + 3,2?

e) Liegt – 0,35 näher an – 1,2 oder an – 0,53?

12. Welche der beiden Zahlen ist größer? Welche hat den größeren Betrag? Notiere wie im Beispiel.

$-3 > -8$; $|-8| > |-3|$

a) – 5 und – 7; – 5 und + 7 **b)** + 5 und – 7; + 5 und + 7 **c)** – 3,8 und + 1,2; + 3,8 und + 1,2 **d)** – 3,8 und – 1,2; + 3,8 und – 1,2

13. Kontrolliere Lenas Hausaufgaben.

a) $|-7| < |-2|$ b) $-7 < -2$ c) $+8 < -8$ d) $|+8| < |-8|$ e) $5 < |-9|$ f) $|-4| < 0$

14. Vergleiche; setze anstelle von ▢ das richtige Zeichen (<, >, =) ein.

a) $|-3|$ ▢ 5 **b)** -2 ▢ $|-2|$ **c)** $|-5|$ ▢ $|+5|$ **d)** $|-3|$ ▢ -2

15. Lies die Zahlen an den Stellen a und b ab. Welche Zahl hat den größeren Betrag?

a)
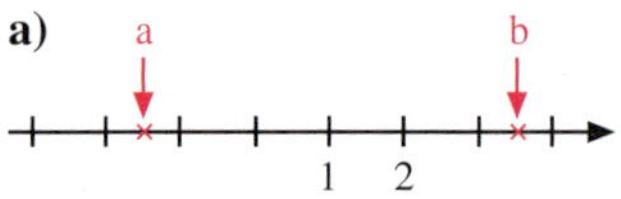

b)
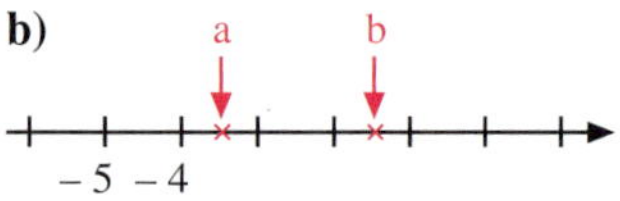

c)
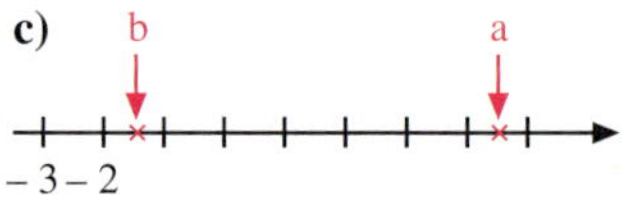

16. Wie viele (1) ganze, (2) positive ganze, (3) negative ganze Zahlen liegen zwischen

a) 5 und 11; **c)** – 11 und 5; **e)** – 9 und 5;

b) – 5 und 11; **d)** – 10 und 6; **f)** – 9,2 und 5,2?

17. Welchen Abstand haben die beiden Zahlen auf der Zahlengeraden? Welche rationale Zahl liegt genau in der Mitte zwischen ihnen?

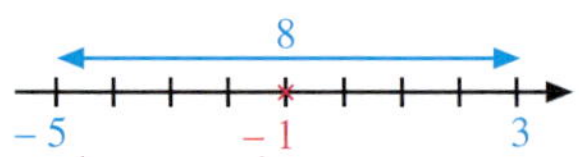

Abstand: 8
Zahl in der Mitte: – 1

a) 4 und 6 **e)** – 2 und 4 **i)** – 16 und – 8

b) 2 und 12 **f)** – 5 und 3 **j)** – 20 und 16

c) – 4 und – 6 **g)** – 1 und 6 **k)** – 35 und 27

d) – 4 und 2 **h)** – 100 und 100 **l)** – 1 008 und – 984

18. Für welche ganzen Zahlen von −7 bis +4 gilt die angegebene Bedingung?

a) Die Zahl ist kleiner als −2.

b) Die Zahl ist größer als −4.

c) Der Betrag ist kleiner als 4.

d) Der Betrag ist größer als 2.

e) Die Zahl liegt zwischen −5 und 1.

f) Der Betrag liegt zwischen 1 und 5.

g) Die zugehörige entgegengesetzte Zahl ist kleiner als −2.

h) Die zugehörige entgegengesetzte Zahl ist größer als +2.

19. Gib fünf Zahlen an, für die Folgendes gilt:

a) Sie sind kleiner als 2.

b) Sie sind größer als −3.

c) Ihre Beträge sind kleiner als 2.

d) Sie sind größer als −8, aber kleiner als −5.

e) Ihre Beträge sind größer als 5.

f) Ihre Beträge sind größer als 9, aber kleiner als 11.

20. Begründe an der Zahlengeraden oder widerlege mit einem Gegenbeispiel.

a) Jede negative Zahl ist kleiner als jede positive Zahl.

b) Von zwei positiven Zahlen ist diejenige die kleinere, die den größeren Betrag hat.

c) Von zwei negativen Zahlen ist diejenige die kleinere, die den größeren Betrag hat.

d) Wenn eine Zahl r kleiner ist als eine Zahl s, dann ist $|r|$ kleiner als $|s|$.

e) Wenn eine Zahl r kleiner ist als eine Zahl s, dann ist die entgegengesetzte Zahl von r größer als die entgegengesetzte Zahl von s.

21. a) Welche ganzen Zahlen kommen infrage? Sie sind um mindestens 2 kleiner als −3 und liegen auf der Zahlengeraden rechts von −10.

b) Welche ganzen Zahlen sind das? Sie sind größer als −6 und haben von −9 einen Abstand von höchstens 15 und ihre Beträge sind durch 2 teilbar.

22. Nimm Stellung zu folgenden Schüleräußerungen:

23. a) Welches ist die größte zweistellige negative Zahl?

b) Welches ist die kleinste dreistellige negative Zahl?

24. a) Welche Zahl ist um 3 [1,5; $\frac{1}{2}$; $2\frac{1}{4}$; 1,75] größer als (1) −1; (2) −2,2; (3) $-\frac{4}{5}$?

b) Welche Zahl ist um 4 [2,3; $1\frac{1}{4}$; $2\frac{4}{5}$; 2,15] kleiner als (1) +1; (2) −1,4; (3) $+\frac{1}{2}$?

25. Für gebrochene Zahlen gilt:
(1) Vergrößert man den Zähler und verändert den Nenner nicht, so wird die Zahl größer.
(2) Vergrößert man den Nenner und verändert den Zähler nicht, so wird die Zahl kleiner.
Untersuche, ob dies auch für negative Zahlen gilt.

2.4 Beschreiben von Änderungen mit rationalen Zahlen

Aufgabe 1

Anna hat an einem Tag im Winter alle 2 Stunden die Temperatur gemessen:

Zeitpunkt der Messung	8 Uhr	10 Uhr	12 Uhr	14 Uhr	16 Uhr	18 Uhr	20 Uhr
Temperatur	– 4 °C	– 1 °C	+ 4 °C	+ 6 °C	+ 2 °C	– 2 °C	– 5 °C

Stelle die Temperaturänderungen zwischen benachbarten Messungen als Pfeile auf der Zahlengeraden dar.

Lösung

Eine Möglichkeit ist folgende:

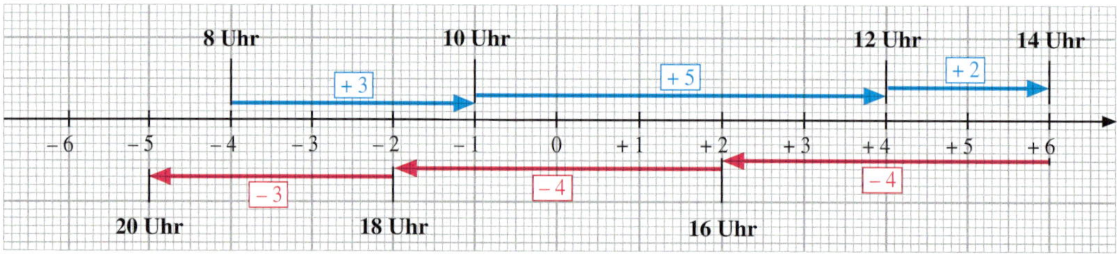

Information

Pegel: Wasserstandsmesser

Bisher haben wir mit den rationalen Zahlen *Zustände* wie Temperaturen auf dem Thermometer, Soll und Haben beim Kontoauszug oder Wasserstände am Pegel bezeichnet.
Mit rationalen Zahlen kann man aber auch *Zustandsänderungen* wie z. B. das Steigen und Fallen der Temperatur, das Steigen und Fallen des Wasserstandes oder das Buchen von Gutschrift und Lastschrift auf einem Konto beschreiben.

Der Betrag der rationalen Zahl gibt den Betrag der Änderung an.
Das Vorzeichen + bedeutet Übergang zu einem höheren Zustand (Steigen), das Vorzeichen – bedeutet Übergang zu einem niedrigeren Zustand (Fallen).
An der Zahlengeraden bedeutet:

(1) Zustandsänderung + 3:
Gehe 3 nach rechts. $-2 \xrightarrow{+3} +1$

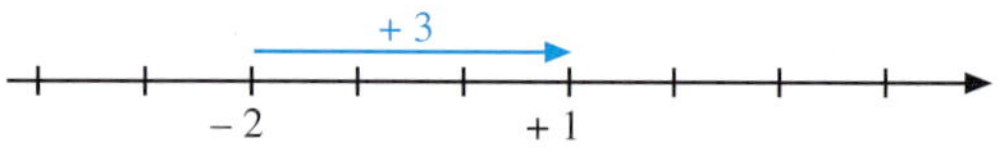

(2) Zustandsänderung – 4:
Gehe 4 nach links. $+3 \xrightarrow{-4} -1$

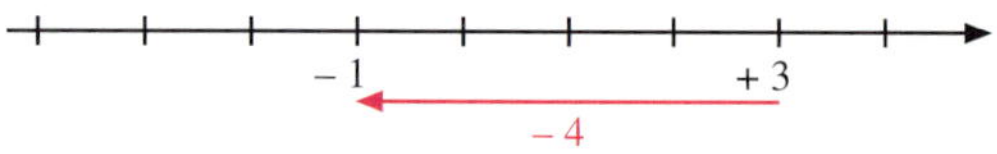

Weiterführende Aufgabe

2. *Drei Grundtypen zu Aufgaben mit Zustandsänderungen*

Trage die gegebenen Angaben in das Schema ein und ermittle die fehlende Angabe.

a) Die Temperatur fällt von – 3 °C um 5 Grad.

b) Nach einer Buchung auf einem Konto sind aus 20 € Guthaben 30 € Soll geworden.

c) Nach dem Aufsteigen um 4 m befindet sich ein Tauchboot noch 6 m unter dem Meereswasserspiegel.

Übungsaufgaben

3. Im Radio wurde alle 2 Stunden durchgegeben, wie sich der Wasserstand (Pegel) eines Flusses ändert.
Patricia hat mitgeschrieben:

Zeitpunkt	10 Uhr	12 Uhr	14 Uhr	16 Uhr
Durchsage	um 50 cm gefallen	um 40 cm gefallen	um 30 cm gestiegen	um 45 cm gestiegen

Um 8 Uhr betrug der Pegelstand 160 cm.
Zeichne eine Wasserstandsskala und trage die Wasserstandsänderungen ein. Gib dann die Wasserstände zu den verschiedenen Zeitpunkten an.

4. Gib den neuen Zustand an.

a) Ein Thermometer zeigt 2 °C unter null an. Die Temperatur steigt [fällt] um 6 Grad.

b) Ein Bankkonto weist 82 € Guthaben aus. 100 € werden bar abgehoben. Später trifft eine Gutschrift über 43 € [12 €] ein.

5. Die Pfeile geben Zustandsänderungen an. Bestimme jeweils die Änderung und notiere sie mithilfe einer rationalen Zahl.

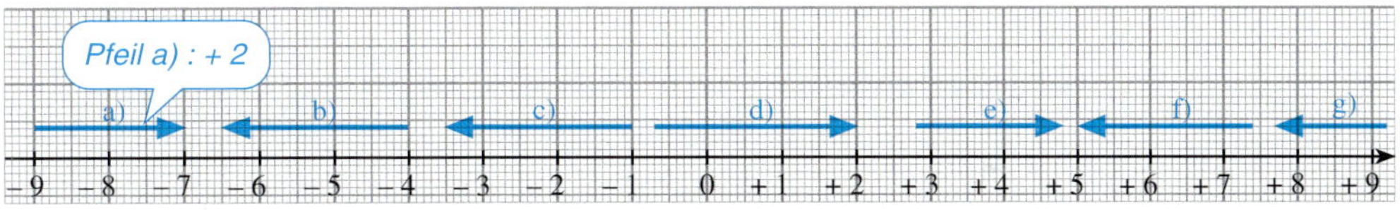

6. Ergänze die Tabellen im Heft.

a)

Alter Kontostand	Gutschrift oder Lastschrift	Neuer Kontostand
+ 25,00 €	– 30,00 €	
– 2,50 €	+ 6,00 €	
– 12,30 €	– 2,70 €	
– 16,00 €		– 18,00 €

b)

Alter Wasserstand	Steigen oder Fallen	Neuer Wasserstand
+ 35 cm	– 50 cm	
– 13 cm	+ 30 cm	
– 25 cm	– 12 cm	
	+ 40 cm	+ 15 cm

7. In einem Tauchboot wurden stündlich die Tauchtiefen notiert. Schreibe die Tabelle ab und ergänze die Änderungen.

Tauchtiefe	– 58 m	– 85 m	– 20 m	0 m	– 73 m	– 47 m	– 92 m
Änderung	□	□	□	□	□	□	

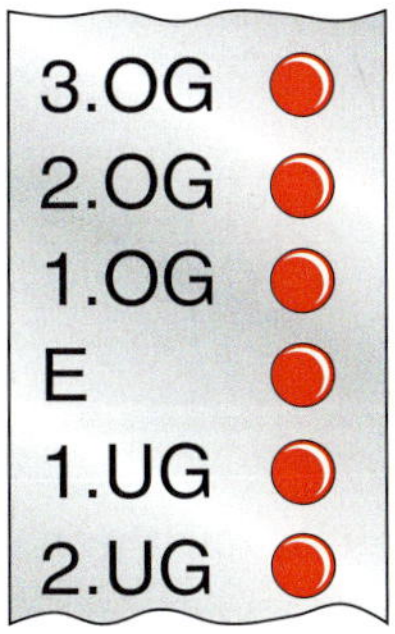

8. Ein Hochhaus hat 14 Obergeschosse und 4 Untergeschosse.
Aus welchem Stockwerk kommt Julia, wenn sie

a) 4 Stockwerke nach unten gefahren ist und im 1. UG aussteigt;

b) im 4. OG aussteigt und 7 Stockwerke nach oben gefahren ist?

9. Stellt euch gegenseitig Fragen und beantwortet sie.

a) Ein Thermometer zeigt 3 °C unter null an. Die Temperatur steigt [fällt] um 9 Grad.

b) Über Nacht ist die Temperatur um 10 Grad gefallen. Morgens sind es – 3 °C [+ 8 °C].

c) Nach der Buchung einer Gutschrift von 28 € [Lastschrift von 33 €] betrug der Kontostand 52 €.

d) Ein Tauchboot sank [stieg] um 156 m auf nun 233 m unter dem Meeresspiegel.

10. Ein Hubschrauber schwebt 480 m über dem Mittelmeer (ü. M.).
Wie hat er seine Höhe insgesamt geändert, wenn er nach dem Flug gelandet ist

a) in Jerusalem; **c)** am See Genezareth;

b) in Nazareth; **d)** am Toten Meer?

11. a) Bei einem Videorecorder ändert sich die Bandanzeige von 0:30:00 auf – 0:20:10. Was ist passiert?

b) Die Anzeige steht auf – 0:25:30. Annika spult um 1 h 30 min 10 s vor [zurück].

12. In jeder Kette fehlen Zahlen. Setze passend ein.

a) + 30, + 23, + 16, + 9, …, – 33

b) – 60, – 49, – 38, – 27, …, + 61

c) – 88, – 76, – 64, …, + 32

d) – 23, – 31, – 39, …, – 103

e) $-3\frac{1}{2}$, $-2\frac{1}{2}$, $-1\frac{1}{2}$, …, $6\frac{1}{2}$

f) – 3,6, – 5,1, – 6,6, – 8,1, …, – 18,6

13. In dem Schema sind Änderungen dargestellt. Fülle die Lücken im Heft aus. Du kannst die Zahlengerade benutzen. Denke z. B. auch an Temperaturen.

a) $\square \xrightarrow{+8} +5$; $\square \xrightarrow{-6} -2$; $+7{,}1 \xrightarrow{\square} +3{,}1$

b) $-4{,}1 \xrightarrow{\square} -7{,}3$; $\square \xrightarrow{+3{,}7} -8{,}4$; $\square \xrightarrow{-2{,}8} -5{,}2$

c) $-6{,}3 \xrightarrow{+8{,}4} \square$; $-3\frac{1}{4} \xrightarrow{+8} \square$; $-24 \xrightarrow{-30{,}4} \square$

d) $5{,}7 \xrightarrow{\square} -1{,}4$; $\square \xrightarrow{-4{,}9} 13{,}2$; $-8{,}8 \xrightarrow{-2{,}7} \square$

14. Finde zu dem Schema eine passende Geschichte.

a) $-36 \xrightarrow{+19} \square$ **b)** $\square \xrightarrow{+4{,}2} -8{,}6$ **c)** $+23{,}5 \xrightarrow{\square} -11{,}0$

15. a) Auf einem Konto steht ein Guthaben von 30 €. Der Kontostand ändert sich zunächst um 35 € und dann um 80 €. Welchen Endstand kann das Konto haben? Gib alle Möglichkeiten an.

b) Ein Tauchboot befindet sich 200 m unter dem Meeresspiegel. Es ändert seine Tiefe zunächst um 50 m und dann um 20 m.
Gib alle Möglichkeiten an, in welchen Tiefen sich das Tauchboot danach befinden kann.

16. Bei einer Sammlung wurden folgende Geldbeträge eingesammelt: Nele 16,40 €, Daniela 20,20 €, Alexander 18 €, Mareike 14,50 €, Lukas 12,80 €.
Nele sagt: „Mein Betrag ist größer als der Durchschnitt." Prüfe seine Behauptung.
Gib die Abweichungen der einzelnen Sammelergebnisse vom Durchschnitt mit Vorzeichen an.

17. Du hast an verschiedenen Stellen unterschiedliche Verwendungsmöglichkeiten für rationale Zahlen kennen gelernt. Schreibe eine kleine Zusammenfassung.

2.5 Addieren rationaler Zahlen – Rechengesetze

Mit natürlichen Zahlen und gebrochenen Zahlen kannst du schon rechnen. Rationale Zahlen hast du zum Beispiel zur Beschreibung von Zustandsänderungen bei Temperaturen, Wasserständen, Kontoständen u.a. verwendet. Du erfährst jetzt, wie man mit ihnen rechnet, z. B. wie man sie addiert.

2.5.1 Einführung der Addition – Additionsregel

Einführung

Die Änderung des Wasserstandes eines Stausees wird täglich gemessen. Wie kann man die Wasserstandsänderungen zweier aufeinander folgender Tage zu *einer* Gesamtänderung von einem zum übernächsten Tag zusammenfassen?
Die Wasserstandsänderungen lassen sich durch Pfeile darstellen. Diese werden so aneinander gelegt, dass der zweite dort beginnt, wo der erste endet.
Das Aneinanderlegen von *Strecken* kennst du schon von den gebrochenen Zahlen. Es veranschaulicht dort die Addition. Auch bei den rationalen Zahlen wollen wir das Aneinanderlegen von *Pfeilen* als Addition auffassen.

Folgende Wasserstandsänderungen sollen jeweils zu einer zusammengefasst werden:

(1) Der Wasserstand fällt am ersten Tag um 2 cm, am zweiten Tag um 6 cm.

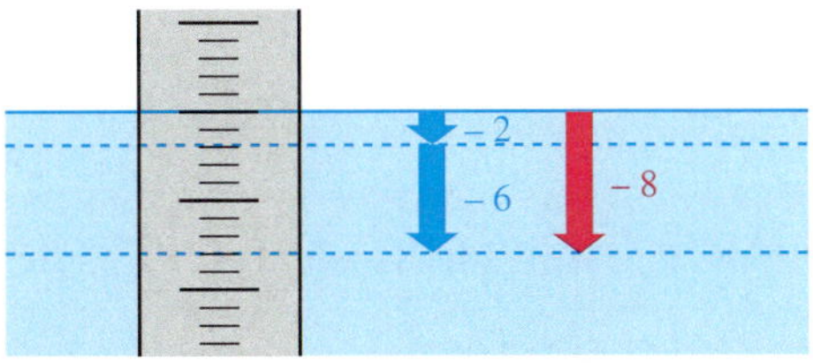

Additionsaufgabe: $(-2) + (-6) = -8$
Die Gesamtänderung beträgt −8 cm.

(2) Der Wasserstand steigt am ersten Tag um 4 cm, am zweiten Tag um 3 cm.

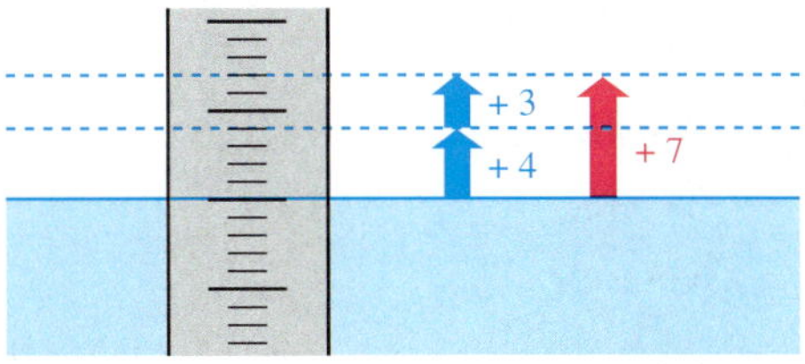

Additionsaufgabe: $(+4) + (+3) = +7$
Die Gesamtänderung beträgt +7 cm.

(3) Der Wasserstand fällt am ersten Tag um 7 cm und steigt am zweiten Tag um 3 cm an.

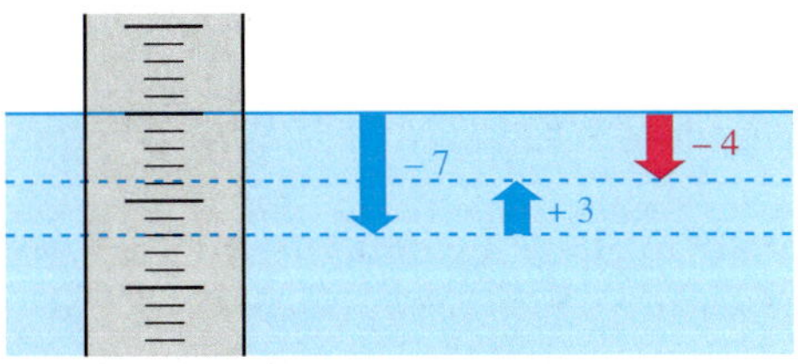

Additionsaufgabe: $(-7) + (+3) = -4$
Die Gesamtänderung beträgt −4 cm.

(4) Der Wasserstand steigt am ersten Tag um 8 cm und fällt am zweiten Tag um 6 cm.

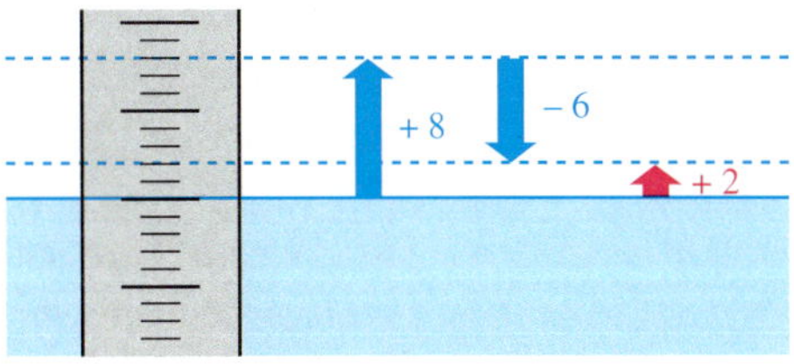

Additionsaufgabe: $(+8) + (-6) = +2$
Die Gesamtänderung beträgt +2 cm.

Beachte: Um Vorzeichen und Rechenzeichen voneinander zu trennen, haben wir Klammern um die Zahlen gesetzt.

Information

In der Einführung hast du gesehen, dass man beim Zusammenfassen von Wasserstandsänderungen darauf achten muss, ob beide gleich gerichtet sind, oder nicht. Daher muss man beim Addieren rationaler Zahlen zwei Fälle unterscheiden:

(1) **Additionsregel für rationale Zahlen bei gleichem Vorzeichen**
Haben die Summanden *gleiche* Vorzeichen, so addiert man wie folgt:

- Man setzt das gemeinsame Vorzeichen.
- Man addiert die Beträge.

$(-2) + (-6) = -8$

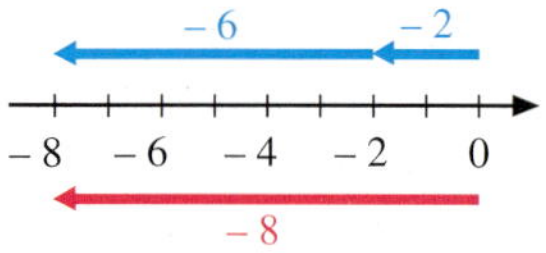

$(+4) + (+3) = +7$

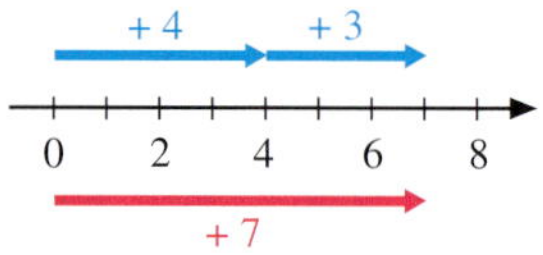

(2) **Additionsregel für rationale Zahlen bei verschiedenen Vorzeichen**
Haben die Summanden *verschiedene* Vorzeichen und *verschiedene* Beträge, so addiert man wie folgt:

- Man setzt das Vorzeichen der Zahl mit dem größeren Betrag.
- Man subtrahiert den kleineren Betrag von dem größeren Betrag.

$(-7) + (+3) = -4$

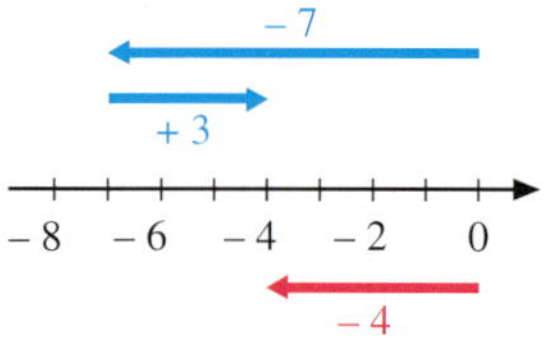

$(+8) + (-6) = +2$

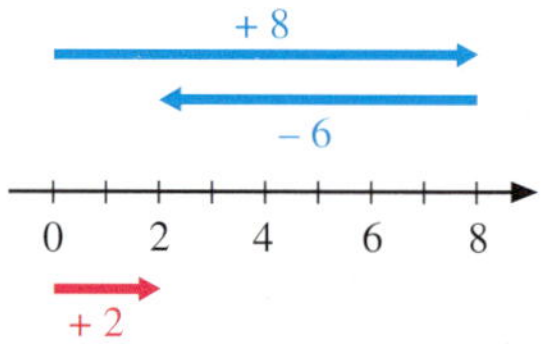

Beachte: Haben die Summanden *verschiedene* Vorzeichen, aber *gleiche* Beträge, so ist die Summe 0.

$(+2{,}6) + (-2{,}6) = 0$

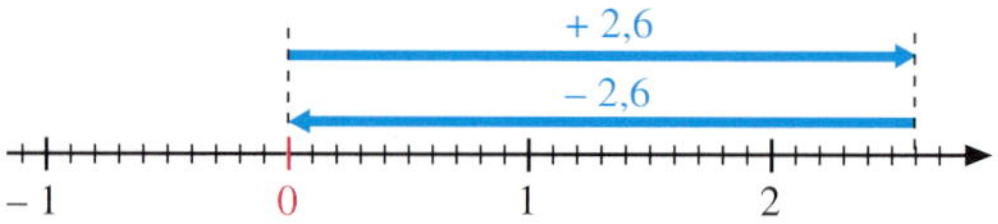

Weiterführende Aufgabe

1. *Richtiger Gebrauch des Gleichheitszeichens*

Anna und Sarah haben ihre Hausaufgabe von Felix kontrollieren lassen. Beide haben dasselbe Endergebnis. Dennoch hat Felix eine Aufgabe als falsch durchgestrichen.
Welcher Fehler liegt vor?

Richtiger Gebrauch des Gleichheitszeichens

Beim Berechnen eines Terms muss man darauf achten, dass das Gleichheitszeichen richtig gebraucht wird.
Beim richtigen Gebrauch des Gleichheitszeichens stehen vor und hinter dem Gleichheitszeichen Zahlenausdrücke mit demselben Wert.

Beispiel:

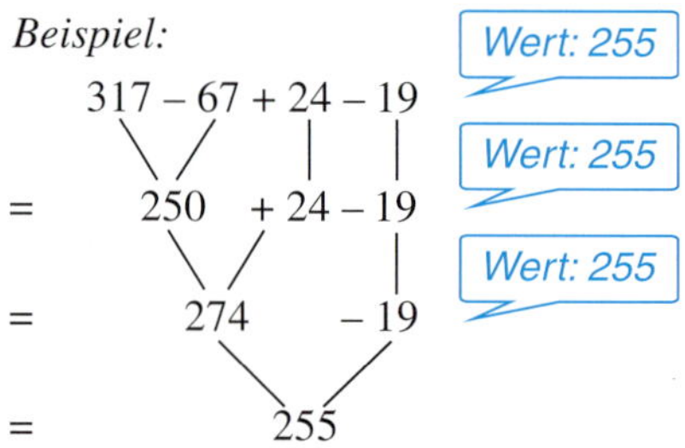

Übungsaufgaben

2. Hier findest du drei Blöcke von Additionsaufgaben.

(1)	(2)	(3)
(+2) + (+2) =	(+2) + (+2) =	(+2) + (–1) =
(+2) + (+1) =	(+1) + (+2) =	(+1) + (–1) =
(+2) + 0 =	0 + (+2) =	0 + (–1) =
(+2) + (–1) =	(–1) + (+2) =	(–1) + (–1) =
(+2) + (–2) =	(–2) + (+2) =	(–2) + (–1) =
(+2) + (–3) =	(–3) + (+2) =	(–3) + (–1) =

a) Berechne zunächst in dem ersten Block die blauen Aufgaben. Welche Gesetzmäßigkeiten erkennst du von einer Aufgabe zur nächsten? Wende diese Gesetzmäßigkeit zur Berechnung der roten Aufgaben an.
Verfahre entsprechend bei den anderen Blöcken.

b) Bilde selbst Beispiele für solche Blöcke.

c) Welche Regeln erkennst du für das Addieren rationaler Zahlen?

3. Eine Klima-Arbeitsgemeinschaft misst an verschiedenen Tagen die Temperaturänderung nachts (von 18 Uhr bis 8 Uhr) und die Temperaturänderung tagsüber (von 8 Uhr bis 18 Uhr).

Tag	Montag	Dienstag	Mittwoch	Donnerstag	Freitag
Temperaturänderung nachts	– 2,5 °C	+ 1 °C	– 2,5 °C	+ 0,5 °C	± 0 °C
Temperaturänderung tagsüber	– 1 °C	+ 4,5 °C	+ 3,5 °C	– 1,5 °C	+ 4,5 °C

Fasse für jeden Tag die Temperaturänderungen nachts und tagsüber zu einer Änderung von einem zum nächsten Tag zusammen.
Zeichne dazu für jeden Tag eine Temperaturskala mit den Pfeilen für die einzelnen Temperaturänderungen und die gesamte Änderung (1 cm für 1 °C).

4. Auf einem Konto werden zwei Buchungen nacheinander ausgeführt:

a) eine Gutschrift über 12,30 € und eine Gutschrift über 7,50 €;

b) eine Lastschrift über 4,20 € und eine Lastschrift über 10,90 €;

c) eine Lastschrift über 3,70 € und eine Gutschrift über 12,40 €;

d) eine Gutschrift über 12,65 € und eine Lastschrift über 20,00 €.

Wie ändert sich der Kontostand insgesamt? Notiere die Summe auch als Additionsaufgabe.

5. Hier ist eine Additionsaufgabe dargestellt. Notiere die Summe und gib das Ergebnis an.

a)
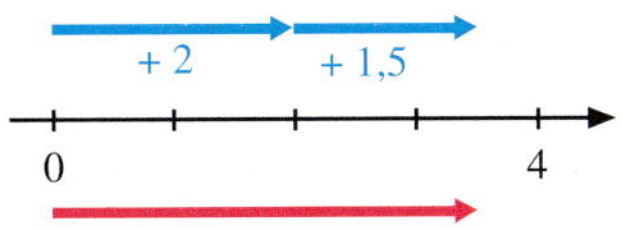

c)
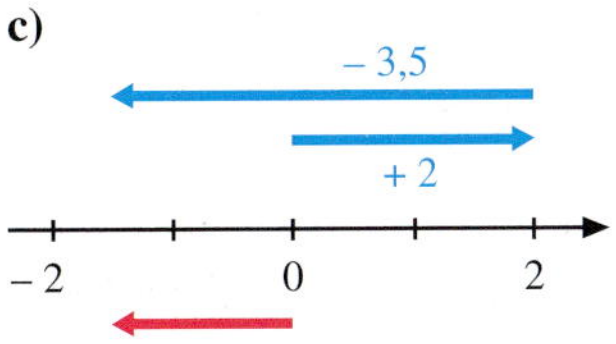

e)
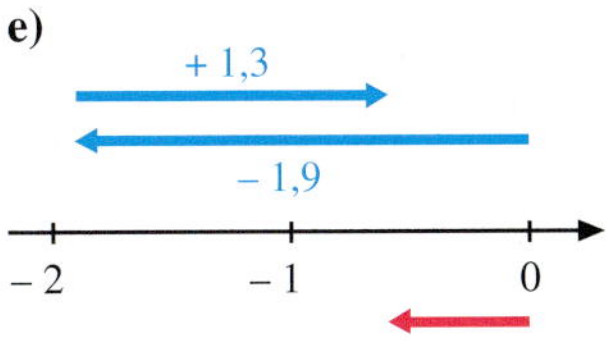

b)
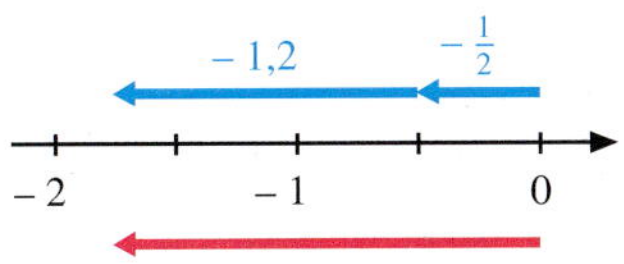

d)
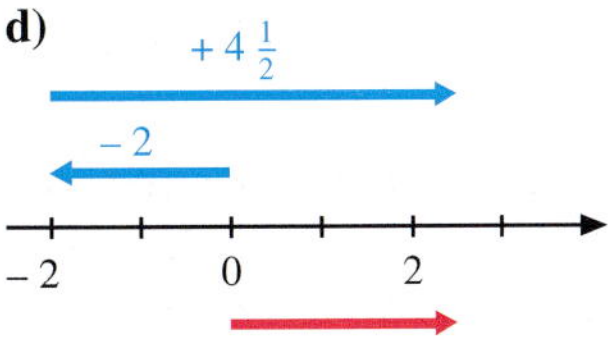

f)
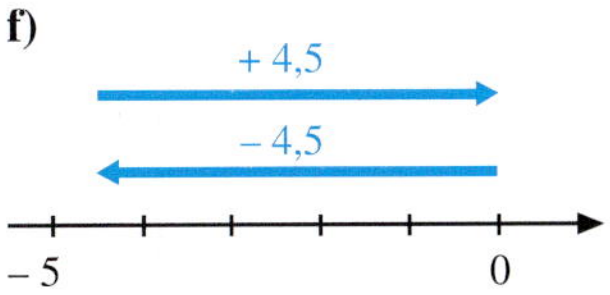

6. Addiere jeweils. Schreibe die einzelnen Aufgaben in dein Heft.

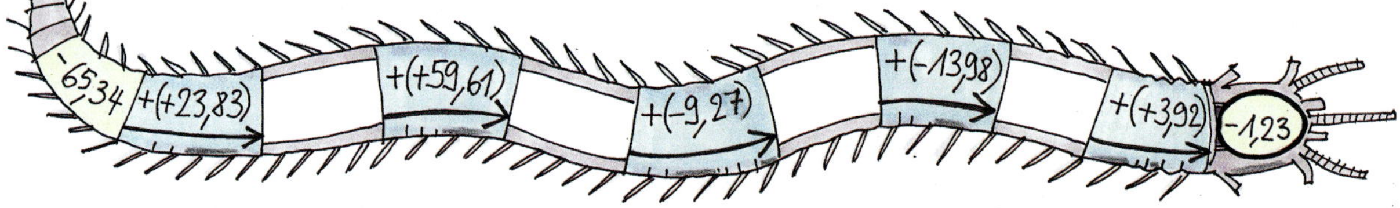

7. Rechne im Kopf.

a) (+ 13) + (+ 7)
(– 9) + (– 6)
(– 4) + (+ 3)
(+ 7) + (– 11)

b) (+ 12) + (+ 9)
(+ 8) + (– 10)
(– 9) + (+ 6)
(– 8) + (– 13)

c) (– 12) + (+ 9)
(– 7) + (+ 10)
(– 3) + (– 11)
(+ 5) + (+ 16)

d) (– 14) + (– 4)
(– 4) + (+ 8)
(– 6) + (– 4)
(+ 7) + (– 19)

e) (– 53) + (– 31)
(– 22) + (+ 65)
(– 32) + (– 55)
(+ 43) + (+ 28)

f) (– 360) + (– 150)
(+ 170) + (– 450)
0 + (– 290)
(+ 321) + 0

g) (+ 6,5) + (+ 4,6)
(– 8,9) + (– 3,4)
(+ 2,7) + (– 9,4)
(– 7,6) + (+ 3,9)

h) (– 11,8) + (+ 9,9)
(+ 8,7) + (– 5,8)
(– 6,3) + (+ 6,3)
(+ 5,4) + (– 9,8)

8. Untersuche, ob richtig gerechnet wurde. Korrigiere jedes falsche Ergebnis.

a) $(-9) + (+4) = -5$
$(-9) + (-2) = +11$
$(+8) + (-15) = -23$

b) $(+1{,}6) + (-2{,}1) = +0{,}5$
$(-4{,}4) + (+5{,}4) = +0{,}1$
$(-6{,}6) + (-6{,}6) = -12{,}12$

c) $\left(-\frac{1}{4}\right) + \left(+\frac{1}{5}\right) = -\frac{1}{20}$
$\left(+\frac{1}{3}\right) + \left(-\frac{1}{2}\right) = +\frac{1}{6}$
$\left(+\frac{3}{5}\right) + \left(-\frac{1}{2}\right) = +\frac{2}{3}$

9.

a) $\left(-\frac{2}{9}\right) + \left(+\frac{7}{9}\right)$
$\left(-\frac{2}{9}\right) + \left(-\frac{7}{9}\right)$
$\left(-\frac{3}{8}\right) + \left(+\frac{1}{4}\right)$
$\left(+\frac{2}{3}\right) + \left(+\frac{1}{6}\right)$

b) $\left(-\frac{5}{4}\right) + \left(-\frac{5}{6}\right)$
$\left(+\frac{4}{5}\right) + \left(-\frac{2}{7}\right)$
$\left(-\frac{9}{10}\right) + \left(+\frac{4}{15}\right)$
$\left(-\frac{5}{12}\right) + \left(-\frac{14}{15}\right)$

c) $\left(-2\frac{3}{5}\right) + \left(+3\frac{4}{5}\right)$
$\left(+4\frac{1}{5}\right) + (-4{,}2)$
$\left(+\frac{3}{4}\right) + \left(-\frac{5}{8}\right)$
$\left(-4\frac{2}{3}\right) + \left(1\frac{5}{6}\right)$

d) $(-14{,}25) + \left(3\frac{1}{4}\right)$
$(+80{,}2) + \left(-88\frac{1}{5}\right)$
$\left(-\frac{3}{50}\right) + (+0{,}6)$
$\left(+\frac{7}{20}\right) + (-0{,}35)$

10. Setze für ▢ das passende Zeichen >, < bzw. =.

a) (+ 23) + (– 19) ▢ + 23
(– 2,8) + (– 0,7) ▢ – 2,8

b) 0 ▢ (– 22) + (– 22)
0 ▢ (– 4,8) + (– 4,8)

c) (– 0,9) + (+ 8,3) ▢ + 8,3
0 ▢ (+ 0,3) + $\left(-\frac{1}{3}\right)$

11. Formuliere jeweils eine sinnvolle Frage und schreibe zur Antwort eine Rechenaufgabe auf.

a) Gestern Nacht sank die Temperatur um 4 Grad. Im Laufe des heutigen Tages stieg sie dann wieder um 3 Grad an.

b) Heute Morgen ist es sehr kalt: – 12 °C. Die Sonne kann einen Temperaturanstieg um 4 Grad bewirken.

c) Die heutige Sturmflut hat zum höchsten Wasserstand in diesem Jahr geführt: 3,80 m über Normalnull. Man rechnet damit, dass das Wasser noch um weitere 50 cm ansteigt.

d) Nachdem der Wasserstand heute Nacht um 60 cm gefallen war, stieg er heute im Laufe des Tages wieder um 20 cm.

e) Von Frau Siedes Konto werden zum Monatsersten die Miete von 675 € abgebucht und als Nachschlagszahlung für Strom und Wasser 58 €.

f) Erst als Herrn Wiemanns Konto schon 358,23 € im Soll steht, trifft die Überweisung des Gehaltes von 2 491,78 € ein.

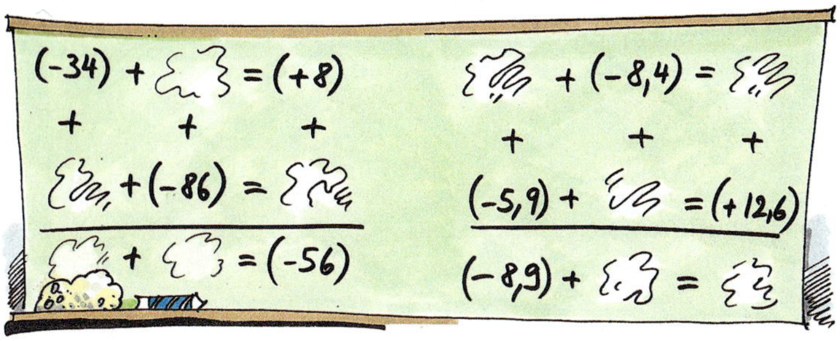

12. Hier wurden mit dem Schwamm ein paar Zahlen weggewischt. Welche Zahlen waren es?

13. Versuche die Zahl −1 so als Summe zweier rationaler Zahlen zu schreiben, dass

a) ein Summand positiv und einer negativ ist;

b) beide Summanden negativ sind;

c) beide Summanden positiv sind.

14. a) Ein Bankkonto weist 437,75 € Guthaben aus. 750,00 € werden bar abgehoben. Gib den neuen Kontostand an.

b) Auf einem Bankkonto werden nacheinander eine Lastschrift von 36,78 € und eine Gutschrift von 203,50 € verbucht. Fasse beide Buchungen zusammen.

c) Lies noch einmal den roten Kasten auf Seite 72 oben. Zu welchem Typ gehört die Teilaufgabe a), zu welchem die Teilaufgabe b)?

15. Achte auf richtigen Gebrauch des Gleichheitszeichens beim Notieren des Rechenweges.

a) $(-67) + (+58) + (-96)$
$(+93) + (-68) + (-47)$
$(-0{,}7) + (-0{,}5) + (+3{,}2)$
$(-\frac{3}{5}) + (+\frac{1}{2}) + (+0{,}1)$

b) $(-20) + (+40) + (-50) + (-10)$
$(-27) + (-50) + (-46) + (+72)$
$(-1{,}2) + (+1{,}8) + (-4{,}2) + (-4)$
$(-\frac{1}{2}) + (-\frac{1}{4}) + (+1) + (-0{,}7)$

16. Welche rationale Zahl kannst du für die Variable einsetzen, damit die Aufgabe richtig wird?

a) $(-8) + x = 0$ **b)** $y + (+977) = 0$ **c)** $z + (-1{,}7) = 0$ **d)** $(+\frac{3}{7}) + a = 0$

17. Addiere nebeneinander stehende Zahlen. Schreibe das Ergebnis in das Feld darunter.

a)
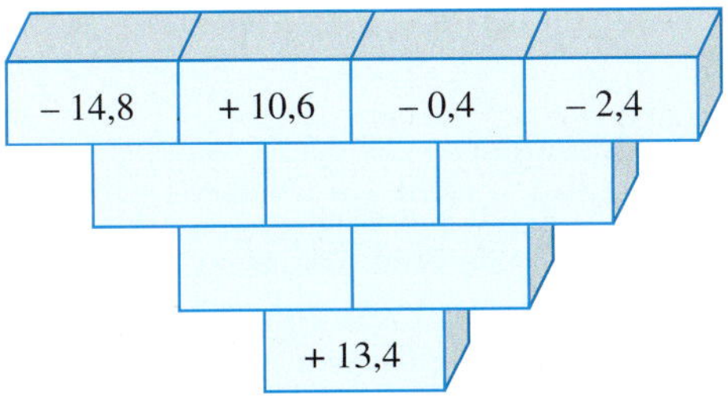

b)
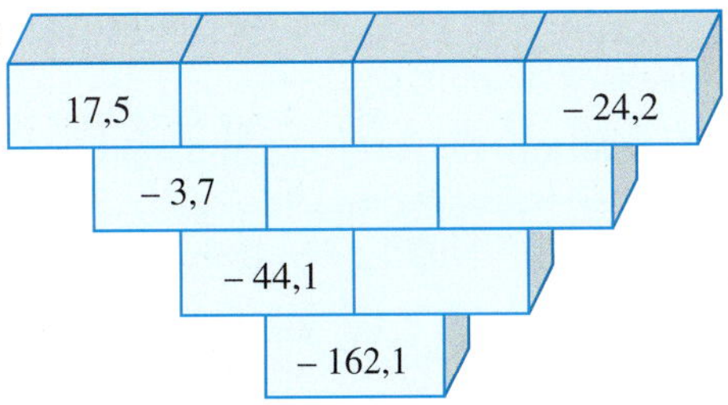

18. Ist die Behauptung richtig? Begründe die Antwort.

a) Die Summe zweier negativer Zahlen ist kleiner als jeder der Summanden.

b) Damit die Summe positiv ist, muss mindestens ein Summand positiv sein.

c) Wenn keiner der Summanden null ist, kann auch die Summe nicht gleich null sein.

19. a) Eine Summe besteht aus drei Summanden und hat den Wert null. Der erste Summand ist die entgegengesetzte Zahl des dritten Summanden. Wie groß ist der zweite Summand?

b) Der erste Summand ist +12,5. Die Summe hat den Wert −12,5. Wie groß ist der zweite Summand?

c) Die Summe ist so groß wie jeder der beiden Summanden. Wie groß sind die Summanden?

20. Addiert man zwei gebrochene Zahlen, so ist das Ergebnis größer als beide Summanden. Überprüfe an Beispielen, ob das auch für rationale Zahlen so ist.

21. In welchem Bereich kann null liegen?

a) b) c)

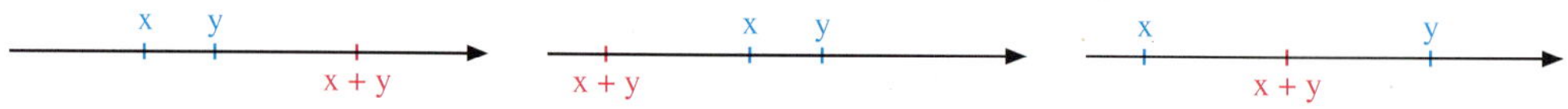

2.5.2 Rechengesetze für die Addition rationaler Zahlen

Aufgabe 1

Wie kannst du die Aufgaben rechts vorteilhaft im Kopf lösen?
Welche Rechengesetze verwendest du dabei an?

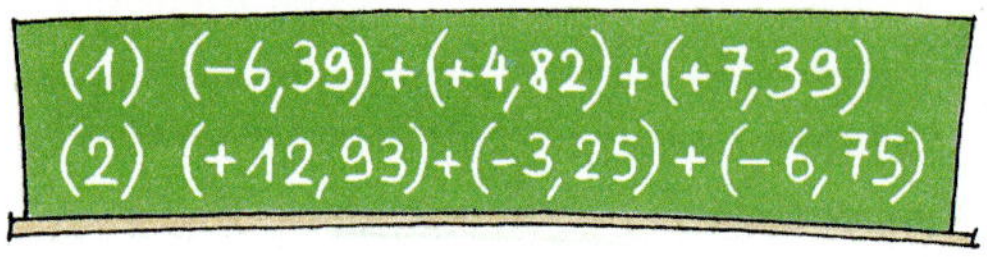

Lösung

(1)

Vertausche erst den 2. und 3. Summanden

$(-6{,}39) + (+4{,}82) + (+7{,}39)$
$= (-6{,}39) + (+7{,}39) + (+4{,}82)$
$= \quad +1 \quad + (+4{,}82)$
$= +5{,}82$

Es wurde das *Kommutativgesetz (Vertauschungsgesetz)* der Addition angewandt.

(2)

Rechne nicht von links nach rechts, sondern verbinde die beiden letzten Summanden

$(+12{,}93) + (-3{,}25) + (-6{,}75)$
$= (+12{,}93) + [(-3{,}25) + (-6{,}75)]$
$= (+12{,}93) + \quad (-10)$
$= +2{,}93$

Es wurde das *Assoziativgesetz (Verbindungsgesetz)* der Addition angewandt.

Information

(1) Zahlklammern und Rechenklammern

Bei Termen verwenden wir zwei Arten von Klammern:
- *Zahlklammern* stehen um eine rationale Zahl mit ihrem Vorzeichen. Dadurch folgen nicht mehrere Plus- oder Minuszeichen aufeinander. Man kann dann den Aufbau des Terms klarer erkennen.
- *Rechenklammern* schreiben die Reihenfolge der Rechnung vor.

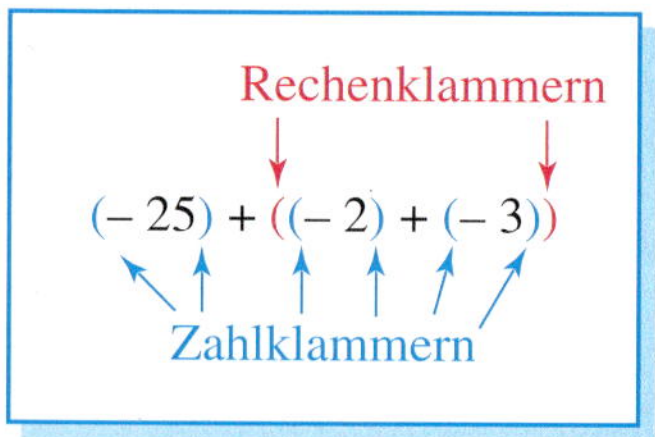

(2) Rechnen mit Klammern

In dem Term $+12{,}93 + [(-3{,}15) + (-6{,}75)]$ sind der zweite und der dritte Summand in (eckige) Klammern gesetzt worden.
Wir erinnern uns: Was in Klammern steht, soll zuerst ausgerechnet werden.
Dass hierbei eckige Klammern verwendet wurden, ist unbedeutend. Sie heben sich nur besser gegenüber den runden Zahlklammern um −3,15 und −6,75 ab.

Vereinbarung: Was in (Rechen-)Klammern steht, wird zuerst ausgerechnet.

(3) Einsparen von Zahlklammern bei positiven Zahlen

Wir wissen: Bei einer positiven Zahl darf man das Vorzeichen weglassen. Dann dürfen wir auch die (Zahl-)Klammern um diese Zahl weglassen.
Beispiel: $(+7{,}6) + (-4{,}5) + (+2{,}9) = 7{,}6 + (-4{,}5) + 2{,}9 = 6$

(4) Assoziativgesetz und Kommutativgesetz

Das Assoziativgesetz für die Addition und das Kommutativgesetz für die Addition gelten auch für rationale Zahlen.
Man verwendet die Gesetze häufig zum vorteilhaften Rechnen.

assoziativ ⟨lat.⟩ verbindend
kommutativ ⟨lat.⟩ vertauschbar

Kommutativgesetz (Vertauschungsgesetz) für die Addition
In einer Summe darf man die Summanden vertauschen. Dabei ändert sich der Wert der Summe nicht.
Denke dir rationale Zahlen anstelle von a, b. Stets gilt: $\mathbf{a + b = b + a}$

Assoziativgesetz (Verbindungsgesetz) für die Addition
In einer Summe aus drei Summanden darf man Klammern beliebig setzen. Dabei ändert sich der Wert der Summe nicht. Daher kann man die Klammern auch weglassen.
Denke dir rationale Zahlen anstelle von a, b, c. Stets gilt: $\mathbf{(a + b) + c = a + (b + c) = a + b + c}$

Begründung des Kommutativgesetzes (mithilfe eines Sachverhalts)

Wir deuten das Addieren rationaler Zahlen als ein Zusammenfassen von Buchungen auf einem Konto: Wenn zwei Buchungen auf einem Konto hintereinander ausgeführt werden sollen, dann hängt die gesamte Änderung des Kontostandes nicht davon ab, in welcher Reihenfolge die Buchungen ausgeführt werden (Kommutativgesetz).

Übungsaufgaben

2. Rechne vorteilhaft.

a) $(+697) + (-355) + (-197)$
$(-499) + (-538) + (-301)$
$(-2{,}35) + (-9{,}84) + (+0{,}35)$

b) $(+4{,}63) + (-1{,}5) + (+0{,}37)$
$(-19{,}5) + (-8{,}4) + (-3{,}6)$

c) $(-\frac{1}{2}) + (+\frac{4}{5}) + (-\frac{1}{2})$
$(-\frac{2}{3}) + (-\frac{3}{9}) + (+\frac{5}{8})$

d) $(-12{,}04) + (-0{,}83) + (-7{,}96) + (+4{,}83)$
$(+6{,}55) + (-7{,}55) + (+2{,}26) + (-6{,}26)$

3. Vereinfache die Schreibweise durch Weglassen von Klammern. Begründe. Berechne dann.

a) $(+2) + (-4) + (+7)$
$(-4) + (+2) + (+9)$

b) $[(-3) + (+2)] + (+5)$
$(-5) + [(-3) + (+6)]$

c) $[(-2) + (+3)] + [(+3) + (+2)]$
$[(-1) + (+2)] - [(-3) - (+5)]$

4. a) $195 + (-37) + (-63)$
$(-571) + (-271) + 571$
$4{,}7 + (-1{,}8) + 6{,}8 + (-4{,}7)$

b) $(-\frac{1}{3}) + \frac{1}{2} + (-\frac{6}{9})$
$\frac{3}{4} + (-\frac{5}{8}) + (-\frac{1}{2})$

c) $\frac{3}{5} + (-3{,}1) + 1\frac{1}{2}$
$(-0{,}125) + (-0{,}75) + \frac{7}{8}$

5. Erst genau hinsehen, dann rechnen. Notiere deinen Rechenweg.

a) $11{,}3 + (-4{,}25) + 1{,}02 + (-8{,}3) + (-3{,}75) + 4{,}98$

b) $2\frac{3}{5} + (-5\frac{7}{8}) + 1\frac{3}{4} + (-3\frac{1}{8}) + (-4\frac{3}{4}) + (-1\frac{1}{5})$

6. Versuche, das Assoziativgesetz an einem Sachverhalt zu begründen.

2.6 Subtrahieren rationaler Zahlen

2.6.1 Einführung der Subtraktion – Subtraktionsregel

Einführung

Bei einem Würfelspiel erhält jeder Spieler zu Beginn drei rote und drei grüne Karten. Auf den grünen Karten stehen Pluspunkte, auf den roten Karten Minuspunkte. Die restlichen Karten werden in zwei Stapeln verdeckt auf den Tisch gelegt. Folgende Spielregeln werden vereinbart:
Würfelt ein Spieler eine 1 oder 6, so muss er aussetzen.
Bei einer 2 muss er eine rote, bei einer 3 eine grüne Karte aufnehmen.
Bei einer 4 darf ein Spieler eine rote, bei einer 5 eine grüne Karte an einen Mitspieler abgeben.
Kann ein Spieler keine Karte abgeben oder aufnehmen, muss er aussetzen. Es wird so lange gespielt, bis beide Kartenstapel leer sind.

Nach einer Spielrunde hat sich der Punktestand eines Spielers um 5 Punkte erhöht.
Welcher Spielverlauf ist denkbar?

(1) Der Spieler kann eine grüne 5er-Karte mit 5 Pluspunkten aufgenommen haben.

(2) Der Spieler kann eine rote 5er-Karte mit 5 Minuspunkten abgegeben haben.

Statt (–5) abzugeben kann man auch (+5) aufnehmen.
Wir deuten das Aufnehmen einer Karte als Addieren und das Abgeben einer Karte als Subtrahieren.
Das Subtrahieren einer Zahl bewirkt also dasselbe wie das Addieren ihrer entgegengesetzten Zahl.

Aufgabe 1

Ein Spieler hat 14 Pluspunkte und kann eine rote 6er-Karte abgeben. Wie lautet sein Punktestand?

Lösung

$(+14) - (-6) = (+14) + (+6) = (+20)$

Ergebnis: Der neue Punktestand ist 20 Pluspunkte.

Information

Hier kommt das Minuszeichen in doppelter Bedeutung vor:
- *als Vorzeichen negativer Zahlen*
- *als Rechenzeichen für die Subtraktion*

Subtraktionsregel für rationale Zahlen

Eine rationale Zahl subtrahieren heißt, ihre entgegengesetzte Zahl addieren.

$(+8) - (+2) = (+8) + (-2) = +6$

$(+3) - (-6) = (+3) + (+6) = +9$

$(-4) - (+7) = (-4) + (-7) = -11$

$(-5) - (-3) = (-5) + (+3) = -2$

Weiterführende Aufgaben

2. *Zusammenhang zwischen Addition und Subtraktion*

Beim Rechnen mit natürlichen Zahlen und mit gebrochenen Zahlen wissen wir:
Das Subtrahieren einer Zahl wird durch das Addieren der Zahl rückgängig gemacht (und umgekehrt).
Prüfe an selbstgewählten Beispielen, ob dies auch für rationale Zahlen und damit auch für negative Zahlen gilt.

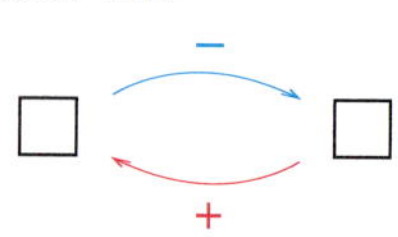

3. *Umwandlung in eine Summe rationaler Zahlen*

Schreibe die Differenz als Summe und berechne.

(1) $12 + (-17) - (+3{,}8)$

(2) $0{,}9 - (-1{,}1) - (+0{,}3)$

(3) $(-6{,}5) - (+4{,}2) - (-0{,}9) + (-3{,}6)$

$3 - (-5) - (+4)$
$= 3 + (+5) + (-4)$ ← *Summe rationaler Zahlen*
$= 8 \quad + (-4)$
$= 4$

Information

Umwandlung in eine Summe rationaler Zahlen

Wir haben in Aufgabe 3 gesehen: Einen Term, in dem rationale Zahlen addiert und subtrahiert werden, kann man stets in eine Summe rationaler Zahlen umwandeln.

Beispiel: $3 - (-5) - (+4) = 3 + (+5) + (-4)$

Übungsaufgaben

4. Hier findest du drei Blöcke von Subtraktionsaufgaben.

(1)	(2)	(3)
$(+3) - (+2) =$	$(+2) - (+2) =$	$(+2) - (-1) =$
$(+3) - (+1) =$	$(+1) - (+2) =$	$(+1) - (-1) =$
$(+3) - 0 =$	$0 - (+2) =$	$0 - (-1) =$
$(+3) - (-1) =$	$(-1) - (+2) =$	$(-1) - (-1) =$
$(+3) - (-2) =$	$(-2) - (+2) =$	$(-2) - (-1) =$
$(+3) - (-3) =$	$(-3) - (+2) =$	$(-3) - (-1) =$

a) Berechne zunächst in dem ersten Block die blauen Aufgaben. Welche Gesetzmäßigkeit erkennst du von einer Aufgabe zur nächsten? Wende diese Gesetzmäßigkeit zur Berechnung der roten Aufgaben an. Verfahre entsprechend bei den anderen Blöcken.

b) Bilde selbst Beispiele für solche Blöcke.

c) Welche Regeln erkennst du für das Subtrahieren rationaler Zahlen?

5. Rechts siehst du zwei Möglichkeiten, einen Kassenbon mit einem fehlerhaft eingetippten Betrag zu korrigieren.
Vergleiche die Möglichkeiten.
Schreibe auch jeweils eine Rechenaufgabe für die Korrekturmöglichkeit.

Storno: Berichtigung, Rückbuchung, Löschung.

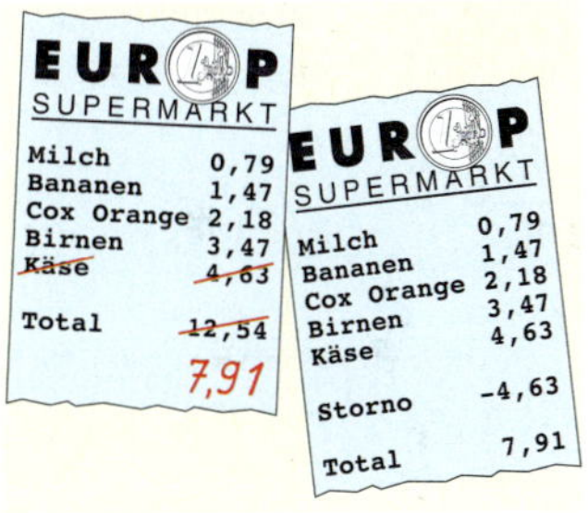

6. Jan hat bei dem Spiel aus dem Einführungsbeispiel einen Punktestand von

a) 17 Pluspunkten; **b)** 8 Minuspunkten.

Nach einer weiteren Spielrunde hat sich sein Punktestand um 9 Punkte verringert.
Beschreibe den möglichen Spielverlauf. Schreibe dazu eine Subtraktions- und eine Additionsaufgabe. Gib auch den neuen Punktestand an.

7. Rechne im Kopf.

a) $(-9) - (-3)$; $(+6) - (-7)$; $(-5) - (+9)$

b) $(-12) - (+3)$; $(-19) - (-12)$; $(+5) - (+13)$

c) $(-8) - (-17)$; $(+5) - (+23)$; $(-15) - (+9)$

d) $(-17) - (-14)$; $(+19) - (+31)$; $(-12) - (-29)$

e) $(+42) - (+15)$; $(-73) - (-25)$; $(-58) - (+17)$

f) $(-234) - (+174)$; $(-325) - 0$; $(+218) - (-82)$

g) $(+8{,}3) - (-2{,}5)$; $(-4{,}3) - (-12{,}8)$; $(-15{,}4) - (+18{,}2)$

h) $(+\frac{2}{5}) - (-\frac{1}{5})$; $(-\frac{7}{8}) - (+\frac{3}{4})$; $(-\frac{2}{3}) + (-\frac{5}{12})$

8. Wende die Subtraktionsregel an.

a) $(+765) - (+235)$; $(+254) - (-310)$; $(-561) - (+127)$; $(-876) - (-161)$

b) $(+56{,}7) - (-88{,}6)$; $(-45{,}9) - (+95{,}4)$; $(-16{,}2) - (-62{,}1)$; $(+30{,}2) - (-92{,}8)$

c) $15{,}8 - 21{,}45$; $(-0{,}306) - (-15{,}11)$; $300 - (-4{,}862)$; $43{,}85 - 85{,}43$

d) $(+\frac{2}{7}) - (+\frac{6}{7})$; $(-\frac{3}{4}) - (+\frac{7}{8})$; $(-\frac{5}{6}) - (-\frac{4}{9})$; $(+\frac{2}{3}) - (-\frac{7}{8})$

Erinnere dich: Bei positiven Zahlen kann man das Vorzeichen und die Zahlklammern weglassen.

9. Subtrahiert man eine gebrochene Zahl von einer anderen, so wird diese verkleinert. Prüfe an Zahlenbeispielen, ob das auch bei rationalen Zahlen so ist.

10. Schreibe die Summe als Differenz.

a) $(+20) + (-14)$ **c)** $-8 + 12$ **e)** $-27 + 0$

b) $(-11) + (-30)$ **d)** $-11 + 9$ **f)** $0 + 29$

$(+7) + (-3) = (+7) - (+3)$

11. a)

−	−3	6	3	−6
−7	−4			
7				
−8				
5				

b)

−	−4	−9		3
2			0	
		3		
			−1	
3				

c)

−				6
		4	−9	
	2	−7		
−8		0		
1				−5

12. -7; $+3$; -6; 0 sollen als Differenz oder Summe von Zahlen zweier Kärtchen gebildet werden.

13. a) Der Minuend ist 12,5; die Differenz hat den Wert 8,7. Wie lautet der Subtrahend?

b) Der Subtrahend ist 4,5; die Differenz hat den Wert $-1,9$. Wie lautet der Minuend?

c) Der Minuend ist $-2,5$; der Subtrahend ist die entgegengesetzte Zahl des Minuenden. Welchen Wert hat die Differenz?

d) Die Summe hat den Wert $-9,4$; der erste Summand ist 4,9. Wie heißt der zweite Summand?

e) Die Summe ist 0; einer der beiden Summanden ist $-5\frac{1}{2}$. Wie heißt der andere?

14. a) Beginne mit der Zahl 2,5. Subtrahiere die Zahl 1,7 so lange, bis das Ergebnis eine ganze Zahl ist. Gib diese Zahl an.

b) Beginne mit der Zahl $-9,7$. Subtrahiere die Zahl $-2,8$ so lange, bis das Ergebnis größer als 5 ist. Gib das Ergebnis an.

15. Schreibe als Summe und berechne.

a) $(-4) - (+12) - (-8)$ **c)** $4,25 - (-2,75) - 6,39 + (-1,61)$

b) $2,5 - (-1,3) + (-8,1)$ **d)** $(-\frac{1}{2}) - (-\frac{1}{4}) - \frac{3}{5} - (-\frac{7}{10})$

16. Setze bei den Aufgaben rechts das passende Rechenzeichen + oder − ein.

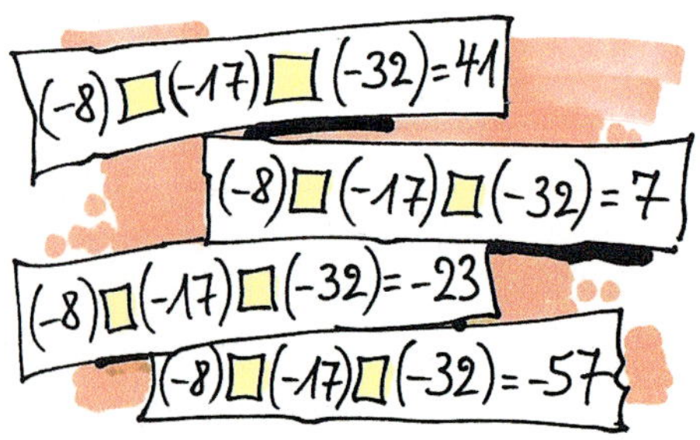

17. Bilde mit den Zahlen links eine Summe mit möglichst großem [kleinem] Wert.

18. Zeige mithilfe selbst gewählter Beispiele:

a) Das Kommutativgesetz gilt nicht für die Subtraktion rationaler Zahlen.

b) Das Assoziativgesetz gilt nicht für die Subtraktion rationaler Zahlen.

19. Gibt es Zahlen r und s, für die gilt:

a) $|r| - |s| = |r - s|$; **b)** $|r - s| > |r| - |s|$?

2.6.2 Auflösen von Zahlklammern – Vereinfachen eines Terms

terminare ⟨lat.⟩
bestimmen, festsetzen
Ein Term ist eine Rechenvorschrift

Du weißt: Zahlklammern und Vorzeichen darf man bei positiven Zahlen weglassen (siehe auch die Beispiele rechts). Dadurch lässt sich ein Term vereinfachen.
Wir fragen: Lassen sich auch Terme mit Zahlklammern negativer Zahlen so umformen, dass die Zahlklammer verschwindet, dass also die Zahlklammer aufgelöst wird?

Statt (+ 5) darf man 5 schreiben

$(-7) - (+5) = (-7) - 5$

$(-7) + (+5) = (-7) + 5$

Aufgabe 1

a) Forme die folgenden Terme so um, dass keine Zahlklammer mehr vorkommt, die Zahlklammer also aufgelöst wird: (1) $9 - (-5)$ (2) $9 + (-5)$
Begründe dein Vorgehen.

b) Versuche eine einfache Regel für das Auflösen einer Zahlklammer aufzustellen.

Lösung

a) (1) $9 - (-5) = 9 + (+5) = 9 + 5$
Begründung: Subtrahieren von -5 bewirkt nach der Subtraktionsregel dasselbe wie das Addieren von $+5$, also von 5.

(2) $9 + (-5) = 9 - (+5) = 9 - 5$
Begründung: Addieren von -5 bewirkt nach der Subtraktionsregel dasselbe wie das Subtrahieren von $+5$, also von 5.

b) Aus den Beispielen kann man folgende Regel ablesen:

Regel über das Auflösen einer Zahlklammer

Beim Auflösen einer Zahlklammer setzt man
- ein Pluszeichen, falls gleiche Zeichen nebeneinander stehen, und
- ein Minuszeichen, falls verschiedene Zeichen nebeneinander stehen.

Gleiche Zeichen, also +

$7 + (+4) = 7 + 4$

$7 - (+4) = 7 - 4$

Verschiedene Zeichen, also –

Gleiche Zeichen, also +

$7 - (-4) = 7 + 4$

$7 + (-4) = 7 - 4$

Verschiedene Zeichen, also –

Information

Einsparen von Zahlklammern

Eine Summe kann auch so geschrieben werden, dass nur noch positive Zahlen addiert bzw. subtrahiert werden. Dann kann man die Zahlklammern und das Vorzeichen der positiven Zahlen weglassen.

Beispiel:

$(+7) + (-4{,}5) - (+2{,}1) - (-8{,}6)$

$= (+7) - (+4{,}5) - (+2{,}1) + (+8{,}6)$

$= 7 - 4{,}5 - 2{,}1 + 8{,}6$

Nur noch + in den Zahlklammern

Hierbei steht vor einem Betrag jeweils nur eines der Zeichen + oder –.
Das jeweilige Zeichen kann aufgefasst werden:
(1) als Rechenzeichen vor einer positiven Zahl oder
(2) als Vorzeichen einer rationalen Zahl, die addiert wird.

Wir vereinbaren außerdem:
Steht eine negative Zahl am Anfang, so darf man die Klammer um die Zahl fortlassen.

Beispiel: $(-0{,}8) + (-7{,}2) + (+3) = -0{,}8 - 7{,}2 + 3 = -5$

Weiterführende Aufgabe

2. *Vertauschen von Additions- und Subtraktionsschritten zum vorteilhaften Rechnen*

Berechne und vergleiche. Welcher der beiden Rechenwege ist günstiger?

a) $(-12) - (-9) + (-8)$
$(-12) + (-8) - (-9)$

b) $4{,}3 - 9{,}2 - 5{,}8 + 6{,}7$
$4{,}3 + 6{,}7 - 9{,}2 - 5{,}8$

Begründe, warum man die Rechenschritte vertauschen darf. Beachte dazu die Subtraktionsregel für rationale Zahlen. Du kannst die Terme auch als eine Folge von Buchungsanweisungen deuten, die hinzugefügt oder weggenommen werden.

> Aufeinander folgende Additions- und Subtraktionsschritte darf man vertauschen.
> Dabei ändert sich der Wert des Terms nicht.
> Denke dir rationale Zahlen anstelle von a, b und c. Stets gilt:
> **a + b − c = a − c + b** **a − b + c = a + c − b**

Übungsaufgaben

3. Löse die Zahlklammern auf und begründe die Umformung. Berechne dann.

a) $19 - (-4)$ **d)** $-20 + (-31)$ **g)** $(-84) + (+9) - (-2)$

b) $-43 - (-18)$ **e)** $12 - (+19)$ **h)** $31 + (-19) - (+24)$

c) $78 + (-84)$ **f)** $-14 - (-12) + (-13)$ **i)** $28 - (+12) + (-42)$

4. Schreibe ausführlich als Summe und berechne.

a) $3 - 5$; $-11 + 7$; $-9 - 13$

b) $9 - 13 + 11$; $-9 + 5 - 3$; $-6 - 5 - 13$

c) $1 - 2 + 3 - 4$; $-1 + 2 + 3 - 4$; $-27 - 35 - 19 - 18$

5. Vereinfache die Schreibweise und berechne.

a) $36 + (-19)$; $24 + (-70)$; $11 - (+83)$

b) $-8{,}5 + (-4{,}5)$; $12{,}3 + (-15{,}4)$; $21{,}8 - (+28{,}1)$

c) $44 - (+35) - 20$; $59 + (-81) + 34$; $-16 - (-63) - 17$

d) $3{,}5 - (-7{,}5) - 14{,}1$; $-8{,}2 - (+9{,}7) + 17{,}9$; $0 + (-24{,}6) + 26{,}4$

6. Begründe durch Umwandlung in eine Summe: $-8 + 5 - 12 - 13 + 15 = 5 + 15 - 8 - 12 - 13$

7. Rechne vorteilhaft.

a) $86 - 39 + 14 - 11$

b) $-4{,}8 + 3{,}5 - 3{,}2 + 6{,}5$

c) $3{,}12 - 3{,}48 - 4{,}52 + 2{,}78$

d) $-12{,}3 + 8{,}8 - 5{,}6 - 3{,}7 + 1{,}2 - 4{,}4$

e) $-\frac{3}{8} + \frac{2}{5} - \frac{5}{8} - \frac{6}{7} + \frac{3}{5}$

f) $-\frac{1}{4} + 4\frac{1}{3} - 2\frac{1}{5} + 2\frac{2}{3} - \frac{4}{5} + \frac{3}{4} - \frac{1}{2}$

8. Welcher Fehler wurde gemacht? Korrigiere und berechne.

a) $17 - 8{,}4 + 1{,}6 - 4 = 17 - 4 - 8{,}4 + 1{,}6 = 13 - 10 = 3$

b) $54 - 22 + (-46) - (+8) = 54 + 46 - 22 + 8 = 100 - 30 = 70$

2.6.3 Vermischte Übungen zum Addieren und Subtrahieren

1. Rechne mit nebeneinander stehenden Zahlen. Schreibe das Ergebnis in das Feld darunter.

a) Addiere.

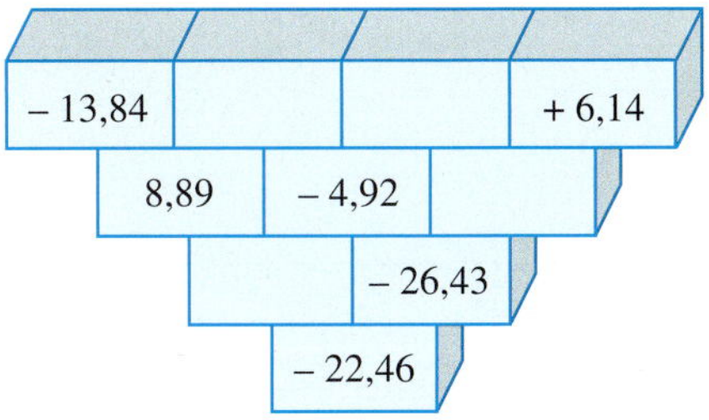

b) Subtrahiere.

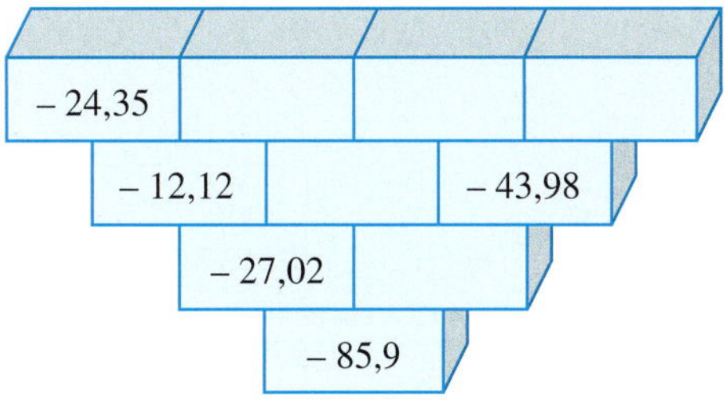

2. Philip hat auf mehrere Weisen versucht, die Aufgabe (– 1967) + (+ 3544) in den Taschenrechner einzugeben.

a) Schon bei der Eingabe des Minuszeichens erscheint der rechts abgebildete Bildschirm. Stelle fest, woran das liegt.

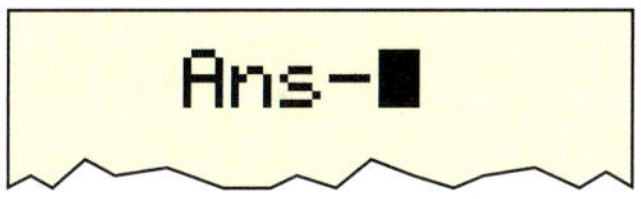

b) Untersuche, ob die unten abgebildeten Eingaben fehlerfrei sind.

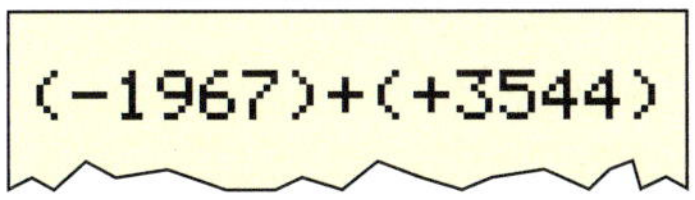

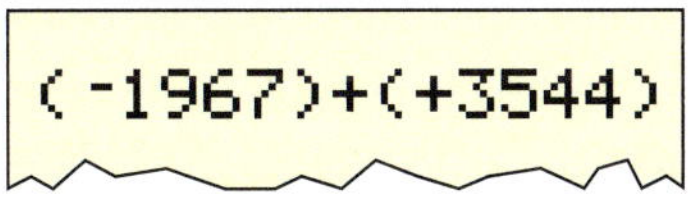

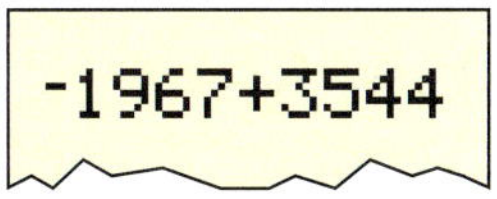

c) Viele Taschenrechner unterscheiden streng zwischen dem Minuszeichen als Vorzeichen und dem Minuszeichen als Subtraktionszeichen. Wie erfolgt die Eingabe bei deinem Rechner? Wie erfolgt die Eingabe des Pluszeichens als Rechenzeichen, wie die als Vorzeichen?

3. Welchen Abstand haben die beiden Zahlen auf der Zahlengeraden voneinander?

a) 7 und – 5 **b)** – 4,2 und – 8 **c)** 0 und $-3\frac{1}{2}$ **d)** $\frac{2}{3}$ und $\frac{3}{2}$

$|7-9| = |-2| = 2$

4. a) $|8-12|$; $|-8-12|$; $|-8+12|$; $|8+12|$

b) $|-12{,}7+28{,}4|$; $|28{,}4+12{,}7|$; $|-12{,}7-28{,}4|$

5. a) $|-8|+|-4|$
$|+8|-|+4|$

b) $|-12|+|17-9|$
$|-13+12|-|+1|$

c) $|-2+5|-|-2|$
$|5-7|-|7-5|$

d) $|3-|5-7||$
$||5-9|-|3-1||$

6. Ist die Behauptung richtig? Begründe deine Antwort.

(1) Die Differenz zweier rationaler Zahlen ist höchstens so groß wie der Minuend.
(2) Die Differenz zweier rationaler Zahlen ist stets kleiner als die Summe dieser Zahlen.
(3) Vertauscht man in einer Differenz rationaler Zahlen Minuend und Subtrahend, so ändert sich das Ergebnis immer.
(4) Die Summe zweier rationaler Zahlen ist immer verschieden von der Differenz dieser Zahlen.
(5) Die Summe zweier rationaler Zahlen ist immer gleich der Differenz aus dem ersten Summanden und der entgegengesetzten Zahl des zweiten Summanden.

7. Von einer Summe aus vier Summanden sind nur die Beträge der Summanden bekannt: 8; 4; 2; 1. Die Summe hat den Wert – 3. Suche zu jedem Betrag das richtige Vorzeichen.

Bist du fit?

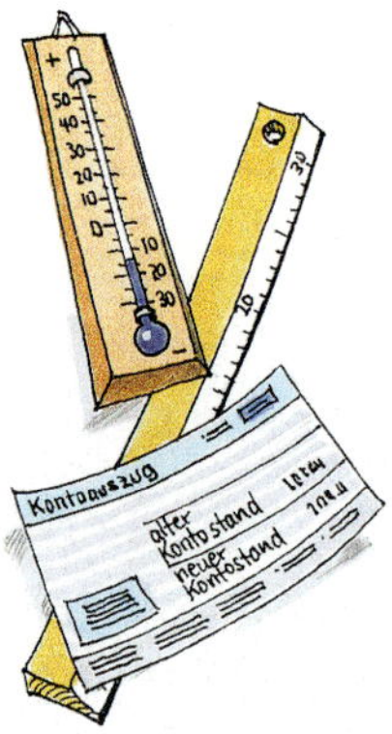

1. Was bedeuten die Zahlen +17,1; −3,2; −38,9; +20,6; −11,38; +100,55
a) beim Thermometer; **b)** bei Höhenangaben; **c)** bei einem Kontoauszug?

2. Fülle die Tabelle aus. Es kann auch keine oder mehrere Möglichkeiten geben.

Zahl	$-2{,}5$			$-2\frac{1}{7}$			$+3{,}3$	
entgegen-gesetzte Zahl		11,5			$+\frac{11}{8}$	-100		
Betrag			13					$-\frac{1}{3}$

3. a) Ordne die Zahlen nach der Größe. Beginne mit der kleinsten.
$-3{,}5$; $+2{,}8$; $-0{,}1$; $-3\frac{1}{2}$; $\frac{13}{5}$; $-\frac{1}{9}$; 0; $-3{,}4$
b) Bilde die Beträge der Zahlen aus Teilaufgabe a) und ordne nach der Größe.

4. Stelle selbst eine Frage und beantworte sie.
a) Die Temperatur betrug −3 °C. Sie ist um 6 Grad gestiegen.
b) Auf dem Konto sind 17,50 € Guthaben. Es werden 75,75 € abgehoben.
c) Der Wasserstand ist um 6 dm gestiegen. Er beträgt jetzt 17 dm.
d) Morgens betrug die Temperatur −2 °C, sie stieg im Laufe des Vormittags um 3,5 Grad und fiel dann wieder um 5,5 Grad.

5. Fülle die Lücken aus.

a) $-4{,}1 \xrightarrow{\square} -7{,}3$ **b)** $\square \xrightarrow{+31} -9$ **c)** $8{,}4 \xrightarrow{-3{,}5} \square$ **d)** $-4 \xrightarrow{\square} 6$

$+1{,}8 \xrightarrow{\square} -3{,}2$ $\square \xrightarrow{-27} -18$ $-18 \xrightarrow{+7} \square$ $\square \xrightarrow{-7} -5$

$-4{,}1 \xrightarrow{\square} +7{,}3$ $\square \xrightarrow{+8} +3{,}5$ $-7 \xrightarrow{-18} \square$ $7{,}3 \xrightarrow{\square} -7{,}3$

6. Zeichne in ein Koordinatensystem mit der Einheit 1 cm die Punkte A(−3|−2), B(6|7), C(2|8), D(1|5), E(−5|4) und verbinde sie der Reihe nach zu einem Vieleck.
Spiegele das Vieleck an der Geraden AB und gib die Bildpunkte durch ihre Koordinaten an.

7. a) (+ 24) + (− 18)
− 36 − (− 12)
− 69 + (+ 14)

b) (+ 74) − (− 22)
− 88 − (− 25)

c) − 48 − 16
19 − 16
73 + 22

d) (− 3,5) + (− 1,5)
(− 3,5) − 1,5

e) 5,5 − 2,5
5,5 + (− 2,5)
(− 5,5) + 2,5

f) $(-\frac{3}{4}) + \frac{1}{2}$
$(-\frac{3}{4}) - \frac{1}{2}$

g) − 4,7 − 5,3 − 2,6
− 2,3 + 8,1 − 4,2
7,9 − 9,7 + 1,9

h) $|-3| + |+4|$
$|-2{,}3| - |+2{,}3|$

8. Rechne geschickt:
a) (− 1,957) + (+ 3,483) + (+ 2,957) **b)** $5\frac{1}{3} - 3\frac{2}{5} - 3\frac{1}{6} + 1\frac{4}{5} + 2\frac{2}{3} - 1\frac{5}{6} - 4\frac{4}{10}$

9. Ist die Behauptung richtig? Begründe deine Antwort.
(1) Die Differenz zweier rationaler Zahlen mit gleichem Betrag ist immer null.
(2) Die Summe zweier rationaler Zahlen ist immer größer als ihre Differenz.

Im Blickpunkt

Im Blickpunkt

Ebbe und Flut an der Nordseeküste

Das Leben in allen Orten längs der Nordseeküste und ihren Inseln wird vom täglichen Verlauf von Ebbe und Flut bestimmt. Dabei wechseln sich ständig Hoch- und Niedrigwasser (die Gezeiten) ab.
Die Gezeiten (auch Tiden genannt) entstehen durch die Anziehungskräfte des Mondes und der Sonne auf die Erde. Dabei überwiegt der Einfluss des Mondes, weil die Sonne weiter von der Erde entfernt ist als der Mond.

Das Wasser der Ozeane wird zu einem Flutberg angehoben; an der Küste ist Niedrigwasser.

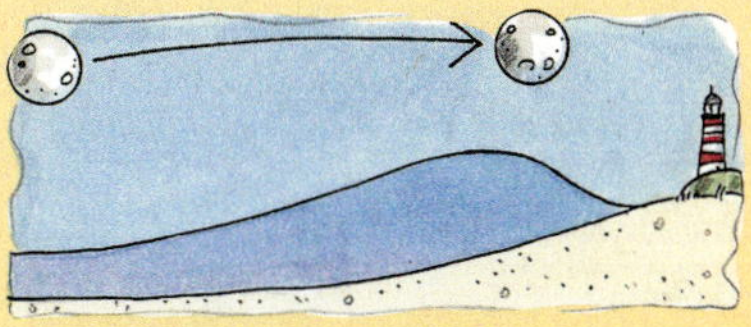

Bei der Bewegung des Mondes um die Erde folgt der Flutberg; an der Küste ist Hochwasser.

Während sich auf dem offenen Meer das Wasser nur etwa um einen halben Meter hebt oder senkt, beträgt der Unterschied zwischen dem höchsten und dem niedrigsten Wasserstand (Tidenhub an der Küste) meist einige Meter. Abhängig ist der Höhenunterschied von der Gestalt der Küste. Im inneren Teil der Deutschen Bucht kommen Tidenhübe von 3,5 bis 4 m vor, bei Sylt beträgt der mittlere Tidenhub rund 2 m.

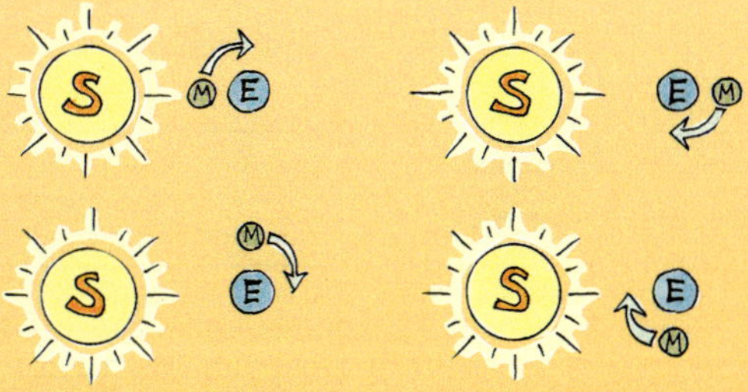

1. a) Bei Voll- und Neumond sind die Gezeiten am stärksten. Man nennt sie Springtiden. Wo ist Vollmond, wo Neumond? Ordne zu.

b) Am schwächsten sind die Gezeiten, wenn Sonne und Mond aus verschiedenen Richtungen auf die Erde einwirken, dann heißen sie Nipptiden.
(1) Ordne abnehmende und zunehmende Mondphasen richtig zu.
(2) Wie lange dauert ein Mondumlauf um die Erde?
(3) In welchen Zeitabständen gibt es Spring- und Nipptiden?

2. Für viele Orte (Bezugsorte) werden die Gezeiten vorausberechnet. Einsetzendes Hoch- und Niedrigwasser sowie die voraussichtlichen Wasserhöhen werden angegeben. Dabei unterscheidet man bestimmte Bezugsgrößen mit verschiedenen Nullpunkten:

- die Höhenangaben aus der Landvermessung: Normalnull (NN)
- die Wassertiefe, die bei besonders niedrigem Niedrigwasser noch bleibt: Seekartennull (KN)
- je nach der Lage des Ortes müssen auch meteorologische Einflüsse auf das Niedrigwasser berücksichtigt werden: Schifffahrtspegel; Pegelnull (PN)
- mittlere Abweichungen vom Hoch- und Niedrigwasser.

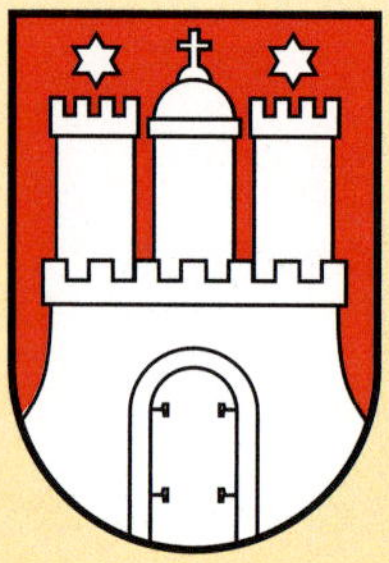

In der folgenden Tabelle siehst du verschiedene Angaben zu den Wasserständen von Hamburg.

Datum		Zeit	Mittlere Abweichung (in m)	NN (in m)	PN (in m)	KN (in m)
1. Februar	NW	04:01	0,0	– 1,5	3,5	– 0,1
1. Februar	HW	09:06	0,1	2,2	7,2	3,6
1. Februar	NW	16:29	0,0	– 1,5	3,5	– 0,1
1. Februar	HW	21:30	– 0,2	1,9	6,9	3,3
2. Februar	NW	04:35	0,1	– 1,4	3,6	0,0
2. Februar	HW	09:44	0,0	2,1	7,1	3,5
2. Februar	NW	17:05	0,1	– 1,4	3,6	0,0
2. Februar	HW	22:13	– 0,3	1,8	6,8	3,2
3. Februar	NW	05:23	0,1	– 1,4	3,6	0,0
3. Februar	HW	10:39	0,0	2,1	7,1	3,5
3. Februar	NW	18:03	0,1	– 1,4	3,6	0,0
3. Februar	HW	23:18	– 0,3	1,8	6,8	3,2

a) Zeichne für den dargestellten Zeitraum je einen Graphen für die verschiedenen Wasserstände mit den unterschiedlichen Bezugspunkten. Beschreibe den Verlauf der Graphen.

b) Wie groß ist der Tidenhub?

3. Für einige Orte werden keine Gezeitenvorausberechnungen durchgeführt, sondern es werden die Gezeitenunterschiede gegen einen Bezugsort angegeben. Das Zeichen + bedeutet, dass das Hoch- oder Niedrigwasser später, das Zeichen –, dass es früher als am Bezugsort eintritt.

Bezugsort Westerland	Hochwasser h	min	Niedrigwasser h	min
List	+0	42	+0	26
Kampen (Ostseite)	+1	48	+1	12
Wenningstedt	+0	06	+0	07
Rantum (Westseite)	–0	02	–0	06
Hörnum (Westseite)	–0	15	–0	16

Westerland	Januar			
Tag	HW		NW	
	Uhr	Uhr	Uhr	Uhr
1	01:42	14:13	08:50	21:06
2	02:31	15:01	09:41	21:53
3	03:15	15:46	10:29	22:38
4	03:57	16:34	11:15	23:23
5	04:45	17:27	12:03	–
6	00:14	12:55	05:37	18:20
7	01:08	13:45	06:31	19:15
8	02:02	14:38	07:36	20:23
9	03:04	15:43	08:53	21:38
10	04:18	16:55	10:10	22:45
11	05:32	18:01	11:15	23:41
12	06:34	18:55	12:09	–
13	00:31	12:56	07:24	19:41

Berechne, wann am 9. Januar in den angegebenen Orten Hoch- bzw. Niedrigwasser auftraten.

2.7 Multiplizieren rationaler Zahlen

Du weißt, wie man zwei *positive* rationale Zahlen miteinander multipliziert: $(+3) \cdot (+2) = +6$.
Wie aber multipliziert man zwei rationale Zahlen, von denen eine oder beide negativ sind, also z. B. $(-3) \cdot (+5)$ oder $(+2) \cdot (-6)$ oder $(-4) \cdot (-5)$?
Kann man überhaupt eine solche Multiplikation sinnvoll erklären (definieren)?
Es ist das Ziel dieses Abschnittes, diese beiden Fragen zu beantworten.

2.7.1 Der zweite Faktor ist positiv oder null

Einführung

Frau Müller muss für eine Feuerversicherung vierteljährlich einen Betrag von 57 € zahlen, der von ihrem Konto abgebucht wird. Wie viel Euro beträgt die Abbuchung in einem Jahr?
Wir rechnen: $(-57) + (-57) + (-57) + (-57) = -228$.
In einem Jahr werden also insgesamt 228 € abgebucht.
Wie bei den natürlichen Zahlen wollen wir das wiederholte Addieren einer Zahl als Vervielfachen dieser Zahl mit einer natürlichen Zahl auffassen:
$(-57) + (-57) + (-57) + (-57) = (-57) \cdot 4$

Auf der Zahlengeraden können wir ein Produkt wie $4 \cdot 3 = 4 + 4 + 4$ auf zwei Weisen deuten:

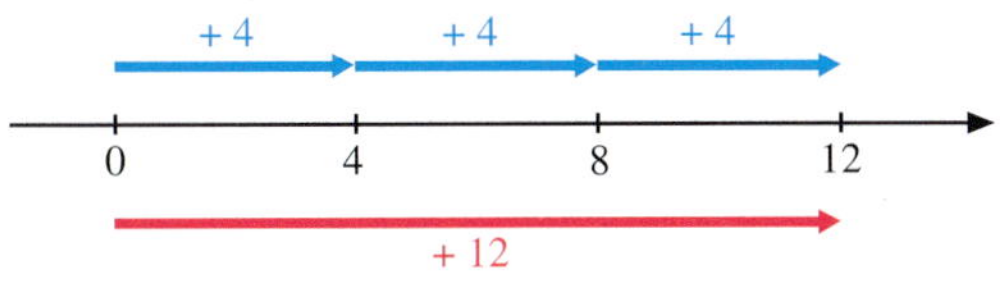

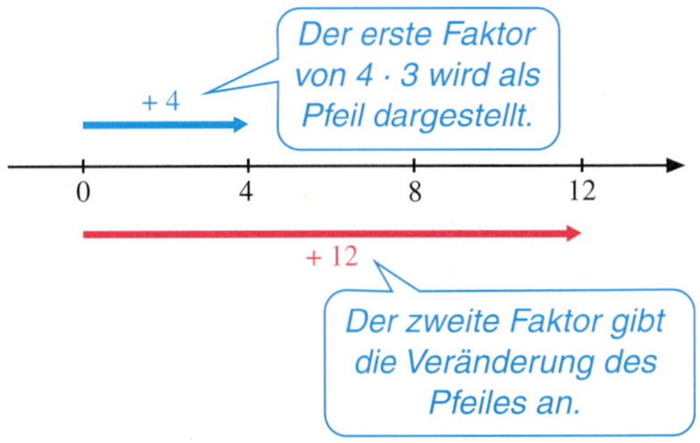

3 Pfeile für (+4) werden aneinandergelegt.

Die Länge des Pfeiles wird verdreifacht. Wir sagen auch:
Der Pfeil für (+4) wird mit dem Faktor 3 gestreckt.

Diese beiden Deutungen eines Produktes wollen wir auch auf den Fall übertragen, dass der erste Faktor negativ ist.

Aufgabe 1

a) Schreibe das Produkt $(-4) \cdot 3$ als Summe und berechne; deute es an der Zahlengeraden.

b) Deute bei $(-4) \cdot 1{,}5$ und $(-8) \cdot \frac{3}{4}$ das Multiplizieren jeweils als Strecken bzw. Stauchen eines Pfeils.

Lösung

a) $(-4) \cdot 3 = (-4) + (-4) + (-4) = -12$

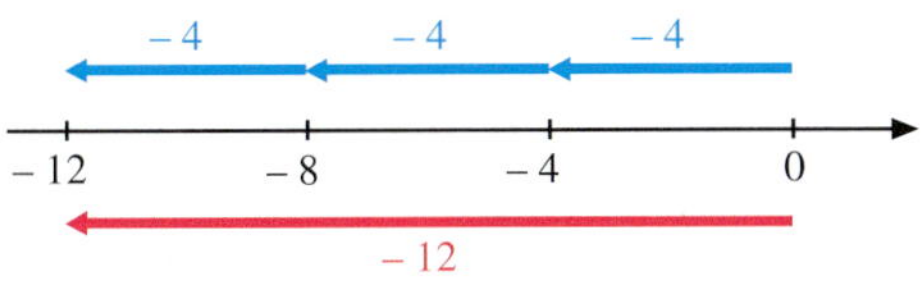

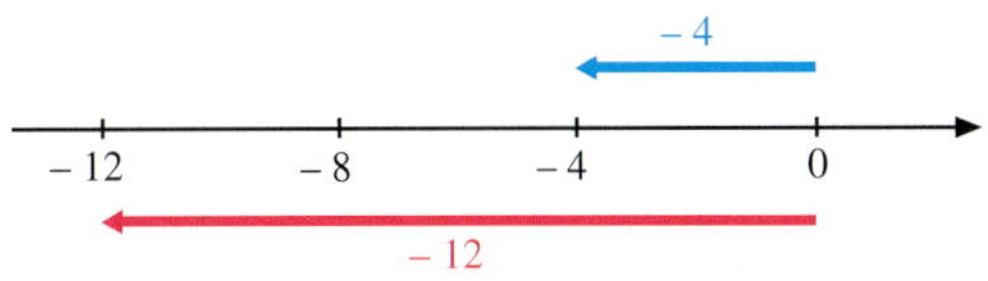

3 Pfeile für (−4) werden aneinandergelegt.

Der Pfeil für (−4) wird mit dem Faktor 3 gestreckt. Die Pfeilrichtung bleibt bestehen.

b)

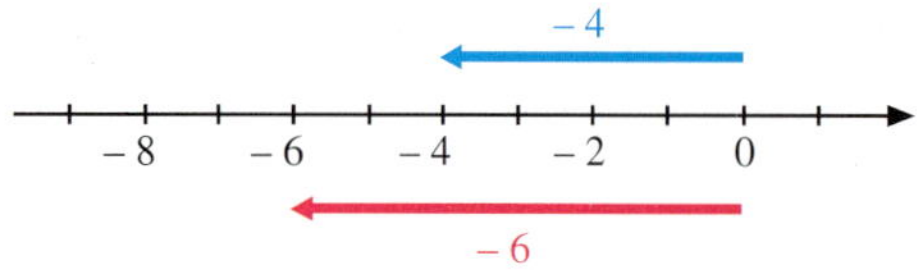

Die Länge des Pfeiles wird veranderthalbfacht:
Der Pfeil für – 4 wird mit dem Faktor 1,5 gestreckt.

$(-4) \cdot 1{,}5 = -6$

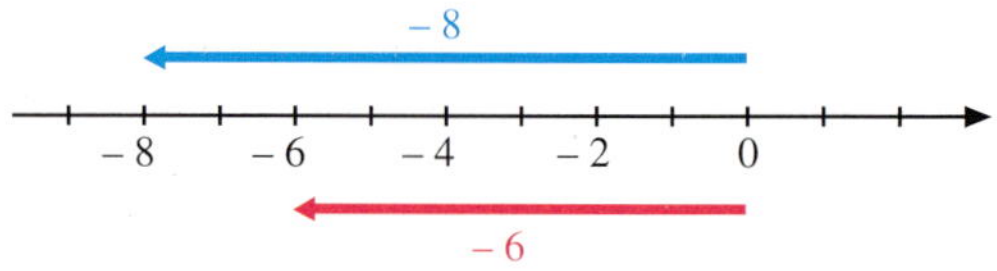

Der Pfeil wird auf drei Viertel seiner Länge verkürzt (gestaucht). Wir sagen auch:
Der Pfeil für – 8 wird mit dem Faktor $\frac{3}{4}$ gestreckt.

$(-8) \cdot \frac{3}{4} = -6$

Das Strecken mit einem positiven Faktor kleiner als 1 nennt man auch Stauchen.

Information

(1) Anschauliche Deutung des Multiplizierens einer rationalen Zahl a mit einer positiven Zahl b

Das Multiplizieren einer beliebigen Zahl a mit einer *positiven* Zahl b entspricht einem Strecken des Pfeils für a mit der Zahl b.

Beispiel: $(-7) \cdot 3 = -21$

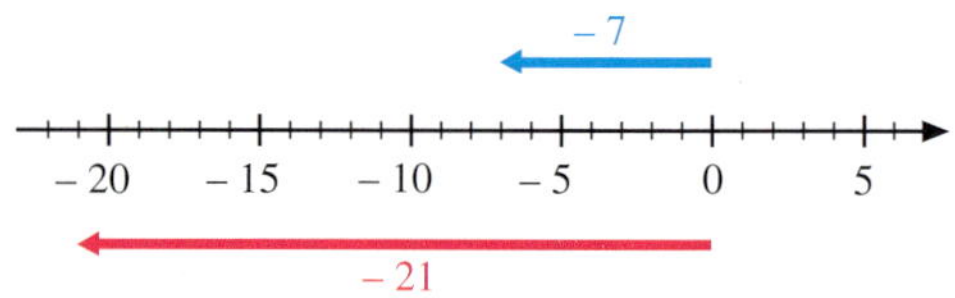

(2) Regel über das Multiplizieren mit einer positiven Zahl

Man multipliziert eine beliebige Zahl a mit einer *positiven* rationalen Zahl b, indem man den Betrag der rationalen Zahl a mit b multipliziert und das Vorzeichen der rationalen Zahl a beibehält.

Beispiele: $(-3) \cdot 5 = -15$; $(+\frac{3}{4}) \cdot 7 = +\frac{21}{4}$; $(-\frac{2}{3}) \cdot \frac{1}{2} = -\frac{1}{3}$; $0 \cdot 1{,}5 = 0$

Begründung:

(a) Der Betrag der rationalen Zahl a wird mit b multipliziert, weil der zu a gehörende Pfeil mit dem Faktor b gestreckt wird.

(b) Das Vorzeichen der rationalen Zahl a wird beibehalten, weil die Richtung des zu a gehörenden Pfeils beibehalten wird.

(3) Multiplizieren mit der Zahl 0

Wenn eine positive Zahl oder 0 mit der 0 multipliziert wird, erhält man 0 als Ergebnis.
Das soll auch für negative Zahlen gelten: $(-3) \cdot 0 = 0$; $(-5) \cdot 0 = 0$

Übungsaufgaben

2. Rechts findest du zwei Blöcke von Multiplikationsaufgaben.

a) Berechne zunächst in dem ersten Block die blauen Aufgaben. Welche Gesetzmäßigkeit erkennst du von einer Aufgabe zur nächsten? Wende diese Gesetzmäßigkeit zur Berechnung der roten Aufgaben an. Verfahre entsprechend bei dem anderen Block.

b) Bilde selbst Beispiele für solche Blöcke.

c) Welche Regeln erkennst du für das Multiplizieren rationaler Zahlen?

(1)	(2)
$2 \cdot 3 =$	$4 \cdot 2 =$
$1 \cdot 3 =$	$2 \cdot 2 =$
$0 \cdot 3 =$	$0 \cdot 2 =$
$(-1) \cdot 3 =$	$(-2) \cdot 2 =$
$(-2) \cdot 3 =$	$(-4) \cdot 2 =$
$(-3) \cdot 3 =$	$(-6) \cdot 2 =$

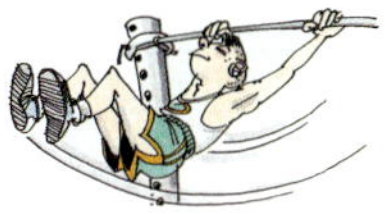

3. Von Jans Konto werden vierteljährlich 7,50 € als Beitrag für den Sportverein abgebucht. Welcher Betrag wird insgesamt in einem Jahr abgebucht?
Schreibe dazu eine Additionsaufgabe und eine Multiplikationsaufgabe mit negativen Zahlen.

4. Schreibe als Produkt und berechne.

a) $(-4{,}7) + (-4{,}7) + (-4{,}7) + (-4{,}7) + (-4{,}7) + (-4{,}7)$

b) $(+18{,}4) + (+18{,}4) + (+18{,}4) + (+18{,}4) + (+18{,}4)$

c) $(-\frac{3}{7}) + (-\frac{3}{7}) + (-\frac{3}{7}) + (-\frac{3}{7}) + (-\frac{3}{7})$

5. Schreibe als Summe. Berechne auch das Produkt.

a) $(-5) \cdot 2$; $(+7) \cdot 3$; $(-3) \cdot 5$

b) $(-18) \cdot 4$; $(+43) \cdot 5$; $(-34) \cdot 7$

c) $(+3{,}5) \cdot 3$; $(-5{,}4) \cdot 4$; $(-2{,}5) \cdot 5$

d) $(+3{,}7) \cdot 9$; $(-8{,}7) \cdot 11$; $(+4{,}7) \cdot 8$

e) $(-\frac{3}{4}) \cdot 7$; $(-\frac{8}{9}) \cdot 6$

6. Deute an der Zahlengeraden. Rechne auch.

a) $(-2) \cdot 4$ **b)** $(-\frac{1}{2}) \cdot 5$ **c)** $(+2) \cdot 5$ **d)** $(-4) \cdot 2{,}5$ **e)** $(+3{,}5) \cdot 2{,}5$ **f)** $(-8{,}6) \cdot 0{,}5$ **g)** $(+\frac{1}{2}) \cdot 1{,}5$ **h)** $(-2{,}5) \cdot \frac{3}{4}$

7. Aus dem blauen Pfeil wird der rote erzeugt. Schreibe dazu ein Produkt.

a)
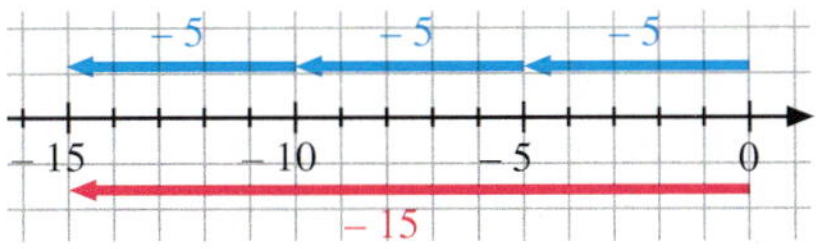

b)
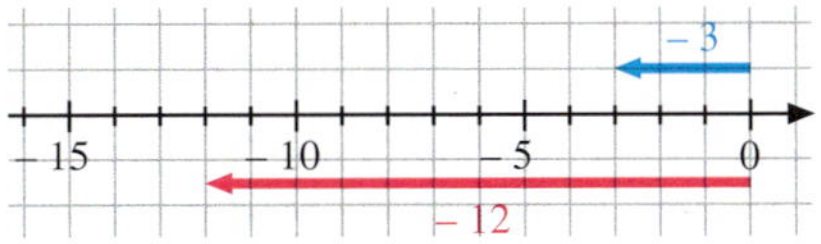

c)
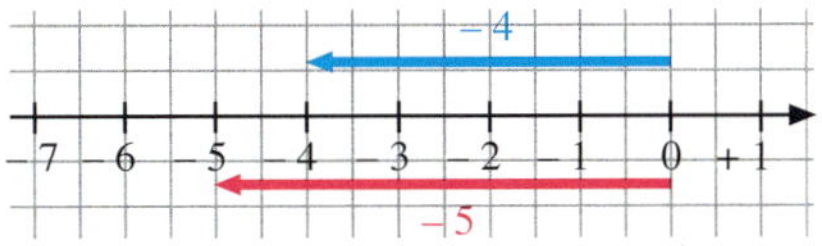

d)
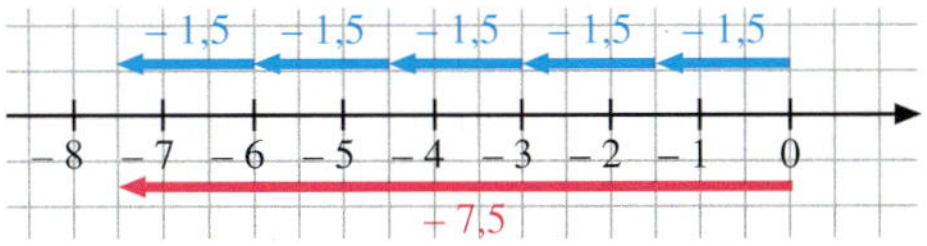

e)
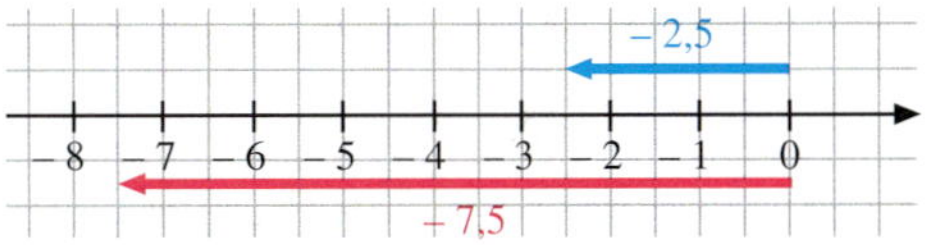

f)
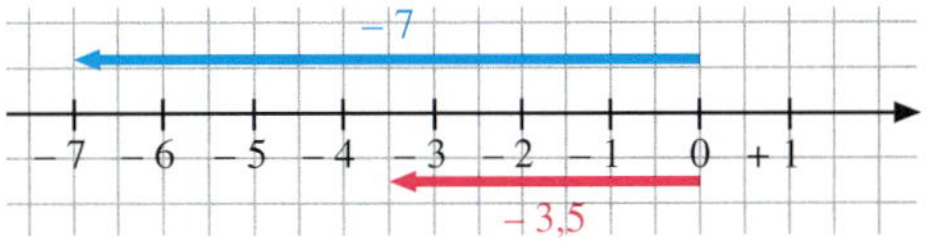

8. Berechne.

a) $(-15) \cdot (+4)$; $(-60) \cdot (+90)$; $(+45) \cdot (+40)$; $0 \cdot (+150)$

b) $(-38) \cdot 11$; $(+46) \cdot 40$; $(-72) \cdot 0$; $(-110) \cdot 210$

c) $(-3{,}7) \cdot 8$; $(-5{,}9) \cdot 2$; $(+7{,}62) \cdot 3$; $(-4{,}05) \cdot 7$

d) $(-\frac{3}{4}) \cdot \frac{1}{2}$; $(-\frac{4}{7}) \cdot \frac{5}{6}$; $(+\frac{3}{17}) \cdot \frac{34}{39}$

e) $(-75) \cdot \frac{1}{3}$; $(-\frac{3}{4}) \cdot 0{,}5$; $(+\frac{1}{2}) \cdot 1{,}5$

9. Die Gebühren für Rundfunk und Fernsehen können monatlich vom Konto abgebucht werden. Erkundige dich nach den aktuellen Gebühren. Wie viel wird insgesamt pro Jahr abgebucht? Schreibe als Aufgabe mit negativen Zahlen.

10. Welche Zahl kannst du für □ einsetzen?

a) $(-4) \cdot \square = -16$ **b)** $\square \cdot 8 = -72$ **c)** $(-6) \cdot \square = -3$ **d)** $\square \cdot 0{,}6 = -2{,}4$

2.7.2 Der zweite Faktor ist negativ

Einführung

Es gilt: $(-2) \cdot (+3) = -6$. Was aber bedeutet $(+3) \cdot (-2)$?
Dazu vereinbaren wir: Das Kommutativgesetz soll auch für die Multiplikation rationaler Zahlen gelten: $(+3) \cdot (-2) = (-2) \cdot (+3) = -6$.
Auch bei der Multiplikationsaufgabe $(+3) \cdot (-2)$ wollen wir den ersten Faktor $(+3)$ als Pfeil darstellen und den zweiten Faktor (-2) als Veränderung dieses Pfeils.
Wie erhält man dann am Zahlenstrahl aus dem Pfeil für $+3$ den Pfeil für -6?
Das kann auf zwei Weisen geschehen.

Spiegeln am Nullpunkt bedeutet Richtungsumkehr bzw. Vorzeichenwechsel.

1. Weg: Der Pfeil für $+3$ wird zunächst mit dem Faktor 2 gestreckt und dann am Nullpunkt gespiegelt (umgewendet).

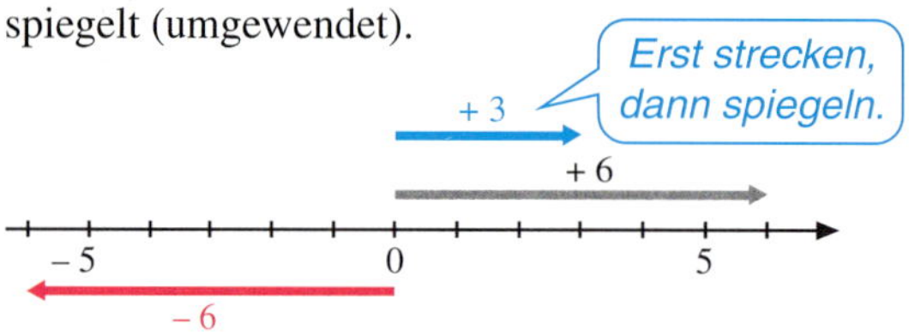

2. Weg: Der Pfeil für $+3$ wird zunächst am Nullpunkt gespiegelt (umgewendet) und dann mit dem Faktor 2 gestreckt.

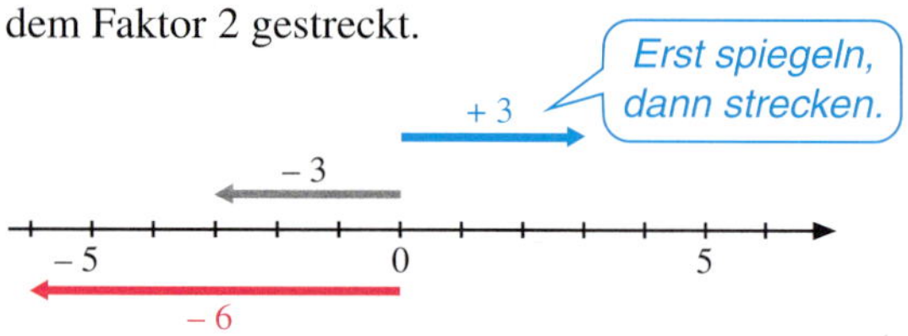

Wir sagen kurz: Es wird ein Strecken am Nullpunkt mit Richtungsumkehr durchgeführt.
Wir setzen daher fest:

Anschauliche Deutung des Multiplizierens einer rationalen Zahl mit einer negativen Zahl

Das Multiplizieren einer beliebigen Zahl a mit einer negativen Zahl b entspricht einer Richtungsumkehr und einer Streckung des Pfeils für a mit dem Betrag der Zahl b.

Beispiel: $(+2) \cdot (-3) = -6$

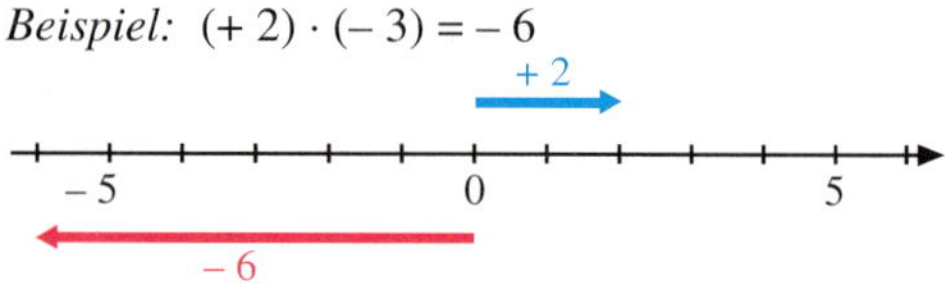

Aufgabe 1

a) Zeichne zu $(-3) \cdot (-2)$ ein Pfeilbild an der Zahlengeraden. Berechne dann $(-3) \cdot (-2)$.

b) Der blaue Pfeil ist in den roten Pfeil übergegangen. Notiere dies durch eine Gleichung.

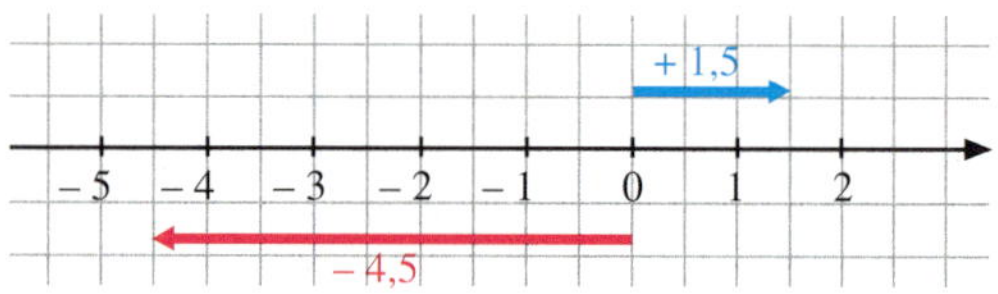

Lösung

a) *1. Weg:* Strecken mit dem Faktor 2, dann Spiegeln am Nullpunkt.

$(-3) \cdot (-2) = (-3) \cdot 2 \cdot (-1)$
$= (-6) \cdot (-1)$
$= +6$

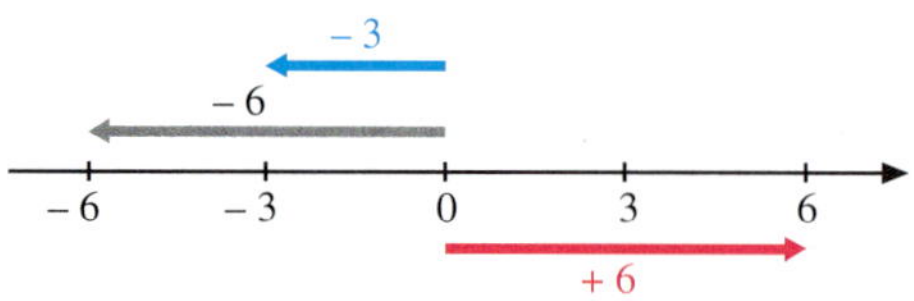

2. Weg: Spiegeln am Nullpunkt, dann Strecken mit dem Faktor 2.

$(-3) \cdot (-2) = (-3) \cdot (-1) \cdot 2$
$= (+3) \cdot 2$
$= +6$

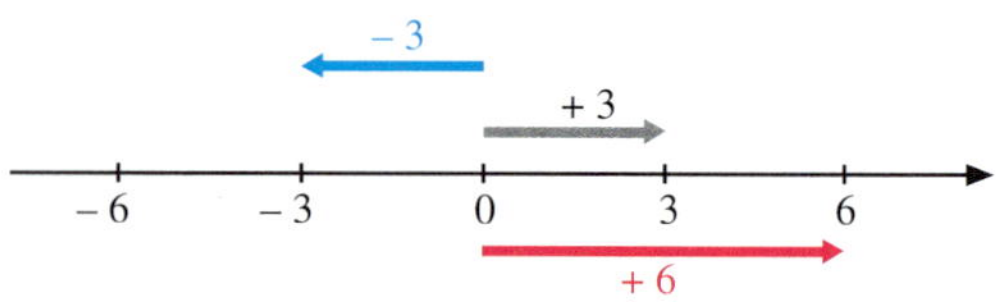

Bei jedem der beiden Wege erhältst du: $(-3) \cdot (-2) = +6$

b) $(+1,5) \cdot (-3) = -4,5$

Information

(1) Regel für das Multiplizieren rationaler Zahlen

An den bisherigen Beispielen erkennt man, dass man eine rationale Zahl a mit einer negativen Zahl multipliziert, indem man die Beträge der beiden Zahlen multipliziert und das Vorzeichen der Zahl a wechselt.
Man kann diese Regel und die über das Multiplizieren mit einer positiven Zahl zu einer Regel zusammenfassen:

plus mal plus ergibt plus
minus mal minus ergibt plus
plus mal minus ergibt minus
minus mal plus ergibt minus

Regel für das Multiplizieren rationaler Zahlen

Man multipliziert zwei rationale Zahlen, indem man ihre Beträge miteinander multipliziert und das Vorzeichen nach folgender Regel setzt:
Bei gleichen Vorzeichen der Faktoren ist das Produkt positiv, bei verschiedenen Vorzeichen ist das Produkt negativ.
Außerdem gilt: $a \cdot 0 = 0$; $0 \cdot a = 0$.

Beispiele:

$(+3) \cdot (+4) = +(3 \cdot 4) = +12$
$(-3) \cdot (-4) = +(3 \cdot 4) = +12$
$(+3) \cdot (-4) = -(3 \cdot 4) = -12$
$(-3) \cdot (+4) = -(3 \cdot 4) = -12$

(2) Begründung der Multiplikationsregel für rationale Zahlen

(a) Aufgrund der anschaulichen Bedeutung der Multiplikation als Streckung (ggf. mit Richtungsumkehr) ergibt sich die Multiplikation der Beträge der beiden Zahlen.
(b) Das Vorzeichen ergibt sich so: Ist der zweite Faktor positiv, so findet nur eine Streckung statt. Das Vorzeichen des ersten Faktors bleibt bestehen.
Ist der zweite Faktor negativ, so findet außerdem noch eine Spiegelung am Nullpunkt statt. Das Vorzeichen des ersten Faktors wird gewechselt.

(3) Entgegengesetzte Zahl und Multiplikation mit (–1)

Die Multiplikation der rationalen Zahl a mit (–1) bedeutet nur eine Spiegelung des zu a gehörenden Pfeils am Nullpunkt, da der Betrag der Zahl a sich nicht ändert.

Beispiele: $7 \cdot (-1) = -7$
$(-1) \cdot (-7) = 7$

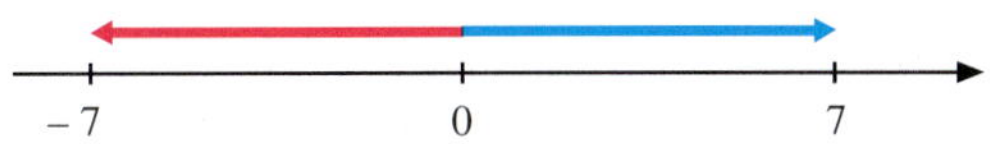

Damit erhält man aber die entgegengesetzte Zahl zu a.

Die Multiplikation der rationalen Zahl r mit (–1) liefert die entgegengesetzte Zahl zu r.

Es ist üblich, die Multiplikation mit (–1) durch ein vorgesetztes Minuszeichen abzukürzen.

Statt $(-7) \cdot (-1)$ bzw. $(-1) \cdot (-7)$ schreibt man $-(-7)$, also: $-(-7) = +7$
Statt $(+\frac{3}{4}) \cdot (-1)$ bzw. $(-1) \cdot (+\frac{3}{4})$ schreibt man $-(+\frac{3}{4})$, also: $-(+\frac{3}{4}) = -\frac{3}{4}$

Daher kannst du die entgegengesetzte Zahl auch durch ein vorgesetztes Minuszeichen beschreiben.

$-(-7)$ ist die entgegengesetzte Zahl zu (-7), also: $-(-7) = +7$.
$-(+\frac{3}{4})$ ist die entgegengesetzte Zahl zu $(+\frac{3}{4})$, also: $-(+\frac{3}{4}) = -\frac{3}{4}$.

Allgemein:
$\mathbf{-r = (-1) \cdot r}$

Weiterführende Aufgabe

2. *Potenzen mit rationalen Zahlen als Basis*

Eine Potenz ist ein Produkt aus gleichen Faktoren. Dabei ist die Basis (die Grundzahl) der mehrfach auftretende Faktor.
Der Exponent (die Hochzahl) gibt an, wie oft der gleiche Faktor vorkommt.
Hiernach bedeutet:

$(-2)^4 = (-2)\cdot(-2)\cdot(-2)\cdot(-2) = +16$

$(-4)^3 = (-4)\cdot(-4)\cdot(-4) = -64$

$(-\frac{1}{2})^2 = (-\frac{1}{2})\cdot(-\frac{1}{2}) = +\frac{1}{4}$

$(-7)^1 = -7$

Wie für natürliche Zahlen gilt: $(-7)^0 = 1$

> $(-2)^3 = (-2)\cdot(-2)\cdot(-2) = -8$
>
> Potenz $(-2)^3 = -8$
>
> Basis (Grundzahl) — Exponent (Hochzahl) — Wert der Potenz

a) Schreibe als Produkt und berechne auch.

(1) $(-2)^5$; $(-6)^3$; $(+5)^4$ (2) $(-0{,}5)^3$; $(-1{,}5)^3$; $(-1)^7$ (3) $(-1)^6$; 0^4; $(-\frac{2}{3})^4$

b) Schreibe als Potenz und berechne.

(1) $(-3)\cdot(-3)\cdot(-3)\cdot(-3)\cdot(-3)$

(2) $(-\frac{2}{7})\cdot(-\frac{2}{7})\cdot(-\frac{2}{7})$

(3) $(+0{,}5)\cdot(+0{,}5)\cdot(+0{,}5)\cdot(+0{,}5)$

(4) $(-1{,}5)\cdot(-1{,}5)$

Übungsaufgaben

3. Hier sind 2 Blöcke von Multiplikationsaufgaben.

a) Berechne zunächst in dem ersten Block die blauen Aufgaben. Welche Gesetzmäßigkeit erkennst du von einer Aufgabe zur nächsten? Wende diese Gesetzmäßigkeit zur Berechnung der roten Aufgaben an. Verfahre entsprechend bei dem anderen Block.

(1)	(2)
$2\cdot 2 =$	$2\cdot(-3) =$
$2\cdot 1 =$	$1\cdot(-3) =$
$2\cdot 0 =$	$0\cdot(-3) =$
$2\cdot(-1) =$	$(-1)\cdot(-3) =$
$2\cdot(-2) =$	$(-2)\cdot(-3) =$
$2\cdot(-3) =$	$(-3)\cdot(-3) =$

b) Bilde selbst Beispiele für solche Blöcke.

c) Welche Regeln erkennst du für das Multiplizieren rationaler Zahlen?

4. Deute an der Zahlengeraden. Rechne auch.

a) $(+5)\cdot(-3)$ **b)** $(+4)\cdot(-1{,}5)$ **c)** $(-2{,}5)\cdot(-4)$ **d)** $(-7{,}5)\cdot(-\frac{1}{3})$

5. Der blaue Pfeil ist in den roten Pfeil übergegangen. Beschreibe die Veränderung. Notiere dazu eine Gleichung.

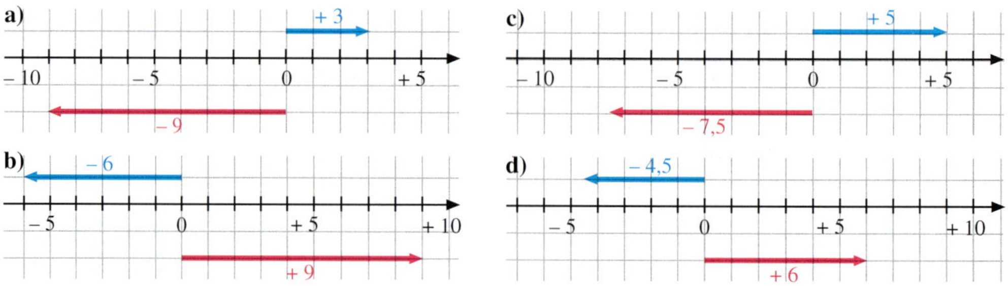

6.

a)	**b)**	**c)**	**d)**
$(-4)\cdot(+7)$	$(-12)\cdot(-9)$	$(-1{,}7)\cdot(+3)$	$(+0{,}5)\cdot(+0{,}2)$
$(+4)\cdot(-7)$	$(+12)\cdot(+9)$	$(+1{,}7)\cdot(-3)$	$(-0{,}5)\cdot(+0{,}2)$
$(+4)\cdot(+7)$	$(-12)\cdot(+9)$	$(-1{,}7)\cdot(-3)$	$(+0{,}5)\cdot(-0{,}2)$
$(-4)\cdot(-7)$	$(+12)\cdot(-9)$	$(+1{,}7)\cdot(+3)$	$(-0{,}5)\cdot(-0{,}2)$

> Erinnere dich: Bei positiven Zahlen kann man das Vorzeichen und die Zahlklammern weglassen.

7. **a)** $(-\frac{2}{3}) \cdot (-\frac{3}{4})$; $(+\frac{2}{3}) \cdot (-\frac{3}{4})$; $(-\frac{2}{3}) \cdot (+\frac{3}{4})$; $(+\frac{2}{3}) \cdot (+\frac{3}{4})$

b) $(+\frac{1}{3}) \cdot (-\frac{2}{7})$; $(+\frac{2}{9}) \cdot (-\frac{3}{4})$; $(+\frac{7}{9}) \cdot (-\frac{1}{2})$; $(+\frac{5}{8}) \cdot (-\frac{2}{15})$

c) $\frac{3}{4} \cdot (-\frac{12}{21})$; $\frac{7}{4} \cdot (-\frac{20}{49})$; $\frac{14}{33} \cdot (-\frac{121}{98})$; $\frac{24}{65} \cdot (-\frac{91}{60})$

d) $(-\frac{1}{2}) \cdot (-2)$; $\frac{1}{3} \cdot (-6)$; $(-\frac{4}{7}) \cdot (-14)$; $(-\frac{3}{4}) \cdot 28$

8. **a)** Führe die Berechnung von $(-1{,}2) \cdot (+\frac{3}{4})$ auf den drei angegebenen Wegen durch.

b) Berechne möglichst geschickt.

(1) $(-3{,}5) \cdot (+\frac{3}{5})$ (5) $(-\frac{9}{2}) \cdot (-0{,}5)$

(2) $(+0{,}16) \cdot (-\frac{5}{8})$ (6) $(-\frac{13}{4}) \cdot (-0{,}2)$

(3) $(-0{,}36) \cdot (+\frac{2}{3})$ (7) $(-\frac{3}{5}) \cdot (-2{,}25)$

(4) $(-4{,}9) \cdot (-\frac{4}{7})$ (8) $(-\frac{3}{8}) \cdot 0$

c) Erfinde je eine Aufgabe, für die der 1. Weg, der 2. Weg, der 3. Weg am günstigsten ist.

> $(-1{,}2) \cdot (+\frac{3}{4}) = ?$
>
> *1. Weg:* Umwandeln in Brüche
> $(-1{,}2) \cdot (+\frac{3}{4}) = (-\frac{6}{5}) \cdot (+\frac{3}{4}) = \ldots$
>
> *2. Weg:* Umwandeln in Dezimalbrüche
> $(-1{,}2) \cdot (+\frac{3}{4}) = (-1{,}2) \cdot (+0{,}75) = \ldots$
>
> *3. Weg:* Bruch als Anteil nehmen
> $(-1{,}2) \cdot (+\frac{3}{4}) = \frac{3}{4}$ von $(-1{,}2)$
> $= \ldots$

9. Carolina möchte die Aufgabe 3 517 · (– 348) mit ihrem Taschenrechner berechnen. Untersuche, welche der folgenden Eingaben korrekt ist.

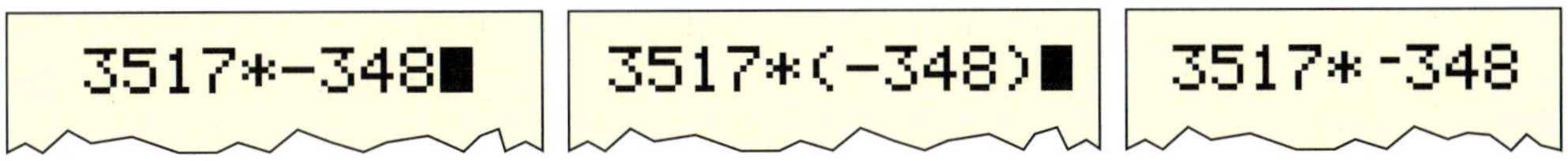

10. Überschlage zunächst im Kopf. Wie gut ist dein Überschlag? Kontrolliere mit dem Taschenrechner.

a) (– 2,35) · (– 6,97); (– 7,34) · 2,8; (– 3,74) · (– 0,92); 21,5 · 1,93

b) (– 6,73) · (– 2,1); (– 0,053) · 0,78; (– 14,9) · 0; 2,17 · (– 3,49)

c) (– 374) · 194; (– 354) · (– 891); 753 · 487; (– 44,7) · (– 7,49)

d) (– 3,85) · 6,67; (– 74,3) · 0; (– 59,2) · 3,84; 7,96 · (– 6,95)

11. In welchem Zahlenbereich liegt das Ergebnis?

a) $(-3{,}7) \cdot (+0{,}01)$ **b)** $(+10\frac{2}{3}) \cdot (-\frac{8}{5})$ **c)** $(-\frac{1}{10}) \cdot (-\frac{11}{9})$

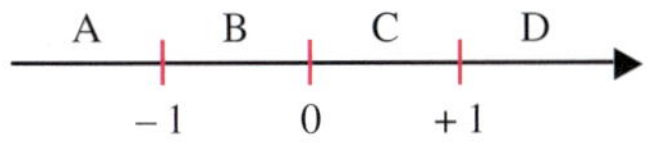

12. Schreibe die vorgegebene Zahl auf vier Weisen als Produkt.

a) 36 **b)** – 36 **c)** 2 **d)** – 2 **e)** $\frac{1}{8}$ **f)** $-\frac{1}{8}$ **g)** $\frac{1}{3}$ **h)** $-\frac{1}{3}$

13. **a)** $-(-\frac{2}{3})$; $-(+2)$ **b)** $-(-1)$; $-(+1)$ **c)** $-(-0)$; $-(-3{,}2)$ **d)** $-(-\frac{1}{3})$; $-(-(-7))$

14. **a)** $-((-23) + (-43))$; $-((+27) - (-86))$

b) $-((-2{,}3) - (-3{,}4))$; $-((-\frac{3}{4}) + (-\frac{5}{8}))$

c) $(-(-15)) \cdot 4$; $(-(-3{,}5)) \cdot (-6)$

d) $-[(-12) \cdot 3]$; $-[-17 \cdot (-4)]$

e) $4{,}2 - [(-34) - (-57)]$; $-[((-3{,}8) - (4{,}5)) - (-7{,}3)]$

f) $-[-((-2{,}4) + (-1{,}7))]$; $-(-2{,}3) \cdot [(-3{,}5) \cdot (-(-1{,}4))]$

15. Jetzt kennst du drei verschiedene Bedeutungen für das Minuszeichen:
- als Vorzeichen einer Zahl
- als Rechenzeichen für die Subtraktion
- als Zeichen für das Bilden der entgegengesetzten Zahl einer Zahl

a) Schreibe für jede Bedeutung einen Term, in dem nur ein Minuszeichen vorkommt.

b) Schreibe einen Term, in dem das Minuszeichen in jeder Bedeutung einmal vorkommt.

16. **a)** $(-3)^4$ **d)** $(-2)^7$ **g)** $(-6)^1$ **j)** $(-0{,}3)^0$ **m)** $(+1\frac{2}{3})^4$

b) $(-5)^3$ **e)** -2^7 **h)** 0^{12} **k)** $-2{,}5^2$ **n)** $(-\frac{3}{4})^5$

c) $(+7)^3$ **f)** $(+2)^0$ **i)** $(-0{,}2)^5$ **l)** $(-\frac{1}{2})^6$ **o)** $(-\frac{1}{10})^6$

17. Schreibe als Potenz. Berechne auch den Wert der Potenz.

a) $(-1)\cdot(-1)\cdot(-1)\cdot(-1)\cdot(-1)\cdot(-1)\cdot(-1)\cdot(-1)$

b) $(-10)\cdot(-10)\cdot(-10)\cdot(-10)\cdot(-10)\cdot(-10)\cdot(-10)$

c) $(-0{,}1)\cdot(-0{,}1)\cdot(-0{,}1)\cdot(-0{,}1)\cdot(-0{,}1)$

d) $(-4)\cdot(-4)\cdot(-4)\cdot(-4)\cdot(-4)$

e) $(-\frac{1}{3})\cdot(-\frac{1}{3})\cdot(-\frac{1}{3})$

f) $(+\frac{2}{5})\cdot(+\frac{2}{5})\cdot(+\frac{2}{5})$

18. Julian wollte −35 mit 6 potenzieren. Das Ergebnis des Taschenrechners überrascht ihn.
Was meinst du dazu?

19. Entscheide, ob falsch oder richtig. Begründe.

a) $(-9)^{75}$ ist negativ **c)** $(-91)^{21} > 0$ **e)** $(-715)^{39} > 0^5$ **g)** $(-12)^6 < (-17)^6$

b) $(-47)^{28}$ ist negativ **d)** $(-276)^{48} > 0$ **f)** $(-23)^5 < (-34)^5$ **h)** $(-15)^4 < (-15)^6$

20. Entscheide, ob falsch oder richtig. Begründe.

a) (1) Eine Potenz mit ungeradem Exponenten ist stets negativ.
(2) Eine Potenz mit geradem Exponenten ist stets positiv.

b) (1) Ist eine Potenz negativ, so ist der Exponent ungerade.
(2) Ist eine Potenz positiv, so ist der Exponent gerade.

21. **a)** $(-2)^4$ **b)** -25^2 **c)** $(-\frac{3}{4})^3$ **d)** $(-\frac{2}{3})\cdot 0{,}5$

$(-\frac{1}{2})\cdot(-\frac{1}{3})$ $0\cdot(-0{,}2)$ $\frac{3}{4}\cdot(-\frac{1}{6})$ $(-\frac{1}{2})\cdot(-0{,}25)$

$(-0{,}3)\cdot(-0{,}4)$ $(-17)\cdot\frac{3}{34}$ $\frac{4}{23}\cdot(-\frac{46}{7})$ $(-0{,}75)^2$

22. Multipliziere nebeneinander stehende Zahlen. Schreibe das Ergebnis in das Feld darunter.

a)

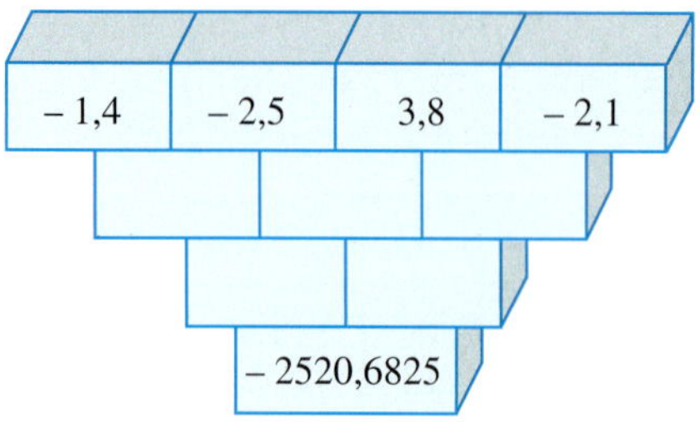

b)

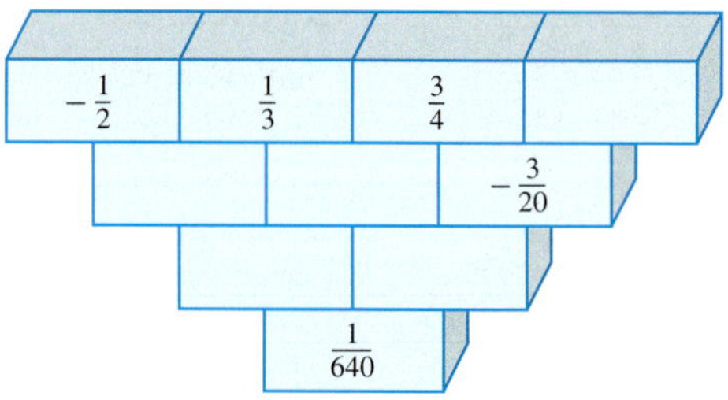

2.8 Dividieren rationaler Zahlen

Aufgabe 1

a) Lucas Eltern haben eine Tageszeitung abonniert. Lucas Mutter möchte im kommenden Jahr das Abonnement monatlich bezahlen. Welcher Betrag wird im Monat abgebucht? Rechne mit negativen Zahlen. Kontrolliere dein Ergebnis mithilfe der entgegengesetzten Rechenart.

b) Welche Ergebnisse vermutest du für
(1) (+ 144) : (– 6),   (2) (– 98) : (– 14)?
Kontrolliere jeweils mithilfe der entgegengesetzten Rechenart.

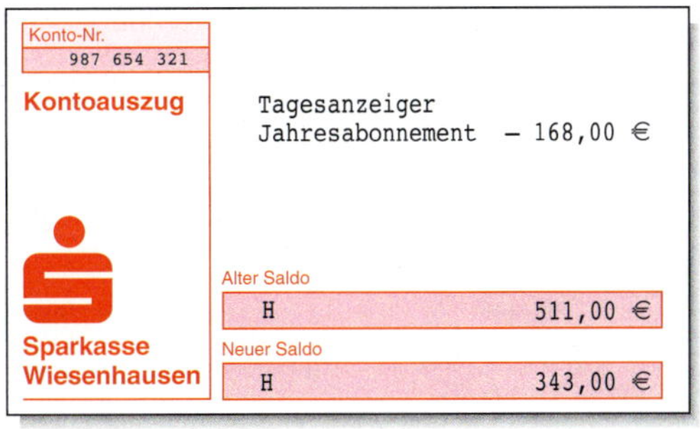
Konto-Nr.
987 654 321
Kontoauszug
Tagesanzeiger
Jahresabonnement – 168,00 €
Alter Saldo
H 511,00 €
Neuer Saldo
H 343,00 €
Sparkasse Wiesenhausen

Lösung

a) Der Jahresbetrag ist durch Verzwölffachen des Monatsbetrages entstanden. Also muss jetzt durch 12 dividiert werden: (– 168) : 12 = – 14

Ergebnis: Monatlich müssen 14 € abgebucht werden.

Kontrolle: Verzwölffacht man die monatliche Abbuchung, so muss sich die jährliche Abbuchung ergeben: (– 14) · 12 = – 168

b) (1) (+ 144) : (– 6) = – 24,   denn (– 24) · (– 6) = + 144
(2) (– 98) : (– 14) = + 7,   denn (+ 7) · (– 14) = – 98

Information

(1) Dividieren macht Multiplizieren rückgängig

Bei gebrochenen Zahlen, also bei positiven rationalen Zahlen gilt: Die Division macht rückgängig, was die Multiplikation bewirkt. Das soll auch bei negativen Zahlen, also bei *allen* rationalen Zahlen gelten.

: 12 macht
· 12 rückgängig

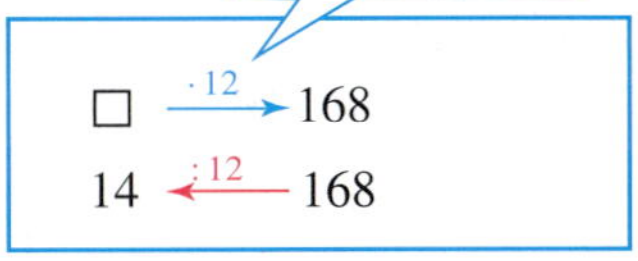

Das Dividieren durch eine von 0 verschiedene rationale Zahl macht rückgängig, was das Multiplizieren mit derselben rationalen Zahl bewirkt hat.

(2) Divisionsregel

Die Kontrolle der Beispiele in der Aufgabe zeigt, dass für das Dividieren die entsprechende Vorzeichenregel wie beim Multiplizieren gelten muss.

plus durch plus ergibt plus
minus durch minus ergibt plus
plus durch minus ergibt minus
minus durch plus ergibt minus

Regel für die Division rationaler Zahlen

Man dividiert eine rationale Zahl durch eine rationale Zahl, indem man die Beträge dividiert und das Vorzeichen nach folgender Regel setzt:
Bei gleichen Vorzeichen von Dividend und Divisor ist der Quotient positiv,
bei verschiedenen Vorzeichen von Dividend und Divisor ist der Quotient negativ.

Beispiele:
(+ 21) : (+ 3) = + (21 : 3) = + 7
(– 21) : (– 3) = + (21 : 3) = + 7
(– 21) : (+ 3) = – (21 : 3) = – 7
(+ 21) : (– 3) = – (21 : 3) = – 7

Weiterführende Aufgaben

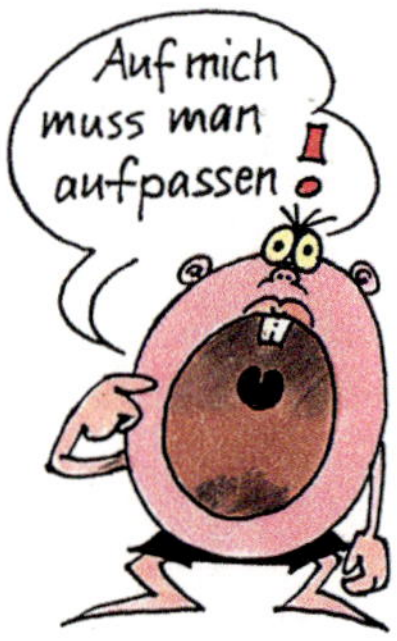

2. *Division durch null*

Untersuche, ob folgende Aufgaben ein eindeutiges Ergebnis haben. Mache dazu stets die Kontrolle durch Multiplikation.

a) $0 : (-5)$ **b)** $(-5) : 0$ **c)** $0 : 0$

> Durch 0 kann man nicht dividieren.
> $(+2) : 0$; $(-3) : 0$ und $0 : 0$ bezeichnen keine rationale Zahl.

3. *Division rationaler Zahlen, die mit Brüchen geschrieben sind*

a) Erläutere die Rechnung rechts.

$$\left(+\tfrac{4}{9}\right) : \left(-\tfrac{5}{6}\right) = -\left(\tfrac{4}{9} : \tfrac{5}{6}\right) = -\left(\tfrac{4}{\cancel{9}_3} \cdot \tfrac{\cancel{6}^2}{5}\right) = -\tfrac{8}{15}$$

b) Rechne ebenso:

(1) $\left(-\tfrac{2}{3}\right) : \left(-\tfrac{7}{3}\right)$ (2) $\left(-\tfrac{4}{9}\right) : (+5)$ (3) $\left(-1\tfrac{1}{2}\right) : \left(-\tfrac{1}{5}\right)$

c) Du weißt, dass man bei gebrochenen Zahlen anstelle einer Division auch die Multiplikation mit dem Reziproken des Divisors durchführen kann.

Welche Multiplikationsaufgabe ist gleichbedeutend mit $\left(+\tfrac{4}{9}\right) : \left(-\tfrac{5}{6}\right)$?

reziprok ⟨lat.⟩
wechselseitig,
gegenseitig

> (1) Man erhält das **Reziproke** (den *Kehrwert*) einer rationalen Zahl (ungleich 0), indem man Zähler und Nenner vertauscht und das Vorzeichen beibehält.
>
> *Beispiele:* $-\tfrac{9}{2}$ ist das Reziproke von $-\tfrac{2}{9}$; $+\tfrac{5}{2}$ ist das Reziproke von $+\tfrac{2}{5}$
>
> (2) Durch eine (von 0 verschiedene) Zahl wird dividiert, indem man mit dem Reziproken (dem Kehrwert) multipliziert.
>
> *Beispiele:*
>
> $\left(+\tfrac{2}{5}\right) : \left(-\tfrac{3}{4}\right) = \left(+\tfrac{2}{5}\right) \cdot \left(-\tfrac{4}{3}\right) = -\tfrac{8}{15}$
>
> $\left(-\tfrac{3}{8}\right) : \left(+\tfrac{2}{5}\right) = \left(-\tfrac{3}{8}\right) \cdot \left(+\tfrac{5}{2}\right) = -\tfrac{15}{16}$
>
> $(-24) : (+6) = (-24) \cdot \left(+\tfrac{1}{6}\right) = -\tfrac{24}{6} = -4$
>
> $6 : \left(-1\tfrac{1}{2}\right) = 6 : \left(-\tfrac{3}{2}\right) = 6 \cdot \left(-\tfrac{2}{3}\right) = -4$

Übungsaufgaben

4. **a)** Bestimme die Zahl, die Marie sich gedacht hat.
Schreibe eine Rechnung dazu auf.
Führe auch eine Probe durch.

b) Löse entsprechend die folgenden Zahlenrätsel:

(1) Multipliziert man eine Zahl mit (+9), so erhält man −117.

(2) Multipliziert man eine Zahl mit (+8), so erhält man +120.

(3) Multipliziert man eine Zahl mit (−6), so erhält man −132.

c) Beschreibe, wie man rationale Zahlen dividiert.

5. Berechne die durchschnittliche monatliche Schuldenaufnahme der Gemeinde Neuhausen. Notiere eine Aufgabe mit negativen Zahlen.

Finanzmisere in Neuhausen

Zum Jahresbeginn stand die Gemeinde Neuhausen noch schuldenfrei da. Der Ausbau neuer Wohngebiete erforderte in nur einem Vierteljahr eine Verschuldung von 300 000 €.

6. Von Herrn Lehmanns Konto wird einmal im Jahr 192 € als Familienbeitrag für den Sportverein abgebucht. Man kann den Beitrag auch in monatlichen Raten abbuchen lassen. Wie hoch wäre die monatliche Abbuchung? Notiere eine Aufgabe mit negativen Zahlen.

7. Berechne den Quotienten. Kontrolliere dein Ergebnis mit der entgegengesetzten Rechenart.

a) $(+32):(-4)$ $\quad(+32):(+4)$ $\quad(-32):(+4)$ $\quad(-32):(-4)$

b) $(-21):(-3)$ $\quad(+21):(-3)$ $\quad(+21):(+3)$ $\quad(-21):(+3)$

c) $(-56):(-7)$ $\quad(+56):(-7)$ $\quad(+56):(+7)$ $\quad(-56):(+7)$

d) $(-72):(+6)$ $\quad(-72):(-6)$ $\quad(+72):(+6)$ $\quad(+72):(-6)$

Erinnere dich: Bei positiven Zahlen kann man das Vorzeichen und die Zahlklammern weglassen.

8. Berechne.

a) $(-45):(-9)$ $\quad(+77):(-7)$ $\quad(-96):(-3)$ $\quad(+54):(+6)$

b) $(-280):(-4)$ $\quad(+360):(+2)$ $\quad(+480):(-8)$ $\quad(-360):(+3)$

c) $(-270):(-90)$ $\quad(-240):(+60)$ $\quad(+480):(-60)$ $\quad(+630):(+70)$

d) $(-96):(-12)$ $\quad(-169):13$ $\quad144:(-8)$ $\quad121:11$

Verwechsle nicht Reziprokes und entgegengesetzte Zahl!

9. Fülle folgende Tabelle in deinem Heft aus.

Zahl a	$-\frac{2}{3}$	$+\frac{3}{4}$		$+\frac{12}{5}$		$+4$	$-\frac{1}{4}$	$+\frac{1}{3}$	$+0,5$	
Reziprokes von a	$-\frac{3}{2}$							$+3$		$-1,5$
entgegengesetzte Zahl von a	$+\frac{2}{3}$		$-\frac{7}{9}$		$+3$					

10.

a) $\left(-\frac{3}{4}\right):\frac{2}{7}$ $\quad\left(-\frac{9}{5}\right):\left(-\frac{8}{11}\right)$ $\quad\left(-\frac{2}{9}\right):\frac{8}{5}$

b) $\frac{7}{8}:\left(-\frac{2}{3}\right)$ $\quad\frac{5}{9}:\frac{8}{3}$ $\quad\left(-\frac{27}{10}\right):\left(-\frac{8}{11}\right)$

c) $\frac{2}{3}:\left(-\frac{5}{2}\right)$ $\quad\left(-\frac{2}{3}\right):\frac{5}{3}$ $\quad\frac{2}{3}:\frac{5}{2}$

d) $\left(-1\frac{1}{2}\right):2\frac{3}{5}$ $\quad\left(-3\frac{1}{4}\right):1\frac{3}{4}$ $\quad\left(-4\frac{1}{2}\right):\left(-1\frac{1}{6}\right)$

11.

a) $(-3):8$ $\quad(-4):(-1)$ $\quad6:(-6)$

b) $\left(-\frac{3}{2}\right):3$ $\quad\left(-\frac{2}{3}\right):(-6)$ $\quad6:\left(-\frac{2}{3}\right)$

c) $(-1,5):(-0,5)$ $\quad4,2:2,1$ $\quad(-3,6):0,9$

d) $12:(-0,5)$ $\quad(-6):(-0,1)$ $\quad5:0,2$

12. Berechne, wenn möglich. Gib den Grund an, wenn du nicht weiterrechnen kannst.

a) $0:(-5)$ **b)** $(-7):0$ **c)** $0:0$ **d)** $0:\left(-\frac{2}{3}\right)$ **e)** $\left(-\frac{2}{3}\right):0$

13. Patrick wollte mit seinem Taschenrechner –6 durch $\frac{2}{3}$ dividieren. Untersuche, welche der folgenden Eingaben korrekt ist.

`-6/2/3` `-6/(2/3)` `-6/2*3`

14. Berechne.

a) $(-0{,}6) : \frac{1}{2}$ **d)** $1{,}75 : (-\frac{3}{4})$ **g)** $\frac{2}{3} : (-0{,}6)$ **j)** $0{,}9 : (-\frac{2}{7})$

b) $\frac{7}{8} : (-0{,}25)$ **e)** $(-\frac{2}{3}) : 0{,}5$ **h)** $(-0{,}4) : (-1\frac{2}{3})$ **k)** $1\frac{1}{7} : (-1{,}2)$

c) $(-2\frac{1}{4}) : (-0{,}75)$ **f)** $(-\frac{1}{3}) : (-0{,}2)$ **i)** $-\frac{4}{7} : 0{,}8$ **l)** $(-2{,}5) : (-\frac{5}{7})$

15. **a)** $2\,574 : (-11)$; $(-8\,683) : (-19)$; $(-4\,404) : 12$
b) $(-21\,033) : (-57)$; $16\,616 : (-67)$; $(-534) : (-89)$
c) $(-30\,194) : (-62)$; $(-2\,277) : 99$; $33\,542 : 62$
d) $(-22\,848) : 32$; $16\,588 : (-52)$; $(-49\,005) : (-55)$

16. Berechne. Runde das Ergebnis auf zwei Stellen nach dem Komma.

a) $(-4{,}753) : (-7{,}25)$; $(-3{,}49) : 2{,}85$; $(-4{,}75) : 3{,}25$
b) $(-34{,}795) : (-21{,}76)$; $(-42{,}76) : 12{,}47$; $(-78{,}21) : (-36{,}25)$
c) $194{,}764 : (-13{,}85)$; $18{,}734 : 73{,}66$; $24{,}145 : (-62{,}14)$

17. Fülle die Tabellen im Heft aus.

a)

:	– 72	– 48	144
– 72			
– 48			
144			

b)

:	18	– 12	15
– 540			
			30
		40	

c)

:	– 16		64
	– 27		
	– 24		
– 432		6	

18. Was für eine Zahl erhält man, wenn man eine Zahl a durch (– 1) dividiert?

19. Entscheide, ob falsch oder richtig. Begründe.

a) Wenn man in einem Quotienten zum Dividenden + 1 und zum Divisor – 1 addiert, ändert sich der Wert des Quotienten nicht.

b) Wenn man in einem Quotienten den Dividenden mit – 1 multipliziert und den Divisor durch – 1 dividiert, ändert sich der Wert des Quotienten nicht.

c) Wenn man in einem Quotienten rationaler Zahlen die Vorzeichen von Dividend und Divisor austauscht, ändert sich der Wert des Quotienten nicht.

d) Wenn man in einem Quotienten den Divisor mit – 2 multipliziert, verdoppelt sich der Wert des Quotienten und wechselt sein Vorzeichen.

e) Wenn man in einem Quotienten bei Dividend und Divisor die Vorzeichen wechselt, ändert sich der Wert des Quotienten nicht.

20. Entscheide, ob falsch oder richtig. Begründe.

a) Das Reziproke des Reziproken einer Zahl ist die Zahl selbst.

b) Ist eine Zahl kleiner als + 1, so ist ihr Reziprokes größer als + 1.

c) Ist das Reziproke einer Zahl größer als + 1, so ist die Zahl kleiner als + 1.

d) Es gibt eine rationale Zahl, deren Reziprokes und entgegengesetzte Zahl übereinstimmen.

e) Es gibt zwei Zahlen, die gleich ihrem Reziproken sind.

f) Wenn man von einer Zahl erst das Reziproke bildet und davon dann die entgegengesetzte Zahl, dann erhält man denselben Wert als wenn man von der Ausgangszahl erst die entgegengesetzte Zahl und davon dann das Reziproke bildet.

2.9 Rechengesetze – Verschiedene Rechenwege

2.9.1 Rechengesetze der Multiplikation und Division

Aufgabe 1

Wie kannst du ohne viel zu rechnen die Aufgaben rechts im Kopf vorteilhaft lösen?
Welche Rechengesetze wendest du dabei an?

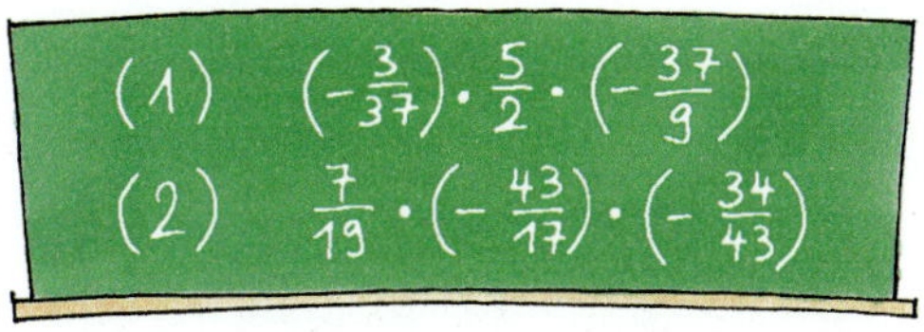

Lösung

Eigentlich müsste man die Terme von links nach rechts berechnen. Günstiger ist folgendes Vorgehen:

Vertausche den 2. und den 3. Faktor.

(1) $(-\frac{3}{37})\cdot\frac{5}{2}\cdot(-\frac{37}{9})$
$= (-\frac{3}{37})\cdot(-\frac{37}{9})\cdot\frac{5}{2}$
$= \frac{{}^1\cancel{3}\cdot\cancel{37}^1}{{}_1\cancel{37}\cdot\cancel{9}_3}\cdot\frac{5}{2}$
$= \frac{5}{3\cdot 2}$

Es wurde das Kommutativgesetz (Vertauschungsgesetz) der Multiplikation angewandt.

Rechne nicht von links nach rechts, sondern verbinde den 2. und 3. Faktor.

(2) $\frac{7}{19}\cdot(-\frac{43}{17})\cdot(-\frac{34}{43})$
$= \frac{7}{19}\cdot[(-\frac{43}{17})\cdot(-\frac{34}{43})]$
$= \frac{7}{19}\cdot(+\frac{{}^1\cancel{43}\cdot\cancel{34}^2}{{}_1\cancel{17}\cdot\cancel{43}_1})$
$= \frac{7}{19}\cdot\frac{2}{1}$

Es wurde das Assoziativgesetz (Verbindungsgesetz) der Multiplikation angewandt.

Information

Kommutativgesetz und Assoziativgesetz der Multiplikation für rationale Zahlen

Diese Gesetze gelten nicht nur für gebrochene Zahlen, sondern auch für rationale Zahlen.

Kommutativgesetz (Vertauschungsgesetz) für die Multiplikation

In einem Produkt darf man die Faktoren vertauschen. Der Wert des Produktes ändert sich dabei nicht.
Denke dir rationale Zahlen anstelle von a und b. Stets gilt:
$\mathbf{a \cdot b = b \cdot a}$

Assoziativgesetz (Verbindungsgesetz) für die Multiplikation

In einem Produkt aus drei Faktoren darf man Klammern beliebig setzen oder auch weglassen. Der Wert des Produktes ändert sich dabei nicht.
Denke dir rationale Zahlen anstelle von a, b, c. Stets gilt:
$\mathbf{(a \cdot b) \cdot c = a \cdot (b \cdot c) = a \cdot b \cdot c}$

(a) Begründung des Kommutativgesetzes (Vertauschungsgesetzes)

Bei der Multiplikation rationaler Zahlen werden die Beträge multipliziert. Für das Multiplizieren dieser gebrochenen Zahlen gilt das Kommutativgesetz. Außerdem ändert sich beim Vertauschen das Vorzeichen im Ergebnis nicht.

	+	–
+	+	–
–	–	+

(b) Begründung des Assoziativgesetzes (Verbindungsgesetzes)

Beim Multiplizieren dreier rationaler Zahlen werden die Beträge multipliziert. Für die Multiplikation dieser gebrochenen Zahlen gilt das Assoziativgesetz. Das Vorzeichen des Produktes hängt nur von den Vorzeichen der Faktoren ab, nicht aber davon, wie die Faktoren durch Klammern verbunden sind.

Weiterführende Aufgabe

2. *Vertauschen von Multiplikations- und Divisionsschritten zum vorteilhaften Rechnen*

a) Berechne von links nach rechts. Kannst du das Ergebnis auch einfacher erhalten?

(1) $(-46)\cdot 7:(-23)$ (2) $(-20\frac{2}{3}):(-4):10\frac{1}{3}$

b) Begründe die folgende Regel. Ersetze dazu jeden Divisionsschritt durch den Multiplikationsschritt mit dem Reziproken (dem Kehrwert).

> Aufeinander folgende Multiplikations- und Divisionsschritte darf man vertauschen.
> Dabei ändert sich der Wert des Terms nicht.
> Denke dir rationale Zahlen für a, b, c. Stets gilt:
> $\mathbf{a\cdot b:c=a:c\cdot b}$ (für $c \neq 0$) $\mathbf{a:b:c=a:c:b}$ (für $b \neq 0$; $c \neq 0$)

Übungsaufgaben

3. Berechne möglichst vorteilhaft.

a) $11\cdot(-4)\cdot 25$
$-13\cdot 25\cdot(-12)$
$-125\cdot(-7)\cdot(-8)$

b) $2{,}5\cdot(-1{,}5)\cdot 8$
$-0{,}8\cdot(-3{,}7)\cdot 1{,}25$
$-0{,}1\cdot(-0{,}02)\cdot(-0{,}05)$

c) $-\frac{2}{9}\cdot(-\frac{3}{8})\cdot(\frac{5}{7})$
$\frac{5}{7}\cdot\frac{4}{9}\cdot(-\frac{7}{10})$
$-2\frac{1}{2}\cdot(-\frac{3}{11})\cdot\frac{4}{5}$

4. Berechne möglichst vorteilhaft. Welche Gesetze wendest du dabei an?

a) $(\frac{17}{37}\cdot\frac{2}{3})\cdot(-\frac{37}{17})$ **c)** $(-\frac{18}{25})\cdot(-\frac{2}{7})\cdot\frac{5}{9}$ **e)** $\frac{2}{9}\cdot((-\frac{41}{49})\cdot\frac{27}{4})$ **g)** $(-\frac{4}{5})\cdot(\frac{1}{242}\cdot(-\frac{121}{3}))$

b) $\frac{12}{17}\cdot(-\frac{3}{4})\cdot\frac{34}{12}$ **d)** $(-\frac{4}{6})\cdot(\frac{3}{4}\cdot\frac{1}{7})$ **f)** $\frac{8}{11}\cdot(\frac{2}{3}\cdot\frac{22}{8})$ **h)** $(-\frac{2}{3})\cdot((-\frac{5}{11})\cdot(-\frac{2}{3}))$

5. Berechne möglichst vorteilhaft.

a) $(-8{,}4)\cdot 1{,}5:2{,}1$ **c)** $(-2{,}5):0{,}8\cdot(-4)$ **e)** $17\frac{1}{4}\cdot(-1\frac{1}{6}):5\frac{3}{4}$

b) $6{,}4:(-3):0{,}8$ **d)** $165:(-0{,}3):(-5)$ **f)** $8\frac{4}{5}:4\frac{1}{8}:(-3\frac{2}{3})$

6. Rechne günstig.

a) $0{,}7\cdot(-20)\cdot(-0{,}3)\cdot(-5)$

b) $1{,}2\cdot(-25)\cdot(-1{,}5)\cdot(-40)$

c) $4\cdot(-7)\cdot\frac{1}{14}\cdot(-1)$

d) $9\cdot(-5)\cdot(-\frac{1}{27})\cdot(-\frac{3}{5})$

e) $(-5)\cdot 17\cdot(-22)\cdot\frac{3}{17}\cdot(-\frac{1}{33})$

f) $6{,}5\cdot(-\frac{4}{7})\cdot\frac{5}{13}\cdot(-2{,}1)$

g) $3{,}9\cdot(-2{,}4)+3{,}9\cdot(-7{,}6)$

h) $(-\frac{2}{3})\cdot\frac{3}{4}+(-\frac{2}{3})\cdot 2{,}25$

i) $1\frac{5}{12}:(-\frac{5}{6})+\frac{2}{3}\cdot(-\frac{5}{6})-0{,}5$

j) $(\frac{8}{25}-\frac{4}{3})\cdot(-\frac{15}{16})+0{,}05$

k) $(-1{,}37)\cdot\frac{1}{3}-(-1{,}37)\cdot\frac{5}{6}+(-1{,}37)\cdot\frac{1}{2}$

l) $(4{,}03+3{,}47):(-\frac{3}{2})$

7. Wo steckt der Fehler?

a) $3\cdot(-6):2=3\cdot 2:(-6)=-1$ b) $(-12)\cdot 8:(-4)=3\cdot(-2)=-6$

2.9.2 Distributivgesetze

Aufgabe 1

Für Zahlen aus der Menge ℕ der natürlichen Zahlen und auch aus der Menge $\mathbb{Q}_+$ der gebrochenen Zahlen gilt das Distributivgesetz $a \cdot (b + c) = a \cdot b + a \cdot c$.
Prüfe, ob dieses Gesetz auch für rationale Zahlen gilt. Berechne und vergleiche dazu:

a) $(-3) \cdot [(+5) + (-9)]$
$(-3) \cdot (+5) + (-3) \cdot (-9)$

b) $(-0{,}8) \cdot [(-1{,}5) + (-3{,}5)]$
$(-0{,}8) \cdot (-1{,}5) + (-0{,}8) \cdot (-3{,}5)$

Klammer zuerst

Punktrechnung vor Strichrechnung

Lösung

a) $(-3) \cdot [(+5) + (-9)]$
$= (-3) \cdot (-4)$
$= +12$

$(-3) \cdot (+5) + (-3) \cdot (-9)$
$= (-15) + (+27)$
$= +12$

Die Ergebnisse stimmen überein.
Also gilt: $(-3) \cdot [(+5) + (-9)] = (-3) \cdot (+5) + (-3) \cdot (-9)$

b) $(-0{,}8) \cdot [(-1{,}5) + (-3{,}5)]$
$= (-0{,}8) \cdot (-5)$
$= +4$

$(-0{,}8) \cdot (-1{,}5) + (-0{,}8) \cdot (-3{,}5)$
$= (+1{,}2) + (+2{,}8)$
$= +4$

Die Ergebnisse stimmen überein.
Also gilt: $(-0{,}8) \cdot [(-1{,}5) + (-3{,}5)] = (-0{,}8) \cdot (-1{,}5) + (-0{,}8) \cdot (-3{,}5)$

Information

(1) Distributivgesetz

Die Beispiele aus der obigen Aufgabe zeigen:

Distributivgesetz (Verteilungsgesetz) für die Multiplikation und Addition
Es ist gleichgültig, ob man eine Summe von Zahlen mit einer Zahl multipliziert oder ob man jeden Summanden einzeln mit der Zahl multipliziert und dann die Teilprodukte addiert.
Denke dir rationale Zahlen anstelle von a, b, c. Stets gilt:
$\mathbf{a \cdot (b + c) = a \cdot b + a \cdot c}$ sowie $\mathbf{(a + b) \cdot c = a \cdot c + b \cdot c}$

(2) Anschauliche Begründung für das Distributivgesetz

Wir deuten das Addieren als Aneinanderlegen von Pfeilen, das Multiplizieren als Strecken von Pfeilen (mit Richtungsumkehr gegebenenfalls). Hierbei ist es günstiger, die Summe als ersten Faktor zu haben. Das ist nach dem Kommutativgesetz möglich.

Beispiel: $[(+5) + (-3)] \cdot (-2) = (+5) \cdot (-2) + (-3) \cdot (-2)$

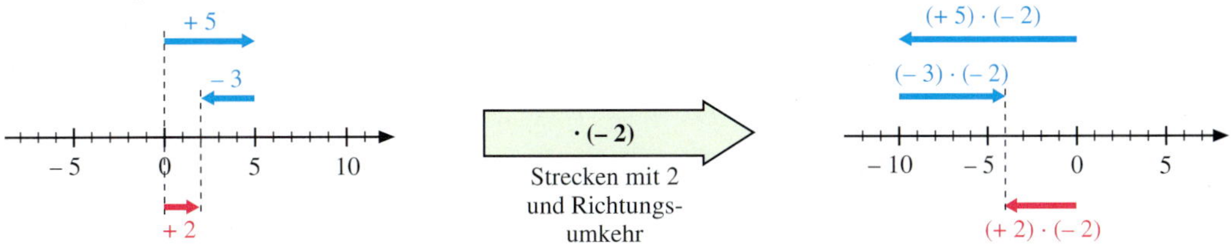

Auch nach dem Strecken und Spiegeln passen die Pfeile genau aneinander. Daher ist es gleichgültig, ob man erst addiert und dann streckt (und gegebenenfalls spiegelt) oder in umgekehrter Reihenfolge vorgeht.

Weiterführende Aufgabe

2. *Weitere Distributivgesetze*

Denke dir rationale Zahlen anstelle von a, b, c. Stets gilt:	$\mathbf{a \cdot (b - c) = a \cdot b - a \cdot c}$
Denke dir rationale Zahlen anstelle von a, b, c mit $c \neq 0$. Stets gilt:	$\mathbf{(a + b) : c = a : c + b : c}$
Denke dir Zahlen anstelle von a, b, c mit $c \neq 0$. Stets gilt:	$\mathbf{(a - b) : c = a : c - b : c}$

a) Überprüfe die Gültigkeit obiger Distributivgesetze durch Einsetzen:
(1) $a = -12;\ b = 15;\ c = -3$ (2) $a = 2{,}4;\ b = -0{,}8;\ c = 0{,}4$

b) Begründe die Gültigkeit dieser Distributivgesetze an den Beispielen in Teilaufgabe a) durch Zurückführen auf das Distributivgesetz für die Multiplikation und Addition.
Verwende dazu die Subtraktionsregel (Seite 78) und die Divisionsregel (Seite 95) für rationale Zahlen.

Übungsaufgaben

3. Fabian erhält auf sein Konto monatlich 15 € Taschengeld überwiesen. Er hebt jeden Monat 8 € ab, um sie auszugeben. Den Rest spart er auf dem Konto.
Wie ändert sich sein Kontostand innerhalb eines Jahres?
Gib mehrere mögliche Terme dazu an.

4. Rechne und vergleiche.

a) $-2{,}5 \cdot (-7{,}2 + 17{,}2)$
$-2{,}5 \cdot (-7{,}2) + (-2{,}5) \cdot 17{,}2$

b) $(2{,}2 - 7{,}7) : 1{,}1$
$2{,}2 : 1{,}1 - 7{,}7 : 1{,}1$

c) $(-6{,}9 + 3{,}1) : (-5)$
$-6{,}9 : (-5) + 3{,}1 : (-5)$

5. Rechne günstig.

a) $(-100 + 4) \cdot 0{,}2$
$1{,}5 \cdot (-10 - 0{,}1)$
$(-42 + 0{,}7) : 0{,}7$
$(0{,}09 - 0{,}35) : (-0{,}01)$

b) $-1{,}9 \cdot 3{,}3 + 1{,}9 \cdot 8{,}3$
$-4{,}13 \cdot 9 - 1{,}87 \cdot 9$
$-1{,}12 : 3 + 1{,}3 : 3$
$-8{,}72 : 1{,}2 - 3{,}28 : 1{,}2$

c) $-24 \cdot (\frac{7}{8} + \frac{5}{6})$
$(\frac{1}{3} - \frac{1}{2}) : (-\frac{1}{6})$
$14 \cdot \frac{5}{6} - 14 \cdot \frac{4}{3}$
$-1{,}4 : \frac{2}{5} + 7{,}4 : \frac{2}{5}$

6. Niklas Rechnung ist fehlerhaft. Finde Fehler und korrigiere.

a) $(\frac{3}{5} - \frac{4}{3}) : (-30) = -18 - 40 = -58$
c) $(-14{,}1 + 1{,}3) : (-0{,}1) = 141 - 13 = 118$
b) $(45 - 35) : (-5) = -9 + 35 = -44$
d) $(\frac{2}{3} - 4) : \frac{1}{3} = 2 - \frac{4}{3} = \frac{2}{3}$

7. Setze eine Klammer mithilfe eines Distributivgesetzes. Berechne dann den Term.

a) $-\frac{3}{11} \cdot 4{,}9 + \frac{14}{11} \cdot 4{,}9$

b) $2{,}21 \cdot (-3{,}42) + 2{,}79 \cdot (-3{,}42)$

c) $-7{,}13 \cdot (-\frac{5}{6}) - 4{,}87 \cdot (-\frac{5}{6})$

d) $\frac{14}{9} : (-\frac{1}{25}) + \frac{4}{9} : (-\frac{1}{25})$

e) $1{,}39 : 0{,}25 - 6{,}39 : 0{,}25$

$$\begin{aligned} & 4\tfrac{1}{7} \cdot (-\tfrac{3}{5}) + 5\tfrac{6}{7} \cdot (-\tfrac{3}{5}) \\ =\ & [4\tfrac{1}{7} + 5\tfrac{6}{7}] \cdot (-\tfrac{3}{5}) \\ =\ & 10 \cdot (-\tfrac{3}{5}) \\ =\ & -6 \end{aligned}$$

2.10 Vermischte Übungen zu den Grundrechenarten

1.

a) $(-48)+(-12)$	**b)** $36+(-9)$	**c)** $(-21)+7$	**d)** $(-4{,}5)+(-5)$
$(-48)-(-12)$	$36-(-9)$	$(-21)-7$	$(-4{,}5)-(-5)$
$(-48)\cdot(-12)$	$36\cdot(-9)$	$(-21)\cdot 7$	$(-4{,}5)\cdot(-5)$
$(-48):(-12)$	$36:(-9)$	$(-21):7$	$(-4{,}5):(-5)$

2. Die Buchstaben ergeben in der Reihenfolge der Ergebnisse ein Wort.

a) $5\cdot(-7)$ **c)** $7+(-5)$ **e)** $(-4)\cdot(-6)$ **g)** $(-18):3$

b) $(-8)\cdot 4$ **d)** $12:(-3)$ **f)** $-7+4$ **h)** $-2-14$

3.

a) $(-3):8$ **e)** $4{,}2:2{,}1$ **i)** $\left(-\frac{2}{9}\right)-\frac{8}{5}$ **m)** $\left(-\frac{3}{2}\right)+\frac{5}{2}$

b) $(-4)\cdot(-1)$ **f)** $\left(-1\frac{1}{2}\right)\cdot 2\frac{3}{5}$ **j)** $\frac{7}{8}:\frac{2}{3}$ **n)** $\left(-\frac{3}{2}\right)-\frac{5}{2}$

c) $(+6)+(-6)$ **g)** $\left(-\frac{3}{4}\right)\cdot\frac{2}{7}$ **k)** $\frac{5}{9}+\frac{8}{3}$ **o)** $\left(-\frac{3}{2}\right)\cdot\left(-\frac{5}{2}\right)$

d) $(-1{,}5)-(-0{,}5)$ **h)** $\left(-\frac{9}{5}\right):\frac{12}{25}$ **l)** $\left(-\frac{27}{22}\right):\left(-\frac{8}{11}\right)$ **p)** $\left(-\frac{3}{2}\right):\left(-\frac{5}{2}\right)$

4. **a)**

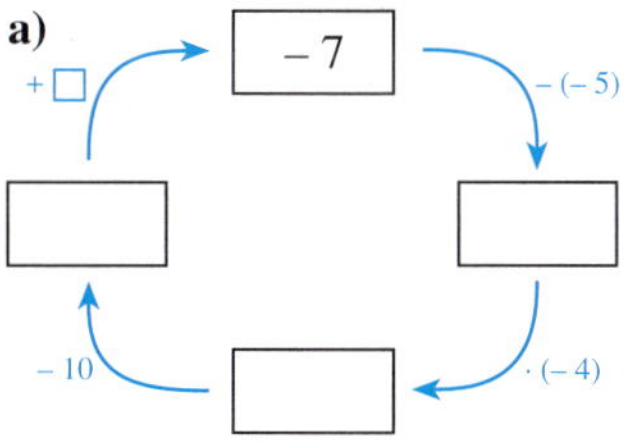

b)

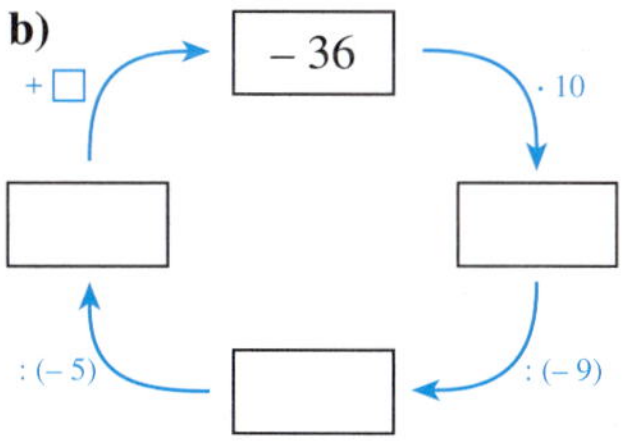

c)

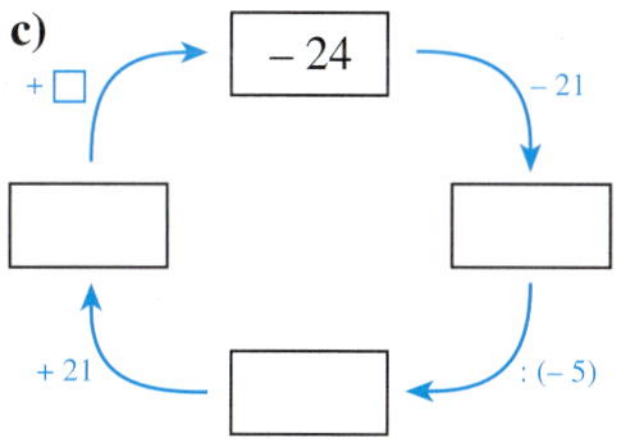

5. Berechne, wenn möglich. Gib den Grund an, wenn du nicht weiterrechnen kannst.

a) $0:(-2)$ **c)** $0\cdot(-4{,}2)$ **e)** $0-(-1{,}5)$ **g)** $(-3)+0$ **i)** $(-7{,}2):0$

b) $0+4$ **d)** $(-3)\cdot 0$ **f)** $0:0$ **h)** $0\cdot 0$ **j)** $(-9{,}5)-0$

6. **a)** Dividiere.

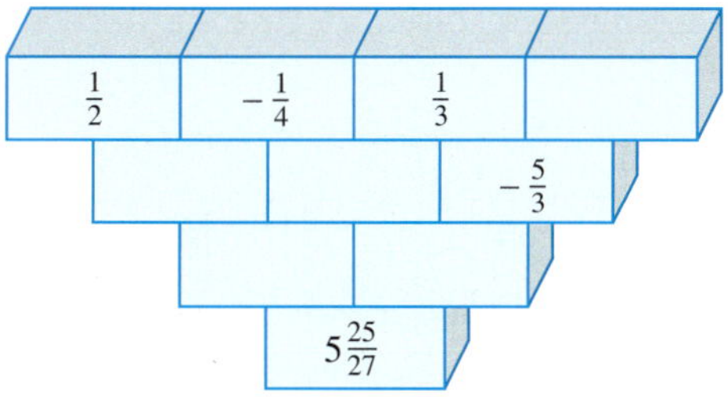

c) Multipliziere.

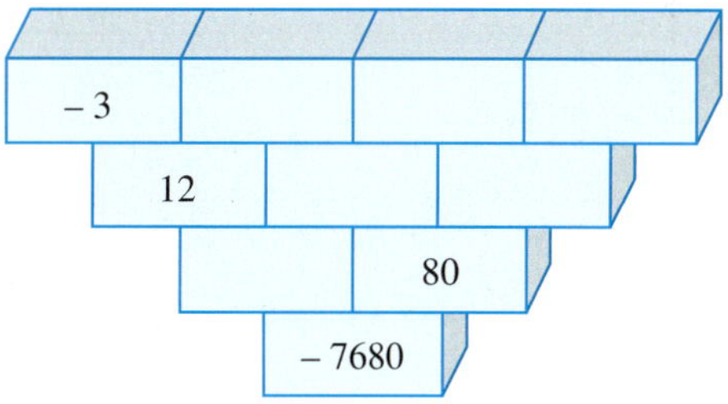

b) Addiere.

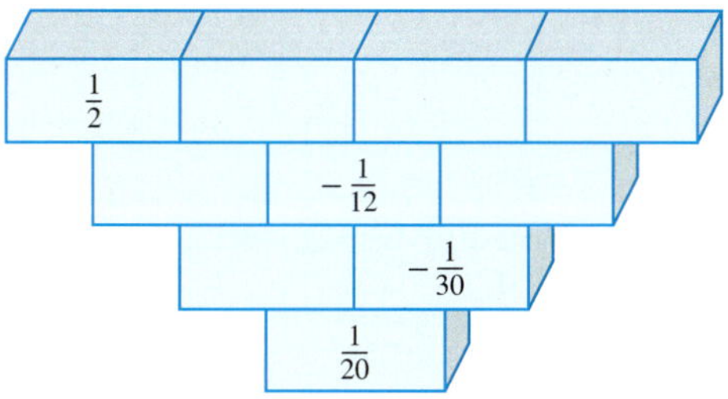

d) Subtrahiere.

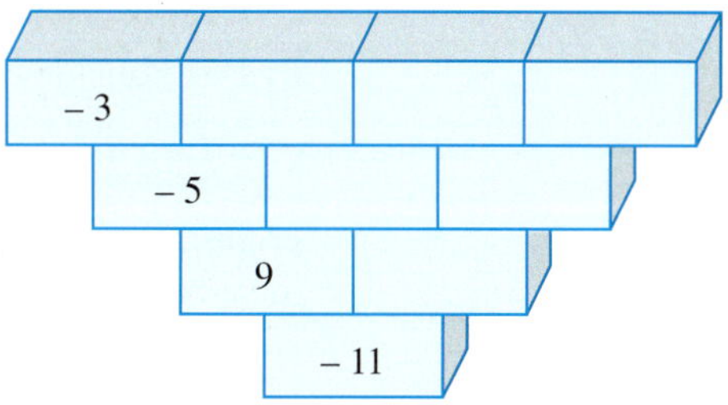

Umrechnen von °C in °F:
Multipliziere mit $\frac{9}{5}$ und addiere dann 32.

7. Formuliere eine Frage und beantworte mithilfe einer Rechenaufgabe mit negativen Zahlen.

a) Nachdem der Wasserstand in der Nacht um 14 dm gefallen war, stieg er tagsüber wieder um 5 dm an.

b) Die tiefste Temperatur in der Nacht betrug –15 °C, aber auch tagsüber war es höchstens um 8 °C wärmer.

c) Eine Tiefenbohrung beginnt bei Normalnull. Jeden Tag werden 15 m gebohrt. Nach 14 Tagen sollen die Bohrungen beendet sein.

d) Heute wurden viele Buchungen auf Herrn Meiers Konto durchgeführt. Insgesamt wurden 367,20 € abgebucht. Allerdings befindet sich darunter eine Fehlbuchung: eine Lastschrift von 33,10 €.

e) Maries Beitrag zum Pferdesportverein wird einmal im Jahr abgebucht: 96 €. Sarah möchte auch in den Verein eintreten, aber vierteljährlich zahlen.

f) Marc möchte seinem amerikanischen Brieffreund schreiben, dass es zurzeit in Deutschland sehr kalt ist: –13,5 °C. In Amerika wird die Temperatur in Grad Fahrenheit (°F) gemessen.

8. a) Addiere zu 75 die Zahl –14,4. Addiere zu dem Ergebnis wieder –14,4. Fahre so fort, bis das Ergebnis negativ ist. Wie heißt dann das letzte Ergebnis?

b) Multipliziere 75 mit – 0,4. Multipliziere das Ergebnis wieder mit –0,4. Fahre so fort, bis der Betrag des Ergebnisses kleiner als 1 ist. Wie heißt dann das letzte Ergebnis?

c) Subtrahiere von –100 die Zahl –13,5. Subtrahiere von dem Ergebnis wieder –13,5. Fahre so fort, bis das Ergebnis positiv ist. Wie heißt dann das letzte Ergebnis?

d) Dividiere –1 durch –0,25. Dividiere das Ergebnis wieder durch –0,25. Fahre so fort, bis der Betrag des Ergebnisses größer als 100 ist. Wie heißt dann das letzte Ergebnis?

9. Berechne die nächsten 10 Zahlen der Folge.

a) Startwert: 5 Vorschrift: $\xrightarrow{-3}$

b) Startwert: –3 Vorschrift: $\xrightarrow{\cdot(-2)}$

c) Startwert: –1 024 Vorschrift: $\xrightarrow{:2}$

Startwert — Vorschrift

$+5 \xrightarrow{\cdot(-3)} (-15) \xrightarrow{\cdot(-3)} (+45) \xrightarrow{\cdot(-3)} \ldots$

10. Bestimme die nächsten 5 Zahlen der Folge. Gib auch die Vorschrift an.

a) –7; –3; 1; 5; 9; …

b) 3; –4; –11; –18; –25; …

c) –4; 8; –16; 32; –64; …

d) $\frac{7}{16}$; $-\frac{7}{8}$; $\frac{7}{4}$; $-\frac{7}{2}$; 7; …

e) $\frac{5}{4}$; $\frac{3}{4}$; $\frac{1}{4}$; $-\frac{1}{4}$; $-\frac{3}{4}$; …

f) $-\frac{4}{27}$; $\frac{4}{9}$; $-\frac{4}{3}$; 4; –12; …

Spiel

11. Das Bild rechts zeigt zwei verschieden farbige Ikosaeder (Zwanzigflächner). Sie stellen positive und negative Zahlen dar.

a) Die erwürfelten Zahlen werden addiert.
Gewonnen hat, wer zuerst z. B. die Summe –19 schafft.

b) Die Zahl des roten Ikosaeders wird von der Zahl des blauen subtrahiert.
Vereinbart selbst die Gewinnzahl.

c) Ihr könnt auch multiplizieren und dividieren. Vereinbart jeweils eine geeignete Gewinnzahl.

19 + (–13) = 6

17 – (–11) = 28
weiß rot

Hinweis: Im Wahlthema „Platonische Körper" findest du weitere Informationen über Ikosaeder und andere regelmäßige Körper.

12. a) Das Quadrat rechts ist ein *magisches Quadrat* (Zauberquadrat). Du weißt, wenn man die Zahlen einer Zeile oder Spalte oder Diagonalen addiert, so erhält man immer dieselbe Summe.
Prüfe das nach.

8	−5	−6	5
−3	2	3	0
1	−2	−1	4
−4	7	6	−7

b) Übertrage in dein Heft. Ergänze die begonnenen magischen Quadrate.

(1)

	0	4	−7
−6	3		6
−5	2	−2	
8	−3	1	−4

(2)

6	3		−4
		2	7
	5		−2
	−6	8	1

(3)

−4	1		
7	−2	2	−5
	−1		−6
			5

c) Trage die Zahlen −4, −3, −2, −1, 0, 1, 2, 3, 4 so in das Quadrat rechts ein, dass sich in jeder Zeile, jeder Spalte und jeder Diagonalen die Summe 0 ergibt.

Vorrangregeln für das Berechnen von Termen
- Das Innere einer Rechenklammer wird zuerst berechnet.
- Bei verschachtelten Rechenklammern wird die innerste Rechenklammer zuerst berechnet.
- Wo keine Rechenklammer steht, geht Punktrechnung vor Strichrechnung.
- Das Berechnen einer Potenz geht noch vor Punkt- und Strichrechnung.
- Sonst wird von links nach rechts gerechnet.

13. a) Berechne.
(1) $-8 + (-2) \cdot 3$
(2) $4{,}5 - 7 + 8 \cdot (-0{,}5)^3$
(3) $0{,}5 : [-4 - (2{,}5 + 3{,}5)]$
(4) $6 : (-4) : (-2)$

b) Bei der Berechnung der Terme hast du verschiedene Vorrangregeln beachtet. Gib an, welche du an welcher Stelle beachten musstest.

14. a) $(-7 - 3) \cdot (-5)$
$-4 : (3 - 11)$
$9 - 15 \cdot (-6)$
$12 + 8 : (-2)$

b) $(-2)^4 - 24$
$-6 + (-4)^3$
$14 - 4 \cdot (-2)^5$
$50 : (25 - 26)^6$

c) $-12 \cdot (-5) \cdot (-9) \cdot (-1)$
$-28 - 38 - 30 - 10$
$200 : (-40) : 5$
$-37 + 48 - 100 + 50 - 99$

15. Carolins Rechnung ist fehlerhaft. Finde den Fehler und korrigiere die Rechnung.

a) $2{,}5 - 12{,}5 : 0{,}4$
$= -10 : 0{,}4$
$= -25$

b) $-\frac{1}{3} - 2 + \frac{1}{6}$
$= -\frac{1}{3} - 2\frac{1}{6}$
$= -2\frac{1}{2}$

c) $1 - 1{,}2 \cdot 0{,}5^2$
$= 1 - 0{,}6^2$
$= 1 - 0{,}36$
$= 0{,}64$

16. a) $(-2{,}4 + 1{,}4) : (-0{,}1)$
$-0{,}25 \cdot (7 - 9{,}2 - 4{,}8)$

b) $(-\frac{1}{6}) \cdot \frac{6}{7} + \frac{1}{4} \cdot (-\frac{4}{7})$
$(-3\frac{3}{4} + 4{,}5 - 1\frac{3}{4})^2$

c) $-15 \cdot [-4 - (1 - 3)] + 1$
$[-80 + (-7 - 3)^2] : (-5)$

17. Du hast gelernt, dass man den Quotienten zweier Terme auch als Bruch schreiben kann, z. B.: $\frac{4+\frac{1}{2}}{3 \cdot 0{,}5}$ anstelle von $(4+\frac{1}{2}) : (3 \cdot 0{,}5)$.
Der Hauptbruchstrich ersetzt das Divisionszeichen und die Klammern um Zähler und Nenner. Diese Schreibweise wollen wir auch bei rationalen Zahlen verwenden. Berechne.

a) $\frac{3-8}{-2 \cdot (-3)}$ **b)** $\frac{-\frac{2}{5} \cdot \frac{3}{10}}{-1+\frac{1}{3}}$ **c)** $\frac{(-\frac{1}{2})}{-0{,}5 \cdot 3}$ **d)** $\frac{\frac{3}{4}+1}{\frac{3}{4}-1}$

$$\frac{3 \cdot (-\frac{1}{2})}{\frac{1}{2}+\frac{1}{4}} = \frac{-\frac{3}{2}}{\frac{3}{4}} = (-\frac{3}{2}) : (+\frac{3}{4}) = -2$$

Hauptbruchstrich

18. Der Term $\frac{-32 \cdot 18}{12-4}$ soll mit einem Taschenrechner berechnet werden. Entscheide, welche der folgenden Eingaben richtig ist.

```
-32*18/12-4
```

```
((-32)*18)/(12-4
)
```

```
-32*18/(12-4)
```

19. Stelle den Term auf und berechne ihn.

a) Multipliziere die Summe von – 4 und + 6 mit der Differenz dieser Zahlen.

b) Addiere $-\frac{1}{2}$ zum Produkt der Zahlen $-\frac{2}{3}$ und $+\frac{3}{4}$.

c) Subtrahiere von – 4,8 die Summe aus 6,3 und – 5,2.

d) Subtrahiere die Zahl $-5\frac{1}{2}$ von ihrer entgegengesetzten Zahl.

20. Gib zu dem Rechenbaum den Term an und berechne seinen Wert.

a) – 3 – 2 + 2 – 7

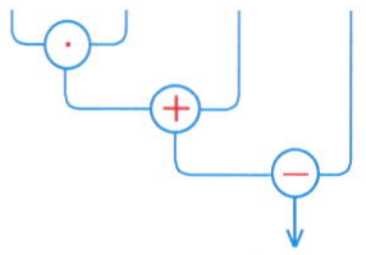

b) 0,9 – 0,3 0,8 – 0,6

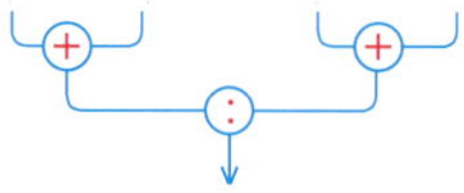

c) 1 $\frac{1}{2}$ $\frac{3}{4}$ $\frac{1}{4}$

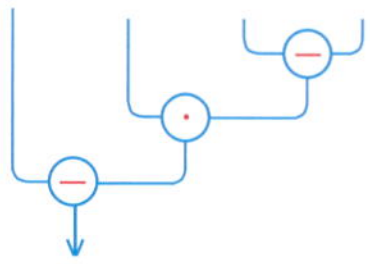

21. Notiere in Wortform und zeichne den Rechenbaum. Berechne auch.

a) $5 \cdot (-7{,}2) + 14$ **b)** $6{,}4 - (3{,}2 + 2{,}3)$ **c)** $(1{,}3 - 9{,}5) : 4{,}1$ **d)** $(-\frac{2}{3} + \frac{1}{2}) \cdot (-\frac{2}{3})$

22. Manchmal gestattet ein Rechengesetz einen günstigeren Rechenweg als den, den der Term vorschreibt.
Erläutere das Vorgehen rechts und finde einen günstigeren Rechenweg als der Term vorschreibt. Begründe mit einem Rechengesetz.

a) $-5\frac{3}{7} : 6 + (-\frac{4}{7}) : 6$ **d)** $(-36) \cdot (\frac{5}{9} - \frac{2}{3})$

b) $\frac{3}{11} \cdot (-\frac{38}{51}) \cdot (-\frac{11}{6})$ **e)** $\frac{3}{15} \cdot (-\frac{4}{38}) \cdot \frac{5}{32} \cdot 0$

c) $\frac{4}{7} - \frac{5}{13} + \frac{11}{19} - \frac{4}{7} - \frac{8}{13}$ **f)** $(-6) \cdot 15\frac{2}{3}$

$$(-\frac{2}{7}) \cdot 2\frac{4}{5} + (-\frac{2}{7}) \cdot \frac{1}{5}$$
$$= (-\frac{2}{7}) \cdot [2\frac{4}{5} + \frac{1}{5}]$$
$$= (-\frac{2}{7}) \cdot 3$$
$$= -\frac{6}{7}$$

23. Frau Meier hat ein Klassenfahrtkonto eingerichtet. Bisher haben 18 Teilnehmer ihren Beitrag von 164,00 € eingezahlt. Für die Fahrkosten überweist sie einen Abschlag von 618,50 €. Für die Reiserücktrittkostenversicherung muss sie für jeden der 26 Teilnehmer 2,20 € überweisen.

2.11 Beziehungen zwischen den Zahlbereichen $\mathbb{N}$, $\mathbb{Z}$, $\mathbb{Q}_+$ und $\mathbb{Q}$

Einführung

Bis zur Klasse 5 hast du dich mit dem Zahlbereich der natürlichen Zahlen beschäftigt: $\mathbb{N} = \{0; 1; 2; 3; \ldots\}$
Danach haben wir diesen Bereich schrittweise erweitert.
Zunächst hast du die Menge der gebrochenen Zahlen $\mathbb{Q}_+$ kennen gelernt.
In diesem Kapitel haben wir uns mit der Menge der ganzen Zahlen $\mathbb{Z}$ und den rationalen Zahlen $\mathbb{Q}$ beschäftigt.

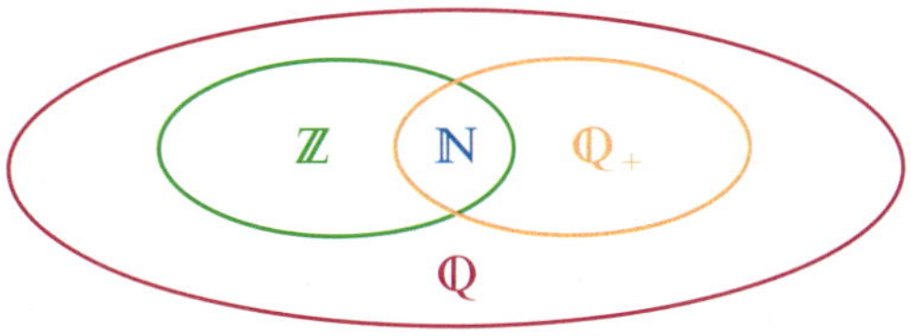

Aus dem Mengendiagramm kannst du folgende Zusammenhänge ablesen:
Jede natürliche Zahl ist auch eine ganze Zahl. Daher sind die natürlichen Zahlen eine **Teilmenge** der ganzen Zahlen.
Jede Zahl, die sowohl zur Menge $\mathbb{Z}$ der ganzen Zahlen als auch zur Menge $\mathbb{Q}_+$ der gebrochenen Zahlen gehört, ist eine natürliche Zahl. Die Menge $\mathbb{N}$ der natürlichen Zahlen bildet die **Schnittmenge** von $\mathbb{Z}$ und $\mathbb{Q}_+$.
Zahlen, die in der Menge $\mathbb{Z}$ der ganzen Zahlen oder in der Menge $\mathbb{Q}_+$ der gebrochenen Zahlen liegen, bilden die **Vereinigungsmenge** von $\mathbb{Z}$ und $\mathbb{Q}_+$.

Information

Unterschiede und Gemeinsamkeiten beim Rechnen in den verschiedenen Zahlbereichen

(1) *Der Zahlbereich der natürlichen Zahlen* $\mathbb{N}$
Das Addieren und Multiplizieren ist im Bereich der natürlichen Zahlen immer ausführbar. Das heißt, wenn man zwei natürliche Zahlen addiert oder multipliziert, erhält man immer wieder eine natürliche Zahl.
Das Subtrahieren und Dividieren ist im Bereich der natürlichen Zahlen nicht immer ausführbar: Zum Beispiel ergeben 5 – 7 oder 4 : 8 keine *natürliche* Zahl.

(2) *Der Zahlbereich der gebrochenen Zahlen* $\mathbb{Q}_+$
Das Addieren, Multiplizieren und Dividieren (außer durch die Zahl 0) ist im Bereich der gebrochenen Zahlen immer ausführbar, jedoch nicht das Subtrahieren.

(3) *Der Zahlbereich der rationalen Zahlen* $\mathbb{Q}$
Das Addieren, Multiplizieren, Dividieren (außer durch die Zahl 0) und das Subtrahieren ist im Bereich der rationalen Zahlen immer ausführbar.

(4) *Gemeinsamkeiten aller Zahlbereiche*
Es gibt auch Eigenschaften, die für alle Zahlbereiche gelten:
Die Kommutativgesetze und die Assoziativgesetze für die Addition und Multiplikation und das Distributivgesetz.

Übungsaufgaben

1. Die Subtraktion ist im Bereich der gebrochenen Zahlen $\mathbb{Q}_+$ nicht immer ausführbar. Nenne mehrere Beispiele.

2. Betrachte den Zahlbereich der ganzen Zahlen: $\mathbb{Z} = \{\ldots; -3; -2; -1; 0; 1; 2; 3; \ldots\}$.
Welche Rechenarten sind im Zahlbereich der ganzen Zahlen immer ausführbar, welche nicht?

3. In welchem der Zahlbereiche $\mathbb{N}$, $\mathbb{Q}_+$, $\mathbb{Z}$ und $\mathbb{Q}$ gilt folgende Eigenschaft?

a) Zu jeder Zahl findet man die entgegengesetzte Zahl im gleichen Zahlbereich.

b) Zu jeder Zahl außer null findet man das Reziproke im gleichen Zahlbereich.

c) Das Produkt zweier Zahlen ist nicht negativ.

d) Die Summe zweier Zahlen ist mindestens so groß wie jeder einzelne Summand.

e) Das Produkt zweier Zahlen ist mindestens so groß wie jeder einzelne Faktor.

f) Das Quadrat einer Zahl gehört zum gleichen Zahlbereich.

4. In welchem der Zahlbereiche $\mathbb{N}$, $\mathbb{Q}_+$, $\mathbb{Z}$ und $\mathbb{Q}$ findest du

a) zu jeder Zahl den (unmittelbaren) Nachfolger [Vorgänger];

b) eine kleinste Zahl [eine größte Zahl]?

c) zu je zwei Zahlen die genau in der Mitte zwischen ihnen liegende Zahl;

d) zu je zwei Zahlen immer mehrere dazwischen liegende Zahlen?

5. Richtig oder falsch? Begründe oder widerlege anhand des Mengendiagramms von Seite 107 die folgenden Behauptungen:

a) Die Menge der gebrochenen Zahlen ist eine Teilmenge der rationalen Zahlen.

b) Alle Zahlen, die in der Vereinigungsmenge von $\mathbb{N}$ und $\mathbb{Q}_+$ liegen, sind positiv.

c) Jede Zahl, die in der Schnittmenge von $\mathbb{N}$ und $\mathbb{Z}$ liegt, ist eine natürliche Zahl.

d) Alle Zahlen, die nicht in der Vereinigungsmenge von $\mathbb{Z}$ und $\mathbb{Q}_+$ liegen, sind negativ.

6. a) Notiere fünf Zahlen, die in der Menge $\mathbb{Q}$ aber nicht in der Vereinigungsmenge von $\mathbb{Z}$ und $\mathbb{Q}_+$ liegen.

b) Notiere fünf positive und fünf negative Zahlen, die in der Vereinigungsmenge von $\mathbb{Z}$ und $\mathbb{Q}_+$ aber nicht in der Schnittmenge von $\mathbb{Z}$ und $\mathbb{Q}_+$ liegen.

7. Franziska hat das Mengendiagramm der Teilermengen T_{36} und T_{24} gezeichnet.

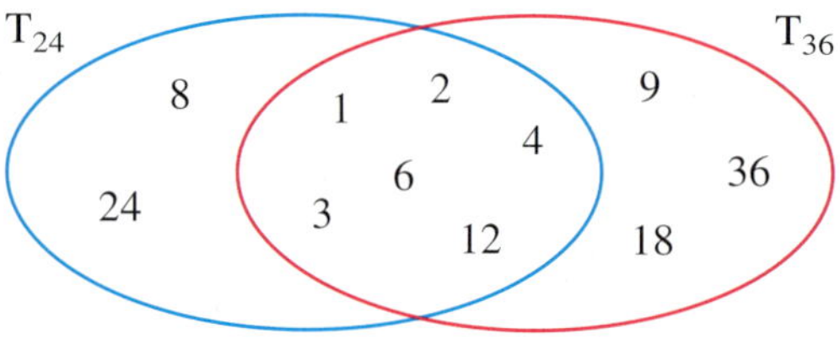

a) Nenne zwei Zahlen, die in der Schnittmenge von T_{36} und T_{24} liegen.

b) Wo findest du im Mengendiagramm Zahlen, die Teiler von 36, aber nicht Teiler von 24 sind?

c) Betrachte die Schnittmenge von T_{36} und T_{24}. Was fällt dir auf? Formuliere eine Vermutung.

d) Zeichne das Mengendiagramm der Teilermengen T_{32} und T_{40}. Überprüfe deine Vermutung aus Teilaufgabe c).

8. Zeichne das Mengendiagramm der Teilermengen T_{42} und T_6.

a) Beschreibe die Schnittmenge und die Vereinigungsmenge.

b) Begründe, warum T_6 eine Teilmenge von T_{42} ist.

9. Begründe oder widerlege die folgenden Behauptungen:

a) Die Schnittmenge der Teilermengen von zwei Primzahlen enthält nur eine Zahl.

b) Wenn die Schnittmenge von zwei Teilermengen nur die Zahl 1 enthält, dann sind es zwei Teilermengen von Primzahlen.

2.12 Quadratwurzeln

2.12.1 Quadrieren und Wurzelziehen

Aufgabe 1

Berechne die Seitenlängen a und b der beiden quadratischen Grundstücke.

Lösung

Für die quadratischen Grundstücke der Familien Müller und Jess muss gelten:

Grundstück Familie Müller
$A_M = a \cdot a = 400$
Wir finden: $a = 20$, denn $20 \cdot 20 = 400$

Grundstück Familie Jess
$A_J = b \cdot b = 289$
Wir finden: $b = 17$, denn $17 \cdot 17 = 289$

Ergebnis: Das quadratische Grundstück von Familie Müller hat die Seitenlänge 20 m, das der Familie Jess 17 m.

Information

(1) Quadrat einer Zahl – Quadrieren

In Aufgabe 1 haben wir die Zahl 400 in ein Produkt aus zwei gleichen Faktoren zerlegt:
$400 = 20 \cdot 20 = 20^2$. 20^2 ist das Quadrat der Zahl 20.

$11^2 = 121$
$12^2 = 144$
$13^2 = 169$
$14^2 = 196$
$15^2 = 225$
$16^2 = 256$
$17^2 = 289$
$18^2 = 324$
$19^2 = 361$
$20^2 = 400$
$25^2 = 625$
$30^2 = 900$

a^2 ist das **Quadrat der Zahl a.**
Es gilt: $a^2 = a \cdot a$
Das Berechnen des Quadrates einer Zahl heißt **Quadrieren.**
Das Quadrat einer positiven oder negativen Zahl ist stets positiv.

Beispiele:
quadriere 7: $7^2 = 7 \cdot 7 = 49$
quadriere –7: $(-7)^2 = (-7) \cdot (-7) = 49$
quadriere 0: $0^2 = 0 \cdot 0 = 0$

(2) Wurzelziehen als Umkehrung des Quadrierens

In Aufgabe 1 haben wir umgekehrt zum Quadrieren zur Zahl 400 eine positive Zahl a gesucht, deren Quadrat gleich 400 ist: $a^2 = 400$. Wir fanden: $a = 20$.
Diese Umkehrung des Quadrierens heißt *Wurzelziehen* (Radizieren). Man schreibt $\sqrt{400} = 20$,
gelesen: *Wurzel (Quadratwurzel) aus 400 ist gleich 20.*

20 —Quadrieren→ 400
20 ←Wurzelzeichen— 400

Es soll x eine *positive* Zahl sein. Mit $\sqrt{x}$ (gelesen: *Wurzel aus x*) bezeichnen wir diejenige positive Zahl, deren Quadrat gleich x ist.
Beispiele: $\sqrt{49} = 7$, denn $7 \cdot 7 = 49$ $\sqrt{81} = 9$, denn $9 \cdot 9 = 81$
Für den Sonderfall x = 0 gilt: $\sqrt{0} = 0$, denn $0 \cdot 0 = 0$.
Man hat festgelegt, dass $\sqrt{x}$ niemals negativ ist.

Übungsaufgaben

2. Ein quadratischer Bauplatz ist 361 m² groß. Er soll mit einem Bauzaun umgeben werden. Für die Einfahrt sollen 4 m frei bleiben. Wie viel m Zaun benötigt man?

3. Berechne die Wurzeln im Kopf, wenn es sie gibt:

a) $\sqrt{49}$ **d)** $\sqrt{81}$ **g)** $\sqrt{-64}$ **j)** $\sqrt{1}$ **m)** $\sqrt{169}$ **p)** $\sqrt{10\,000}$ **s)** $\sqrt{22\,500}$
b) $\sqrt{225}$ **e)** $\sqrt{0}$ **h)** $\sqrt{289}$ **k)** $\sqrt{-196}$ **n)** $\sqrt{576}$ **q)** $\sqrt{6\,400}$ **t)** $\sqrt{1\,000\,000}$
c) $\sqrt{144}$ **f)** $\sqrt{484}$ **i)** $\sqrt{121}$ **l)** $\sqrt{361}$ **o)** $\sqrt{-900}$ **r)** $\sqrt{14\,400}$ **u)** $\sqrt{1\,225}$

4. **a)** $\sqrt{\frac{1}{4}}$ **c)** $\sqrt{\frac{16}{100}}$ **e)** $\sqrt{\frac{81}{100}}$ **g)** $\sqrt{\frac{169}{196}}$ **i)** $\sqrt{\frac{361}{324}}$ **k)** $\sqrt{-\frac{4}{256}}$ **m)** $\sqrt{\frac{400}{441}}$
b) $\sqrt{\frac{1}{9}}$ **d)** $\sqrt{\frac{81}{225}}$ **f)** $\sqrt{\frac{25}{144}}$ **h)** $\sqrt{\frac{49}{225}}$ **j)** $\sqrt{\frac{36}{289}}$ **l)** $\sqrt{\frac{324}{121}}$ **n)** $\sqrt{\frac{484}{64}}$

5. Nimm Stellung zu den Behauptungen rechts.

6. **a)** $\sqrt{0{,}25}$ **e)** $\sqrt{2{,}56}$ **i)** $\sqrt{0{,}0049}$
b) $\sqrt{0{,}16}$ **f)** $\sqrt{6{,}25}$ **j)** $\sqrt{0{,}0004}$
c) $\sqrt{0{,}01}$ **g)** $\sqrt{-3{,}24}$ **k)** $\sqrt{0{,}0576}$
d) $\sqrt{0{,}09}$ **h)** $\sqrt{0{,}0225}$ **l)** $\sqrt{0{,}0289}$

7. Berechne. Was fällt dir auf?
a) $\sqrt{144}$; $\sqrt{14\,400}$; $\sqrt{1{,}44}$; $\sqrt{0{,}0144}$
b) $\sqrt{324}$; $\sqrt{3{,}24}$; $\sqrt{32\,400}$; $\sqrt{0{,}0324}$

8. **a)** (1) x^2 → $\sqrt{x}$

9		
15		
11		
0		
−1		

(2) $\sqrt{x}$ → x^2

144		
400		
900		
324		
256		

b) Was fällt dir auf?

9. Bestimme die Seitenlänge eines Quadrates mit dem Flächeninhalt 256 m².

10. **a)** Welche Wurzel ist größer: $\sqrt{25}$ oder $\sqrt{36}$?
b) Begründe an der Figur rechts:
(1) Wenn a größer wird, wird $\sqrt{a}$ auch größer.
Wenn a kleiner wird, wird $\sqrt{a}$ auch kleiner.
(2) Wenn $\sqrt{a}$ größer wird, wird a auch größer.
Wenn $\sqrt{a}$ kleiner wird, wird a auch kleiner.

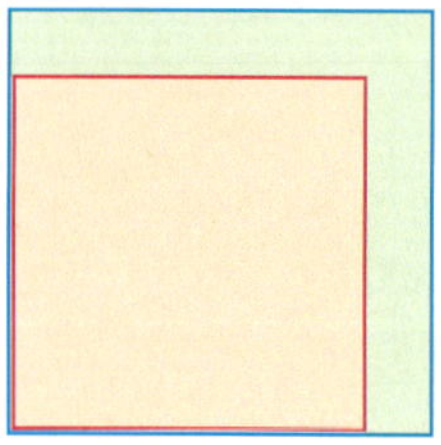

11. Kontrolliere die Hausaufgaben.

a) $\sqrt{256} = 16$ b) $\sqrt{-1024} = 32$ c) $\sqrt{1024} = 32$ d) $\sqrt{1000} = 33{,}4$ e) $\sqrt{0{,}04} = -0{,}2$

2.12.2 Näherungsweises Bestimmen von Quadratwurzeln

Aufgabe 1

Ein quadratisches Zimmer ist 40 m^2 groß. Bestimme seine Länge bzw. Breite durch Probieren.

a

Lösung

Wir suchen die Zahl $a = \sqrt{40}$, es muss also gelten:
$a \cdot a = 40$
Durch Probieren finden wir:
Die gesuchte Länge a muss zwischen 6 m und 7 m liegen,
denn $6^2 = 36 < 40$ und $7^2 = 49 > 40$.
Wir probieren es nun mit den Maßzahlen 6,1; 6,2 usw.
$6{,}1^2 = 37{,}21$; $6{,}2^2 = 38{,}44$; $6{,}3^2 = 39{,}69$; $6{,}4^2 = 40{,}96$.
Also liegt die gesuchte Seitenlänge zwischen 6,3 m und 6,4 m.
Dies notieren wir in einer Tabelle und rechnen eine weitere Stelle aus.

Anzahl der Stellen nach dem Komma	untere Näherungszahl	hoch 2		Probe		hoch 2	obere Näherungszahl
0	6	36	<	40	<	49	7
1	6,3	39,69	<	40	<	40,96	6,4
2	6,32	39,924	<	40	<	40,0689	6,33

Die untere Näherungszahl wählen wir so groß wie möglich, die obere so klein wie möglich.

Ergebnis: Die Seitenlänge des Zimmers liegt zwischen 6,32 m und 6,33 m.

Übungsaufgaben

2. Zeichne ein Quadrat mit der Seitenlänge 1 dm. Zeichne ein Quadrat mit einem doppelt so großen Flächeninhalt 2 dm^2 (siehe rechts).
Miss die Seitenlänge des neuen Quadrates. Versuche, diese Seitenlänge noch genauer anzugeben.

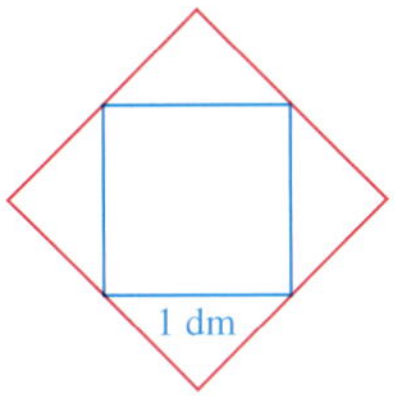

3. Bestimme im Kopf, zwischen welchen natürlichen Zahlen die Quadratwurzel liegt.

a) $\sqrt{10}$ **c)** $\sqrt{60}$ **e)** $\sqrt{102}$ **g)** $\sqrt{143}$
b) $\sqrt{40}$ **d)** $\sqrt{200}$ **f)** $\sqrt{29}$ **h)** $\sqrt{390}$

$4 < \sqrt{20} < 5$

4. Bestimme wie im Beispiel rechts *ohne* Benutzung der Wurzeltaste die Quadratwurzel auf eine Stelle nach dem Komma.

a) $\sqrt{20}$ **b)** $\sqrt{60}$ **c)** $\sqrt{70}$ **d)** $\sqrt{80}$ **e)** $\sqrt{110}$

$6 < \sqrt{40} < 7$
$6{,}1^2 = 37{,}21$; $6{,}2^2 = 38{,}44$;
$6{,}3^2 = 39{,}69$; $6{,}4^2 = 40{,}96$,
also $\sqrt{40} = 6{,}3\ldots$

5. Bei Taschenrechnern verschiedenen Typs gibt es unterschiedliche Tastenfolge zum Wurzelziehen. Probiere mit deinem Taschenrechner, wie du Quadratwurzeln ermitteln kannst. Kontrolliere deine Ergebnisse durch Quadrieren.

6. Bestimme mit der Wurzeltaste die Quadratwurzeln. Runde auf drei Stellen nach dem Komma.
$\sqrt{53}$; $\sqrt{105}$; $\sqrt{363}$; $\sqrt{66{,}4}$; $\sqrt{5{,}396}$; $\sqrt{\frac{56}{13}}$; $\sqrt{82\frac{4}{7}}$; $\sqrt{\frac{6-\frac{1}{3}}{5}}$

7. Bestimme mithilfe des Taschenrechners $\sqrt{2\,000}$. Begründe, warum der angezeigte Wert nicht der exakte Wert sein kann.

Im Blickpunkt

Im Blickpunkt

Wie genau kann man Quadratwurzeln bestimmen?

1. Alex hat einen Taschenrechner als Werbegeschenk erhalten. Er möchte damit die angegebenen Quadratwurzeln bestimmen:

(1) $\sqrt{576}$ (2) $\sqrt{4,84}$ (3) $\sqrt{2}$

a) Mit welchem Verfahren kann Alex die Quadratwurzeln mit seinem Taschenrechner bestimmen?

Beachte: Dieser Rechner hat keine $\sqrt{}$ Taste. In der Anzeige erscheinen nur 5 Stellen.

b) Führe das Verfahren aus Teilaufgabe a) mit deinem Rechner durch.

c) Kann Alex die Quadratwurzeln genau angeben? Kann das dein Taschenrechner?

2. Mithilfe geeigneter Software kann man am PC einen Taschenrechner erhalten, der mit mehr als 40 Stellen arbeitet.

a) Finde heraus, was hier gerechnet wurde.

b) Was bedeutet das für $\sqrt{2}$? Vergleiche mit deiner Antwort zu Teilaufgabe 1c).

3. Alex Freundin Nicole hat ein Taschenrechner-Programm auf ihrem PC. Die abgebildeten Darstellungen haben Nicole und Alex zusammen erstellt.

a) Beschreibe das angewandte Verfahren. Sieh dir dazu die Bilder (1) und (2) an.

b) Was bedeutet das für $\sqrt{2}$? Beachte auch die Bilder (3) und (4).

(1)

(2)

(3)

(4)

Ausblick auf die irrationalen Zahlen

Wir wissen, dass wir $\sqrt{2}$ beliebig genau durch einen Dezimalbruch darstellen können:

$\sqrt{2} = 1{,}414213452\ldots$

Die Dezimalbruchdarstellung der Zahl $\sqrt{2}$ endet nie und ist auch nicht periodisch.

Solche Zahlen nennt der Mathematiker *irrationale Zahlen.*

Beispiele für irrationale Zahlen: $\sqrt{2}$, $\sqrt{3}$, $\sqrt{5}$, $\sqrt{6}$.

4. Beschreibe die Quadratwurzeln mit den Begriffen „endlich“ und „periodisch“.

(1) $\sqrt{1024}$ (2) $\sqrt{\frac{1}{9}}$ (3) $\sqrt{3}$

(4) $\sqrt{51{,}1225}$ (5) $\sqrt{\frac{1}{2}}$ (6) $\sqrt{1{,}6}$

Bist du fit?

1. **a)** $3 \cdot (-8)$; $(-4) \cdot (-15)$ **b)** $(-49) : 7$; $(-49) : (-7)$ **c)** $(-48) : (-8)$; $12 : (-4)$ **d)** $0 \cdot (-7)$; $(-1) \cdot (-8)$ **e)** $(-8)^3$; $(-5)^2$

2. **a)** $(-\frac{1}{3}) \cdot (-\frac{1}{4})$ **b)** $\frac{8}{7} \cdot (-\frac{14}{32})$ **c)** $(-\frac{8}{7}) : (+\frac{2}{7})$ **d)** $1 : (-\frac{4}{7})$ **e)** $(-\frac{8}{9}) : (-4)$

3. **a)** $4 \cdot (-2{,}5)$; $(-6) \cdot 1{,}5$; $0 \cdot (-15)$ **b)** $3{,}2 : (-0{,}8)$; $(-4{,}8) : 1{,}2$; $0 : (-1{,}5)$ **c)** $(-1{,}2) \cdot (-0{,}3)$; $(-1{,}8) \cdot 0{,}5$; $(-3{,}5) \cdot 0{,}4$ **d)** $(-6{,}25) : 2{,}5$; $(-2{,}25) : (-0{,}15)$; $(-1{,}69) : 0{,}13$

4. Beantworte die Frage; notiere dazu eine Aufgabe mit negativen Zahlen.

a) Von Frau Davids Konto werden monatlich 29 € für Strom abgebucht. Wie viel wird in einem Jahr abgebucht?

b) Nachdem die Temperatur in der Nacht um 7,1 Grad gefallen war, stieg sie tagsüber wieder um 4,9 Grad an. Wie hoch ist die Temperaturänderung insgesamt?

c) In den letzten fünf Stunden ist der Wasserstand um 1,5 dm gesunken. Um wie viel ist er durchschnittlich pro Stunde gesunken?

5. **a)** $[(-3{,}5) + 6{,}8] \cdot (-4)$ **b)** $2{,}1 \cdot (-5) - 0{,}8 \cdot (-6)$ **c)** $[(-2{,}5) + (-6{,}3)] : (-4)$ **d)** $[(-1{,}4) : 0{,}7] \cdot [6 - (-2{,}9)]$

e) $\frac{4}{5} \cdot (-\frac{2}{3}) + (-\frac{3}{10}) \cdot (-\frac{5}{6})$ **f)** $(-\frac{4}{5}) + \frac{1}{2} \cdot (-3)$ **g)** $[(-8) - (-5)]^2$ **h)** $(-10)^3 - (-5)^2$

i) $\frac{-\frac{7}{10}}{-\frac{3}{5}}$ **j)** $\frac{(-12) + (-37)}{-7}$ **k)** $\frac{6 \cdot (-23)}{(-13) - (-15)}$ **l)** $\frac{[(-6) - (-8)]^2}{(-2)^3}$

6. Rechne vorteilhaft.

a) $(-2{,}5) \cdot (-0{,}33) \cdot 8$ **b)** $(-6) \cdot [\frac{1}{6} + (-\frac{1}{2})]$ **c)** $1{,}25 \cdot (-3{,}7) + 1{,}25 \cdot (-6{,}3)$ **d)** $[(-1{,}1) + 55] : 11$ **e)** $(-0{,}35) : 7 + (-13{,}65) : 7$ **f)** $21\frac{7}{10} : (-7)$

7. Schreibe als Term und berechne ihn.

a) Multipliziere die Summe aus -2 und $\frac{1}{5}$ mit der Differenz aus -1 und $\frac{1}{4}$.

b) Dividiere die Potenz aus der Basis -3 und dem Exponenten 4 durch -9.

8. Entscheide, ob die Aussage wahr oder falsch ist.

a) Ist das Reziproke einer Zahl kleiner als 1, so ist die Zahl größer als 1.

b) Ist der Wert eines Quotienten null, so muss der Divisor null sein.

9. Berechne im Kopf: **a)** $\sqrt{196}$ **b)** $\sqrt{0{,}01}$ **c)** $\sqrt{\frac{64}{144}}$ **d)** $\sqrt{40\,000}$ **e)** $\sqrt{6{,}25}$

10. Bestimme im Kopf, zwischen welchen natürlichen Zahlen die Quadratwurzel liegt.

a) $\sqrt{15}$ **b)** $\sqrt{150}$ **c)** $\sqrt{200}$ **d)** $\sqrt{325}$ **e)** $\sqrt{1\,000}$

11. Bestimme mithilfe des Taschenrechners. Runde auf 4 Stellen nach dem Komma.

a) $\sqrt{90}$ **b)** $\sqrt{4{,}875}$ **c)** $\sqrt{\frac{17}{3}}$

3. LÖSEN VON GLEICHUNGEN

Im Rechenbüchlein des Adam Riese von 1525 findet sich folgende Aufgabe:

**Item einer spricht:
Gott grüß euch Gesellen alle
dreißig. Antwortet einer:
Wann unser noch so viel
und halb so viel weren,
wo weren unser dreißig.
Die Frag, wieviel ihr gewesen.**

- Versuche, den Text zu lesen und zu verstehen.
- Die Aufgabe lässt sich auch ohne viele Rechenregeln durch Überlegen lösen.
  Dabei kann es eine Hilfe sein, wenn du die gesuchte Zahl mit x bezeichnest.
  Kannst du herausfinden, welches die gesuchte Zahl ist?

Aus dem Rätsel von Adam Riese kann man eine Gleichung mit einer Variablen erstellen.
In diesem Kapitel wirst du lernen, wie man solche Gleichungen systematisch lösen kann.

3.1 Aufstellen von Termen

Einführung

Lisas Eltern haben den Garten neu angelegt. Dabei sind 7 m Palisadenzaun übrig geblieben, mit denen Lisa ein eigenes Beet in einer Ecke des Gartens eingrenzen darf. Zwei Seiten grenzen an Hauswände. Länge und Breite des Beetes müssen dann zusammen die Zaunlänge ergeben. Wir wollen eine *Formel* aufstellen, mit der man aus der Länge des Beetes den Flächeninhalt des Beetes berechnen kann.
Mit den folgenden Fragen kann man die Formel leichter finden.

(1) Wie sehen Beispiele für die Berechnung aus?

Möchte Lisa ein 4 m langes Beet anlegen, so ist es 7 m – 4 m, also 3 m breit. Der Flächeninhalt ist dann 4 m · 3 m = 12 m^2 groß. Beide Überlegungen kann man in einer einzigen Rechnung aufschreiben:

4 m · (7 m – 4 m) = 4 m · 3 m = 12 m^2

Soll das Beet 5 m lang sein, ist es 7 m – 5 m, also 2 m breit. Der Flächeninhalt ist in diesem Fall:
5 m · (7 m – 5 m) = 5 m · 2 m = 10 m^2

(2) Was ändert sich, was nicht? – Ausgangsgröße und Zielgröße

Es ändert sich jeweils die Länge des Beetes (4 m bzw. 5 m) als *Ausgangsgröße*, aus der sich der jeweilige Flächeninhalt (12 m^2 bzw. 10 m^2) als *Zielgröße* berechnen lässt. Die Gesamtlänge des Palisadenzauns von 7 m ändert sich dabei nicht.

(3) Wie kann man die Berechnung mit Variablen ausdrücken?

Wählt man für die Länge des Beetes (in m) als Ausgangsgröße die Variable x, so beträgt die Breite (in m) genau 7 – x. Man kann folglich den Flächeninhalt A des Beetes (in m^2) als Zielgröße mit der folgenden **Formel** berechnen:

$A = x \cdot (7 - x)$

In dieser Formel haben wir nur die Maßzahlen der Größen verwendet, damit sie übersichtlich bleibt. Gleichzeitig vermeidet man mögliche Missverständnisse, ob m eine Variable oder eine Maßeinheit ist.
Auf diese Weise können wir schnell für andere mögliche Breiten die Größe des Beetes berechnen. Wählt Lisa z.B. 2,40 m für die Breite, so erhält sie für den Flächeninhalt (in m^2):

A = (5 – 2,40) · 2,40 = 6,24

Probiere mit dem Taschenrechner, ob es ein größeres Beet gibt als das, das 2,50 m breit ist.

Information

terminare ⟨lat.⟩
bestimmen, festsetzen

Terme mit einer Variablen

Die Formel für den Flächeninhalt von Lisas Beet enthält auf der rechten Seite die Rechenvorschrift x · (7 – x).
Setzt man in der Rechenvorschrift x · (7 – x) für die Variable x die Zahl 1 ein, so erhält man einen Term, den man berechnen kann.

x · (7 – x)
↓ ↓
1 · (7 – 1)
= 1 · 6
= 6

Setzt man für die Variable an einer Stelle eine Zahl ein, so muss man diese Zahl auch an jeder anderen Stelle einsetzen.

Du weißt schon: Ein *Term* mit rationalen Zahlen enthält eine „Rechenvorschrift auf einen Blick“, die mithilfe der Vorrangregeln die Reihenfolge der Berechnungsschritte angibt.
Auch einen Ausdruck mit einer Variablen nennen wir **Term**: Setzt man für die Variable eine Zahl ein, so erhält man eine rationale Zahl, den **Wert** dieses Terms bei dieser Einsetzung.

Beispiel: *Term:* $5 \cdot x + 7 \cdot x^2$

Einsetzung für x: -3 $\quad 5 \cdot (-3) + 7 \cdot (-3)^2$
$= -15 + 7 \cdot 9$
$= -15 + 63$
$= 48$

Zahlklammern nicht vergessen, damit nicht 2 Zeichen nacheinander stehen.

Folgendes Vorgehen zum Aufstellen von Termen ist günstig:

Schritte zum Aufstellen eines Terms

1. Schritt: Wie sehen Beispiele für die Berechnung aus?
2. Schritt: Was ändert sich, was nicht?
3. Schritt: Wie kann man die Berechnung mit Variablen ausdrücken?

Übungsaufgaben

Tetraeder, das ⟨griech.⟩ Vierflächner, dreiseitige Pyramide

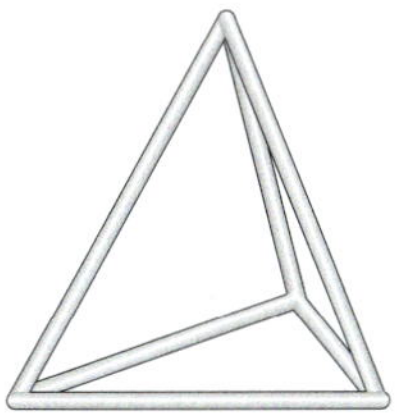

1. Eine Klasse stellt in einem Projekt mit dem Kunstlehrer und der Mathematiklehrerin ein Mobile mit Würfeln und Tetraedern aus Silberdraht her. Die Körper werden dafür in verschiedenen Größen benötigt.

a) Wie viel Silberdraht benötigt man für einen Würfel [ein Tetraeder] mit der Kantenlänge 3 cm, 5 cm, 7 cm?

b) Erstelle eine Formel, mit der man aus der Kantenlänge den Drahtbedarf für einen Würfel [ein Tetraeder] berechnen kann.

2. **a)** Stelle in einer Tabelle die Preise für 1 kg; 1,5 kg; 2 kg; $2\frac{1}{2}$ kg; 3 kg; 5 kg Äpfel, Birnen, Trauben zusammen.

b) Erstelle eine Formel, mit der man aus der Menge der gekauften Äpfel [Birnen; Trauben] den Preis in Euro berechnen kann.

3. Frau Müller hat einen Vertrag für Strom nach dem Tarif ECO-CURRENT abgeschlossen.

a) Im Mai hat Frau Müller 200 kWh Strom verbraucht, im Juni 230 kWh.
Wie hoch ist ihre Stromrechnung in den beiden Monaten?

b) Erstelle eine Formel, mit der sie die monatlichen Stromkosten (in €) aus dem Verbrauch (in kWh) berechnen kann.

c) Berechne damit die Stromkosten für einen monatlichen Verbrauch von 67 kWh; 87 kWh; 139 kWh; 351 kWh.

kWh, Abkürzung für die Einheit Kilowattstunde. Brennt z.B. eine 100-W-Glühlampe 10 Stunden, so wird dafür eine elektrische Energie von 1 kWh benötigt.

4. Setze die für die Variable angegebenen Zahlen in den Term ein und berechne jeweils den Wert. Fülle die Tabelle im Heft aus.

a)

x	$x \cdot (-4)$
5	
1	
0	
– 3	
0,5	
$\frac{1}{8}$	

b)

a	$(a + 4) \cdot 2$
3	
0	
– 1	
– 4	
0,6	
$\frac{1}{4}$	

c)

b	$\frac{10}{b}$
5	
2	
– 1	
– 10	
0,2	
$\frac{1}{2}$	

5. Korrigiere die Fehler beim Einsetzen. Berechne dann auch jeweils den Wert des Terms.

Term: $3 \cdot x + 4$	Term: $b^2 - 3$	Term: $x^2 + 5 - 7 \cdot x$
-2 eingesetzt:	-4 eingesetzt:	-3 eingesetzt:
$3 \cdot -2 + 4$	$-4^2 - 3$	$(-3)^2 + 5 - 7 \cdot x$

6. Setze jede der Zahlen 1; 15; 0,5; 0; – 1; – 2; $\frac{3}{2}$; $-\frac{1}{5}$ für die Variable ein und berechne jeweils den Wert des Terms.

a) $x + 8$ **c)** $5 \cdot a$ **e)** $100 - 8 \cdot t$ **g)** $5 \cdot x^2 - x$

b) $32 - y$ **d)** $180 : x$ **f)** $s \cdot (s + 3)$ **h)** $5 \cdot (z^2 - z)$

x	x + 8	32 – y
1	9	
15		

7. Setze jede der Zahlen 1; 15; 0,5; – 2; $\frac{3}{2}$; $-\frac{1}{5}$ für x ein und berechne jeweils den Wert des Terms.

(1) $(-2) \cdot [x - (7 - x)]$ (3) $(-2) \cdot [x - 7 - x]$

(2) $(-2) \cdot x - (7 - x)$ (4) $(-2) \cdot x - 7 - x$

Betrag:
Abstand einer Zahl von 0.
$|+1{,}5| = 1{,}5$
$|-2{,}1| = 2{,}1$
$|0| = 0$

8. Setze für die Variable nacheinander die Zahlen 3; 0; – 1; – 2; – 0,5; $-\frac{1}{4}$ ein. Berechne dann jeweils den Wert des Terms.

a) $x^2 - 4$ **c)** $4 \cdot (t - 1)^2$ **e)** $(4 \cdot x)^2 - 1$ **g)** $4 \cdot s^2 - 1$ **i)** $|x - 1|$

b) $(z - 4)^2$ **d)** $(4 \cdot t - 1)^2$ **f)** $(4 - d)^2$ **h)** $4 \cdot y \cdot (-1)^2$ **j)** $|x| - 1$

9. Fülle die Tabelle aus.

a)

x	$-15 - x$
	– 27
	8
	– 15
	1,5
	$\frac{2}{3}$

b)

y	$(-3) \cdot y$
	– 32
	1,6
	– 1
	0,1
	$-\frac{1}{2}$

c)

f	$f : (-12)$
	– 1
	12
	– 0,2
	– 7,25
	$-\frac{6}{5}$

10. Schreibe einen Term für folgende Rechenvorschrift.

a) Eine Zahl a wird verdoppelt.

b) Eine Zahl b wird halbiert.

c) Eine Zahl c wird gedrittelt.

d) Eine Zahl y wird um 9 vermehrt.

e) Der Betrag einer Zahl e wird um 7 vermindert.

f) Das Dreifache einer Zahl f wird um 5 vermehrt.

g) Ein Viertel einer Zahl u wird um 3 vermindert.

h) Das Doppelte einer Zahl z wird verdreifacht.

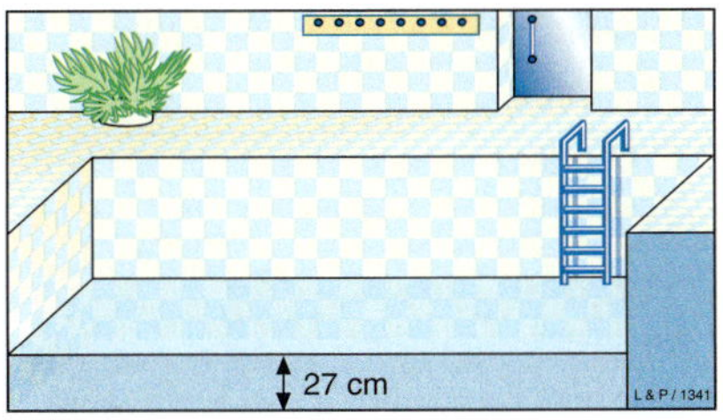

11. Ein Schwimmbecken wird mit Wasser gefüllt. In einer Stunde steigt das Wasser um 12 cm. Zu Beginn steht das Wasser 27 cm hoch.

a) Wie hoch steht das Wasser nach 5 Stunden; 7 Stunden; 15 Stunden?

b) Stelle einen Term auf, mit welchem der Wasserstand nach t Stunden berechnet werden kann.
Berechne mithilfe des Terms den Wasserstand nach $2\frac{1}{2}$ Stunden; $9\frac{1}{4}$ Stunden; $3\frac{1}{4}$ Stunden; $5\frac{1}{2}$ Stunden.

12. Eine Kerze ist 20 cm hoch. In 1 Minute brennt sie 0,1 cm ab.

a) Wie hoch ist sie nach 10 Minuten; 35 Minuten; 60 Minuten?

b) Stelle einen Term auf, mit dem man die Höhe der Kerze nach t Minuten berechnen kann. Berechne damit die Höhe nach 7,5 Minuten; 21,5 Minuten; 120 Minuten.

13. Nach einer Operation wird einem Patienten aus einem Behälter langsam eine Infusionslösung in eine Ader des Arms geleitet.
Der Behälter enthält 1 000 ml. Pro Stunde sollen 150 ml aus dem Behälter fließen. Das lässt sich einstellen.

a) Wie viel ml sind nach 4 Stunden [6,5 Stunden] noch in dem Behälter?

b) Stelle einen Term auf, mit dem man das Volumen der Flüssigkeit in dem Behälter nach t Stunden berechnen kann.

c) Berechne mithilfe des Terms das Volumen der Flüssigkeit nach $2\frac{1}{2}$ Stunden; $3\frac{1}{4}$ Stunden.

14. Betrachte die Folge von Figuren. Jede einzelne ist aus Punkten zusammengesetzt.
(1) Erstelle eine Wertetabelle für die Anzahl der Punkte.
(2) Die Anzahl der Punkte in der n-ten Figur kann durch einen Term beschrieben werden. Gib einen möglichen Term an.

Nummer der Figur	Anzahl der Punkte in der Figur
1	
2	

a)

b)

c)

d)

e)

3.2 Bestimmen der Lösungsmenge durch Probieren und Rückwärtsrechnen

Aufgabe 1

Tanja stellt der Klasse ein Zahlenrätsel.
Wie heißt die gesuchte Zahl?

Lösung

(1) Aufstellen einer Gleichung für die gesuchte Zahl

Ich denke mir eine Zahl: x
Einerseits multipliziere ich sie mit sich selbst: x^2
Andererseits multipliziere ich die gesuchte Zahl mit 3: $3 \cdot x$
… und addiere dazu die Zahl 4: $3 \cdot x + 4$
Also erhalte ich die Gleichung: $x^2 = 3 \cdot x + 4$

Da Tanja sich eine ganze Zahl gedacht hat, dürfen nur positive und negative ganze Zahlen sowie die Zahl 0 eingesetzt werden.

Die Menge aller Zahlen, die wir in eine Gleichung einsetzen dürfen, nennen wir auch die *Grundmenge* der Gleichung.

(2) Bestimmen der Lösungen der Gleichung durch systematisches Probieren mit einer Tabelle

Einsetzung für x	x^2	$3 \cdot x + 4$	$x^2 = 3 \cdot x + 4$	*Gleichung ist eine*
0	0	4	0 = 4	falsche Aussage
1	1	7	1 = 7	falsche Aussage
2	4	10	4 = 10	falsche Aussage
3	9	13	9 = 13	falsche Aussage
4	16	16	16 = 16	wahre Aussage
5	25	19	25 = 19	falsche Aussage
6	36	22	36 = 22	falsche Aussage
– 1	1	1	1 = 1	wahre Aussage
– 2	4	– 2	4 = – 2	falsche Aussage
– 3	9	– 5	9 = – 5	falsche Aussage

Setzt man weitere positive Zahlen ein, so kann keine wahre Aussage entstehen, da die linke Seite der Gleichung schneller wächst als die rechte Seite.

Setzt man weitere negative Zahlen ein, so kann keine wahre Aussage entstehen, da die linke Seite der Gleichung positiv und die rechte Seite negativ ist.

Die Zahlen 4 und –1 sind Lösungen der Gleichung $x^2 = 3 \cdot x + 4$.

(3) Ergebnis

Tanja hat sich die Zahl 4 oder die Zahl –1 gedacht. Welche dieser beiden Zahlen sich Tanja gedacht hat, lässt sich aus dem Zahlenrätsel nicht entnehmen.

Information

(1) Durchführen einer Probe

Das Überprüfen, ob eine Zahl Lösung einer Gleichung ist, nennt man eine **Probe**. Dabei setzt man die Zahl in die Gleichung ein. Dann rechnet man die linke und die rechte Seite der Gleichung getrennt aus und entscheidet, ob eine wahre oder falsche Aussage vorliegt.
Rechts siehst du die Probe, ob 4 eine Lösung der Gleichung $x^2 = 3 \cdot x + 4$ ist.

Probe, ob 4 eine Lösung der Gleichung $x^2 = 3 \cdot x + 4$ ist:

$4^2 = 3 \cdot 4 + 4$ (w?)	
L.S.: 4^2 $= 16$	R.S.: $3 \cdot 4 + 4$ $= 16$

4 ist eine Lösung der Gleichung, denn $4^2 = 3 \cdot 4 + 4$ ist wahr.

(2) Lösungsmenge einer Gleichung

In der Einführung oben haben wir festgestellt, dass genau die Zahlen 4 und –1 Lösungen der Gleichung $x^2 = 3 \cdot x + 4$ sind. Häufig fasst man diese Zahlen zu der Menge {4; –1} zusammen. Diese Menge heißt dann die *Lösungsmenge* der Gleichung $x^2 = 3 \cdot x + 4$.
Man erhält die Lösungsmenge einer Gleichung, indem man alle Lösungen der Gleichung zu einer Menge zusammenfasst.

Aufgabe 2

Julia hat sich ein anderes Zahlenrätsel ausgedacht.

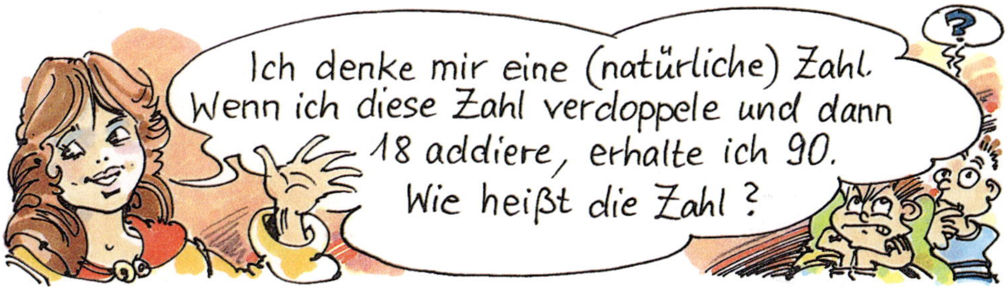

Lösung

(1) *Aufstellen einer Bedingung für die gesuchte Zahl*

Ich denke mir eine Zahl: x
Ich verdoppele die Zahl: $x \cdot 2$
Dazu addiere ich 18: $x \cdot 2 + 18$
Ich erhalte: 90

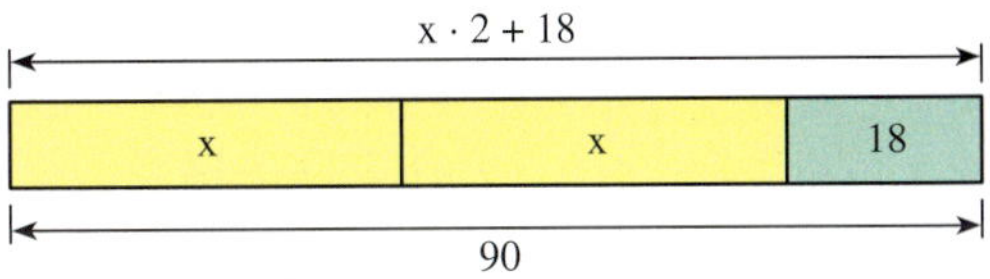

Also erhalte ich die Gleichung:
$x \cdot 2 + 18 = 90$

(2) *Bestimmen der gesuchten Zahl durch Rückwärtsrechnen*

$x \xrightarrow{\cdot 2} \square \xrightarrow{+18} 90$

$36 \xleftarrow{:2} \boxed{72} \xleftarrow{-18} 90$

(3) *Ergebnis:* Tanja hat sich die Zahl 36 gedacht.

Weiterführende Aufgabe

3. *Gleichungen mit Beträgen oder der Variable im Nenner*

Finde die Lösungsmenge.

a) $|x| = 7$ **b)** $|a - 4| = 12$ **c)** $\frac{1}{z} = 4$ **d)** $\frac{4}{t} + 3 = 5$

Information

Eine Zahl ist **Lösung** einer Gleichung, wenn die Zahl die Gleichung erfüllt, d. h. wenn nach dem Einsetzen der Zahl für die Variable eine wahre Aussage entsteht.
Alle Lösungen einer Gleichung zusammengefasst ergeben deren **Lösungsmenge**.

Beispiel:
Die Zahl 4 ist Lösung der Gleichung $x^2 = 2 \cdot x + 8$, denn $4^2 = 2 \cdot 4 + 8$ ist eine wahre Aussage.
Auch die Zahl (– 2) ist Lösung dieser Gleichung, denn $(-2)^2 = 2 \cdot (-2) + 8$ ist ebenfalls eine wahre Aussage.
Da es keine weiteren Lösungen dieser Gleichung gibt, ist die Lösungsmenge $L = \{-2; 4\}$.

Übungsaufgaben

4. Für welche Zahlen trifft der Steckbrief rechts zu?

WANTED
Gesucht sind alle ganzen Zahlen, deren Produkt mit sich selbst um 10 größer ist als ihr Dreifaches.

5. Löse das Zahlenrätsel durch Aufstellen einer Gleichung und Probieren mit einer Tabelle.

a) Wenn ich die Zahl quadriere, erhalte ich dasselbe, wie wenn ich die Zahl versechsfache und dann 5 subtrahiere.

b) Wenn ich die Zahl verfünffache, erhalte ich dasselbe, wie wenn ich sie quadriere.

c) Addiere ich zu dem Quadrat der Zahl das Elffache der Zahl, so erhalte ich –24.

! Eine Menge kann auch nur ein Element enthalten.

6. Stelle durch eine Probe fest, ob die angegebene Zahl eine Lösung ist.

a) 6; $x^2 = 5 \cdot x + 6$ **b)** –1; $x^2 = x$ **c)** 0; $a^2 = 6 - 6 \cdot a$ **d)** –1,5; $t^2 = 3 + 0{,}5 \cdot t$

7. Finde durch systematisches Probieren ganze Zahlen, die Lösungen sind.

a) $3 \cdot x - 10 = -x^2$ **c)** $b^2 + 3 \cdot b = 0$ **e)** $|z - 6| = |z|$ **g)** $\frac{10}{a} + 7 = 12$

b) $z^2 = 4 \cdot z - 4$ **d)** $a^2 - 5 \cdot a = 0$ **f)** $|s + 3| - 4 = s$ **h)** $\frac{1}{c} + 2 = 1{,}5$

8. Löse durch Rückwärtsrechnen. Führe auch die Probe durch.

a) $5 \cdot x + 14 = 69$ **b)** $6 \cdot a - 5 = 43$ **c)** $40{,}8 = 1{,}2 \cdot x - 2{,}4$

9. Finde eine Gleichung, die die angegebene Zahl als Lösung hat.

a) 8 **b)** – 5 **c)** $\frac{5}{2}$ **d)** $-\frac{3}{4}$ **e)** 0 **f)** 1,2

10. Welche Gleichungen besitzen dieselbe Lösung?

(1) $8 \cdot x = 56$ (3) $0{,}4 \cdot x = 2{,}8$ (5) $8 \cdot x + 11 = 60 + x$

(2) $4 \cdot x + 11 = 31$ (4) $5 \cdot x = 2{,}5$ (6) $30 = 8 \cdot x - 10$

11. Ein Jüngling will so gerne eine schöne Prinzessin heiraten. Deshalb stellt ihm der König die Aufgabe, der Prinzessin einen goldenen Apfel aus dem verwunschenen Garten zu bringen. Der Jüngling weiß, dass der Garten durch drei Torwächter bewacht wird und dass er dem ersten die Hälfte seiner Äpfel geben muss. Am zweiten Tor muss er $\frac{2}{3}$ der noch übrigen Äpfel und am dritten Tor noch einmal $\frac{3}{4}$ seiner Äpfel abgeben.
Wie viele Äpfel muss der Jüngling pflücken, damit er der Prinzessin einen goldenen Apfel schenken kann?

3.3 Lösen von Gleichungen durch Umformen

3.3.1 Umformungsregeln für Gleichungen

Einführung

Durch eine Probe kann man nur feststellen, ob eine Zahl zur Lösungsmenge gehört. Es ist häufig schwierig, eine solche Zahl zu finden. Außerdem weiß man dann nicht, ob man *alle* Zahlen der Lösungsmenge gefunden hat.

Einfache Gleichungen kann man durch Rückwärtsrechnen lösen. Dieses Verfahren können wir aber nicht anwenden, wenn die Variable mehrfach vorkommt, z. B. bei der Gleichung
$3 \cdot a + 3 = 24 - 5 \cdot a$.

Es ist daher unser Ziel, Verfahren kennen zu lernen, mit denen man die Lösungsmenge einer Gleichung bestimmen kann. Wir wollen uns diese Verfahren zunächst an einfachen Beispielen überlegen.

Beispiel 1

Wenn man eine Zahl x mit 3 multipliziert und dann 4 addiert, erhält man 10. Wie heißt die Zahl?

(1) Aufstellen einer Gleichung für die gesuchte Zahl x

Ich nenne die gesuchte Zahl:	x
Ich multipliziere die Zahl mit 3:	$3 \cdot x$
Ich addiere dann 4:	$3 \cdot x + 4$
Ich erhalte 10:	$3 \cdot x + 4 = 10$

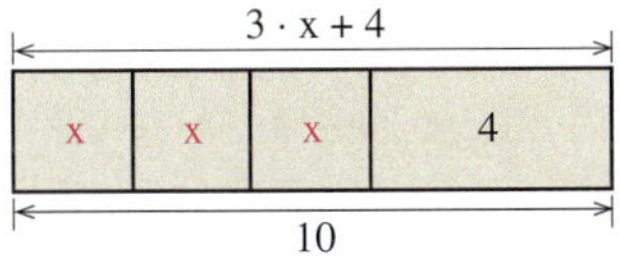

(2) Bestimmen der Lösungsmenge durch Umformen der Gleichung

Den Weg zur Bestimmung der Lösungsmenge können wir uns an einer Waage oder an der Zahlengeraden verdeutlichen.

Waagemodell

Wir denken uns die linke und rechte Seite der Gleichung auf die beiden Seiten einer Balkenwaage verteilt. Die Waage ist im Gleichgewicht. Wir wollen die Masse einer Kugel bestimmen.

Die Waage bleibt im Gleichgewicht, wenn wir auf beiden Seiten 4 Massestücke wegnehmen.

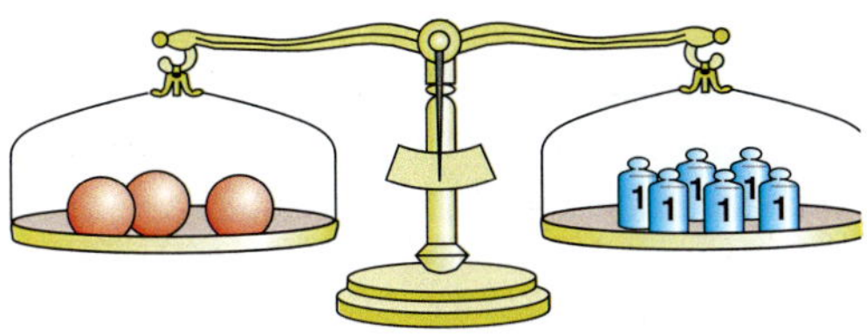

Rückwärtsrechnen an der Zahlengeraden

Das Dreifache der Zahl vermehrt um 4 ergibt 10.

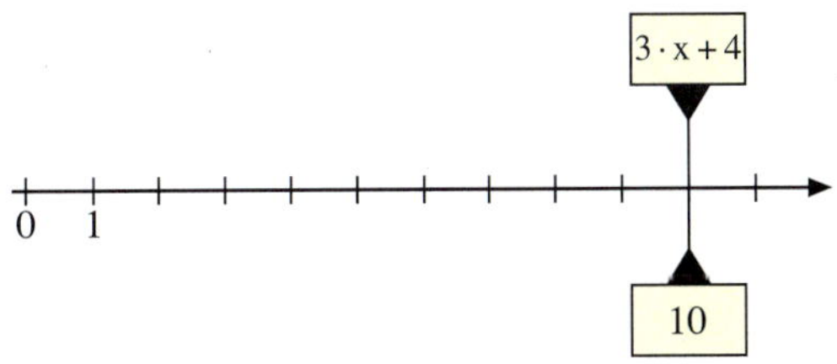

Das Dreifache der Zahl ist also 6.

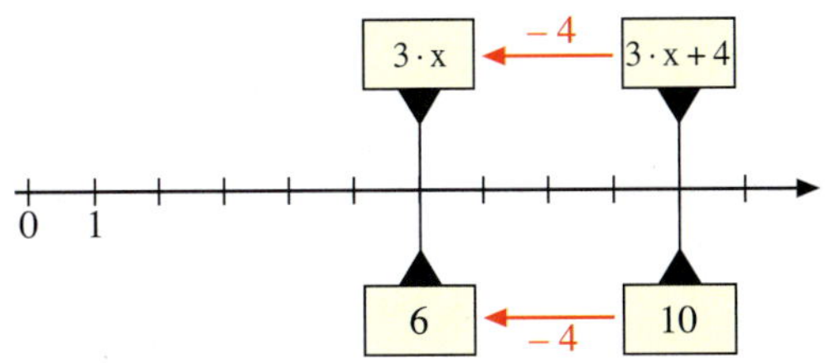

Die Waage bleibt auch im Gleichgewicht, wenn wir auf beiden Seiten den 3. Teil bilden: Links bleiben eine Kugel, rechts zwei Massestücke übrig.

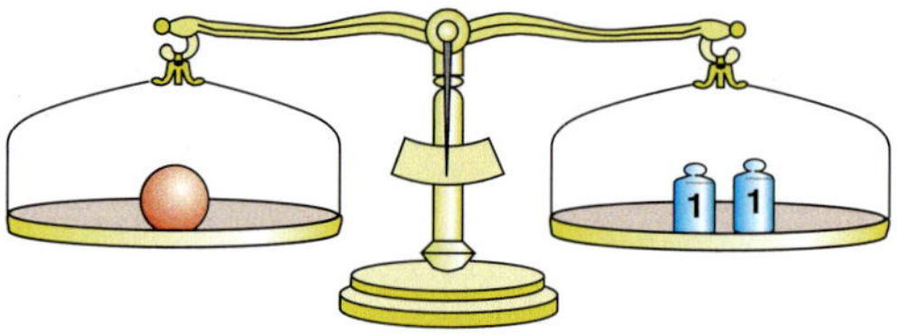

Die gesuchte Zahl ist gleich dem dritten Teil von 6: $x = 2$

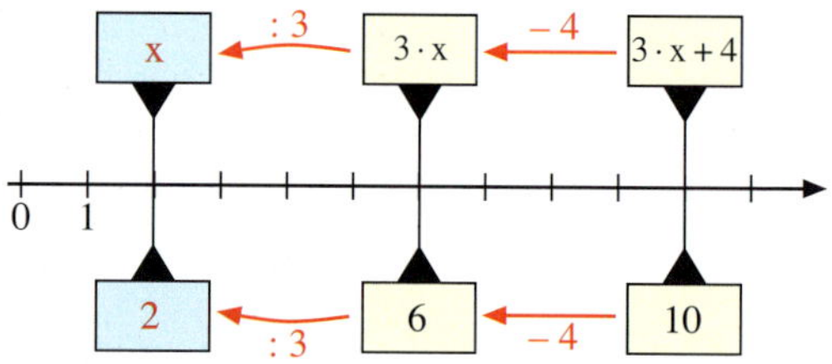

Ergebnis: Die gesuchte Zahl ist 2. Die Lösungsmenge der Gleichung ist $L = \{2\}$.

Beispiel 2

Wenn man eine Zahl x mit 8 multipliziert und dann 3 subtrahiert, erhält man −7. Wie heißt die Zahl?

(1) Aufstellen der Gleichung für die gesuchte Zahl

Bezeichnen wir die gesuchte Zahl mit x, so lautet die Gleichung:
$8 \cdot x - 3 = -7$

(2) Bestimmen der Lösungsmenge durch Umformen der Gleichung

Da hier die negative Zahl −7 auftritt, kann die Waage nicht mehr verwendet werden.
Von der Zahl x wissen wir, dass $8 \cdot x - 3 = -7$ ist. Dann aber muss $8 \cdot x = -4$ sein.
Wenn aber das Achtfache von x gleich −4 ist, dann ist x gleich dem achten Teil von −4.
Es gilt also: $x = -\frac{1}{2}$.

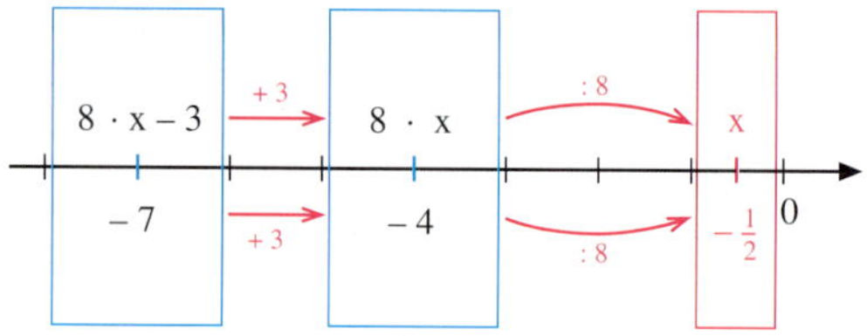

Ergebnis: Die gesuchte Zahl heißt $-\frac{1}{2}$. Die Lösungsmenge der Gleichung ist $L = \{-\frac{1}{2}\}$.

Information

Zueinander äquivalente Gleichungen – Umformungsregeln

Beim Beispiel 1 ergaben sich nacheinander die nebenstehenden Gleichungen.
Alle drei Gleichungen haben dieselbe Lösungsmenge, nämlich {2}.
Kontrolliere das mit einer Probe.

(1) $3 \cdot x + 4 = 10$
(2) $3 \cdot x = 6$
(3) $x = 2$

äquivalent ⟨lat.⟩
gleichwertig

Als Grundmenge der Gleichungen wählen wir im Folgenden stets die Menge $\mathbb{Q}$ der rationalen Zahlen. Gleichungen mit gleicher Lösungsmenge heißen zueinander **äquivalent**.
Die Gleichungen (1), (2) und (3) sind also zueinander äquivalent.

Die Gleichung (2) entsteht aus der Gleichung (1) durch Subtraktion von 4 auf beiden Seiten. Umgekehrt entsteht die Gleichung (1) aus der Gleichung (2) durch Addition von 4 auf beiden Seiten.

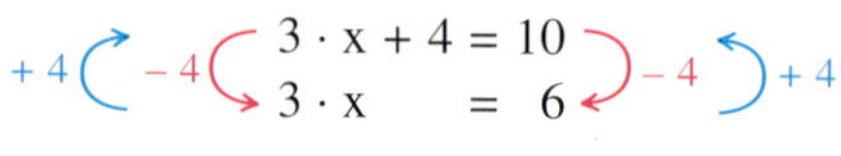

Die Gleichung (3) entsteht aus der Gleichung (2) durch Division mit 3 auf beiden Seiten. Umgekehrt entsteht die Gleichung (2) aus der Gleichung (3) durch Multiplikation mit 3 auf beiden Seiten der Gleichung.

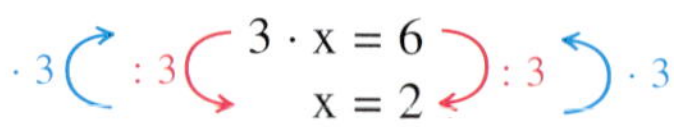

Gleichungen heißen zueinander **äquivalent**, wenn sie dieselbe Lösungsmenge haben. Mithilfe der folgenden Regeln kann man aus einer Gleichung eine dazu äquivalente Gleichung erhalten.

Additions- und Subtraktionsregel

Addiert oder subtrahiert man auf beiden Seiten einer Gleichung dieselbe Zahl, so ändert sich die Lösungsmenge nicht. Die Gleichungen sind zueinander äquivalent.

$$\begin{aligned} x - 9 &= 26 \quad \mid +9 \\ x - 9 + 9 &= 26 + 9 \quad \mid -9 \\ x &= 35 \end{aligned}$$

Multiplikations- und Divisionsregel

Multipliziert (dividiert) man beide Seiten einer Gleichung mit derselben Zahl (durch dieselbe Zahl) ungleich 0, so ändert sich die Lösungsmenge nicht. Die Gleichungen sind zueinander äquivalent.

$$\begin{aligned} 8 \cdot x &= 24 \quad \mid :8 \\ 8 \cdot x : 8 &= 24 : 8 \quad \mid \cdot 8 \\ 1 \cdot x &= 3 \\ x &= 3 \end{aligned}$$

Gleichheitszeichen unter Gleichheitszeichen

Weiterführende Aufgabe

1. *Multiplikation beider Seiten einer Gleichung mit 0 ist nicht immer eine Äquivalenzumformung*

Im Beispiel rechts sind beide Seiten der oberen Gleichung mit 0 multipliziert worden.
Warum sind die beiden Gleichungen nicht äquivalent?

$$\begin{aligned} 2 \cdot x &= 6 \quad \mid \cdot 0 \\ 0 \cdot 2 \cdot x &= 0 \end{aligned}$$

Übungsaufgaben

2. a) Die Masse eines Ziegelsteines soll ermittelt werden. Die Waage rechts ist im Gleichgewicht.
Welche Veränderungen am Inhalt der beiden Waagschalen kannst du vornehmen, sodass die Waage stets im Gleichgewicht bleibt? Gehe schrittweise vor.

b) Du kannst die unbekannte Masse des Ziegelsteines mit einer Variablen, z. B. z bezeichnen. Notiere damit dein obiges Vorgehen mithilfe von Gleichungen.

3. Veranschauliche an der Zahlengeraden oder Waage, falls möglich, wie man die Lösung der Gleichung findet.

a) $4 \cdot x + 3 = 11$ **b)** $3 \cdot x + 6 = 7$ **c)** $2 \cdot x + 5 = -1$ **d)** $5 \cdot x - 2 = 3$ **e)** $4 \cdot x + 7 = 7$

4. Fülle die Lücken aus.

a) $x + 12 = 38$; $x = \square$

b) $x - 3{,}6 = 0$; $x = \square$

c) $x \cdot 15 = 60$; $x = \square$

d) $-\frac{1}{3} \cdot x = 9$; $x = \square$

e) $x : 7 = 5$; $x = \square$

f) $(-5) \cdot x = -20$; $x = \square$

5. Welche Regel wird bei der Umformung angewandt?

a) $x - 18 = 12$; $x = 30$

b) $x + 10 = 7$; $x = -3$

c) $x : 8 = -4$; $x = -32$

d) $5 \cdot x = 45$; $x = 9$

e) $-x = 20$; $x = \square$

6. Maltes Rechnung wurde von einem Mitschüler durchgestrichen.
Welchen Fehler hat Malte gemacht?
Veranschauliche deine Begründung auch an einer Waage.
Korrigiere Maltes Rechnung dann.

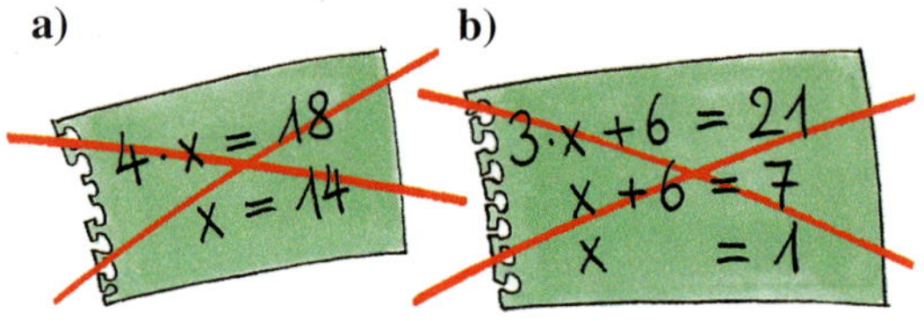

7. Begründe, warum die Gleichungen zueinander äquivalent sind.

a) $4 \cdot x + 9 = 21$; $4x = 12$; $x = 3$

b) $7 \cdot x - 5 = -26$; $7x = -21$; $x = -3$

c) $-20 \cdot x - 10 = 0$; $-20 \cdot x = 10$; $x = -\frac{1}{2}$

d) $10 \cdot x + 8 = 38$; $10 \cdot x = 30$; $x = 3$

8. Multipliziere beide Seiten der Gleichung $5 \cdot x = -15$ **a)** mit $\frac{4}{5}$; **b)** mit −4,2; **c)** mit 0.
Notiere die neue Gleichung. Ist diese zu der ursprünglichen äquivalent? Begründe.

9. Welche der folgenden Gleichungen sind äquivalent zueinander? Begründe.

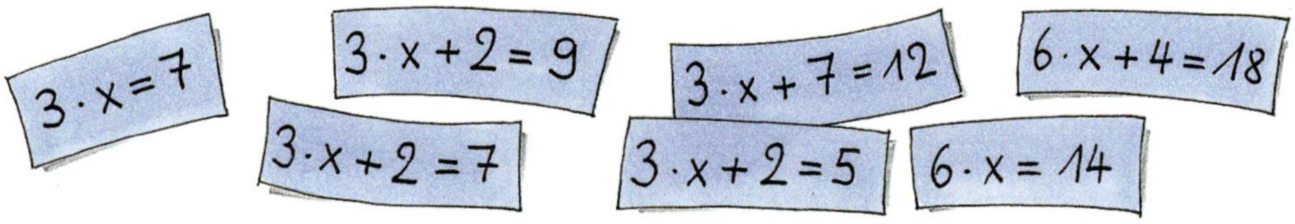

10. Schreibe zu der Gleichung eine äquivalente Gleichung.

a) $8 \cdot x + 10 = 34$ **b)** $6 \cdot x + 9 = 33$ **c)** $11 \cdot y - 8 = 47$ **d)** $4 \cdot y - 3 = -23$ **e)** $20 \cdot x + 40 = 0$ **f)** $11 \cdot y - 55 = 0$ **g)** $6 \cdot z + 1 = -23$ **h)** $9 \cdot t + 80 = -1$

3.3.2 Bestimmen der Lösungsmenge durch Anwenden der Umformungsregeln

Aufgabe 1

Bestimme die Lösungsmenge L. Gib hinter der Gleichung jeweils die Umformung an. Führe auch die Probe durch.

a) $2 \cdot x - 3 = 15$ **b)** $4 \cdot x + 5 = 37$ **c)** $\frac{1}{5} \cdot x + 12 = 5$ **d)** $\frac{x}{3} = \frac{4}{5}$

Lösung

a)

$$2 \cdot x - 3 = 15 \quad | +3$$
$$2 \cdot x - 3 + 3 = 15 + 3$$
$$2 \cdot x = 18 \quad | :2$$
$$(2 \cdot x) : 2 = 18 : 2$$
$$x = 9$$
$$L = \{9\}$$

Probe gehört zur Lösung

Probe:

$2 \cdot 9 - 3 = 15$ (w?)	
$2 \cdot 9 - 3$ $= 18 - 3$ $= 15$	15

b)

$$4 \cdot x + 5 = 37 \quad | -5$$
$$4 \cdot x + 5 - 5 = 37 - 5$$
$$4 \cdot x = 32 \quad | :4$$
$$(4 \cdot x) : 4 = 32 : 4$$
$$x = 8$$
$$L = \{8\}$$

Probe:

$4 \cdot 8 + 5 = 37$ (w?)	
$4 \cdot 8 + 5$ $= 32 + 5$ $= 37$	37

c)

$$\begin{aligned} \tfrac{1}{5}\cdot x + 12 &= 5 \qquad | -12 \\ \tfrac{1}{5}\cdot x + 12 - 12 &= 5 - 12 \\ \tfrac{1}{5}\cdot x &= -7 \qquad | \cdot 5 \\ (\tfrac{1}{5}\cdot x)\cdot 5 &= (-7)\cdot 5 \\ x &= -35 \end{aligned}$$

$L = \{-35\}$

Probe:

$\frac{1}{5}\cdot(-35) + 12 = 5$ (w?)	
$\frac{1}{5}\cdot(-35) + 12$ $= -7 + 12$ $= 5$	5

d)

$$\begin{aligned} \tfrac{x}{3} &= \tfrac{4}{5} \qquad | \cdot 3 \\ \tfrac{x\cdot 3}{3} &= \tfrac{4\cdot 3}{5} \\ x &= \tfrac{12}{5} \end{aligned}$$

$L = \{\frac{12}{5}\}$

Probe:

$\frac{\frac{12}{5}}{3} = \frac{4}{5}$ (w?)	
$\frac{\frac{12}{5}}{3} = \frac{12\cdot 1}{5\cdot 3}$ $= \frac{4}{5}$	$\frac{4}{5}$

Information

(1) Bestimmen der Lösungsmenge einer Gleichung durch Umformen

Man bestimmt die *Lösungsmenge* einer Gleichung, indem man die Variable auf einer Seite isoliert. Dazu verwendet man die Umformungsregeln: Additions- und Subtraktionsregel, Multiplikations- und Divisionsregel.
Steht die Variable allein auf einer Seite, so kann man die Lösungsmenge unmittelbar ablesen.

(2) Die Probe sollte zum Lösen einer Gleichung gehören

Mache es dir zur Gewohnheit: Bevor du die Lösungsmenge hinschreibst, solltest du die Probe durchführen. Daher ist bei den einzelnen Aufgaben oben auch die Probe durchgeführt worden.

(3) Verhältnisgleichung

Gleichungen wie $\frac{x}{3} = \frac{4}{5}$, $\frac{y}{2} = \frac{7}{3}$, $\frac{a}{9} = \frac{3{,}8}{7}$ (vgl. Aufgabe 1 d)) heißen **Verhältnisgleichungen.**
Da der Bruchstrich das Divisionszeichen ersetzt, kann man die Verhältnisgleichungen auch mit dem Divisionszeichen : schreiben.
Beispiele: $x : 3 = 4 : 5$ (gelesen: *x verhält sich zu 3 wie 4 zu 5*); $y : 2 = 7 : 3$; $a : 9 = 3{,}8 : 7$

Übungsaufgaben

2. Bestimme die Lösungsmenge. Notiere die Art der Umformung. Führe auch die Probe durch.

a) $8\cdot x + 10 = 34$	**d)** $11\cdot x - 8 = 47$	**g)** $37 = 9\cdot x + 1$	**j)** $12\cdot a - 20 = 40$
b) $3\cdot x + 4 = 25$	**e)** $20\cdot x + 15 = 95$	**h)** $-x - 7 = -8$	**k)** $6\cdot x + 1 = -23$
c) $5\cdot x - 12 = 8$	**f)** $-7\cdot x + 15 = 50$	**i)** $4\cdot y + 9 = 21$	**l)** $7\cdot b + 60 = -10$

3. Vergleiche die Lösungswege.

Daniel

$$\begin{aligned} 2\cdot x - 5 &= 1 \qquad | +5 \\ 2\cdot x - 5 + 5 &= 1 + 5 \\ 2\cdot x &= 6 \qquad | :2 \\ (2\cdot x) : 2 &= 6 : 2 \\ x &= 3 \end{aligned}$$

Franziska

$$\begin{aligned} 2\cdot x - 5 &= 1 \qquad | +5 \\ 2\cdot x &= 6 \qquad | :2 \\ x &= 3 \end{aligned}$$

Tobias

$$\begin{aligned} 2\cdot x - 5 &= 1 \qquad | +5 \\ 2\cdot x &= 6 \qquad | \cdot\tfrac{1}{2} \\ (2\cdot x)\cdot\tfrac{1}{2} &= 6\cdot\tfrac{1}{2} \\ x &= 3 \end{aligned}$$

Sarah

$$\begin{aligned} 2\cdot x - 5 &= 1 \qquad | +5 \\ 2\cdot x &= 6 \qquad | \cdot\tfrac{1}{2} \\ x &= 3 \end{aligned}$$

4. Welcher Fehler wurde gemacht? Berichtige.

a) $9 \cdot x = 12$
$x = 3$

b) $3 \cdot x = 31$
$x = 1$

c) $3x = 12 \quad | -3$
$x = 9$

5. Vergleiche die Lösungswege.

Anna
$17 - 3x = 8 \quad | -8$
$9 - 3x = 0 \quad | +3x$
$9 = 3x \quad | :3$
$3 = x$

Boris
$17 - 3x = 8 \quad | -17$
$-3x = -9 \quad | :(-3)$
$x = 3$

$45 - 7 \cdot x = 45 + (-7) \cdot x$

6. Bestimme die Lösungsmenge. Führe auch die Probe durch.

a) $45 - 7 \cdot x = -11$ **b)** $69 - 5 \cdot x = 24$ **c)** $13 \cdot a - 49 = -179$
d) $-9 \cdot c - 1 = -10$ **e)** $0 = 4 - 8 \cdot t$ **f)** $5 \cdot x + 0{,}3 = 0{,}7$
g) $4 \cdot x + 1{,}2 = 0{,}2$ **h)** $3{,}5 = 10 \cdot x - 1{,}5$ **i)** $2 \cdot c - 0{,}8 = 1{,}4$
j) $1{,}2 = -t - 4{,}8$ **k)** $-7 - 2 \cdot x = -11$ **l)** $\frac{x}{5} = -2$

7. Vervollständige die Wege zum Umformen der Gleichung $\frac{2}{3} \cdot x = \frac{4}{9}$.
Welcher ist am günstigsten?

Annika
$\frac{2}{3} \cdot x = \frac{4}{9} \quad | : \frac{2}{3}$
$x = \frac{4}{9} : \frac{2}{3}$

Bastian
$\frac{2}{3} \cdot x = \frac{4}{9} \quad | \cdot 3$
$2 \cdot x = \frac{4}{3}$

Cornelia
$\frac{2}{3} \cdot x = \frac{4}{9} \quad | :2$
$\frac{1}{3} \cdot x = \frac{2}{9}$

David
$\frac{2}{3} \cdot x = \frac{4}{9} \quad | \cdot \frac{3}{2}$
$x = \frac{4}{9} \cdot \frac{3}{2}$

8. Bestimme die Lösungsmenge. Führe auch die Probe durch.

a) $x : 2 + 14 = 13$ **b)** $-b : 7 + 5 = 3$ **c)** $4 - y : 3 = -3$
d) $\frac{1}{6} - \frac{2}{3} \cdot t = -\frac{1}{2}$ **e)** $\frac{1}{2} - \frac{1}{3} \cdot x = \frac{2}{3}$ **f)** $-y + \frac{1}{2} = -\frac{2}{5}$
g) $-\frac{1}{8} = \frac{3}{8} \cdot x - \frac{1}{4}$ **h)** $\frac{3}{4} \cdot z - \frac{4}{5} = 2\frac{1}{5}$ **i)** $-\frac{2}{3} \cdot a + \frac{1}{2} = -\frac{1}{4}$
j) $\frac{2}{5} = \frac{1}{3} - \frac{2}{3} \cdot x$ **k)** $\frac{1}{2} + \frac{2}{3} \cdot d = \frac{3}{4}$ **l)** $1\frac{1}{2} = -\frac{1}{3} \cdot e + \frac{3}{4}$

$\frac{z}{3} = z : 3 = \frac{1}{3} z$

9. Bestimme die Lösungsmenge. Führe auch die Probe durch.

a) $8 - 5 \cdot x = 13$ **b)** $\frac{z}{3} + 3 = 7$ **c)** $-\frac{1}{2} \cdot x + 3 = -7$ **d)** $\frac{3}{8} \cdot x - \frac{3}{4} = -\frac{5}{8}$ **e)** $0{,}8 \cdot x + 2{,}4 = 4{,}8$
f) $y - \frac{1}{2} = -1\frac{1}{2}$ **g)** $0{,}4 \cdot a - 1{,}4 = -0{,}2$ **h)** $\frac{b}{2} - 2 = 9$ **i)** $-c - 6{,}8 = -7{,}8$ **j)** $-2 - \frac{2}{7} \cdot t = \frac{12}{7}$
k) $3 - 4 \cdot b = 8 - 20$ **l)** $9 - 12 \cdot x = 21 - 60$ **m)** $11 \cdot x - 11 = 24 - 2$ **n)** $b - 20 = -30 + 8$ **o)** $-27 + 3 \cdot x = 40 - 100$

10. Bestimme die Lösungsmenge. Schreibe gegebenenfalls mit Bruchstrich.

a) $\frac{x}{5} = \frac{7}{9}$ **b)** $x : 2 = 25 : 12$ **c)** $\frac{x}{20} = \frac{22{,}6}{36}$
d) $\frac{y}{7} = \frac{2}{5}$ **e)** $\frac{z}{25} = \frac{18}{45}$ **f)** $y : 3 = 143 : 39$
g) $z : 3{,}5 = 9{,}6 : 1{,}4$ **h)** $\frac{x}{4{,}5} = \frac{63}{6{,}75}$ **i)** $\frac{0{,}5}{6} = \frac{z}{12}$

11. Gib zu der Gleichung ein Zahlenrätsel an und bestimme die gesuchte Zahl.

a) $3 \cdot x + 6 = 15$ **b)** $8 - 2 \cdot x = -6$ **c)** $10 + 4 \cdot x = -2$ **d)** $3 - 4 \cdot x = 1$

3.3.3 Die Variable kommt mehrfach vor

Aufgabe 1

Bei der Gleichung $5 \cdot x = 2 \cdot x + 12$ kommt die Variable auf beiden Seiten vor. Überlege dir anhand der Waage ein Vorgehen zum Bestimmen der Lösungsmenge solcher Gleichungen. Notiere am Schluss dein Vorgehen mit zueinander äquivalenten Gleichungen.

Lösung

(1) Wir überlegen uns die Lösung zunächst am Waagemodell.

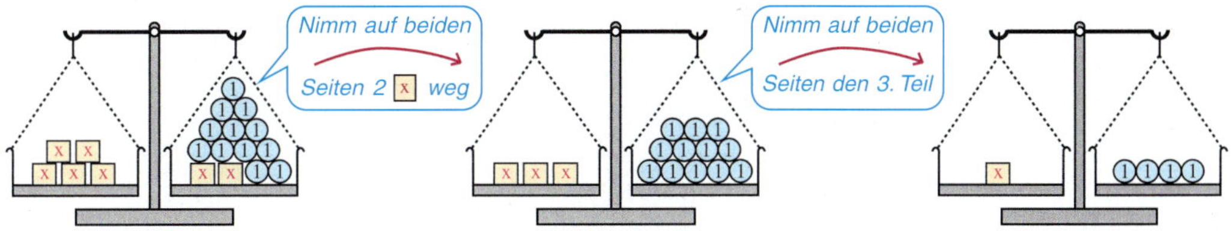

$5 \cdot x = 2 \cdot x + 12$ $3 \cdot x = 12$ $x = 4$

Bei der Lösung wurde auf beiden Seiten $2 \cdot x$ subtrahiert. Das ist eine zulässige Anwendung der Subtraktionsregel.
Bedenke: $2 \cdot x$ steht für eine Zahl. Falls z. B. x den Wert 3 hat, hat $2 \cdot x$ den Wert 6.

(2) Anwenden der Umformungsregeln

$$5 \cdot x = 2 \cdot x + 12 \quad | -2 \cdot x$$
$$5 \cdot x - 2 \cdot x = 2 \cdot x + 12 - 2 \cdot x$$
$$3 \cdot x = 12 \quad | :3$$
$$(3 \cdot x) : 3 = 12 : 3$$
$$x = 4$$
$$L = \{4\}$$

Probe:

$5 \cdot 4 = 2 \cdot 4 + 12$ (w?)	
$5 \cdot 4$ $= 20$	$2 \cdot 4 + 12$ $= 8 + 12$ $= 20$

Information

(1) Fortlassen von Malpunkten

Es ist üblich Malpunkte fortzulassen, wenn dies nicht zu Missverständnissen führt.

Fortlassen von Malpunkten
Malpunkte dürfen fortgelassen werden, wenn keine Missverständnisse möglich sind.
Ferner ist $1 \cdot x = x$.

4a statt $4 \cdot a$
ab statt $a \cdot b$
$2(x + y)$ statt $2 \cdot (x + y)$
aber nicht 45 statt $4 \cdot 5$

(2) Zusammenfassen von Summanden mit gleichen Variablen

Bei der Lösung der Aufgabe 1 haben wir gerechnet: $5x - 2x = 3x$ oder $7x - 3x = 4x$.
Hier liegt eine Anwendung des Distributivgesetzes vor:

$5x - 2x = (5 - 2) \cdot x$
$= 3 \cdot x$

$7x - 3x = (7 - 3) \cdot x$
$= 4 \cdot x$

Wende dazu zur Kontrolle auf $(5 - 2) \cdot x$ bzw. $(7 - 3) \cdot x$ das Distributivgesetz an.
Die Zahlen vor der Variablen nennt man auch **Koeffizienten**.

Zusammenfassen der Koeffizienten vor der gleichen Variablen

$7x + 2x = 9x$
$x - 6x = 1x - 6x = -5x$
$3x - 5x = -2x$
$3x + 2z + 5x = 7x + 2z$

Die Koeffizienten (Zahlen) vor den gleichen Variablen werden addiert bzw. subtrahiert.

Weiterführende Aufgabe

2. *Termumformungen beim Bestimmen der Lösungsmenge*

a) Erläutere das Vorgehen bei der Bestimmung der Lösungsmenge im nebenstehenden Beispiel.

b) Bestimme ebenso die Lösungsmenge von:
$-9 \cdot x - 8 + 4 \cdot x$
$= 28 + 4 \cdot x - 42 - 6 \cdot x$

c) Bestimme die Lösungsmenge von:
$3 \cdot (2 \cdot x) = 5 - (12 \cdot x) : 2 + 2 \cdot x$

Zusammenfassen gleichartiger Glieder

$$
\begin{aligned}
7 \cdot x + 5 - 3 \cdot x &= 15 - 4 \cdot x + 6 \\
4 \cdot x + 5 &= 21 - 4 \cdot x \quad | + 4 \cdot x \\
4 \cdot x + 5 + 4 \cdot x &= 21 - 4 \cdot x + 4 \cdot x \\
8 \cdot x + 5 &= 21 \quad | - 5 \\
8 \cdot x + 5 - 5 &= 21 - 5 \\
8 \cdot x &= 16 \quad | : 8 \\
(8 \cdot x) : 8 &= 16 : 8 \\
x &= 2 \\
L &= \{2\}
\end{aligned}
$$

Übungsaufgaben

3. **a)** Die Masse von Glaskugeln soll bestimmt werden. Die Waage rechts ist im Gleichgewicht. Nimm Veränderungen am Inhalt der beiden Waagschalen so vor, dass die Waage stets im Gleichgewicht bleibt.

b) Notiere dein Vorgehen in Form zueinander äquivalenter Gleichungen.

4. In welchen Produkten darfst du den Malpunkt nicht weglassen?
$4 \cdot a$; $2 \cdot 18$; $(3 + x) \cdot 6$; $3 \cdot 2$; $5 \cdot \frac{1}{2}$; $(x + 1) \cdot (1 - x)$; $r \cdot 4$

5. Fasse die Koeffizienten vor den gleichen Variablen zusammen. Schreibe wie im Beispiel.

$3y + 5y - 2y = 6y$

a) $8x + 9x$ **c)** $2{,}7b - 4{,}8b$ **e)** $18x + 5x - 9x$ **g)** $\frac{2}{5}p + \frac{3}{10}p - \frac{2}{5}p$

b) $1{,}2y + 2{,}7y$ **d)** $12c - c$ **f)** $4{,}4a - 1{,}7a + 3a$ **h)** $\frac{1}{6}x - \frac{2}{3}x + \frac{5}{6}x$

6. Fasse zusammen.

a) $28 - 3z - 4z$
$12 - 16 + 20x$

b) $2{,}4x - 3{,}2 + 1{,}2x$
$1{,}2y - 2{,}5y - 1$

c) $2{,}8y - 4 + 1{,}3y - 0{,}9$
$-1{,}6 - 4{,}2z + z + 5{,}4$

7. Bestimme die Lösungsmenge. Notiere die Art jeder Umformung. Führe auch die Probe durch.

a) $8x - 3x = 40$ **e)** $7x - 41 = 8x$ **i)** $20x + 14 = 13x$ **m)** $5a = 2a + \frac{6}{7}$

b) $11x + x = 48$ **f)** $-15x = 80 - 5x$ **j)** $8x + 3{,}9 = 21x$ **n)** $11b = 35b - \frac{18}{23}$

c) $15x - 21 = 12x$ **g)** $12x = 7x - 15$ **k)** $-5x + 0{,}05 = -x$ **o)** $-10r + 3{,}4 = 3{,}6r$

d) $9x = 24 + 11x$ **h)** $-4x = 28 - 8x$ **l)** $7x + 0{,}27 = 10x$ **p)** $20c = \frac{7}{4} - c$

8. Vergleiche die Lösungswege.

David

$$
\begin{aligned}
2x &= 5x - 12 \quad | -2x \\
0 &= 3x - 12 \quad | -(-12) \\
12 &= 3x \quad | : 3 \\
4 &= x
\end{aligned}
$$

Eleonora

$$
\begin{aligned}
2x &= 5x - 12 \quad | - 2x \\
0 &= 3x - 12 \quad | + 12 \\
12 &= 3x \quad | \cdot \tfrac{1}{3} \\
4 &= x
\end{aligned}
$$

Fabian

$$
\begin{aligned}
2x &= 5x - 12 \quad | - 5x \\
-3x &= -12 \quad | : (-3) \\
x &= 4
\end{aligned}
$$

9. Bestimme die Lösungsmenge. Führe auch die Probe durch.

a) $4x + 5 = 2x + 9$ **d)** $3x - 5 = 2x + 2$ **g)** $3d + 47 = 11 - d$

b) $5x - 3 = 3x + 5$ **e)** $9y + 20 = 5y + 12$ **h)** $-r - 20 = -5r - 72$

c) $-6x + 2 = -4x + 1$ **f)** $101 + 3x = 1 - 17x$ **i)** $22x - 61 = 12x - 61$

10. Bestimme die Lösungsmenge.

a) $6x + 1 - 2x = 2x + 17$

b) $15x + 4 = 6x - 86 - x$

c) $-5x + 3 - 3x = -4x - 33$

d) $9x + 33 - 4x = 9x - 7$

e) $5 = 7x + 26 + 2x - 12x$

f) $8x + 2 - 5x = 12 - 3x + 14$

g) $4x + 9 - 2x = 30 - 20x - 10$

h) $24a + 26 - 15a = 12 - 9a + 8$

i) $1 + 2t - 2 - t - 3 + 3t = 0$

j) $4 - 4u - 9 = u - 17 - 7u$

k) $50y - 4 - 80y = 12 + 10y - 1$

l) $11b - 4 - 13b = 7 + 4b - 17$

m) $-19r + 14 + 7r + 3 - 17 = 0$

n) $z = 8z - 3 + 5z - 11 - 14z$

11. Folgende Rechnungen wurden von einer Mitschülerin durchgestrichen. Finde alle Fehler.

$3x + 2x - x = 7x + 14$
$3x + 2 = 7x + 14 \quad | -7x$
$4x + 2 = 14 \quad | -2$
$4x = 12 \quad | :3$
$x = 3$

$4 - 2x = 8 + x \quad | -x$
$4 - 2x = 8 \quad | -4$
$2x = 4 \quad | :2$
$x = 2$

12. Betrachte Marias Weg zur Bestimmung der Lösungsmenge.
Welchen Ratschlag würdest du ihr geben?

$7x - 3 - 5x - 2 = 4x - 2 - 3x \quad | +3$
$7x - 5x - 2 = 4x - 2 - 3x + 3 \quad | +2$
$7x - 5x = 4x - 2 - 3x + 3 + 2 \quad | -4x$
$7x - 5x - 4x = -2 - 3x + 3 + 2 \quad | +3x$
$7x - 5x - 4x + 3x = -2 + 3 + 2$
$x = 3$
$L = \{3\}$

13. Bestimme die Lösungsmenge.

a) $\frac{1}{2}x + 5 = \frac{1}{6}x + 6$

b) $\frac{1}{4}x + 7 = \frac{1}{2}x + 8$

c) $\frac{1}{3}a + 2 = \frac{1}{6}a + 3$

d) $-\frac{1}{2}x + 5 + \frac{1}{4}x = 7 - x + 4 - \frac{1}{4}x$

e) $\frac{x}{2} + 4 - \frac{x}{3} + 2 = 3 - \frac{x}{2} + 2 + \frac{x}{3}$

f) $\frac{a}{2} - \frac{a}{4} + 3 - \frac{a}{3} = 4 - \frac{a}{6} - 1 - a$

g) $3x - 4 + 0{,}2x = 15 + 1{,}2x + 21$

h) $22 + 2{,}5x - 18 = 2{,}5x + 22 - 1{,}8x$

i) $5{,}1x + 37 - 0{,}9x = 2{,}7x - 8$

j) $0{,}14x + 0{,}8 + 5x = 0{,}3 + 0{,}14x + 0{,}6$

k) $40x - 1{,}7 - 25x = x - 4{,}5$

l) $0{,}89 + 48x = 56x - 0{,}31 + 16x$

m) $\frac{2}{3}x + 0{,}2 - 0{,}3x = -\frac{1}{3}x + 0{,}7x - 2$

n) $2 - \frac{5}{6}x + 3 + 0{,}1x = \frac{1}{6}x - 1 + 0{,}1x$

14. Bestimme die Lösungsmenge.

a) $\frac{5}{4} + 17x = \frac{3}{4} + 18x - 0{,}5$ **b)** $4x - 2{,}5x + 6 + 1{,}8x = 3x + 1{,}8x - 2{,}5x + 6{,}5$

3.3.4 Sonderfälle bei der Lösungsmenge

Aufgabe 1

Bei den bisher betrachteten Gleichungen traten als Lösung immer eine oder zwei Zahlen auf. Das muss nicht immer so sein.
Betrachte dazu die folgenden Beispiele und bestimme die Lösungsmenge L.

a) $7x + 5x + 2 = 2x + 2 + 10x$ **b)** $2x + 9x + 2 = 8x + 4 + 3x$

Lösung

a) $7x + 5x + 2 = 2x + 2 + 10x$
$12x + 2 = 12x + 2 \quad | -12x$
$2 = 2$

Du erkennst schon an der vorletzten Gleichung:
Jede rationale Zahl ist Lösung der Gleichung.
Egal, welche rationale Zahl wir einsetzen, z.B. 5 (oder auch -7; $\frac{2}{3}$; …), wir erhalten *immer* eine wahre Aussage.

Beispiel: $12 \cdot 5 + 2 = 12 \cdot 5 + 2$

Jede Zahl ist Lösung der Gleichung.

$L = \mathbb{Q}$

b) $2x + 9x + 2 = 8x + 4 + 3x$
$11x + 2 = 11x + 4 \quad | -11x$
$2 = 4$

Du erkennst schon an der vorletzten Gleichung:
Keine rationale Zahl ist Lösung der Gleichung.
Egal, welche rationale Zahl wir einsetzen, z.B. 5 (oder auch -7; $\frac{2}{3}$; …), wir erhalten *immer* eine falsche Aussage.

Beispiel: $11 \cdot 5 + 2 = 11 \cdot 5 + 4$

Die Gleichung hat keine Lösung. Die Lösungsmenge ist die leere Menge.

$L = \{\ \}$

Die Lösungsmenge einer Gleichung kann auch gleich der Grundmenge $\mathbb{Q}$ oder gleich der leeren Menge { } sein.

Weiterführende Aufgabe

2. *Multiplikation und Division mit einem Term, der eine Variable enthält*

a) Welcher Lösungsweg ist fehlerhaft?
Wieso kann man an dem fehlerhaften Lösungsweg erkennen, dass die Division durch x auf beiden Seiten einer Gleichung keine Äquivalenzumformung ist?

$7x = 5x \quad | -5x$
$2x = 0 \quad | :2$
$x = 0$
Lösungsmenge: {0}

$7x = 5x \quad | :x$
$7 = 5$
Lösungsmenge: { }

b) Vergleiche die Lösungsmengen der Gleichungen. Führe die Probe mit der angegebenen Zahl durch. Ist die Multiplikation mit x auf beiden Seiten einer Gleichung eine Äquivalenzumformung?

(1) $2x + 5 = 1 - 2x \quad | \cdot x$
$(2x + 5) \cdot x = (1 - 2x) \cdot x$
Probe mit der Zahl 0.

(2) $4x + 3 = 3x + 4 \quad | \cdot (x - 3)$
$(4x + 3) \cdot (x - 3) = (3x + 4) \cdot (x - 3)$
Probe mit der Zahl 3.

Information

Die Multiplikation (Division) auf beiden Seiten einer Gleichung mit einem Term, der eine Variable enthält, ist nicht immer eine zulässige Anwendung der Multiplikations- und Divisionsregel, weil der Term gleich 0 werden kann.

Übungsaufgaben

3. Anna und Lukas verblüffen ihre Freunde gerne. Kannst du ihre Zahlenrätsel lösen?

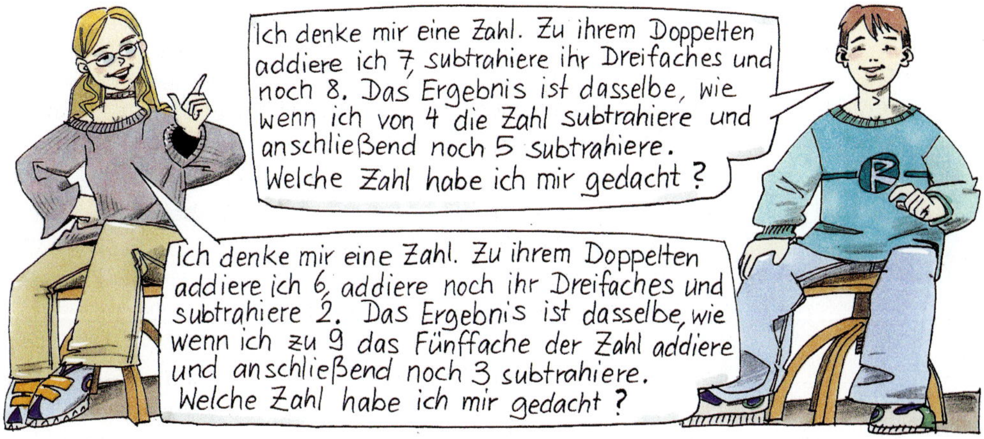

4. Bestimme die Lösungsmenge. Höre mit der Rechnung möglichst früh auf.

a) $2x - 7 = 2x - 7$ **c)** $2 - 4x + 29 = 7 - 4x + 29$ **e)** $14x + 6 + 6x = 23x - 3x + 6$

b) $8x - 5 = 8x + 5$ **d)** $11u + 18 - 9u = 2u + 19$ **f)** $3x - 14 + 5x = 11 + 8x - 25$

5. Bestimme die Lösungsmenge.

a) $3x + 7 + 9x = 10 - 12x - 3$ **e)** $10x - 13{,}5 - 30x = 11x - 13{,}5 - 30x$

b) $3x - 7 + 9x = 10 + 12x + 3$ **f)** $15r + 0{,}9 - 10r = 1{,}5 + 5r - 0{,}6$

c) $3z + 7 + 9z = 10 + 12z - 3$ **g)** $0{,}7t - 13{,}4 + 3{,}1t = 2{,}3t - 5{,}9$

d) $3x - 4{,}6 + 2x = 8x - 4{,}6 - 3x$ **h)** $6{,}2 - 1{,}8a + 4{,}7 = 5{,}7a + 3{,}1 - 2{,}3a$

6. Notiere die Lösungsmenge. Überlege dazu, welche Zahlen die Gleichung erfüllen.

a) $2x = x + x$ **f)** $4x + 1 = 4x - 1$ **k)** $0 \cdot x = 0$ **p)** $4x - 4x = 9 - 9$

b) $x = x + 5$ **g)** $0 \cdot x = 5$ **l)** $(x - x) : 5 = 1$ **q)** $x^3 = x \cdot x^2$

c) $x \cdot x = -7$ **h)** $2(x - x) = 5$ **m)** $2x + 1 = 2x$ **r)** $x^2 = 0$

d) $x \cdot x = x^2$ **i)** $7x - x = 6x$ **n)** $7x + 8 = 8 + 7x$ **s)** $1 + \frac{x}{2} = \frac{1}{2}x + 1$

e) $3x + 2x = 5x$ **j)** $1 - x = 3 - x$ **o)** $x - 6 = 0$ **t)** $6x - 6x = 5 + 5$

7. Multipliziere die Gleichung $2x = x - 3$ [$5x = 6 - x$] mit

a) 10; **b)** x; **c)** 5x.

Ist die neue Gleichung äquivalent zu der alten?

8. Kontrolliere, ob die Gleichungen korrekt gelöst wurden.

Tom

$5x + 1 + 2x = 3x + 1$

$7x + 1 = 3x + 1$

$7x = 3x$

$L = \{\ \}$

Uta

$-2x + 7 - 3x = 3 + 5x + 4$

$7 - 5x = 7 + 5x$

$L = \{\ \}$

Victor

$3 - 4x + 2 = x - 5x$

$1 - 4x = -4x$

$L = \{\ \}$

3.4 Lösen von Sachaufgaben mithilfe von Gleichungen

Aufgabe 1

a) Aus einem 200 cm langen Stück Draht soll ein Dreieck hergestellt werden, welches zwei gleich lange Seiten hat. Die dritte Seite soll 40 cm lang werden.
Wie lang sind die gleich langen Seiten des Dreiecks?

b) Iris fragt ihre Freundin: „Wie viele Schülerinnen und Schüler hat deine Klasse?"
Diese antwortet mit einem Rätsel: „Wenn du die Schülerzahl verdreifachst und noch 5 addierst, erhältst du genau 100."
Überprüfe deine Lösung.

Lösung

a) (1) *Fertige eine Skizze an, lege die gesuchte Größe fest und stelle die Gleichung auf.*

Länge einer der gleich langen Seiten:	x
Länge aller gleich langen Seiten:	2 x
Länge aller drei Seiten:	2 x + 40
Gleichung:	**2 x + 40 = 200**

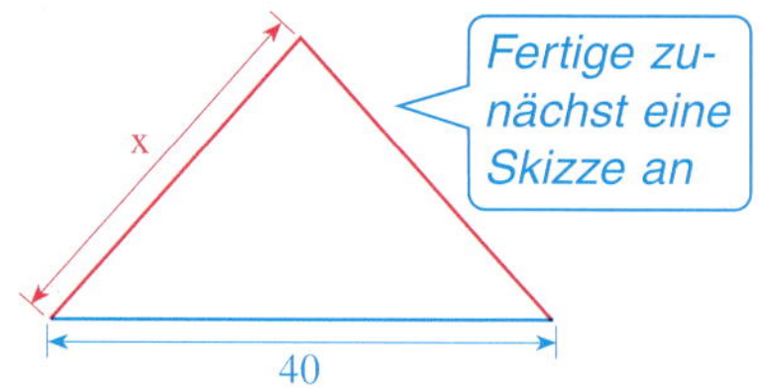

(2) *Bestimme die Lösungsmenge*

$2x + 40 = 200 \quad | -40$
$2x = 160 \quad | :2$
$x = 80$

(3) *Beurteile die Lösung und führe die Probe am Sachverhalt durch.*
Die Seitenlänge muss eine positive Zahl sein. Die Zahl 80 gehört dazu. Ein Dreieck mit den Seitenlängen 40 cm und $2 \cdot 80$ cm, also 160 cm, hat den Umfang:
$u = 2 \cdot 80\text{ cm} + 40\text{ cm} = 160\text{ cm} + 40\text{ cm} = 200\text{ cm}$ (w)

(4) *Formuliere ein Ergebnis.*
Jede der gleich langen Seiten des Dreiecks ist 80 cm lang.

b) (1) *Fertige eine Skizze an, lege die gesuchte Größe fest; stelle die Gleichung auf.*

Schülerzahl:	x
Das 3fache der Schülerzahl:	3 x
5 addiert:	3 x + 5
Gleichung:	**3 x + 5 = 100**

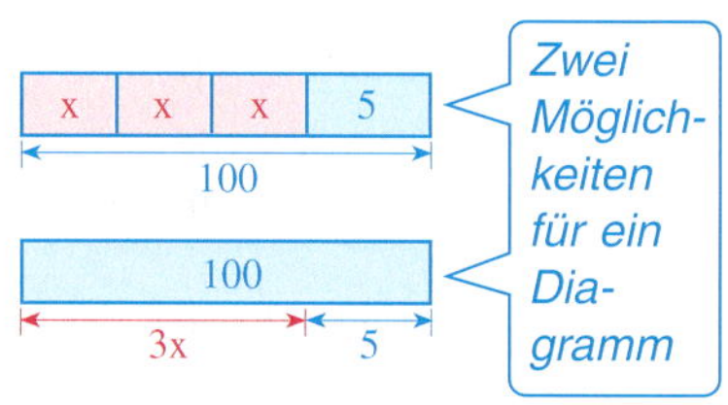

(2) *Bestimme die Lösungsmenge*

$3x + 5 = 100 \quad | -5$
$3x = 95 \quad | :3$
$x = \frac{95}{3} = 31\frac{2}{3}$

(3) *Prüfe die Lösung.*

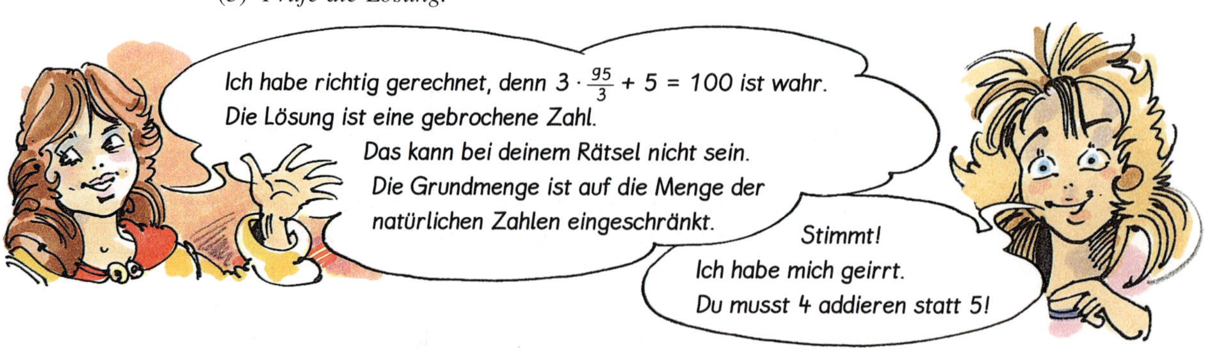

Information

Lösen von Sachaufgaben mithilfe einer Gleichung

Lies die Aufgabe aufmerksam und gründlich durch.
- Suche die wesentlichen Angaben aus dem Text heraus.
- Veranschauliche den Sachverhalt durch eine Skizze, ein Diagramm oder eine Tabelle.

Stelle eine Gleichung auf und löse die Gleichung.
- Lege eine Variable für die gesuchte Größe fest.
- Trage die Größen in die Skizze, das Diagramm oder die Tabelle ein.
- Stelle eine Gleichung auf.
- Ermittle die Lösungsmenge der Gleichung.

Prüfe dein Ergebnis.
- Führe eine Probe möglichst am Aufgabentext durch.
- Formuliere einen Antwortsatz.

Übungsaufgaben

2. Aus einem 120 cm langen Stück Draht soll ein Rechteck hergestellt werden. Jede der beiden längeren Seiten soll doppelt so lang wie jede der kürzeren Seiten sein.
Wie lang ist jede der kürzeren Seiten?

3. Wenn man das Doppelte einer Zahl um 15 vergrößert, erhält man das Fünffache der Zahl.
Wähle z für die gesuchte Zahl.
Stelle die zugehörige Gleichung auf und löse sie. Formuliere einen Antwortsatz.

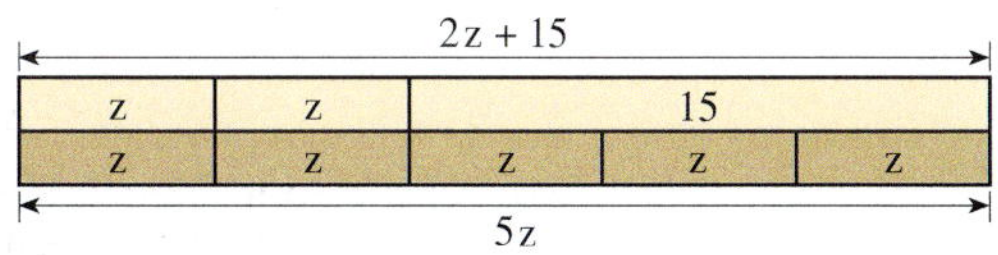

4. Eine 1 m (= 100 cm) lange Kordel soll zum Einfassen eines Papierdrachens verwendet werden. Die beiden gleich langen größeren Stücke sollen 35 cm lang sein.
Wie lang sind die anderen kürzeren Kordelstücke zu wählen?

5. Der Umfang eines Rechtecks beträgt 20 cm. Die längere Seite ist um 2 cm länger als die kürzere Seite.
Was kannst du über die Länge der kürzeren Seite aussagen?

6. Der Umfang eines gleichschenkligen Dreiecks beträgt 21 cm. Die Basis ist um 3 cm kürzer [länger] als jeder der Schenkel.
Wie lang sind die Dreiecksseiten?

7. **a)** In einem gleichschenkligen Dreieck ist jeder Schenkel dreimal so lang wie die Basis. Der Umfang des Dreiecks beträgt 28 cm.
Wie lang ist die Basis?

b) In einem Dreieck ist die mittlere Seite um 2 cm länger als die kürzeste und um 1 cm kürzer als die längste Seite. Der Umfang des Dreiecks ist 20 cm.
Wie lang sind die Seiten?

c) In einem Dreieck ist die kürzeste Seite um 2 cm kürzer als die mittlere Seite. Die längste Seite ist 5-mal so lang wie die mittlere Seite. Der Umfang des Dreiecks beträgt 15,5 cm.
Wie lang sind die Seiten des Dreiecks?

d) In einem Dreieck ist die kürzeste Seite 2 cm kürzer als die Hälfte der längsten Seiten. Die mittlere Seite ist 3 cm länger als die Hälfte der längsten Seite.

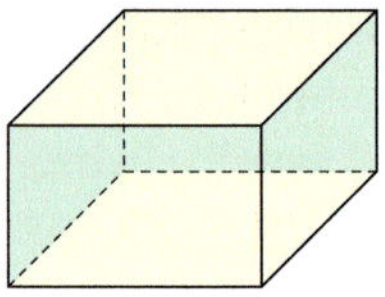

8. Bei einem Quader kann man Grundflächen und Mantelflächen unterscheiden. Im nebenstehenden Bild sind die Grundflächen gelb gezeichnet. Die anderen Flächen sind die Mantelflächen. Die gesamte Oberfläche eines Quaders ist $270\ cm^2$ groß.
Die Mantelfläche eines Quaders sei genau so groß wie jede der beiden Grundflächen.
Wie groß ist eine Grundfläche?

9. Löse das Zahlenrätsel mithilfe einer Gleichung.

a) Wenn man vom 5fachen einer Zahl die Zahl 17 subtrahiert, erhält man 43.

b) Wenn man zur Hälfte einer Zahl die Zahl 12 addiert, so erhält man 34.

c) Wenn man 11 zum Doppelten einer Zahl addiert, erhält man das 3fache der gesuchten Zahl.

d) Wenn man von 25 eine Zahl subtrahiert, erhält man das 4fache der gesuchten Zahl.

e) Verringert man das 7fache einer Zahl um 12, so erhält man dasselbe, wie wenn man das Doppelte der gesuchten Zahl um 8 vergrößert.

f) Das 5fache einer Zahl, verringert um 7, ist so groß wie das Doppelte dieser Zahl, verringert um 7.

g) Der 3. Teil einer Zahl, vergrößert um 4, ergibt denselben Wert wie der 4. Teil einer Zahl, verringert um 1.

h) Das 9fache einer Zahl ist um 75 größer als das 4fache der gesuchten Zahl.

i) Das 6fache einer Zahl ist um 20 kleiner als das Doppelte der gesuchten Zahl.

10. Gib zu der Gleichung ein Zahlenrätsel an. Bestimme dann die gesuchte Zahl.

a) $2 \cdot x + 5 = 19$ **b)** $\frac{x}{2} - 3 = 7$ **c)** $50 - 3 \cdot r = 17$ **d)** $(-1) \cdot t + 7 = -2$

11. Ein Taxifahrer verlangt für eine Taxifahrt einen Grundpreis von 1,65 € und für jeden gefahrenen Kilometer 0,42 €.
Ein Fahrgast muss 10,47 € bezahlen.

12. Sarah kauft bei einem Bäcker 8 Brötchen. Außerdem kauft sie Hörnchen für 3 €. Ihre Mutter fragt sie, wie viel 1 Brötchen gekostet hat.
Sarah antwortet: „Insgesamt habe ich 4,96 € ausgegeben."
Stelle dazu eine Gleichung auf. Beurteile die Lösung.

13. Für ein Klassenfest kauft Tom 16 Flaschen Mineralwasser und für 2,55 € Pappbecher. Insgesamt zahlt er 9,11 €. Wie viel Euro kostet eine Flasche Mineralwasser?

14. Herr Schnell hat sich für einen Tag ein Auto geliehen und muss bei der Rückgabe 82,75 € bezahlen.
Wie viel km ist er gefahren?

15. Die Mütter von Maria und Anne spielen im Lotto. Eines Tages gewinnen sie 2 600 €. Davon spenden sie 200 €. Den Rest teilen sie gleichmäßig untereinander auf.

16. Ein Reisebus hat eine 800 km lange Strecke in zwei Tagen zurückgelegt. Am zweiten Tag fuhr der Bus 70 km mehr als am ersten Tag.
Wie viel km fuhr der Bus am ersten Tag, wie viel km am zweiten Tag?
(1) Berechne zunächst die Anzahl der Kilometer am ersten Tag. Stelle eine Gleichung auf und bestimme die Lösung.

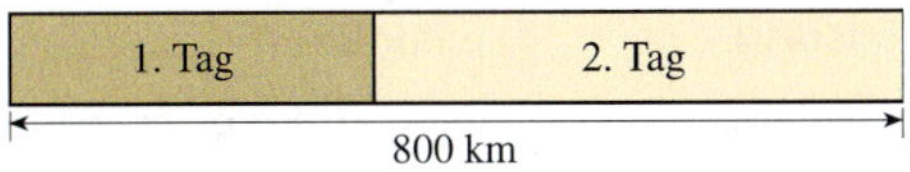

(2) Berechne zuletzt die Anzahl der Kilometer am zweiten Tag.

17. Ein Taxifahrer legte an zwei Tagen 344 km zurück, am zweiten Tag 26 km mehr als am ersten Tag. Wie viel km legte er am ersten Tag zurück, wie viel km am zweiten?

18. Ein Vater und sein Sohn sind zusammen 40 Jahre alt. Der Vater ist 26 Jahre älter als der Sohn.

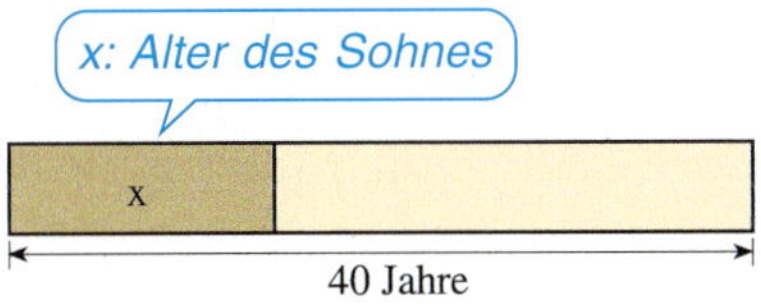

19. Nico möchte ein neues Aquarium einrichten und überlegt: „Der Fischbestand sollte sich aus einem Fünftel Neonfische, zwei Drittel Zebrabarben und auch noch einem Guppy zusammensetzen."
Wie viele Fische benötigt er für dieses Aquarium?

20. In den gleich großen Klassen 7a und 7b sind insgesamt 60 Schüler. $\frac{3}{5}$ davon sind Mädchen.
In der Klasse 7a sind 4 Mädchen mehr als in der Klasse 7b.

21. Iris fragt Marie: „Wie viel seid ihr in eurer Klasse?"
Marie antwortet mit einem Rätsel: „Die Hälfte sind Mädchen, ein Drittel sind Jungen, die mit dem Fahrrad zur Schule fahren, ein Achtel sind Jungen, die zu Fuß zur Schule gehen, ein Junge wird von den Eltern mit dem Auto zur Schule gebracht."
Wie viele Schüler(innen) sind in Maries Klasse?

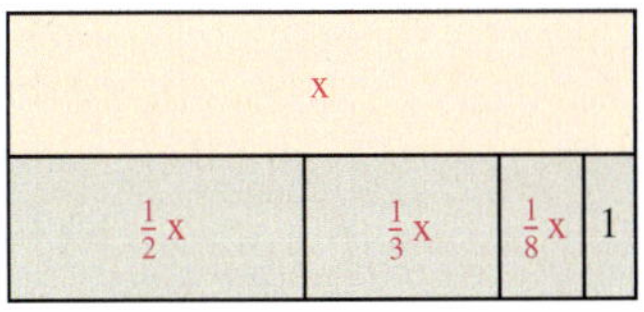

22.

Wie alt sind Andreas, Bert und Christian?

3.5 Umstellen von Formeln

Aufgabe 1

Von drei Rechtecken sind jeweils der Umfang u und die Seitenlänge b gegeben (Maße in cm). Berechne jeweils die Seitenlänge a.

(1) $u = 17{,}4$, $b = 4{,}6$ (2) $u = 20{,}3$, $b = 5{,}2$ (3) $u = 37{,}8$, $b = 9{,}5$

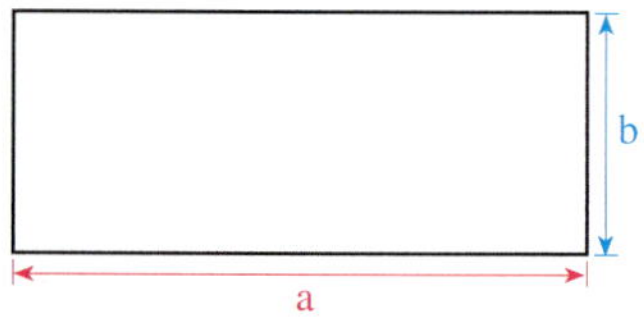

Lösung

Für den Umfang eines Rechtecks gilt: $u = 2 \cdot a + 2 \cdot b$

1. Möglichkeit: Wir setzen die gegebenen Werte in die Formel ein und berechnen dann a.

(1)	(2)	(3)
$17{,}4 = 2 \cdot a + 2 \cdot 4{,}6$	$20{,}3 = 2 \cdot a + 2 \cdot 5{,}2$	$37{,}8 = 2 \cdot a + 2 \cdot 9{,}5$
$17{,}4 = 2a + 9{,}2$	$20{,}3 = 2a + 10{,}4$	$37{,}8 = 2a + 19$
$2a = 8{,}2$	$2a = 9{,}9$	$2a = 18{,}8$
$a = 4{,}1$	$a = 4{,}95$	$a = 9{,}4$

Ergebnis: Die Seite a des Rechtecks (1) ist 4,1 cm, die des Rechtecks (2) ist 4,95 cm und die des Rechtecks (3) 9,4 cm lang.

2. Möglichkeit: Es ist günstiger, nur einmal in der Formel für den Umfang die Variable a zu isolieren und dann die gegebenen Werte einzusetzen.

$$u = 2a + 2b$$
$$2a + 2b = u \quad | -2b$$
$$2a = u - 2b \quad | :2$$
$$a = \frac{u - 2b}{2}$$

Wir schreiben den Term mit der Variablen a links vom Gleichheitszeichen und wenden die Umformungsregeln an.

Beachte: Bruchstrich ersetzt Divisionszeichen.

Einsetzen der gegebenen Werte für u und b:

Bruchstrich ersetzt Klammer

(1) $a = \frac{17{,}4 - 2 \cdot 4{,}6}{2} = 4{,}1$ (2) $a = \frac{20{,}3 - 2 \cdot 5{,}2}{2} = 4{,}95$ (3) $a = \frac{37{,}8 - 2 \cdot 9{,}5}{2} = 9{,}4$

Übungsaufgaben

2. In einem gleichschenkligen Dreieck (siehe rechts) ist die Winkelgröße γ gegeben. Stelle eine Formel für die Winkelgröße α auf. Berechne mit der Formel die Winkelgröße α für das Beispiel $\gamma = 70°$.

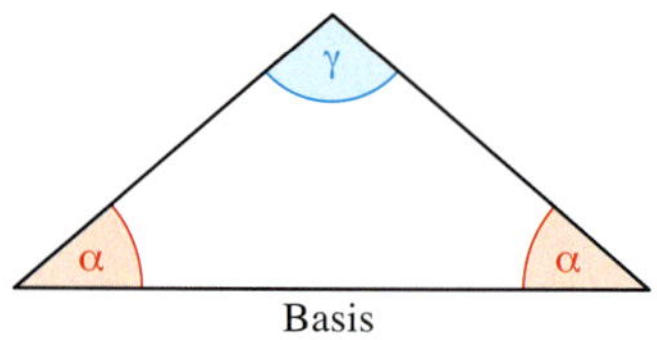

3. **a)** Für den Flächeninhalt des Rechtecks gilt: $A = a \cdot b$.
Isoliere die Variable a [die Variable b] auf einer Seite der Gleichung.

b) Isoliere in der Formel $u = 2a + 2b$ die Variable b.

c) Isoliere in der Gleichung $2\alpha + \gamma = 180°$ die Variable γ.

4. **a)** Welche Umformungen wurden gemacht?

(1) $4 \cdot a = u$; $a = \frac{u}{4}$

(2) $A = a \cdot b$; $\frac{A}{a} = b$

(3) $u = a + b + c$; $c = u - a - b$

(4) $u = a + 2b + c$; $a = u - (2b + c)$

b) Auf welche Figuren könnten sich die Formeln aus Teilaufgabe a) beziehen?

5. **a)** Für den Umfang eines Parallelogramms gilt: $u = 2a + 2b$.
Isoliere die Variable b.

b) Für den Flächeninhalt des Parallelogramms gilt: $A = a \cdot h$.
Isoliere
(1) die Variable a; (2) die Variable h.
Warum liegt eine erlaubte Umformung vor?

c) Rechts wurde falsch umgeformt. Berichtige.

6. Für das Volumen eines Quaders gilt: $V = a \cdot b \cdot c$
Isoliere die Variable a [die Variable b; die Variable c].
Berechne die fehlende Größe für:
(1) $V = 900\ m^3$; $b = 3\ m$; $c = 8\ m$
(2) $V = 720\ cm^3$; $a = 3{,}5\ cm$; $c = 4{,}5\ cm$
(3) $V = 46{,}75\ l$; $a = 5{,}5\ dm$; $b = 2{,}5\ dm$

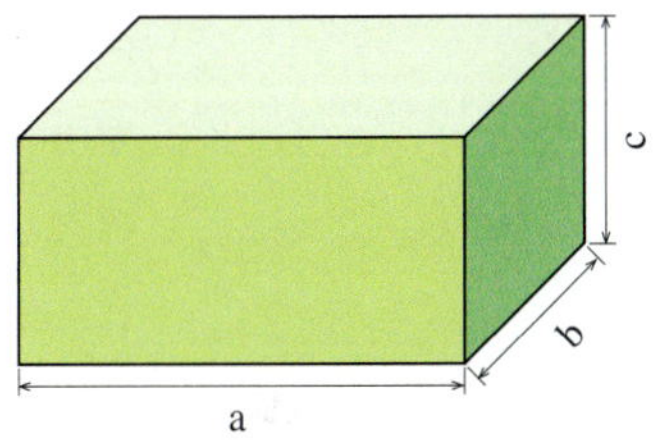

7. Die Formel für die gesamte Kantenlänge k eines Quaders lautet: $k = 4 \cdot a + 4 \cdot b + 4 \cdot c$

a) Begründe die Formel.

b) Isoliere in der Formel die Variable a [die Variable b; die Variable c] auf einer Seite.
Bilde selbst Zahlenbeispiele.

8. Die Formel für den Oberflächeninhalt eines Quaders lautet: $A_O = 2ab + 2ac + 2bc$.

a) Isoliere die Variable a [die Variable b; die Variable c] auf einer Seite der Gleichung.

b) Berechne die fehlende Größe für:
(1) $A_O = 80\ cm^2$; $b = 3\ cm$; $c = 5\ cm$; (2) $A_O = 95\ cm^2$; $a = 2{,}5\ cm$; $b = 3{,}5\ cm$

9. Betrachte die Formeln aus der Physik.

(1) $v = \frac{s}{t}$ (3) $U = U_1 + U_2$ (5) $I = I_1 + I_2 + I_3$

(2) $\varrho = \frac{m}{V}$ (4) $P = \frac{E}{t}$ (6) $F_1 \cdot l_1 = F_2 \cdot l_2$

a) Was bedeuten die verwendeten Buchstaben?

b) Isoliere in den Formeln jede auftretende Variable.

10. Angela hat umgeformt. Berichtige ihre Fehler.

3.6 Betragsgleichungen

Aufgabe 1

Bestimme die Lösungsmenge der Betragsgleichung: **a)** $|x-7| = 5$; **b)** $3 \cdot |a+2| = 12$.

Lösung

a) In der Gleichung kommt der absolute Betrag vor (siehe Seite 58). Die Zahlen 5 und –5 haben den Betrag 5. Wir unterscheiden daher zwei Fälle:

1. Fall: $x - 7 = 5 \quad | +7$
$x = 12$

2. Fall: $x - 7 = -5 \quad | +7$
$x = 2$

Lösungsmenge $L = \{2; 12\}$

Probe: (1) *Probe* für 2

$|2-7| = 5$ (w?)	
$|2-7|$ $= |-5|$ $= 5$	5

(2) *Probe* für 12

$|12-7| = 5$ (w?)	
$|12-7|$ $= |-5|$ $= 5$	5

b) Wir wenden zunächst die Umformungsregeln für Gleichungen an:

$3 \cdot |a+2| = 12 \quad | : 3$
$|a+2| = 4$

1. Fall: $a + 2 = 4 \quad | -2$
$a = 2$

2. Fall: $a + 2 = -4 \quad | -2$
$x = -6$

Lösungsmenge $L = \{-6; 2\}$

Probe: (1) *Probe* für 2

$3 \cdot |2+2| = 12$ (w?)	
$3 \cdot |4|$ $= 3 \cdot 14$ $= 12$	12

(2) *Probe* für –6

$3 \cdot |-6+2| = 12$ (w?)	
$3 \cdot |-4|$ $= 3 \cdot 4$ $= 12$	12

Lösen von Gleichungen mit Beträgen
Beim Lösen von Betragsgleichungen müssen zwei Fälle unterschieden werden.
Die Umformungsregeln gelten auch für Gleichungen mit Beträgen.

Übungsaufgaben

2. Bestimme die Lösungsmenge. Führe auch eine Probe durch.

a) $|x-5| = 9$ **c)** $|x+5| = 3$ **e)** $|12y| = 18$ **g)** $|3x| = 0$
b) $|x-3| = 2$ **d)** $|4x| = 8$ **f)** $|-2z| = 6$ **h)** $|-\frac{1}{2}x| = 2$

3. **a)** $|2x-4| = 6$ **b)** $|2-3x| = 6$ **c)** $|5z-2+3z| = 1$ **d)** $|3x+5x-2x| = 4$

4. **a)** $|x|+5 = 12$ **b)** $|x|-6 = 18$ **c)** $2 \cdot |x| = 14$ **d)** $4 \cdot |x| + 5 = 21$

5. **a)** $|2x-3|-5 = 17$ **b)** $|12x-5|+6 = 25$ **c)** $2+|x-2| = 8$ **d)** $4 \cdot |4-x| = 32$

6. Warum hat $|3x-6| = -4$ keine Lösung?

3.7 Gleichungen vom Typ $T_1 \cdot T_2 = 0$

Aufgabe 1

Bestimme die Lösungsmenge L der Gleichung $(x - 5) \cdot (x - 3) = 0$.

Lösung

Wir wenden den Satz an:
Ein Produkt ist genau dann gleich 0, wenn mindestens ein Faktor 0 ist.

$$(x - 5) \cdot (x - 3) = 0$$

1. Fall: $x - 5 = 0$
$x = 5$

2. Fall: $x - 3 = 0$
$x = 3$

$L = \{3; 5\}$

(1) *Probe:* für 3

$(3 - 5) \cdot (3 - 3) = 0$	(w?)
$(3 - 5) \cdot (3 - 3)$ $= (-2) \cdot 0$ $= 0$	0

(2) *Probe:* für 5

$(5 - 5) \cdot (5 - 3) = 0$	(w?)
$(5 - 5) \cdot (5 - 3)$ $= 0 \cdot 2$ $= 0$	0

Lösen von Gleichungen des Typs $T_1 \cdot T_2 = 0$

Beim Lösen von Gleichungen des Typs $T_1 \cdot T_2 = 0$ benutzen wir den Satz, dass ein Produkt genau dann gleich 0 ist, wenn mindestens ein Faktor 0 ist.
Wir setzen jeden einzelnen Term gleich 0 und lösen die Gleichungen mithilfe der Umformungsregeln.

Übungsaufgaben

2. Bestimme die Lösungsmenge.

a) $(x - 4)(x - 9) = 0$
$(x - 1)(x - 6) = 0$
$(x - 5)(x + 3) = 0$
$(x + 7)(x + 6) = 0$
$(x - 8)(3 - x) = 0$

b) $(x - 1{,}5)(x - 2) = 0$
$(x + 4)(x - 3{,}7) = 0$
$(x - 0{,}8)(x + 2{,}5) = 0$
$(x + 1{,}1)(x + 6{,}6) = 0$
$(4{,}5 - x)(0{,}2 + x) = 0$

c) $x(x - 10) = 0$
$x(x + 25) = 0$
$(x - 3{,}5)x = 0$
$(x + 7{,}1)x = 0$
$(0{,}1 - x)x = 0$

3. **a)** $(3x - 6)(x + 4) = 0$
$(x - 11)(5x - 20) = 0$
$x(7x + 35) = 0$
$(5 - 10x)(9 + 3x) = 0$

b) $(6x + 18)(2x - 14) = 0$
$(9x + 9)(7x + 21) = 0$
$(12x - 36)(33 - 11x) = 0$
$(14 + 2x)(14 - 2x) = 0$

c) $3x(12 + 5x) = 0$
$(8x - 12)x = 0$
$(16 + 10x)7x = 0$
$-x(35 - 7x) = 0$

4. Notiere eine Gleichung mit der angegebenen Lösungsmenge.

a) $\{7; 11\}$ **b)** $\{-3; 1\}$ **c)** $\{-5; -2\}$ **d)** $\{0; -8\}$

5. Fülle die Lücke aus, sodass die Gleichung die angegebene Lösungsmenge hat.

a) $(3x - 21)(5x - 25) = 0$; $\{7; 5\}$
b) $(2x + -16)(4x - 12) = 0$; $\{3; 8\}$
c) $(6x + 12)(x - 2) = 0$; $\{2; -2\}$
d) $(7x - 0)(3x + 9) = 0$; $\{-3; 0\}$
e) $(4 \cdot x - 8) \cdot 12x = 0$; $\{0; 2\}$
f) $(-7 \cdot x + 7) \cdot 8x = 0$; $\{1; 0\}$
g) $(\square \cdot x - 1) \cdot (x + 6) = 0$; $\{-6; 0{,}1\}$
h) $(\square \cdot x + 8) \cdot (x + 4) = 0$; $\{-4\}$

6. Warum hat die Gleichung $(x^2 + 1)(x^2 + 2) = 0$ keine Lösung?

3.8 Vermischte Übungen

1. **a)** Vereinfache den Term $0{,}7\,x - 6{,}2 + 2{,}1\,x + 9{,}1 - 8{,}3\,x - 10{,}9 + \frac{x}{2}$.

b) Für welche Zahlen für x nimmt der Term die Werte -3; -9; 8; 0 an?

2. Bestimme den Wert der Variablen mithilfe einer Gleichung

a)

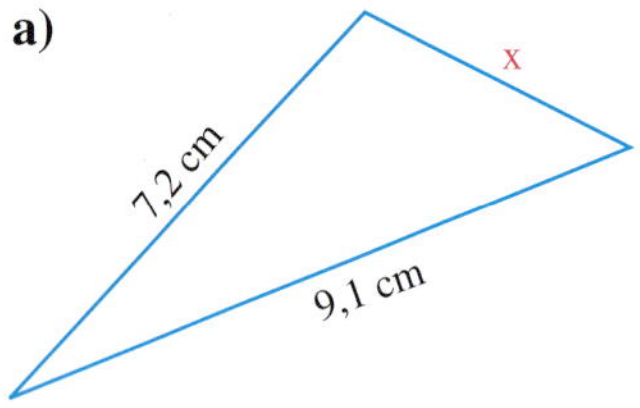

u = 24 cm

b)

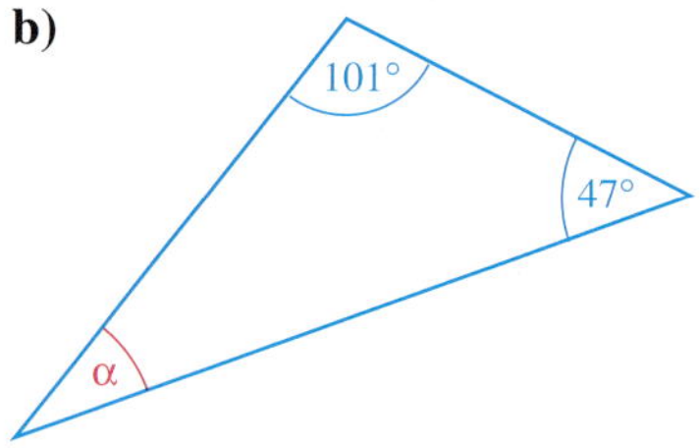

c)

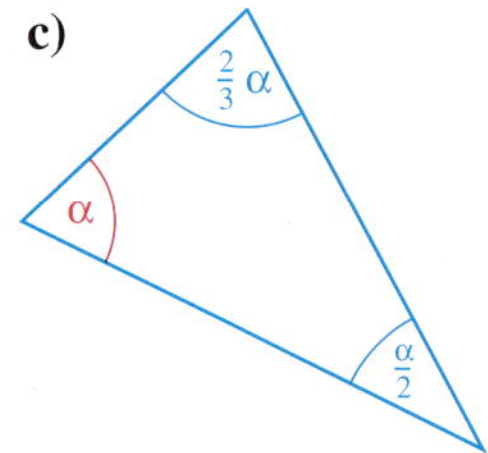

3. Die Abbildungen zeigen Drahtmodelle von Körpern (Maße in cm).
Bestimme x aus der Gesamtkantenlänge s des Körpers.

a)

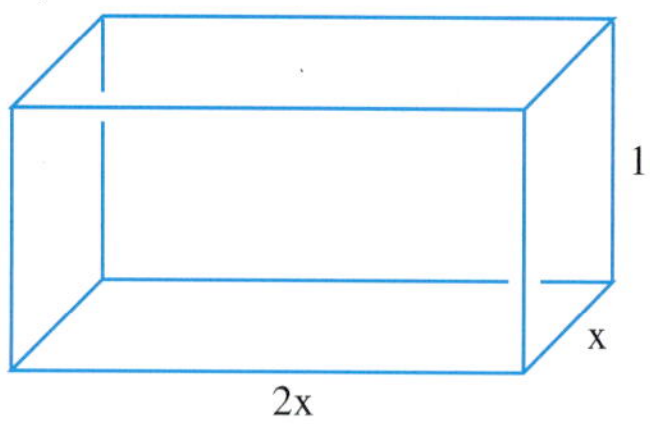

s = 28 cm

b)

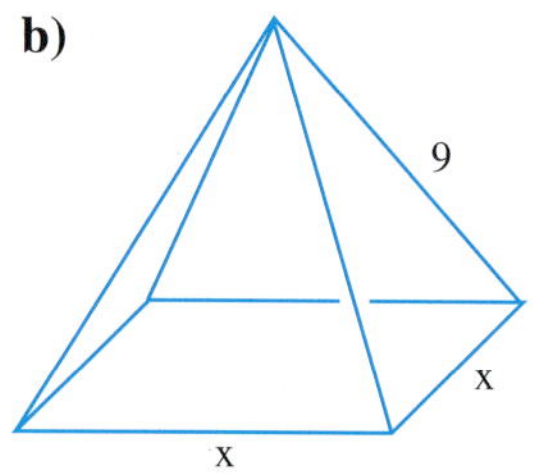

s = 52 cm

c)

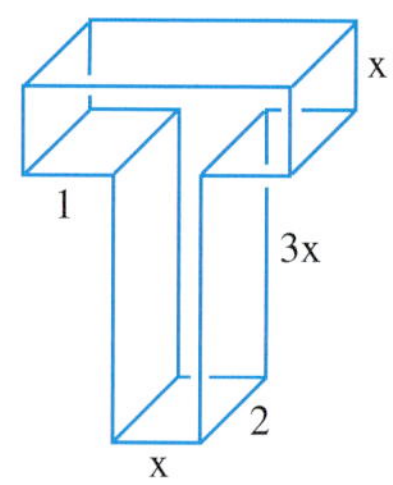

s = 74 cm

4. Was gehört in die Lücken? Beachte jeweils die Lösungsmenge links.

a) Wenn man zu dem 5fachen einer Zahl die Zahl 46 addiert, erhält man das □fache der gesuchten Zahl, verringert um 10.

b) Wenn man von 75 das 7fache einer Zahl subtrahiert, erhält man das 11fache der gesuchten Zahl, vermehrt um □ .

5. Gib zu der Gleichung ein Zahlenrätsel an. Bestimme dann die gesuchte Zahl.

a) $4\,x + 10 = 38$ **b)** $\frac{1}{2}\,x - 3 = 7$ **c)** $2\,x + 16 = 26$ **d)** $8\,z - 3 = 21$

6. Addiere das Dreifache von x zu der Summe aus 15 und x^2. Stelle den Term auf.
Berechne dann den Wert des Terms für 17 für x, 0,8 für x, $\frac{2}{3}$ für x, -1 für x.

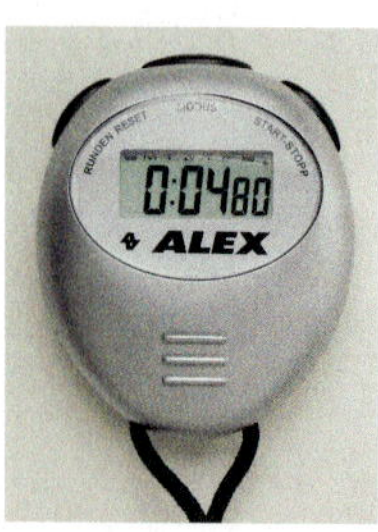

7. **a)** Maria beobachtet ein Feuerwerk in der Ferne. Den Explosionsknall einer Feuerwerksrakete hört sie 4,8 Sekunden, nachdem die Explosion zu sehen war. Das stellt sie mithilfe der Stoppuhr ihrer Armbanduhr fest. Sie weiß: Für 1000 m benötigt der Schall 3 Sekunden.
Wie weit ist Maria von dem Feuerwerk entfernt?

b) Die Klasse 7a plant eine Autobusfahrt zum Zoo in Dresden. Jeder der 28 Schüler soll 11,85 € zahlen. Am Fahrttag sind einige Schüler krank. Es fahren nur 21 Schüler mit.
Wie viel Euro entfällt jetzt auf jeden Schüler?

8. **a)** Susanne und Tina haben eine Spardose. In Susannes Spardose befinden sich 30 €, in Tinas noch nichts. Täglich werden in Susannes Dose 1 € und in Tinas Dose 2,50 € gesteckt. Nach wie vielen Tagen ist in beiden Spardosen gleich viel Geld?

b) Erfinde selbst andere Zahlenangaben und rechne damit das Ergebnis aus. Nimm auch einmal an, dass auch in Tinas Spardose schon Geld vorhanden ist.

9. In einem Viereck sind zwei Winkel gleich groß. Der dritte Winkel ist so groß wie diese beiden Winkel zusammen. Der vierte Winkel ist nur halb so groß wie einer der beiden gleich großen Winkel.
Wie groß sind die vier Winkel?

10. Im Mittelalter stellten italienische Mathematiker, wie auch Leonardo von Pisa, Aufgaben folgender Art:
Jemand ging in einen Apfelgarten, der von 3 Mauern mit Toren umgeben war, und pflückte hier eine bestimmte Anzahl Äpfel. Als er hinausgehen wollte, musste er dem Wächter am ersten Tor die Hälfte seiner Äpfel und noch einen mehr geben. Die Wächter am 2. und 3. Tor stellten dieselbe Forderung. Zum Schluss hatte er nur noch einen Apfel.
Wie viele Äpfel hatte er gepflückt?

Löse diese Aufgabe **a)** mithilfe einer Gleichung; **b)** durch Rückwärtsrechnen.

11. Erstelle einen Term für die Anzahl der Punkte in der n-ten Figur der Reihe und berechne, welche Figur aus 1234 Punkten besteht.

12. Das Rechenbüchlein des Adam Riese (1492 – 1559) enthält folgende Aufgabe:
Item ein Son fragt seinen Vater / wie alt er sey / Der Vater antwortet ihm / sprechende: Wann du werest noch so alt / halb so alt / ein viertheil so alt / und ein Jar älter so werest du gerad 100 Jar alt. Die frag wie alt der Son sey.

13. Im bekannten Bamberger Rechenbüchlein (1483) findet man:
Es ist ein Thurn gepawel nach soliche Sitten on des thurn ist $\frac{1}{4}$ im ertrich und $\frac{1}{5}$ im wasser und 100 schuch im Luft. Nu fragt man wyvil schuch sein in wasser des thurn on wyvil schuch sein im ertrich und eyvil schuch sein an dem ganzen thurn.

14. Leonhard Euler hat 1770 eine „Vollständige Anleitung zur Algebra“ geschrieben. Aus ihr entnehmen wir: **Ein Vater hinterläßt seinen drei Söhnen ein Vermögen von 1600 Reichstalern. Nach seinem Testament soll der älteste Sohn 200 Reichstaler mehr haben als der zweite, der zweite aber 100 Reichstaler mehr als der dritte. Wieviel bekommt jeder?**

Projekt

Projekt

Spiele mit gebrochenen Zahlen

Du hast bisher die natürlichen Zahlen und die gebrochenen Zahlen kennen gelernt. Bei den meisten Spielen, die du aus dem Alltag kennst, werden Punkte oder Spielstände mit natürlichen Zahlen angegeben.
Gebrochene Zahlen kann man auch sehr gut zum Spielen verwenden. So sollt ihr bei diesem Projekt Spiele erfinden oder bekannte Spiele so abändern, dass man sie mit Brüchen oder Dezimalbrüchen spielen kann. Natürlich dürft ihr auch ganz andere oder eigene Spielideen verwirklichen. Neben einer guten Idee müsst ihr aber auch gutes Spielmaterial

Vorschlag 1:
Bruchwürfelspiel

Das Würfelspiel „Mensch ärgere dich nicht“ kann man auch mit Brüchen spielen. Stelle dir z.B. einen eigenen Würfel mit den Zahlen $\frac{1}{3}$, $\frac{1}{6}$, $\frac{1}{2}$, $\frac{1}{4}$, $\frac{2}{3}$, 1 her. Wie muss denn das passende Spielfeld dazu aussehen? Wie viele Felder darf man bei $\frac{1}{2}$ oder bei $\frac{1}{3}$ gehen? Vielleicht könnt ihr auch andere Brüche verwenden oder andere Würfelspiele mit einer Bruchskala versehen. Vielleicht fällt euch auch ein eigenes Spezialbruchspiel ein.

Vorschlag 2:
Bruchmemory

Sicher kennt ihr das normale Bildermemory. Diese Spielidee kann man gut in ein Zahlenmemory umwandeln. Ein Memorypaar besteht diesmal aus zwei unterschiedlichen Schreibweisen für dieselbe gebrochene Zahl (z.B. 0,3 und $\frac{3}{10}$). Man kann das auch noch schwieriger machen, indem man Memoryvierlinge herstellt; hier müssen dann vier gebrochene Zahlen den gleichen Wert haben.

herstellen. Fragt dazu einmal eure Kunsterzieherin oder euren Kunsterzieher. Denke auch an eine gute und genaue Spielanleitung; ohne sie wird dein Spiel nur die Hälfte wert sein; hier hilft sicherlich eure Deutschlehrerin oder euer Deutschlehrer.
Wir haben hier für euch einige Spielideen vorbereitet, die ihr aufgreifen könnt. Falls euch diese Anregungen nicht reichen, so haben wir hier einige Links ins Internet vorbereitet, die euch vielleicht weitere Ideen bringen können:
www.elemente-der-mathematik.de

Vorschlag 3: Bruchdomino

Beim Bruchdomino werden die Spielsteine aus Karton hergestellt. Auf dem Spielstein werden zwei gebrochene Zahlen notiert. Auf den anderen Spielsteinen sollten auch gebrochene Zahlen mit dem gleichen Wert stehen. Nun dürft ihr wie beim richtigen Domino nur die Spielsteine mit der Seite aneinanderlegen, die den gleichen Wert haben.

Vorschlag 4: Bruchlegespiel

Hier müsst ihr euch zwei Spielwürfel basteln. Ihr benötigt einen gewöhnlichen Würfel, auf dessen sechs Seitenflächen aber verschiedene Brüche geschrieben sind, z.B. $\frac{1}{4}$, $\frac{1}{8}$, $\frac{1}{2}$, $\frac{3}{4}$, $\frac{3}{8}$ und 1. Ferner benötigt ihr einen zwölfflächigen Würfel, einen Dodekaeder, auf dessen Seitenflächen die Zahlen von 1 bis 12 notiert sind. Nun gibt es noch als Steine Quadrate und verschiedene Bruchteile davon, nämlich $\frac{1}{8}$, $\frac{1}{4}$, $\frac{1}{2}$ in Form von Quadraten, Rechtecken oder Dreiecken. Bei einem Wurf mit beiden Würfeln kann man das Produkt der Ergebnisse der beiden Würfel bilden. Anschließend muss man dieses Produkt mit Quadraten und den Teilen davon legen. Allerdings darf man nur so viele Steine legen, dass das Legebild zur Spielachse symmetrisch bleibt.

Vorschlag 5: Bruchschwarzer Peter

Hier müsst ihr für eine gebrochene Zahl vier verschiedene Darstellungen finden. Diese notiert ihr auf vier Spielkarten. Insgesamt braucht ihr 8 verschiedene gebrochene Zahlen in jeweils vier verschiedenen Darstellungen und einen Schwarzen Peter mit einer gebrochenen Zahl, die auf den anderen Karten nicht vorkommt. Das Spiel funktioniert wie üblich: Die Karten werden an die Mitspieler verteilt. Jeder Spieler zieht ein Blatt aus den verdeckten Karten seines rechten Nachbarn und kann ein Paar aus zwei Karten mit derselben gebrochenen Zahl abwerfen. Wer die einzelne Karte zum Schluss behält, hat verloren.

Vorschlag 6: Bruchrechenübungsspiel

Auch hier müsst ihr euch Spielkarten anfertigen: Die Spielkarten sollen nur Brüche mit dem Nenner 2, 3, 4, 6, 12 und oder entsprechende Dezimalbrüche tragen. Wichtig ist, dass beim Addieren oder Subtrahieren der Brüche keine neuen Nenner entstehen. Nun werden die Karten der Reihe nach abgelegt und die Werte addiert oder subtrahiert. Ergibt sich man nach dem Ablegen einer Karte eine natürliche Zahl als Ergebnis, so erhält der Spieler einen Punkt, der den letzten Bruch abgelegt hat. Vielleicht findest du auch eigene Spielregeln.

Bist du fit?

1. Setze für die Variable nacheinander die Zahlen 5; -3; 2,7; $-1{,}5$; $\frac{1}{2}$; $-\frac{1}{4}$ ein.
Berechne jeweils den Wert des Terms.

a) $21 - 2 \cdot x$ **b)** $16 : a$ **c)** $b \cdot (8 + b)$ **d)** $e^2 - 4e$ **e)** $z \cdot |z + 3|$

2. Welche der Zahlen 7; 4; -3; $-2{,}5$; $\frac{1}{2}$; $-\frac{2}{3}$ sind Lösung der Gleichung?

a) $4c + 12 = 2$ **b)** $17 - 6a = 21$ **c)** $7z + 14 = 8 + 19z$ **d)** $46 + 8y = 123 - 3y$

3. Löse die Gleichung mithilfe der Umformungsregeln.

a) $3x - 6 = 15$ **c)** $16 + 5b = 34 - 2{,}5b$ **e)** $6x + 16 - 4{,}5x = 22 + 1{,}5x - 6$

b) $38 - 7a = 13$ **d)** $5{,}8 - 0{,}2z = 0{,}6z - 0{,}6$ **f)** $4 - 3x + 7 = x + 12 - 4x$

4. Bestimme die Lösungsmenge.

a) $|7 - x| = 13$ **b)** $12 - \frac{8}{z} = 8$ **c)** $4(a - 4) = -16$ **d)** $(b - 2)(6 + 2b) = 0$

5. Notiere jeweils zwei Gleichungen mit der angegebenen Lösungsmenge.

a) $L = \{2\}$ **b)** $L = \{1{,}5\}$ **c)** $L = \{-3\}$ **d)** $L = \{-\frac{2}{5}\}$

6. Löse das Zahlenrätsel mithilfe einer Gleichung.

a) Wenn man zum 3fachen einer Zahl 17 addiert, erhält man 53.

b) Wenn man von 102 das Doppelte einer Zahl subtrahiert, erhält man das 4fache der Zahl.

c) Addiert man zur Hälfte einer Zahl 78, so erhält man 36 mehr als das 4fache der gesuchten Zahl.

7. Gib zu der Gleichung ein Zahlenrätsel an. Bestimme dann die gesuchte Zahl.

a) $36 - 3a = 15$ **b)** $\frac{1}{3}x + 4 = 55$ **c)** $19 + \frac{1}{2}a = 34 - \frac{1}{3}a$

8. Erstelle eine Formel für den Umfang der abgebildeten Figur.
Löse nach a auf.
Berechne a für u = 36 cm, b = 3,5 cm und c = 3 cm.

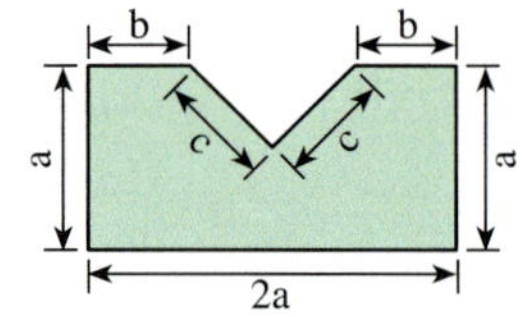

9. Ute kauft bei einem Bäcker 7 Stücke Kuchen der gleichen Art und außerdem ein Brot zu 1,85 €. Sie zahlt insgesamt 6,40 €. Wie viel kostet ein Stück Kuchen? Stelle dazu eine Gleichung auf.

10. a) Aus einem 200 cm langen Stück Draht soll ein Dreieck hergestellt werden, welches zwei gleich lange Seiten hat. Die dritte Seite soll 50 cm lang werden.
Wie lang sind die gleich langen Seiten des Dreiecks?

b) Aus einem 3 m langen Stück Draht soll ein Dreieck hergestellt werden, welches zwei gleich lange Seiten hat. Jede dieser Seiten soll 95 cm lang sein.

4. PROZENTRECHNUNG

- Was bedeuten die Aussagen von Lisa und Kai?
  Du weißt, dass in vielen Bereichen der Wirtschaft und des täglichen Lebens Angaben in Prozent verwendet werden. Einige Beispiele siehst du hier.

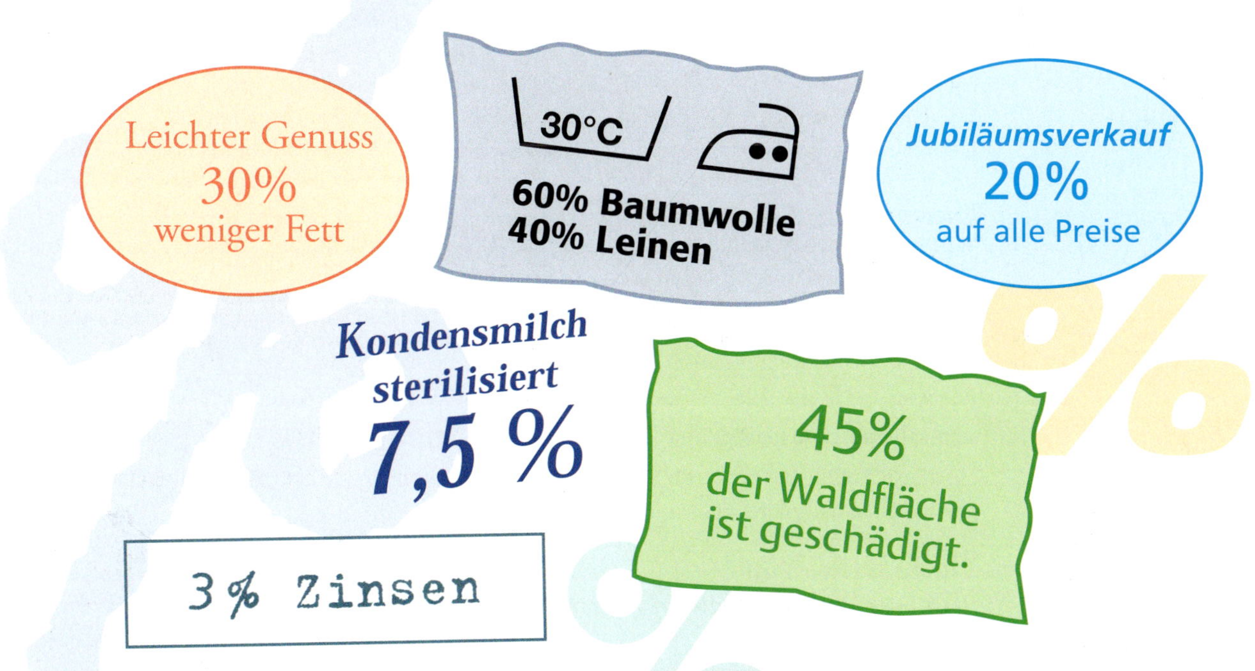

- Was bedeuten die Prozentangaben bei diesen Abbildungen?
- Nenne weitere Beispiele, wo das %-Zeichen verwendet wird.
- Suche unterschiedliche Beispiele für Prozentangaben auf Verpackungen, in Zeitungen oder in Illustrierten.
- Was bedeutet der Satz: „Jörg ist ein 150-Prozentiger.“?

In diesem Kapitel lernst du, in welchen Bereichen Prozentangaben wichtig sind und wie man mit Prozenten rechnen kann.

4.1 Absoluter und relativer Vergleich – Prozentbegriff

Aufgabe 1

Für die Tombola eines Schulfestes haben die Schülerinnen und Schüler der Klassen 7a und 7b Behälter mit Losen vorbereitet. Tim verkauft die Lose für die Klasse 7a, Anne die Lose für die Klasse 7b. Beide werben mit dem Spruch: „Bei uns mehr Gewinnlose!"
Was meinst du dazu?

Lösung

Für den Werbespruch verwendet jede Klasse eine andere Art des Vergleichs.
Die Klasse 7a hat mehr Gewinnlose als die Klasse 7b (129 Gewinnlose statt 126). Tim vergleicht nur die Anzahl der Gewinnlose; dabei berücksichtigt er die Gesamtzahl der Lose der jeweiligen Klasse nicht.
Will man jedoch jeweils die Gesamtzahl der Lose berücksichtigen, so muss man die Anteile der Gewinnlose an der Gesamtzahl der Lose vergleichen.

Für Klasse 7a gilt: 129 von 300 Losen sind Gewinnlose. Der Anteil der Gewinnlose an der Gesamtzahl der Lose beträgt also $\frac{129}{300}$.

Für Klasse 7b gilt: 126 von 280 Losen sind Gewinnlose. Der Anteil der Gewinnlose an der Gesamtzahl der Lose beträgt hier $\frac{126}{280}$.

Um diese Anteile besser vergleichen zu können, notieren wir sie als Brüche mit gemeinsamem Nenner, als Dezimalbrüche oder in Prozent:

Klasse 7a: $\frac{129}{300} = \frac{43}{100} = 0{,}43 = 43\,\%$ Klasse 7b: $\frac{126}{280} = \frac{9}{20} = \frac{45}{100} = 0{,}45 = 45\,\%$

Bei Klasse 7b ist der Anteil an Gewinnlosen größer als bei der Klasse 7a.
So vergleicht Anne.

Information

(1) Absoluter und relativer Vergleich

Beim Vergleich der Gewinnlose gehen beide Klassen unterschiedlich vor. Das hängt davon ab, worauf man Wert legt.

Vergleicht man Anzahlen bzw. Größen direkt miteinander, so nennt man dies einen **absoluten Vergleich.** In Aufgabe 1 ist dies der Vergleich der Anzahlen der Gewinnlose.

Vergleicht man Anteile an einem Ganzen, so spricht man von einem **relativen Vergleich.** In Aufgabe 1 ist dies der Vergleich der Anteile der Gewinnlose an der jeweiligen Gesamtzahl aller Lose.

Beim relativen Vergleich berücksichtigt man das jeweilige Ganze, also in Aufgabe 1 die jeweilige Gesamtzahl der Lose, beim absoluten Vergleich lässt man sie außer Acht.

(2) Berechnen von Anteilen – Prozentbegriff

Anteile an einem Ganzen führen auf gemeine Brüche. In vielen Fällen kann man mit Hundertstelbrüchen Vergleiche günstig durchführen. Für Hundertstelbrüche benutzt man die Prozentschreibweise.

Anteile an einem Ganzen werden oft in Prozent angegeben.
Prozent (in Zeichen %) bedeutet *Hundertstel*;
p% ist also das Gleiche wie $\frac{p}{100}$:

$\mathbf{p\% = \frac{p}{100}}$; **p% heißt Prozentsatz.**

Beispiele:

$1\% = \frac{1}{100} = 0{,}01$ $\quad 36\% = \frac{36}{100} = 0{,}36$

$42\% = \frac{42}{100} = 0{,}42$ $\quad 100\% = \frac{100}{100} = 1$

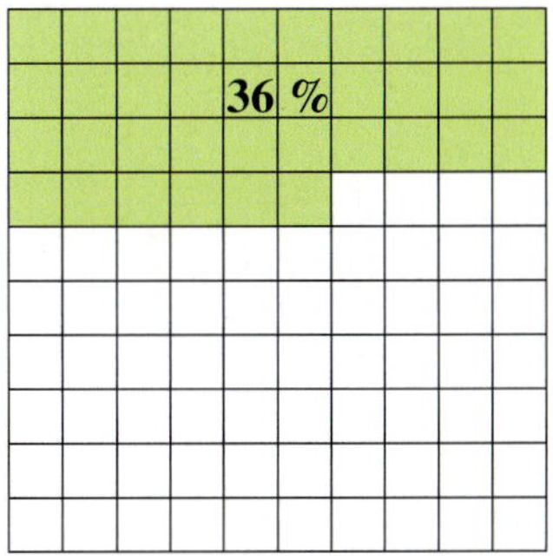

Weiterführende Aufgaben

2. *Gebrochene Prozentsätze*

In vielen Fällen kommen auch Prozentsätze vor, die nicht ganzzahlig sind, z. B. 3,5% Fettgehalt bei Frischmilch, 7,5% Fettgehalt bei Dosenmilch.

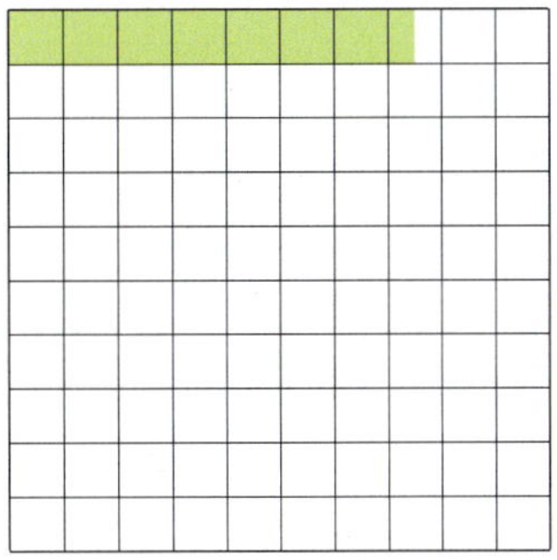

$7{,}5\% = \frac{7{,}5}{100} = \frac{75}{1\,000} = 0{,}075$

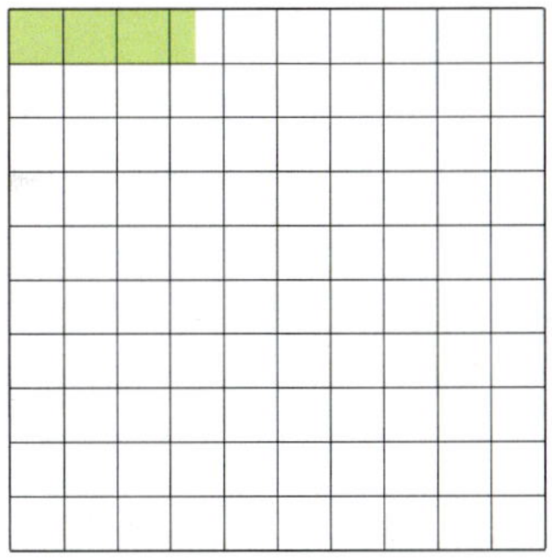

$3{,}5\% = \frac{3{,}5}{100} = \frac{35}{1\,000} = 0{,}035$

a) Schreibe als vollständig gekürzten Bruch und als Dezimalbruch:
1,5%; 12,5%; 0,7%; 20,16%; 74,25%; 0,08%

b) Schreibe als Prozentsatz:
0,428; 0,036; 0,003; 0,408; 0,020; 0,7002

$0{,}225 = \frac{225}{1\,000} = \frac{22{,}5}{100} = 22{,}5\%$

3. *Streifendiagramm*

Die Fläche der Stadt Dresden ist ca. 328 km² groß, davon sind 28% Gebäude- und Freifläche, 21% Wald, 35% landwirtschaftliche Fläche, 11% Verkehrsfläche, der Rest Erholung und Wasserfläche.
Erläutere das Streifendiagramm und ergänze die fehlende Angabe (im Kopf).

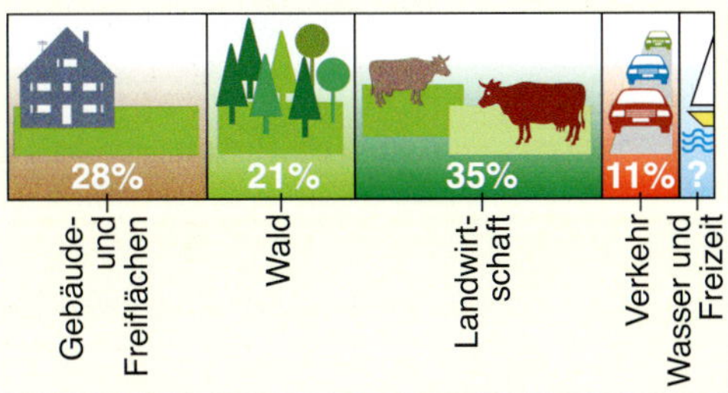

Übungsaufgaben

4. Bei einer Hitparade hat der „Top-Hit der Woche“ in den letzten acht Wochen unterschiedliche Stimmenanzahlen erreicht. In welcher Woche war der Top-Hit am erfolgreichsten?
Erstelle eine mögliche Rangfolge. Überlege zunächst, was in diesem Zusammenhang „erfolgreich“ bedeuten könnte.

Woche	1	2	3	4	5	6	7	8
Stimmen für Top-Hit	1 100	1 000	945	900	630	1 260	600	1 170
abgegebene Stimmen	2 200	2 500	2 700	1 500	2 100	2 800	2 400	1 800

5. Welcher Anteil der Fläche ist rot, welcher Anteil blau, welcher Anteil gelb gefärbt? Gib den Anteil auch in Prozent an.

a) 

b) 

c) 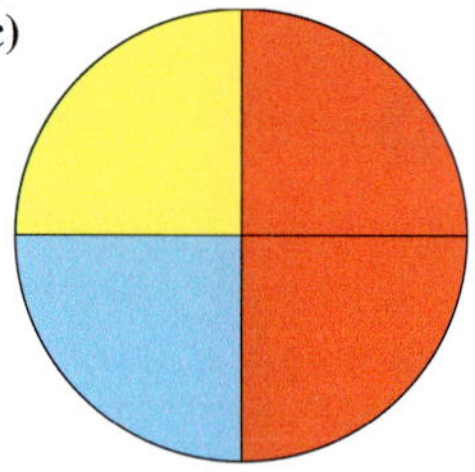

d) 

6. Wie viel Prozent der Fläche ist rot, wie viel grün, wie viel blau und wie viel gelb gefärbt?

a) 

b) 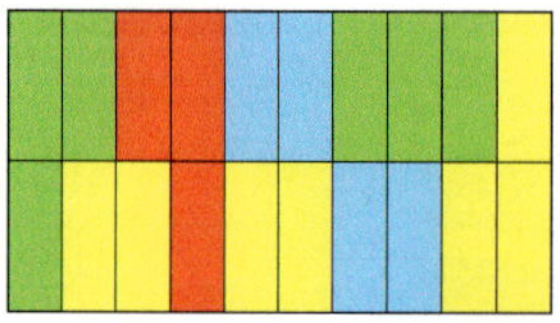

c) 

d) 

7. Das Bild zeigt die Aufteilung eines Gartens. Wie viel Prozent der Fläche entfällt auf den Rasen, wie viel Prozent auf die Gemüseanbaufläche, auf die Blumenbeete, auf das Gartenhaus?

8. **a)** Zeichne eine geeignete Strecke. Färbe davon 20% grün, 40% rot, 7% blau. Wie viel Prozent bleibt ungefärbt?

b) Zeichne ein geeignetes Rechteck. Färbe 24% der Fläche rot, 38% blau, 14% grün. Wie viel Prozent bleibt ungefärbt?

9. **a)** Schreibe als Dezimalbruch und als vollständig gekürzten Bruch: 17%; 48%; 8%; 60%; 95%; 16%; 1%

$38\% = \frac{38}{100} = 0{,}38$

$38\% = \frac{38}{100} = \frac{19}{50}$

b) Schreibe in Prozent:
0,26; 0,12; 0,09; 0,70; 0,9; 1; 0,1; 0,05

c) Erweitere oder kürze, bis du einen Hundertstelbruch erhältst. Schreibe dann in Prozent:

(1) $\frac{7}{10}$; $\frac{3}{5}$; $\frac{4}{20}$; $\frac{1}{25}$; $\frac{9}{25}$; $\frac{7}{50}$; $\frac{60}{200}$; $\frac{60}{300}$; $\frac{35}{500}$; $\frac{240}{1000}$

(2) $\frac{6}{8}$; $\frac{12}{15}$; $\frac{3}{25}$; $\frac{8}{20}$; $\frac{18}{150}$; $\frac{81}{90}$; $\frac{33}{55}$; $\frac{81}{135}$; $\frac{9}{60}$; $\frac{498}{996}$; $\frac{25}{1250}$

$\frac{1}{4} = \frac{25}{100} = 25\%$

$\frac{48}{200} = \frac{24}{100} = 24\%$

Bequeme Prozentsätze

$\frac{1}{2} = 50\%$

$\frac{1}{4} = 25\%$

$\frac{3}{4} = 75\%$

$\frac{1}{10} = 10\%$

$\frac{1}{5} = 20\%$

$\frac{1}{3} = 33\frac{1}{3}\%$

$\frac{2}{3} = 66\frac{2}{3}\%$

$\frac{1}{8} = 12{,}5\%$

10. Schreibe die Zahlen als Prozentsätze. Ordne sie dann nach der Größe.

a) $\frac{1}{2}$; $\frac{9}{20}$; $\frac{13}{25}$; $\frac{3}{5}$; $\frac{27}{50}$; $\frac{8}{10}$ **b)** $\frac{1}{5}$; $\frac{3}{20}$; $\frac{1}{10}$; $\frac{2}{25}$; $\frac{6}{40}$; $\frac{3}{12}$ **c)** $\frac{3}{4}$; $\frac{8}{25}$; $\frac{26}{40}$; $\frac{18}{45}$; $\frac{54}{120}$

11. Schreibe als Hundertstelbruch und als Dezimalbruch:

a) 24,5%; 30,7%; 46,1%; 97,6%

b) 4,2%; 9,5%; 1,3%; 0,5%; 0,8%

c) 12,75%; 20,25%; 3,25%; 4,86%

d) 4,85%; 6,75%; 7,24%; 0,75%; 0,04%

12. Schreibe als Prozentsatz: 0,475; 0,604; 0,236; 0,075; 0,109; 0,005; 0,024; 0,974

13. Schreibe als Prozentsatz; runde dann auf ganze Prozent:
0,561; 0,386; 0,249; 0,094; 0,0086; 0,1043; 0,0013

$0{,}0428 = 4{,}28\% \approx 4\%$

14. Nicht immer kann man durch Erweitern oder Kürzen einen Bruch in die Prozentschreibweise umwandeln. Durch Dividieren ist es immer möglich. Wandle wie im Beispiel um.

$\frac{1}{6} = 1:6 = 100\%:6 = 16\frac{2}{3}\%$

a) $\frac{1}{3}$; $\frac{1}{4}$; $\frac{1}{8}$; $\frac{5}{8}$; $\frac{1}{12}$; $\frac{2}{9}$; $\frac{4}{11}$ **b)** $\frac{4}{5}$; $\frac{2}{3}$; $\frac{3}{8}$; $\frac{5}{12}$; $\frac{1}{7}$; $\frac{2}{15}$; $\frac{1}{14}$

15. Übertrage die Figuren in dein Heft und ergänze zu 100%.

a) 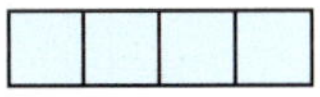 50 %

b)  50 %

c)  30 %

d) 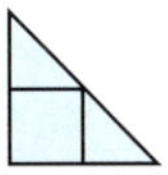 25 %

e) 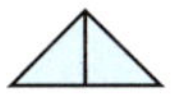 40%

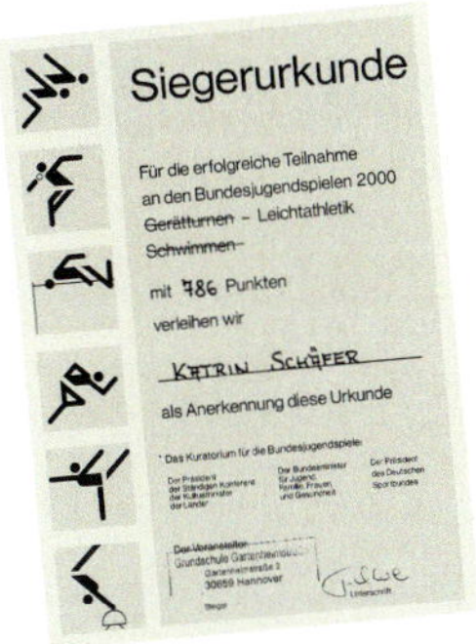

16. Beim Schulsportfest gibt es Siegerurkunden. Vergleiche die Erfolge der einzelnen Klassenstufen (siehe Tabelle rechts).

Klassenstufe	*Anzahl der Schüler*	*Anzahl der Urkunden*
7	75	27
8	80	28
9	75	25
10	78	26
11	74	26
12	70	25

17. An der Erich Kästner-Schule mit 580 Schüler(inne)n gibt es für die neuen Klassen 87 Anmeldungen. Am Wilhelm-Busch-Gymnasium mit 784 Schüler(inne)n sind 112 Neuanmeldungen. Welche Schule hat den größten Zuwachs?

18. Bei Fahrradunfällen kommt es immer wieder zu schweren Kopfverletzungen, weil keine Helme getragen werden. Eine Umfrage in einer Schule ergab:
In Klassenstufe 7 tragen von 150 Schüler(inne)n nur 36 regelmäßig einen Helm;
in Klassenstufe 8 mit 132 Schüler(inne)n tragen 33 regelmäßig einen Helm.
In welcher Klassenstufe sind die Schüler(inne)n sicherheitsbewusster?

19. In der Zeitung und im Fernsehen wird regelmäßig die Torschützenliste der Fußball-Bundesliga veröffentlicht. Informiere dich über den aktuellen Stand oder den zum Ende der letzten Saison. Welche Art des Vergleichs wird dabei vorgenommen? Begründe.

Spiel (3 – 5 Spieler)

20. *Prozentquartett*

Fertigt 44 Karten für das Spiel. Jeweils vier Karten (so wie die abgebildeten) gehören zusammen und ergeben ein Quartett. Stellt Quartette für die folgenden Prozentsätze her:
50%; 25%; 10%; 5%; 20%; 75%; 40%; 60%; 30%; 90%; 70%.

Spielregel: Die Karten werden an die Mitspieler verteilt. Ziel des Spiels ist es, möglichst viele vollständige Quartette (wie in der Abbildung) zu sammeln und abzulegen.

4.2 Grundaufgaben der Prozentrechnung

4.2.1 Berechnen des Prozentsatzes

Einführung

Die Klasse 7a macht einen Radausflug zum 25 km entfernten Badesee. Mehr als die Hälfte der gesamten Strecke geht über Feldwege. Berechne den genauen Anteil der Feldwege an der gesamten Strecke. Gib diesen Anteil in Prozent an.
Wie viel Prozent der gesamten Strecke führt durch den Wald, wie viel über Straßen?

Feldweg 14 km Waldweg 8 km Straße 3 km

Du musst berechnen, welchen Anteil 14 km von 25 km ausmachen.

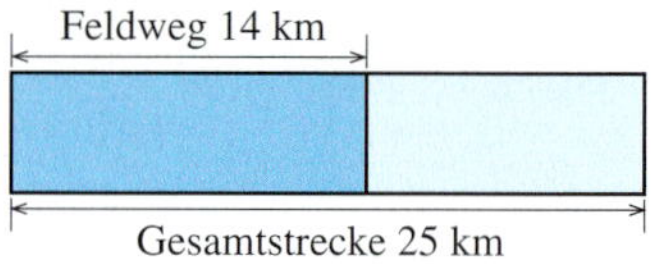

Gegeben: Grundwert (Ganzes) G = 25 km
Prozentwert (Teil des Ganzen) W = 14 km

Gesucht: Prozentsatz (Anteil am Ganzen) p%

Anteil am Ganzen bestimmen

Ansatz: 25 km $\xrightarrow{\cdot\, p\%}$ 14 km

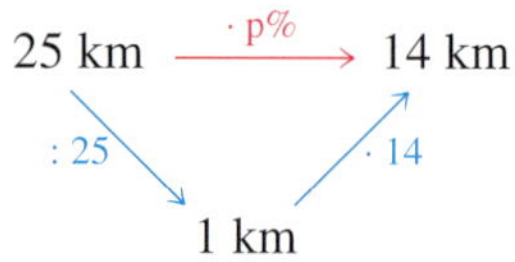

Aus der Zeichnung bzw. dem Pfeilbild entnehmen wir:
Der Anteil der Feldwege an der gesamten Strecke beträgt $\frac{14}{25}$.
Wir wandeln den Bruch in die Prozentschreibweise um:

1. Möglichkeit:

Erweitern auf den Nenner 100 — In Prozent umwandeln

$p\% = \frac{14}{25} = \frac{56}{100} = 56\%$

2. Möglichkeit:

Als Quotient schreiben — Dividieren — In Prozent umwandeln

$p\% = \frac{14}{25} = 14 : 25 = 0{,}56 = 56\%$

Ergebnis: 56% des Weges führt über Feldwege.

Entsprechend erhältst du: 32% der gesamten Wegstrecke geht durch den Wald und 12% über Straßen.

Information

Begriffe in der Prozentrechnung

In der Prozentrechnung kann man wie in der Bruchrechnung verfahren. Man verwendet anstelle der Begriffe Ganzes, Anteil und Teil die Ausdrücke *Grundwert*, *Prozentsatz* und *Prozentwert*.

Ausdrucksweisen in der *Bruchrechnung:* Ganzes $\xrightarrow{\cdot \text{ Anteil}}$ Teil des Ganzen

Ausdrucksweisen in der *Prozentrechnung:* **Grundwert** $\xrightarrow{\cdot \textbf{ Prozentsatz}}$ **Prozentwert**

Prozentrechnung ist Bruchrechnung mit Nenner 100

Beispiel:

38%	von 200 km	sind 76 km
Prozentsatz p% (Anteil)	Grundwert G (Ganzes)	Prozentwert W (Teil)

Schreibweise mit Pfeil:

200 km $\xrightarrow{\cdot\, 38\%}$ 76 km

200 km	· 38%	76 km
Grundwert G (Ganzes)	Prozentsatz p% (Anteil)	Prozentwert W (Teil)

Weiterführende Aufgabe

1. *Berechnen des Prozentsatzes mit dem Dreisatz*

a) Erläutere und begründe die nebenstehende Rechnung.

b) Berechne ebenso:
(1) p% von 150 kg sind 84 kg
(2) p% von 20 € sind 0,80 €
(3) p% von 7,2 km sind 600 m

Aufgabe:
p% von 350 € sind 77 €

Ergebnis:
p% = 22%

Rechnung:

350 €	100%
1 €	$\frac{100}{350}$%
77 €	$77 \cdot \frac{100}{350}$%

Übungsaufgaben

2. Bei der Klassensprecherwahl der Klasse 7c wurden 25 gültige Stimmen abgegeben. Wie viel Prozent der Stimmen entfielen auf Sascha, wie viel auf Henrike und wie viel auf Lucas?

3. Berechne den Prozentsatz im Kopf.

a) Grundwert: 20 kg Prozentwert: 10 kg; 15 kg; 5 kg; 1 kg; 2 kg; 4 kg

b) Grundwert: 800 € Prozentwert: 200 €; 80 €; 600 €; 8 €; 40 €; 720 €

4. Gib den Anteil in Prozent an. Rechne im Kopf.

a) 6 m von 24 m
7 kg von 35 kg

b) 18 *l* von 90 *l*
15 € von 100 €

c) 150 g von 150 g
27 dm von 540 dm

d) 9 m^3 von 72 m^3
41 m^2 von 205 m^2

5. Gib den Anteil in Prozent an. Beachte dabei die verschiedenen Einheiten.

a) 15 cm von 1 m
10 dm von 10 m

b) 7 mm von 14 cm
8 dm von 0,8 m

c) 1500 m von 6 km
220 m von 0,66 km

6. Berechne einen Näherungswert für den Prozentsatz im Kopf. Beachte die bequemen Prozentsätze. Bei der Überschlagsrechnung kannst du den Prozentwert, den Grundwert oder beide runden.

a) 40 m von 81 m
6 *l* von 31 *l*

b) 24 kg von 50 kg
58 € von 600 €

c) 12 m^2 von 42 m^2
42 km von 208 km

7. Frau Hansen verdient monatlich 1750 €. Davon zahlt sie 250 € auf ein Sparkonto. Wie viel Prozent des Gehaltes sind das?

8. Ergänze die fehlenden Prozentsätze.

7 000 $\xrightarrow{\cdot 83\%}$ 5 810 $\xrightarrow{\cdot ■\%}$ 5 229 $\xrightarrow{\cdot ■\%}$ 1 743 $\xrightarrow{\cdot ■\%}$ 348,6

7 000 $\xrightarrow{\cdot ■\%}$ 5 229; 5 229 $\xrightarrow{\cdot ■\%}$ 348,6

9. Die deutschen Touristen gaben im Jahr 2003 im Ausland insgesamt 57,187 Milliarden Euro aus.

a) Wie viel Prozent der Ausgaben entfielen auf Spanien? Runde auf ganze Prozent.

b) Stelle weitere Aufgaben und löse sie.

4.2.2 Berechnen des Prozentwertes

Aufgabe 1

Sachsen ist etwa 18 000 Quadratkilometer groß. Die Waldfläche beträgt ungefähr 25%. Wie groß ist Sachsens Waldfläche insgesamt?

Lösung

Du musst 25% von 18 000 km^2 berechnen.

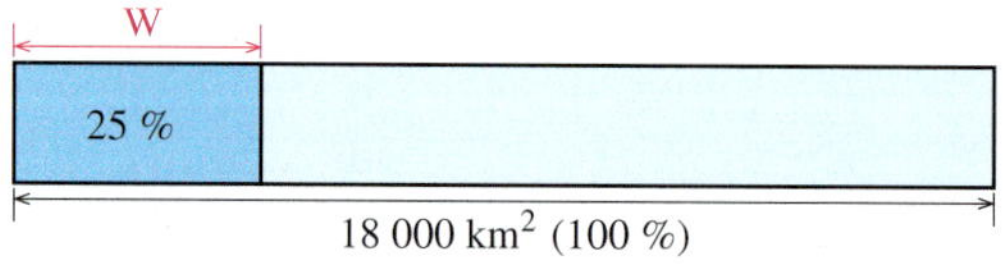

Gegeben: Grundwert G = 18 000 km^2
Prozentsatz p% = 25%

Gesucht: Prozentwert W

Teil des Ganzen bestimmen

Ansatz: 18 000 $km^2 \xrightarrow{\cdot 25\%} W$

Rechnung: Du weißt: 25% von 18 000 km^2 sind 18 000 $km^2 \cdot 25\%$

Für die Rechnung kannst du die Hundertstelbruchdarstellung oder die Dezimalbruchdarstellung von 25% verwenden.

1. Weg (mit Hundertstelbrüchen)

$W = 18\,000\ km^2 \cdot \frac{25}{100}$ (25%)
$= 4\,500\ km^2$

2. Weg (mit Dezimalbrüchen)

$W = 18\,000\ km^2 \cdot 0{,}25$ (25%)
$= 4\,500\ km^2$

Ergebnis: Die Waldfläche Sachsens beträgt etwa 4 500 km^2.

Weiterführende Aufgaben

2. *Berechnen des Prozentwertes mit dem Dreisatz*

a) Erläutere und begründe die nebenstehende Rechnung.

b) Berechne ebenso:
13% von 48 kg; 15% von 240 €;
35% von 80 m^2; 85% von 410 km

Aufgabe:
7% von 180 € sind W

Ergebnis:
W = 12,60 €

Rechnung:

100%	180,00 €
1%	1,80 €
7%	7 · 1,80 €

3. *Vorteilhaftes Berechnen des Prozentwertes*

a) Erkläre jeweils den Lösungsweg von Benjamin und Luisa.

Benjamin:

Aufgabe: Berechne 12,5% von 56 l.
Rechnung: 12,5% von 56 l
$= \frac{1}{8}$ von 56 l
$= \frac{1}{8} \cdot 56\ l = 7\ l$
Ergebnis: 7 l

Luisa:

Aufgabe: Berechne 15% von 680 €.
Rechnung: 10% von 680 € sind 68 €.
Die Hälfte von 68 € sind 34 €.
68 € + 34 € = 102 €
Ergebnis: 102 €

b) Berechne vorteilhaft:
(1) 12,5% von 320 kg; $33\frac{1}{3}\%$ von 36 min; $66\frac{2}{3}\%$ von 480 m; 75% von 720 m^2
(2) 15% von 360 €; 45% von 120 kg; 11% von 700 m; 9% von 270 *l*

4. *Überschlagen des Prozentwertes*

a) Marek las in der Zeitung, dass 19% der 251 760 Einwohner auf dem Lande wohnen. Er sagt: „Das sind ungefähr 50 000 Einwohner“. Wie hat Marek gerechnet? Erkläre.

b) Überschlage: 50,3% von 1500 Zuschauern; 67% von 180 m^2; 27% von 48 kg.

5. *Kreisdiagramm*

Die Tabelle enthält das Ergebnis einer Verkehrszählung.

Fahrzeugart	Lkw	Pkw	Sonstige
Anteil	15%	75%	10%

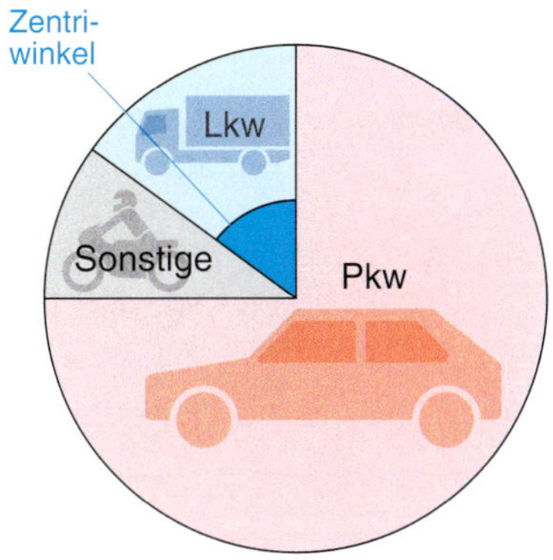

a) Erläutere das Kreisdiagramm rechts. Begründe die folgende Rechnung für die Größe des Zentriwinkels für den Anteil der Lkw:
(15% von 360°) $= 360° \cdot \frac{15}{100} = 54°$

b) Berechne die anderen Zentriwinkel im Kopf.

Übungsaufgaben

6. Die Schülerzeitung ZACK veranstaltet ein Preisausschreiben. In der nächsten Ausgabe erscheint der nebenstehende Artikel. Wie viele richtige Lösungen sind eingegangen?

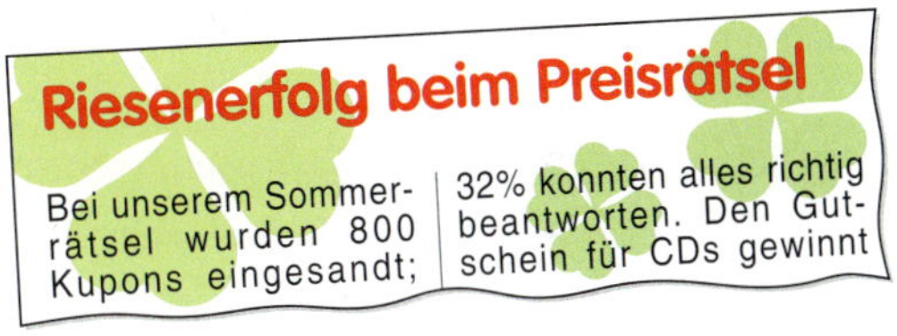
Riesenerfolg beim Preisrätsel

Bei unserem Sommerrätsel wurden 800 Kupons eingesandt; 32% konnten alles richtig beantworten. Den Gutschein für CDs gewinnt

7. Berechne 2% [14%; 73%; 94%; 22%; 36%] von:
a) 4300 € **b)** 2700 *l* **c)** 680 m **d)** 1340 kg **e)** 0,8 m^2

8. Berechne im Kopf.
a) 25% [50%; 75%; 10%; 20%; 1%] von (1) 120 kg, (2) 800 €, (3) 50 m.
b) $33\frac{1}{3}$% [$66\frac{2}{3}$%; 12,5%] von (1) 240 €, (2) 480 kg, (3) 144 *l*.

9. Berechne den Prozentwert im Kopf.
a) 10% von 700 kg; 25% von 2800 m^2
b) 30% von 150 €; 90% von 28 m
c) 5% von 46 cm; 99% von 25 m
d) $33\frac{1}{3}$% von 360 €; $12\frac{1}{2}$% von 800 m^2

10. Bestimme einen Näherungswert für den Prozentwert mit einem Überschlag.
a) 9% von 26 *l*; 52% von 2600 t
b) 65% von 930 €; 17% von 98 €
c) 20% von 583 €; 25% von 409 *l*
d) 28% von 985 m; 61% von 0,9 m^2

11. Berechne $\frac{1}{2}$% [$\frac{1}{4}$%; $\frac{2}{3}$%; $5\frac{1}{2}$%; $1\frac{1}{3}$%] von:
a) 2400 kg **b)** 72 € **c)** 144 m **d)** 3120 m^2 **e)** 0,7 *l*

12. Der Anteil der Steuer am Benzinpreis (Mineralöl-, Öko-, Mehrwertsteuer) betrug im Jahr 2004 etwa 70%. Lenas Mutter tankt Benzin für 46 €. Wie viel Euro Steuer sind darin enthalten?

13. Alina und Jan sind Mitglieder im Sportverein TSV. Alina gehört zur Badmintonabteilung, Jan zur Basketballabteilung.

a) Wie viele Mitglieder des Vereins gehören zur Badmintonabteilung?

b) Wie viele Mitglieder gehören zur Basketballabteilung?
Wie viele Mitglieder verteilen sich auf die übrigen Abteilungen?

Turn-und Sportverein
TSV

650 Mitglieder insgesamt

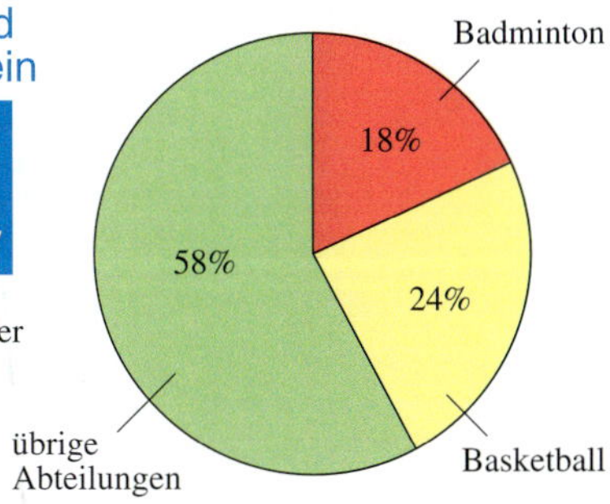

4.2.3 Berechnen des Grundwertes

Aufgabe 1

Frau Fröhlich nimmt das Angebot von Last-Minute-Reisen wahr und macht 2 Wochen Urlaub auf Kreta.
Wie viel hätte sie bezahlen müssen, wenn sie die Reise aus dem Katalog gebucht hätte?
Kontrolliere deine Rechnung.

Lösung

Du willst wissen, von welchem Betrag (Grundwert) 60% berechnet worden sind.

Du weißt: 60% vom Grundwert G sind 660 €.

Gegeben: Prozentwert W = 660 €.
Prozentsatz p% = 60%

Gesucht: Grundwert G

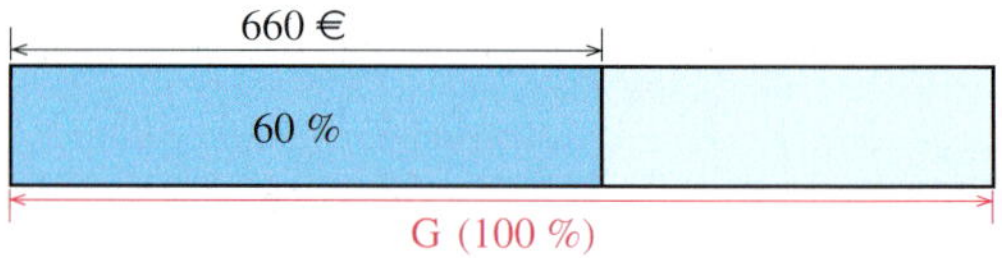

Das Ganze bestimmen

Ansatz: $G \xrightarrow{\cdot 60\%} 660\ €$; zurück: : 60%

Multiplizieren mit 60% durch Dividieren rückgängig machen

Rechnung:

Am Pfeilschema erkennst du, dass du die Multiplikation mit 60% rückgängig machen musst. Das bedeutet: Du musst den Prozentwert durch den Prozentsatz dividieren.

1. Weg (mit Hundertstelbrüchen)

$G = 660\ € : \frac{60}{100}$ (60%)

$= 660\ € \cdot \frac{100}{60}$

$= 1\,100\ €$

2. Weg (mit Dezimalbrüchen)

$G = 660\ € : 0{,}6$ (60%)

$= 6\,600\ € : 6$

$= 1\,100\ €$

Ergebnis: Für eine Buchung aus dem Katalog hätte Frau Fröhlich 1 100 € bezahlen müssen.

Kontrolle: Du musst 60% von 1 100 € berechnen, um den Prozentwert zu erhalten:
$W = 1\,100\ € \cdot 60\% = 1\,100\ € \cdot 0{,}6 = 660\ €.$
Dies zeigt, dass der berechnete Grundwert richtig ist.

Weiterführende Aufgabe

2. *Berechnen des Grundwertes mit dem Dreisatz*

a) Erläutere und begründe die nebenstehende Rechnung.

b) Berechne ebenso:
(1) 60% von G sind 72 m
(2) 32% von G sind 73,6 kg
(3) 8,75 € sind 7% von G

Aufgabe:
15% von G sind 97,50 €

Ergebnis:
G = 650,00 €

Rechnung:

15%	97,50 €
1%	6,50 €
100%	650,00 €

Übungsaufgaben

3. Wie viel Vitamin C benötigt ein Erwachsener bei gesunder Ernährung täglich?

4. Berechne den Grundwert.

a) 72 kg sind 8% von G **b)** 42 kg sind 14% von G **c)** 28,50 € sind 95% von G

d) 54 € sind 6% von G **e)** 15 km sind 12% von G **f)** 12,6 *l* sind 56% von G

5. Berechne den Grundwert im Kopf.
50% [25%; 10%; 75%; 20%; 1%] von G beträgt: **a)** 12 € **b)** 30 € **c)** 75 €

6. Berechne den Grundwert. Runde das Ergebnis auf eine Stelle nach dem Komma.

a) 65 m sind 15% von G; 235 kg sind 28% von G; 150 € sind 67% von G

b) 38 m^3 sind 56% von G; 685 m^2 sind 78% von G; 13,50 € sind 12,1% von G

c) 2,5% von G sind 35 €; 0,5% von G sind 13 kg; 10,5% von G sind 84 m

7. Bestimme durch Überschlagsrechnung einen Näherungswert für den Grundwert.

a) 291 € sind 20% von G; 58 *l* sind 25% von G; 28 kg sind 75% von G

b) 70 m sind 12% von G; 350 € sind 48% von G; 800 kg sind 65% von G

c) 293 m^2 sind 27% von G; 318 € sind 74% von G; 496 km sind 34% von G

8. An einer Schifffahrt nehmen 280 Personen teil. Der Kapitän sagt: „Leider ist das Schiff bei dieser Fahrt nur zu 70% ausgebucht.“
Wie viele Fahrgäste kann das Schiff befördern?

9. Herr Neufeld hat sein Haus sanieren lassen. Für seine Mieter bedeutet das eine Mieterhöhung um 7%. Familie Erdmann zahlt nun 30,80 € mehr, Familie Kehrein 27,30 € mehr und Familie Oberhaus 38,50 € mehr. Wie hoch waren die Mieten ursprünglich?

10. Wie viele Einwohner hat die Stadt, in der dieser Artikel in der Zeitung stand?

Einwohnerzahl um 6,8% gesunken

Die statistische Erhebung zum Ende des letzten Jahres hat einen Rückgang der Bevölkerung um 2000 Einwohner ergeben.

11. In einem Neubaugebiet schreibt die Baubehörde vor, dass höchstens 55% der Grundstücksfläche bebaut werden darf. Familie Schulz hat sich ein Fertighaus ausgesucht, das 11 m breit und 13,50 m lang ist.
Welche Größe muss das Grundstück mindestens haben?

12. Erklärt euch gegenseitig, welche Informationen ihr der Abbildung über die Wale entnehmen könnt.
Formuliert Aufgaben und rechnet.

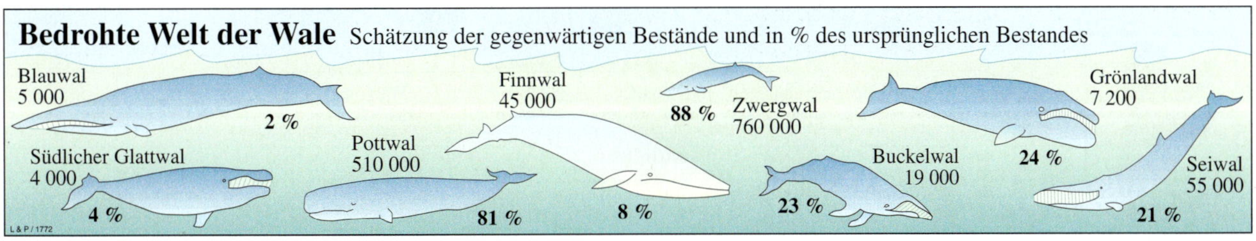

4.2.4 Vermischte Übungen zu den Grundaufgaben

1. Julia kauft sich im Räumungsverkauf ein City-Bike. Wie teuer war das Rad ursprünglich?
Mache zuerst einen Überschlag.

Legierung, Metallgemisch, das durch Zusammenschmelzen von mehreren Metallen entsteht.

2. Bronze ist eine Legierung aus Kupfer und Zinn. Eine 160 kg schwere Glocke aus Bronze enthält 104 kg Kupfer.
Wie viel Prozent Kupfer, wie viel Prozent Zinn enthält die Bronzelegierung?

3. Die Rechnung einer Autowerkstatt für einen kompletten Austauschmotor (Benziner) beträgt 1 545 € ohne Mehrwertsteuer.
Wie viel Steuern sind in den verschiedenen Euro-Ländern zu zahlen?

Mehrwertsteuersätze (2005)

Deutschland	16%	Spanien	16%
Irland	21%	Frankreich	19,6%
Luxemburg	15%	Italien	20%
Österreich	20%	Portugal	17%
Finnland	22%	Ungarn	25%

4. Die Tankuhr in Herrn Krauses Auto zeigt an, dass der Tank noch zu 25% gefüllt ist. Herr Krause tankt 54 *l*, bis der Tank voll ist.
Bestimme das Fassungsvermögen des Tanks.

5. Kontrolliere Janas Hausaufgaben:

a) 13% von 500 € sind 65 €.
b) 83% von 183 km² sind 100 km².
c) 50% von 820 m sind 0,42 km.
d) 16% von 72 sind 115,2.
e) 4% von 104 sind 4,16.
f) 60% von 87 000 sind 5 220.

6. Die Bundesrepublik hat 82,54 Mio. Einwohner (Stand 1. 1. 2004). Die fünf größten Städte in Deutschland sind Berlin (3,39 Mio. Einwohner), Hamburg (1,73 Mio.), München (1,26 Mio.), Köln (0,97 Mio.) und Frankfurt/Main (0,65 Mio.).
Berechne den jeweiligen Anteil der Einwohner dieser Städte an der Bevölkerung Deutschlands.

7. In der Jugendabteilung eines Schwimmvereins sind zu Jahresbeginn 38 Mädchen und 26 Jungen. Im Laufe des Jahres treten 8 Jungen und 4 Mädchen neu in den Verein ein.
Was bedeutet dies für den prozentualen Anteil der Jungen [Mädchen]?

8. Das folgende Streifendiagramm zeigt die Aufteilung der 890 km² großen Stadtfläche Berlins.

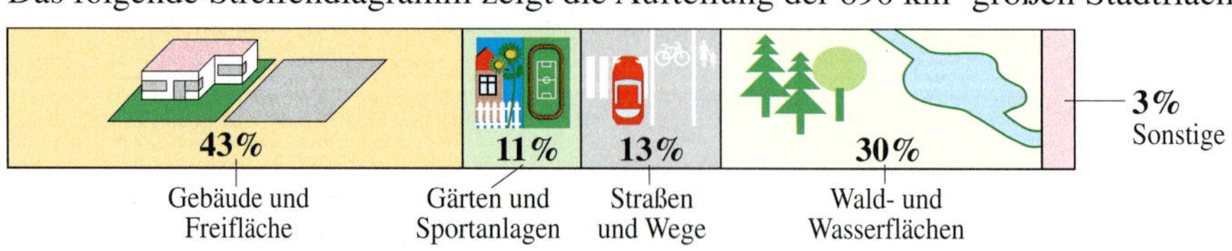

a) Kontrolliere, ob das Streifendiagramm richtig angelegt ist. Zeichne auch ein Kreisdiagramm.

b) Wie groß ist der Anteil der Erholungsflächen (Gärten, Sportanlagen, Wald- und Wasserflächen) insgesamt?

200 ml Milch wiegen 206 g

9. Anne und Julia stellen ein Mixgetränk nach dem nebenstehenden Rezept her.

a) Wie viel Prozent Jogurt enthält das Getränk?

b) Stelle weitere Aufgaben und löse sie.

10. Eine Schule hat 850 Schüler.

a) Als zweite Fremdsprache wird Französisch oder Latein angeboten. 42% aller Schüler wählten Latein. Wie viele Schüler wählten Französisch?

b) 553 Schüler sind Mitglied einer Arbeitsgemeinschaft. Wie viel Prozent sind das?

c) Im 9. Schuljahr wählten 22 Schüler Spanisch als Fremdsprache; das sind rund 24% des Jahrgangs. Wie viele Schüler sind im 9. Schuljahr?

11. Aus dem Bericht einer Verkehrskontrolle:
Von 86 Fahrrädern hatten 31,4% eine defekte Beleuchtung. Bei 2,8% der 57 kontrollierten Motorräder war die Auspuffanlage zu laut. Es wurden 371 Autos kontrolliert. Von den Fahrern waren 12,4% nicht angeschnallt.
Stelle selbsts geeignete Aufgaben und löse sie dann.

12. Bei einer schulärztlichen Untersuchung wurden bei 81 Schülern Haltungsschäden festgestellt; das war in 18% aller Fälle. Wie viele Untersuchte hatten keine Haltungsschäden?

1 g = 1000 mg

13. Kaffeepulver enthält durchschnittlich $1\frac{1}{2}$% Koffein. Zur Zubereitung einer Tasse Kaffee nimmt man 5 g Kaffeepulver. Wie viel mg Koffein sind darin enthalten?

14. Ein Fernsehsender befragte 53 000 Zuschauer in 73 Ländern nach ihrem Lieblingstier. Die drei ersten Plätze belegten Tiger (21% der Stimmen); Hund (20%), Delphin (13%).
Wie viele Zuschauer gaben ihre Stimme anderen Tieren?
Zeichne ein Kreis- oder Streifendiagramm.

15. Erfinde eine Rechengeschichte zu:

a) $G \xrightarrow{\cdot 3\%} 21$ € **b)** $240\text{ km} \xrightarrow{\cdot p\%} 150\text{ km}$ **c)** $36\text{ kg} \xrightarrow{\cdot 5\%} P$

16. Luft enthält 78% Stickstoff und 21% Sauerstoff; der Rest sind sonstige Stoffe.

a) Zeichne ein Kreisdiagramm.

b) Schätze die Größe deines Klassenraumes. Wie viel Sauerstoff ist darin?

17. Aus Eisenerz (eisenhaltiges Gestein) gewinnt man in Hochöfen Eisen. In einem Bergwerk baut man Eisenerz ab, das 45% Eisen enthält. An einem Tag sollen in einem Hochofen 3000 t Eisen gewonnen werden. Wie viel Eisenerz muss angeliefert werden? Mache zunächst einen Überschlag.

18. Beim Schulausflug stöhnt die Klasse über die lange Wanderung.
Nach 1 Stunde und 22 Minuten jammern einige Schüler(innen): „Wie lange sollen wir denn noch laufen?"
Der Lehrer antwortet: „Wir haben schon 40% geschafft."
Was kannst du diesem Gespräch entnehmen?

„Deutscher Automarkt schrumpft."

Im Jahr 2001 ist die Zahl der Neuzulassungen in Deutschland um 1,1 Prozent auf 3,34 Millionen Stück gesunken. Das geht aus den in Flensburg veröffentlichten Zahlen des Kraftfahrt-Bundesamtes hervor. Damit ist der Automarkt im Inland nach den Zahlen zum zweiten Mal in Folge zurückgegangen.
1999 waren noch 3,8 Millionen PKW auf die deutschen Straßen gekommen. 2000 waren es noch 3,38 Millionen. Zumindest konnte das rapide Absinken um 11 Prozent deutlich vermindert werden. Außerdem rechnet der Verband der Deutschen Automobilindustrie (VDA) bei den Neuzulassungen 2002 mit einer deutlichen Steigerung nach 3 Millionen in 2001.

19. **a)** Überprüfe die in dem Artikel angegebenen Informationen. Auf welche kann man verzichten?

b) Mareike interessiert sich für die Anzahl aller zugelassenen Fahrzeuge. Martin interessiert sich für den Anteil ausländischer Pkw bei den Neuzulassungen. Können sie ihre Fragen mithilfe der Informationen beantworten? Begründe.

20. Rechts findest du einige Informationen zur Stromerzeugung aus den verschiedenen Energieträgern.

a) Wie viel Kilowattstunden wurden aus den einzelnen Energieträgern erzeugt?

b) Welchen Anteil haben Wasserkraft, Windkraft und Sonnenenergie an der gesamten Strommenge?

c) Welchen Anteil haben die Wasserkraft, Windkraft und Sonnenenergie an den erneuerbaren Energieträgern?

d) Stelle weitere Fragen; beantworte sie.

Stromerzeugung in Deutschland 2003

Gesamtmenge 560 Billionen Kilowattstunden

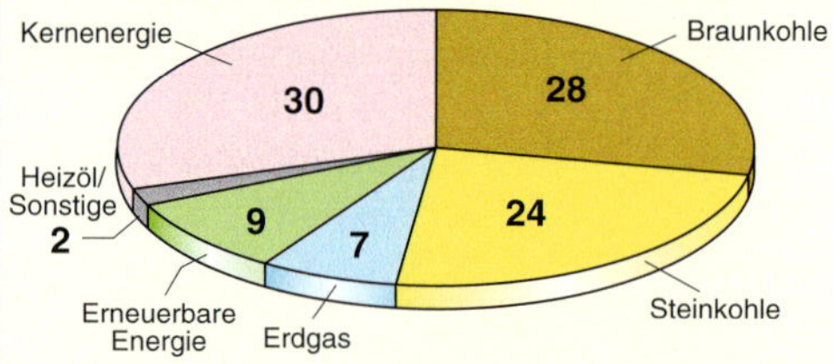

Bei den erneuerbaren Energien wird die größte Menge aus Wasserkraft (10 283 Mrd. kWh), Windkraft (9 578 Mrd. kWh) und nur ein kleiner Teil aus Sonnenenergie (151 Mrd. kWh) gewonnen.

	A	B
1	Musik-richtung	Anzahl der CDs
2	Oper	636
3	Konzert	742
4	Jazz	1166
5	Pop	2544
6	Sonstige	212

21. Eine Stadtbücherei hat 5 300 CDs in ihrem Bestand. Sie sind wie links angegeben auf die einzelnen Musikrichtungen verteilt.
Erstelle ein Streifendiagramm und ein Kreisdiagramm.
Vergleiche.

22. Betrachte die Milchpackung rechts.

a) Berechne den täglichen Bedarf an den einzelnen Spurenelementen und Vitaminen.

b) Stelle weitere geeignete Fragen und beantworte sie.

Vitamine und Spurenelemente	100 ml enthalten	Zwei Gläser (500 ml) decken den täglichen Bedarf zu
Calcium	120 µg	75 %
Phosphor	95 µg	60 %
Vitamin A	37 µg	23 %
Vitamin C	1800 µg	15 %
Vitamin E	110 µg	5,5 %
Vitamin B1	42 µg	15 %
Vitamin B2	172 µg	54 %
Vitamin B6	48 µg	12 %
Vitamin B12	0,45 µg	56 %

23. Am Mittelmeer wird Salz aus Meerwasser gewonnen. Dessen Salzgehalt liegt zwischen 2,5% und 3,9%.
Wie viel Meerwasser benötigt man zur Herstellung von 250 g Salz?

	A	B
1	Grau	1484823
2	Schwarz	771237
3	Blau	540813
4	Rot	134765
5	Grün	118396
6	Sonstige	152400

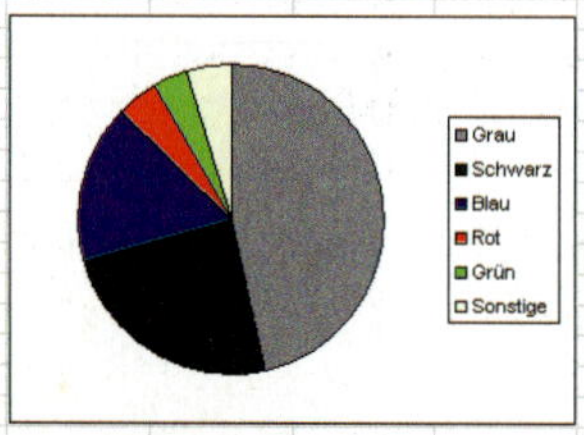

24. Mit Tabellenkalkulationsprogrammen kann man Kreisdiagramme zeichnen, ohne zuvor Prozentsätze und Zentriwinkel zu berechnen. Links siehst du die Anteile der Farben für die fabrikneu zugelassenen Pkws im Jahr 2004.

(1) Schätze die Anteile als einfachen Bruch.

(2) Die Messung der Zentriwinkel ergibt:

Grau:	167°	*Blau:*	61°	*Grün:*	13°
Schwarz:	87°	*Rot:*	15°	*Sonstige:*	17°

Berechne die Prozentsätze aus den Zentriwinkeln.

(3) Vergleiche mit deiner Schätzung.

Im Blickpunkt

Im Blickpunkt

Promille – nicht nur im Straßenverkehr

Pro ⟨lat.⟩ von, für
Mille ⟨lat.⟩ Tausend

Im Alltag wird der Begriff Promille fast immer mit Alkohol im Straßenverkehr in Verbindung gebracht.
Dabei dient das Promille nur zur Angabe kleiner Anteile:

$$p‰ = \frac{p}{1\,000}$$

Mithilfe des Promille wird dann der Anteil des Alkohols im Blut beschrieben.

1 l = 1000 ml

1. Betrachte die Tabelle rechts. Ein erwachsener Mensch hat ungefähr 5 *l* Blut. Wie viel Alkohol ist bei den angegebenen Promillewerten in seinem Blut?

Adresse: http://www.kba.de/ Explorer
Live Home Page www.übersetzer.de Apple Computer Apple Support

Promille-Grenzwerte
ab 01.04.2001

0,3 Promille*) **Straftat** **7 Punkte** **Relative** Fahruntüchtigkeit § 69 StGB	Nach den Erkenntnissen der medizinischen Wissenschaft treten schon bei 0,3 bis 0,4 Promille nachweisbar Ausfallerscheinungen auf, so dass bereits bei dieser Alkoholisierung in vielen Verkehrssituationen eine Gefährdung des Straßenverkehrs angenommen werden kann. Es reicht also, alkoholbedingt auffällig zu fahren, zu gefährden oder zu verletzen.
0,5 Promille **Ordnungswidrigkeit** § 24a (1) StVG	(siehe untenstehende Tabelle)
1,1 Promille *) **Straftat** **7 Punkte** **Absolute** Fahruntüchtigkeit § 69 StGB	Ob Anzeichen von Fahrunsicherheit im Straßenverkehr oder nicht, ein Kraftfahrer ist mit einem Promillegrad von 1,1 nicht mehr in der Lage, sein Fahrzeug sicher zu führen.

0,5 Promille	Punkte	Geldbuße	Fahrverbot
Erstverstoß	4	250 €	1 Monat
Folgeverstoß	4	500 €	3 Monate
weiterer Verstoß	4	750 €	3 Monate

*) in der Regel kommt es zur Fahrerlaubnisentziehung

2. Herr Arend trinkt Weinbrand mit einem Alkoholgehalt von 42%, Frau Bernd Wein mit einem Alkoholgehalt von 11% und Herr Cord Bier mit einem Alkoholgehalt von 3,5%. Nimm an, dass der getrunkene Alkohol sofort vollständig in das Blut übergeht. Nach welcher Trinkmenge haben die drei 0,3 bzw. 0,5 bzw. 1,1 Promille?

3. Auch die Höhe von Versicherungsprämien wird gelegentlich in Promille angegeben. Herr Brand zahlt jährlich 280 € für die Feuerversicherung seines Hauses, das 200.000 € wert ist. Wie viel Promille des Gebäudewertes macht die Versicherungsprämie aus?

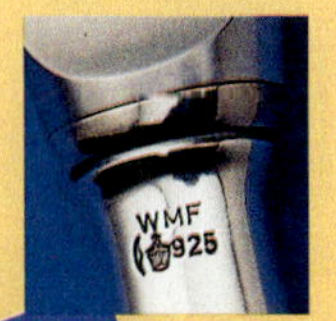

4. Der Stempel 925 auf dem Silberbesteck bedeutet, dass 925‰ des Gewichtes auf Silber und der Rest auf unedlere Metalle entfallen. Ein Löffel wiegt 120 g, eine Gabel 100 g und ein Teelöffel 45 g. Wie viel Gramm Silber ist in jedem Besteckteil enthalten?

5. Die Zeitungsnotiz rechts erschien am 9. Oktober 2001. Stelle eine Aufgabe und löse sie.

Ein Promille gegen das Artensterben

Der Mensch ist in hohem Maße an der Ausrottung vieler Tier- und Pflanzenarten beteiligt, z.B. durch Roden des tropischen Regenwaldes. Dabei ist der Schutz der natürlichen Artenvielfalt wohl teuer, aber dennoch bezahlbar.
Ein Forscher-Team um Stuart L. Pimm an der New Yorker Columbia-Universität schätzt, dass 30 Milliarden Dollar jährlich ausreichen, um extrem bedrohte Regenwaldregionen zu schützen. Das ist nur ein Promille der Summe, die der Mensch aus den Ökosystemen jährlich erwirtschaftet.

4.3 Prozentuale Veränderungen

4.3.1 Steigerung um … und Steigerung auf …

Aufgabe 1

Berechnen des erhöhten Wertes

Ein Auto kostet 21 500 €. Der Händler sagt: „Der Preis wird demnächst um 3% erhöht.“ Berechne den neuen Preis.

Lösung

1. Weg:

Zum alten Preis 21 500 € kommen 3% von 21 500 € hinzu.

Steigerung: 3% von 21500 € = $21500\text{ €} \cdot \frac{3}{100}$ = 645 €

Alter Preis / Erhöhung / Neuer Preis

Neuer Preis: 21 500 € + 645 € = 22 145 €

2. Weg:

Sieh dir das Diagramm an. Du erkennst:
Der neue Preis ist 103% des alten Preises.
Du kannst also auch so rechnen:

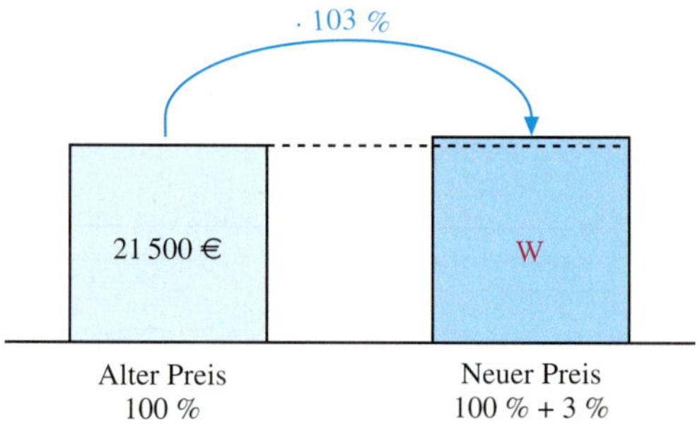

Ansatz: $21\,500\text{ €} \xrightarrow{\cdot 103\%} W$

Rechnung: W = 21 500 € · 1,03 = 22 145 €

Wachstumsfaktor

Ergebnis: Der neue Preis des Autos beträgt 22 145 €.

Information

Steigerung um … Steigerung auf …

Der Preis steigt *um* 3% bedeutet auch: Der Preis steigt *auf* 103% des ursprünglichen Preises, also auf das 1,03fache des ursprünglichen Preises. Diesen Faktor nennt man deshalb **Wachstumsfaktor**.

> Eine Größe (z. B. 600 €) steigt um 15% [um p%] bedeutet:
> (1) Erhöhe die Größe **um** 15% [um p%].
> (2) Erhöhe die Größe **auf** 115% [auf (100 + p) %].
> (3) Multipliziere die Größe mit dem **Wachstumsfaktor** q = 1,15 $\left[q = 1 + \frac{p}{100}\right]$.

Aufgabe 2

Berechnen des Prozentsatzes bzw. des Grundwertes

a) In Tanjas Sportverein ist die Zahl der Mitglieder im letzten Jahr von 720 auf 774 angestiegen.
Um wie viel Prozent ist die Mitgliederzahl gestiegen?
Auf wie viel Prozent der ursprünglichen Mitgliederzahl ist die Mitgliederzahl angestiegen?

b) Tanjas Bruder Nico ist im Fußballverein. Er liest die Meldung in der Vereinszeitung und will wissen, wie viele Mitglieder im Vorjahr im Verein waren.

SPORT AKTUELL

Zahl der Mitglieder im letzten Jahr um 12% gestiegen

Unsere erfolgreiche Nachwuchsarbeit hat die Mitgliederzahl auf 1736 anwachsen lassen.

Lösung

a) *1. Weg:*

Die Mitgliederzahl hat sich von 720 *auf* 774, also *um* 54 erhöht.

54 Mitglieder von 720 ist ein Anteil von $\frac{54}{720} = 0{,}075 = 7{,}5\%$.

Die Mitgliederzahl hat sich *um* 7,5% erhöht, d. h. die Mitgliederzahl ist *auf* 100% + 7,5%, also auf 107,5% gestiegen.

2. Weg:

Die Mitgliederzahl hat sich von 720 des letzten Jahres auf 774 erhöht.

Das Diagramm liefert die Lösungsidee:

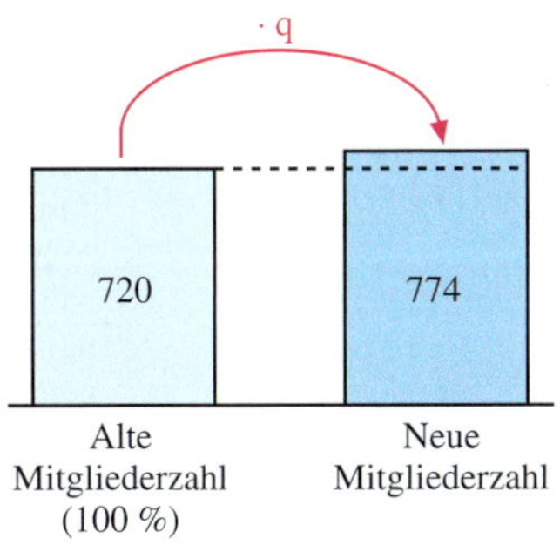

Ansatz: $720 \xrightarrow{\cdot q} 774$

Rechnung: $q = 774 : 720 = \frac{774}{720} = 1{,}075 = 107{,}5\%$

Ergebnis: Die Mitgliederzahl ist auf 107,5% der Mitgliederzahl des letzten Jahres gestiegen. Sie hat sich um 7,5% (107,5% – 100%) erhöht.

b) Am Diagramm erkennst du:
Die neue Mitgliederzahl 1 736 setzt sich zusammen aus der alten Mitgliederzahl (Grundwert) und der Erhöhung um 12% des Grundwertes.
Die neue Mitgliederzahl ist 100% + 12%, also 112% der alten Mitgliederzahl.

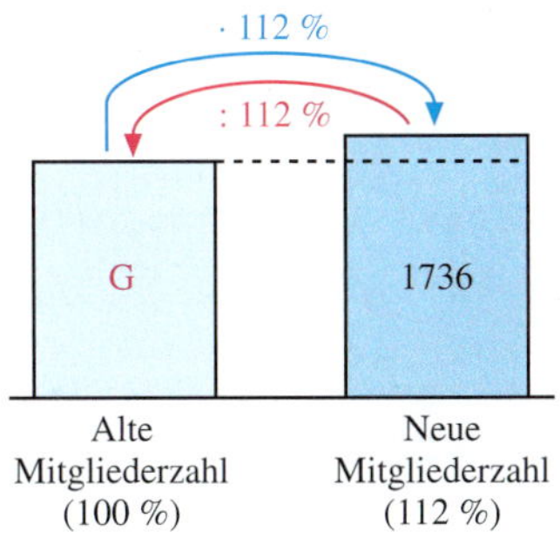

rückgängig machen

Ansatz: $G \xrightarrow{\cdot 112\%} 1\,736$

Rechnung: $G = 1\,736 : 112\% = 1\,736 : 1{,}12 = 1\,550$

Ergebnis: Die alte Mitgliederzahl betrug 1 550 Mitglieder.

Weiterführende Aufgabe

3. *Kombination von Wachstumsfaktoren*

Bei den Tarifverhandlungen der Gewerkschaft mit den Arbeitgebern wird vereinbart, den Lohn in diesem Jahr um 2,4% anzuheben und im nächsten Jahr um 1,8% zu erhöhen.
Wie hoch ist die Erhöhung insgesamt?

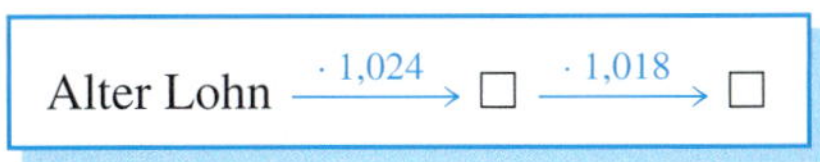

Übungsaufgaben

4. In der Stadtbücherei kann man neben Büchern auch Musik-CDs und Computerprogramme ausleihen.

a) Die Bücherei hat einen Bestand von 6 350 Bücher. Im nächsten Jahr soll der Bestand um 2% steigen. Berechne den neuen Bestand.

b) Durch Neuanschaffungen stieg die Anzahl der Musik-CDs von 2 720 auf 3 060.
Auf wie viel Prozent des ursprünglichen Bestandes ist die Zahl der CDs angewachsen?

c) Der Bestand an Computerprogrammen wurde um 14% auf jetzt 285 erhöht. Wie hoch war der Bestand vor der Neuanschaffung?

5. Vermehre um 20% [5%; 15%; 90%]. Rechne möglichst im Kopf.

a) 160 € **b)** 410 m **c)** 1250 **d)** 860 t **e)** 40 min

6. Ergänze die fehlenden Angaben.

alter Preis	85 €	175 €		700 €	48,50 €		150 €	60 €
Erhöhung um	8%	5%	6%		12%			5,5%
Wachstumsfaktor	1,08					1,15		
neuer Preis			212 €	714 €		506 €	159,75 €	

7. **a)** Ein Preis steigt *um* 20% [3%; 17,5%] an. *Auf* das Wievielfache steigt er an?

b) Ein Preis steigt *auf* das 1,15fache [1,04fache; 1,2fache] an. *Um* wie viel Prozent steigt er an?

c) Ein Preis steigt *auf* 200% [250%; 150%] an. *Um* das Wievielfache steigt er an?

d) Ein Preis steigt *auf* 300% [175%; 210%] an. *Um* wie viel Prozent steigt er an?

8. Herr und Frau Meier haben für ihr Geschäft einen Spiegel für 145 € (einschließlich Mehrwertsteuer) gekauft. Für ihre Buchführung gegenüber dem Finanzamt benötigen sie den Preis ohne Mehrwertsteuer. Entscheide, welcher Rechenweg korrekt ist.

Frau Meier
$145 \cdot 0{,}16 = 23{,}20$
$145 - 23{,}20 = 121{,}80$
Preis ohne MwSt. = 121,80 €

Herr Meier
$145 \cdot \frac{100}{116} = 125{,}00$
Preis ohne MwSt. = 125,00 €

9. Familie Sommer will ihr gebrauchtes Auto verkaufen. Im Internet findet sie eine Preistabelle. Ihr Automodell ist mit 8 600 € angegeben. Da mit dem Auto nur wenig gefahren worden ist und es eine Sonderausstattung besitzt, können 12% aufgeschlagen werden.

10. Nach Tarifverhandlungen wurden die Löhne um 50 € erhöht. Die Tabelle zeigt das neue Gehalt. Um wie viel Prozent sind die Löhne gestiegen?

Herr Sachse	Frau Weber	Frau Haase	Herr Weise
940 €	1 230 €	1 410 €	1 670 €

11. Ein Staubsauger kostet 215 €. Dieser Preis wird um 5% erhöht, der erhöhte Preis später nochmals um 5%. „Dann ist der Preis um 10% erhöht worden", sagt Herr Müller. Was meinst du dazu?

12. **a)** Wie viel war vorher in den Packungen im Bild unten?

b) Suche selber Packungen mit solchen Angaben und rechne.

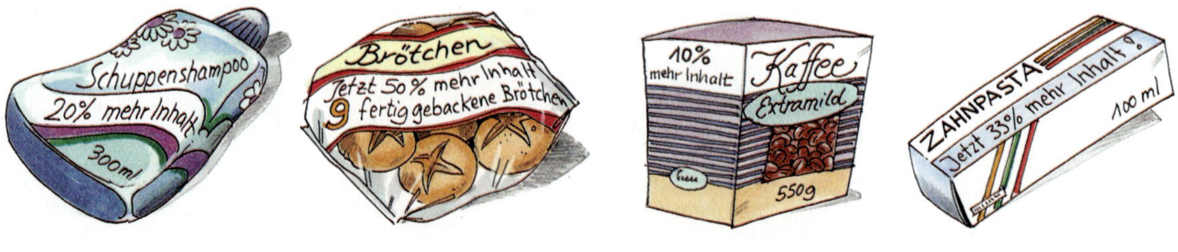

4.3.2 Prozentuale Abnahme *Zum Selbstlernen*

Ziel

Du weißt schon, wie man Sachprobleme bei einer prozentualen Erhöhung bearbeitet. Hier lernst du, wie man bei einer prozentualen Abnahme vorgeht.

Zum Erarbeiten

Berechnen des verminderten Wertes

Durch energiesparende Elektrogeräte konnte Familie Sparsam den jährlichen Energiebedarf von 3 600 kWh (Kilowattstunden) um 6% senken. Berechne den neuen Energiebedarf.

Du kannst zwei verschiedene Wege wählen.

1. Weg

Vom alten Energiebedarf 3 600 kWh müssen 6% von 3 600 kWh subtrahiert werden.

Verminderung: 6% von 3 600 kWh = 3 600 kWh $\cdot \frac{6}{100}$ = 216 kWh

Neuer Bedarf: 3 600 kWh (Alter Bedarf) – 216 kWh (Verminderung) = 3 384 kWh (Neuer Bedarf)

2. Weg

Sieh dir das Diagramm an. Du erkennst:

Wird der Energiebedarf um 6% von 3 600 kWh reduziert, so beträgt er noch 94% von 3 600 kWh. Der Energiebedarf sinkt *um 6%* bedeutet auch: Er sinkt *auf 94%* des ursprünglichen Bedarfs.

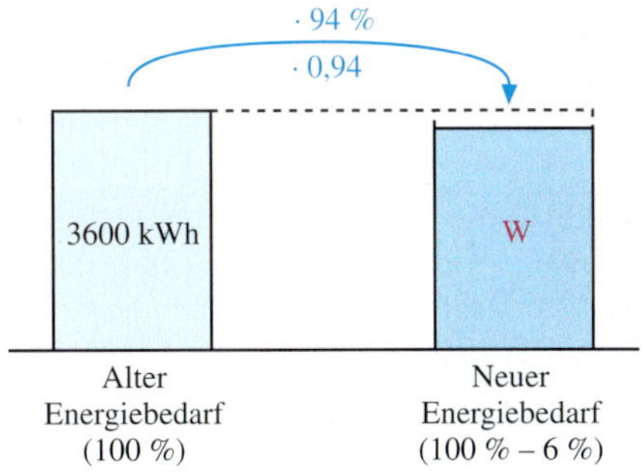

Ansatz: 3 600 kWh $\xrightarrow{\cdot 94\%}$ W

Rechnung: W = 3 600 kWh · 0,94 = 3 384 kWh (0,94: Abnahmefaktor)

Ergebnis: Der neue Energiebedarf beträgt 3 384 kWh.

Berechnen des Prozentsatzes

Durch Modernisierung der Heizung konnten die Kosten von 525 € auf 462 € gesenkt werden. Auf wie viel Prozent der alten Kosten wurden die neuen Kosten gesenkt? Um wie viel Prozent konnten die Heizkosten gesenkt werden?

1. Weg

Die Heizkosten wurden von 525 € um 63 € auf 462 € gesenkt. Das ist eine Absenkung der Heizkosten *um* $\frac{63\text{ €}}{525\text{ €}}$ = 0,12 = 12%.

Die Kosten wurden *auf* 100% – 12%, also auf 88% gesenkt.

2. Weg

Die neuen Heizkosten (Prozentwert) sind durch eine Absenkung der alten Heizkosten (Grundwert) entstanden. Den zugehörigen Prozentsatz kannst du berechnen.

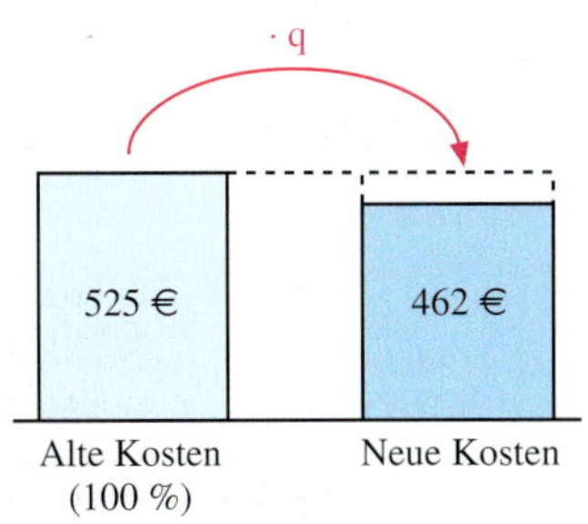

Ansatz: 525 € $\xrightarrow{\cdot q}$ 462 €

Rechnung: q = $\frac{462\text{ €}}{525\text{ €}}$ = 0,88 = 88%

Ergebnis: Die Kosten wurden *auf* 88% der alten Kosten gesenkt. Die neuen Kosten sind *um* 100% – 88%, also 12% niedriger. Die Einsparung beträgt 12%.

Zum Selbstlernen

Berechnen des Grundwertes

Das neue Automodell von Familie Sparsam hat einen Durchschnittsverbrauch von 6,8 l für 100 Kilometer.
Wie hoch war der Verbrauch beim Vorgängermodell?

Der neue Verbrauch 6,8 l ist entstanden aus dem alten Verbrauch (Grundwert) und der Reduzierung von 20%. Der neue Verbrauch ist 100% – 20%, also 80% des alten Verbrauchs.

Ansatz: $G \xrightarrow{\cdot 80\%} 6{,}8\ l$

Rechnung: $G = 6{,}8\ l : 0{,}8 = 8{,}5\ l$

Ergebnis: Der Benzinverbrauch auf 100 km betrug vorher 8,5 l.

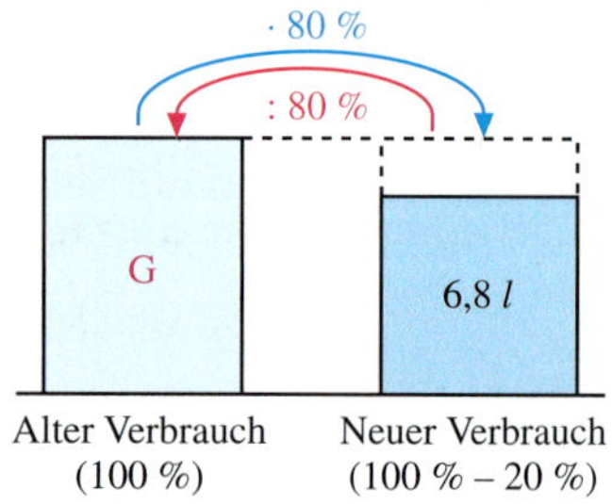

Senkung um … Senkung auf …

„Eine Größe (z. B. 800 €) wird um 3% [um p%] gesenkt“ bedeutet:

(1) Vermindere die Größe **um** 3% [um p%].
(2) Vermindere die Größe **auf** 97% [auf (100 – p) %].
(3) Multipliziere die Größe mit dem **Abnahmefaktor** q = 0,97 $\left[q = 1 - \frac{p}{100} \right]$.

Zum Üben

1. Vermindere um 20% [5%; 15%; 90%]. Rechne möglichst im Kopf.

a) 160 € **b)** 410 m **c)** 1250 **d)** 860 t **e)** 40 min

2. Ergänze die fehlenden Angaben.

	a)	b)	c)	d)	e)	f)	g)
alter Preis	70 €	125 €		600 €	66,50 €		2 400 €
Senkung um	8%	12%	5%		22%		
Abnahmefaktor	0,92					0,85	
neuer Preis			494 €	564 €		442 €	2 040 €

Rabatt ⟨ital.⟩ Abschlag

3. Alexander will ein City-Bike kaufen. Es kostet 470,00 €. Da es sich um ein Modell aus dem Vorjahr handelt, wird der Preis um 15% herabgesetzt. Er erhält 15% Rabatt.
Wie viel muss Alexander bezahlen?

brutto ⟨ital.⟩ ohne Abzug
netto ⟨ital.⟩ nach Abzug

4. Tims älteste Schwester hat für ihr Mofa brutto 1 311 € gezahlt. In diesem Preis sind 16% Mehrwertsteuer enthalten. Wie teuer ist das Mofa netto, ohne Mehrwertsteuer?

5. Nora hat sich in einem Prospekt eine Digitalkamera für 212,00 € ausgesucht und will sie in einem Fachgeschäft in ihrer Nachbarschaft kaufen. Da es sich um ein Auslaufmodell handelt, ist der Händler bereit, Nora die Digitalkamera für 185,50 € zu verkaufen.
Wie viel Prozent Preisnachlass gewährt der Händler?

6. Beim Kauf eines Computers erhält Marias Mutter auf einer Messe einen Preisnachlass von 5%. Daher zahlt sie nur 1 159,00 €. Wie teuer ist der Computer ohne den Preisnachlass?

Zum Selbstlernen

7. Frau Kohfahl hat das Sondermodell zum ermäßigten Preis gekauft. Ihre Töchter möchten den Preis vor der Preissenkung berechnen. Entscheide, welcher Rechenweg korrekt ist.

Jasmin: 10500 · 4% = 420
10500 + 420 = 10920
Alter Preis: 10920 €

Sophie:
10500 : 96% = 10937,50
Alter Preis: 10937,50 €

8. Tanjas Vater muss eine Rechnung über 455 € bezahlen. Er erhält bei Barzahlung 2% Rabatt. Wie viel € muss er noch zahlen?

9. Ein Kaufhaus wirbt mit dem Plakat links. Berechne den ursprünglichen Preis für eine Outdoor-Jacke zu 39,16 €, ein Sportshirt zu 17,51 € und eine Sporthose zu 33,79 €.

10. Beim Ausverkauf wurden die Preise ermäßigt.
Bei welchem Artikel wurde der Preis prozentual am stärksten herabgesetzt?

11. Der Preis für einen CD-Player (149 €) wird um 10% gesenkt. Da er nach 6 Wochen immer noch nicht verkauft ist, wird der Preis nochmals um 10% herabgesetzt.
Um wie viel Prozent ist der CD-Player insgesamt billiger geworden?

12. **a)** Eine Uhr kostet 49 €. Der Preis steigt um 11%. Später wird er wieder auf 49 € herabgesetzt. Berechne den erhöhten Preis. Um wie viel Prozent wird der erhöhte Preis herabgesetzt?

b) Bearbeite Teilaufgabe a) für einen Computer zu 1400 €. Was fällt dir auf? Begründe.

13. Vergleiche die Angebote für ein Mountainbike.
(1) Rad-Fritz: 635 € zuzüglich MwSt.; kein Rabatt
(2) Rad-Scheune: 758 € einschließlich MwSt.; 9% Saisonrabatt; 3% Rabatt bei Barzahlung
(3) Rad-Art: 654 € zuzüglich MwSt.; 4% Jubiläumsrabatt

14. Ein Preis von 120 € wird zuerst um 10% erhöht, der erhöhte Preis später um 10% herabgesetzt. Jan behauptet: „Dann beträgt der Endpreis wieder 120 €."
Was meinst du dazu?

15. Hält die Werbung, was sie verspricht?

Zum Selbstlernen

4.4 Vermischte Übungen

1. Im Schlussverkauf werden Preise gesenkt. Um wie viel Prozent sind die Preise jeweils gesenkt worden?
Nimm Stellung zur Aussage „... zum halben Preis, zum drittel Preis, zum viertel Preis“.

2. Eine Zeitschrift kostet am Kiosk 2,30 €.
Im Abonnement wird das Heft für 2,10 € angeboten.
Was meinst du zu der Reklame?

3. Ein Möbelhaus bietet eine Küchenzeile für 2 470 € an. Stammkunden erhalten 3% Rabatt, Selbstabholer sparen 8% und Ausstellungsstücke werden um 12% im Preis gesenkt.
Stelle geeignete Fragen und rechne.

4. 1 m³ Wasser kostet in einer Gemeinde 1,70 €. Der Wasserverbrauch pro Person beträgt im Durchschnitt 130 Liter. In der Übersicht erkennst du, wofür das Wasser verbraucht wird.

a) Welcher Anteil entfällt auf den sonstigen Verbrauch?

b) Zeichne ein Kreisdiagramm.

c) Berechne die jährlichen Wasserkosten für eine Familie mit 4 Personen.

d) Für die Toilettenspülung, die Wäschereinigung und die Gartenpflege kann auch gefiltertes Regenwasser verwendet werden. Wie viel Euro könnten dadurch pro Jahr eingespart werden?

5. **a)** Ein Quadrat hat eine Seitenlänge von 10 cm. Auf wie viel Prozent erhöht sich der Flächeninhalt, wenn die Länge der Seite um 1 cm vergrößert wird?

b) Ein Würfel hat eine Kantenlänge von 10 cm. Auf wie viel Prozent erhöht sich das Volumen [der Oberflächeninhalt], wenn die Länge der Kante um 1 cm vergrößert wird?
Untersucht weitere Würfel und vergleicht.

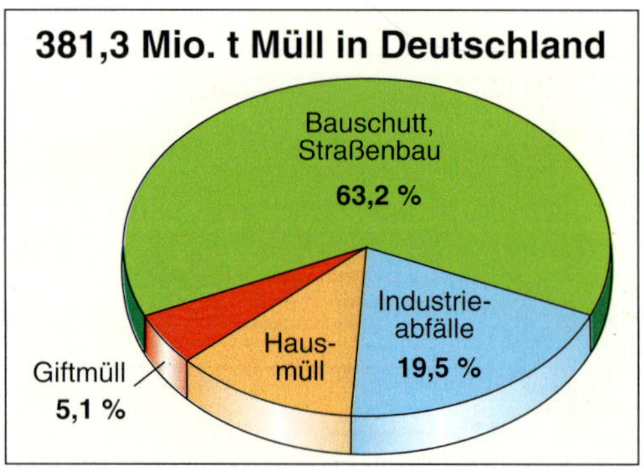

6. **a)** Wie viel Prozent des Mülls entfallen auf Hausmüll?

b) Übertrage das Kreisdiagramm in ein Streifendiagramm.

7. Nur 10,5% der deutschen Urlauber buchten im Jahr 2004 eine Reise über das Internet, das waren 6,4 Millionen.
Wie viele Reisen wurden insgesamt im Jahr 2004 gebucht?

8. Zum Kauf eines Fernsehers einer bestimmten Marke holt Familie Werner verschiedene Preisangebote ein. Frau Werner berichtet: „Ich erhalte 11% Rabatt, wir sparen 71 €.“
Herr Werner antwortet: „Ich erhalte sogar 15%, dann sparen wir 105 €.“ Vergleiche die beiden Angebote.

9. Im Diagramm sind die Bestandteile des menschlichen Körpers dargestellt.

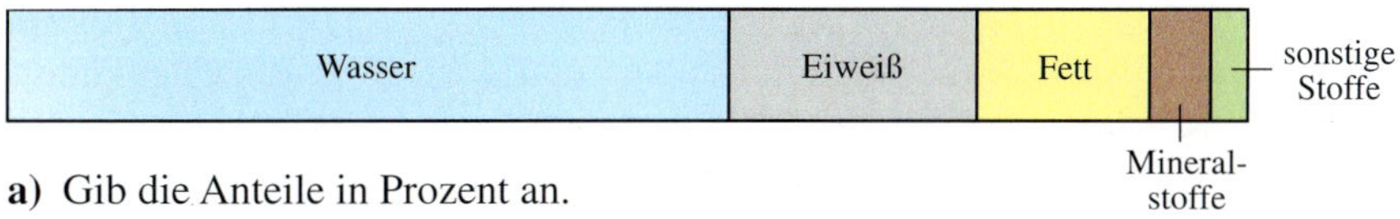

a) Gib die Anteile in Prozent an.

b) Aus wie viel kg Wasser, wie viel kg Eiweiß usw. besteht ein 70 kg schwerer Mensch?

10. Betrachte die Grafik rechts.

a) Wie viel kWh wurden für den Geschirrspüler benötigt?

b) Eine Kilowattstunde kostet 0,12 €. Wie teuer ist die Benutzung des Fernsehers im Jahr?

c) Stelle weitere Fragen und rechne.

d) Erkundige dich nach eurem Stromverbrauch. Stelle Aufgaben und löse sie.

kWh Kilowattstunde

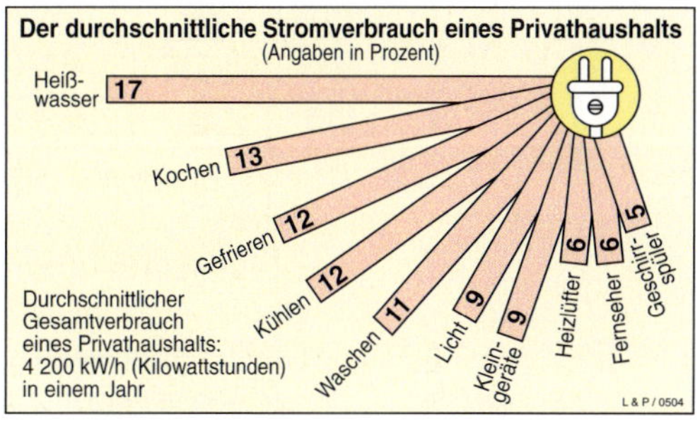

11. Vergleiche die Preiserhöhungen für die Fahrkarten.

	Einzelfahrkarte	Kinderfahrkarte	Monatskarte	Schülermonatskarte
alter Preis	2,10 €	1,60 €	44,00 €	30,50 €
neuer Preis	2,30 €	1,80 €	46,00 €	32,00 €

12. Die Anzahl der Verletzten im Straßenverkehr hat im Jahre 2000 gegenüber dem Vorjahr bei den unter 15-Jährigen abgenommen, bei den über 65-Jährigen aber zugenommen.
Im Jahre 1999 gab es 48 867 Verletzte unter 15 Jahren und 35 441 Verletzte über 65 Jahre. Im Jahre 2000 waren es bei den unter 15-Jährigen 7,6% weniger, bei den über 65-Jährigen 2,5% mehr. Es sollte für die jeweilige Altersgruppe die Anzahl der Verletzten im Jahre 2000 berechnet werden. Hier einige Lösungen. Was meinst du dazu?

(1) Verletzte unter 15 Jahren
48867 · 92,4% = 45153,108
45153 Verletzte unter 15 Jahren ✓

(2) Verletzte unter 15 Jahren
48867 · 7,6% = 37138,892
37139 Verletzte unter 15 Jahren f

(3) Verletzte über 65 Jahren
35441 · 102,5% = 36327,025
36327 Verletzte über 65 Jahren ✓

(4) Verletzte über 65 Jahren
35441 · 2,5% = 886,025 ✗
886 Verletzte über 65 Jahren

13. Stelle geeignete Aufgaben und löse sie. Suche auch selbst Packungen und rechne.

Entwicklung der TV-Marktanteile in Deutschland			
Programme	1995	2000	2005
ARD	14,6%	15,7%	14,3%
ZDF	14,7%	15,5%	14,2%
RTL	17,6%	13,7%	12,5%
Dritte	8,9%	11,9%	14,0%
SAT 1	14,7%	9,1%	10,3%
PRO 7	9,9%	8,0%	6,8%

14. Schreibe einen Zeitungsartikel oder halte ein Referat über die Entwicklung der Marktanteile der Fernsehsender in Deutschland. Verdeutliche deine Aussagen in geeigneten grafischen Darstellungen.

15. Im Jahr 2005 nutzten 55% der Erwachsenen über 14 Jahre in Deutschland das Internet. Das sind 35,7 Millionen Menschen und damit 18% mehr als im Jahr 2000. Wie viel Prozent nutzten im Jahr 2000 das Internet?

16.

Kinder und Jugendliche in Kauflaune

Im Jahr 2004 standen den Kindern und Jugendlichen in Deutschland 600 Millionen Euro mehr als im Vorjahr, also rund 19 Milliarden Euro, zur Verfügung. 2,5 Milliarden Euro gaben sie für ihr Handy aus. Davon entfallen allein 190 Millionen Euro auf das Herunterladen von Spielen oder Klingeltönen. 1,1 Milliarden Euro werden in Musik-CDs investiert, 960 Millionen Euro werden für Computer, Software und Spiele sowie 4,4 Milliarden Euro für Bekleidung und Körperpflege ausgegeben.

a) Bestätigen die Zahlen im Text die Überschrift? Begründe deine Meinung.

b) Formuliere zu diesem Zeitungsausschnitt selbst Aufgaben und löse sie.

17. Entscheidet, ob folgende Zeitungsmeldungen möglich sind.

Die Preise im öffentlichen Nahverkehr stiegen im 1. Halbjahr um 10% und im 2. Halbjahr um 9%. Das macht eine Steigerung von 19% innerhalb eines Jahres.

Die Maut wird gespart
Im 1. Quartal stieg der Lkw-Verkehr auf den Bundes- und Landesstraßen um 15%. Gleichzeitig verringerte sich die Zahl der Lkws auf den Autobahnen um 6%.

Rekordbeteiligung
In der Klasse 7a nahmen 56 % aller Schüler(innen) und in der 7b sogar 62% aller Schüler(innen) am Känguru-Wettbewerb teil, damit hatten wir eine Beteiligung von 59%.

In Dresden sind 45% aller Haushalte Single-Haushalte und 31% Zwei-Personen-Haushalte. Damit wohnen in 76% aller Haushalte in Dresden nicht mehr als zwei Personen.

Der „Quizmaster" ist beliebteste Sendung
Gestern betrug die Einschaltquote für den „Quizmaster" bei den 3- bis 49jährigen Zuschauern 11,4% und bei den über 49jährigen sogar 13,2%; das entspricht einer Einschaltquote von fast 25%.

18. Lies den nebenstehenden Zeitungsartikel zur Präsidentenwahl in Kenia kritisch durch. Schreibe möglicherweise einen verbesserten Artikel.

Präsidentenwahl in Kenia:

„Dem Wahlrecht zufolge ist als Präsident gewählt, wer in fünf der acht Provinzen mehr als 25 Prozent der Stimmen auf sich vereinigt. Theoretisch könnte also ein Kandidat in den vier bevölkerungsreichsten Provinzen 100%, in den anderen vier je 24% bekommen und dennoch verlieren, während sein Gegner fünfmal knapp über die 25-Prozent-Hürde kommt – und gewinnt."

19. Suche in Zeitungen und Zeitschriften nach Artikeln, in denen Prozentangaben vorkommen. Überprüfe sie kritisch.
Stelle deinen Mitschülern den Inhalt besonders geeigneter Artikel vor. Erläutere die Bedeutung der Prozentangaben.

Im Blickpunkt

Im Blickpunkt

Prozent oder Prozentpunkte – was ist hier gemeint?

Aus dem Waldschadensbericht der Bundesregierung

Die Waldfläche der Bundesrepublik Deutschland ist 35,7 Mio. ha groß.

In diesem Jahr sind 27% der Waldflächen deutlich geschädigt, im Vorjahr waren es 25%.

1. Eine Zeitung bringt über den Waldschadensbericht der Bundesregierung folgende Meldung:

Waldschäden nicht so dramatisch

Das Ergebnis der Waldschadenserhebung liegt im Trend des Vorjahres.
Auch in diesem Jahr hat die deutlich geschädigte Waldfläche nur um 2% zugenommen.

Die Zeitung „meint“ etwas Richtiges. Aber in dieser Formulierung ist die Aussage irreführend und sogar falsch.

a) Berechne zunächst, wie viel ha Wald jeweils in diesem und im Vorjahr geschädigt waren. Um wie viel ha hat die geschädigte Fläche zugenommen?

b) Um wie viel Prozent hat die geschädigte Fläche zugenommen?

c) Versuche den Sachverhalt genau zu formulieren. Vergleiche deine Lösung mit der folgenden.

Vergleich der Prozentsätze

1. Vergleich:	*Vorjahreswert:* 25%		*Neuer Wert:* 27%	*Zunahme:* 2 Prozentpunkte
2. Vergleich:	*Grundwert:* 25%	$\xrightarrow{\cdot p\%}$	*Prozentwert:* 27%	$p\% = \frac{27\%}{25\%} = 1{,}08 = 108\%$

Der Prozentsatz hat um 8% zugenommen.

Ergebnis: Der Anteil des geschädigten Waldbestandes hat gegenüber dem Vorjahr um 2 Prozentpunkte auf 27% zugenommen: Das entspricht einer Zunahme des Anteils des geschädigten Bestandes um 8%.

Die Zunahme in Prozent ist deutlich höher als die Zunahme in Prozentpunkten.

2. Für die genauere Beschreibung werden die Schäden an den Bäumen in Schadstufen unterteilt. Für Laubbäume sind es folgende:

Stufe 0
nicht geschädigt: Blattverluste bis 10%

Stufe 1
kränkelnd: Blattverluste zwischen 11% und 25%

Stufe 2
krank: Blattverluste zwischen 26% und 60%

Stufe 3
absterbend: Blattverluste über 60%

Stufe 4
abgestorben

Eine Waldschadenserhebung enthält folgende Tabelle:

Geschädigte Laubbäume Anteil der Schadstufen (in Prozent)						
	1 ohne Schadensmerkmale		Veränderung	2–4 deutliche Schäden		Veränderung
	2000	2001		2000	2001	
Buche	28	19	−9	28	38	+10
Eiche	29	23	−6	31	32	+1

Eine Zeitung kommentiert die obige Tabelle:

> Bei der Buche ist ein Anstieg der deutlichen Schäden um 10% zu verzeichnen, nur noch 19% des Buchenbestandes sind ohne Schadensmerkmale.

a) Welche der beiden Prozentangaben der Pressemeldung ist richtig, welche ist falsch? Formuliere die Meldung richtig.

b) Auf welche Zahlen der Tabelle bezieht sich der Zusatz „in Prozent"? Mit welchen Zahlen werden „Prozentpunkte" angegeben?

c) Gib die Veränderungen für jede Schadstufe in Prozent an.

3. Auch in anderen Zusammenhängen muss man genau darauf achten, ob „Prozent" oder „Prozentpunkte" genau unterschieden werden. Prüfe die Beispiele. Formuliere sie gegebenenfalls um.

> Obwohl diese Partei ihren Stimmenanteil um mehr als 10% auf 6,2% erhöhen konnte, bleibt sie noch in bedenklicher Nähe zur Fünfprozentklausel.

> Die gesetzlichen Krankenkassen haben ihre Beitragssätze um 1 bis 1,5 Prozent erhöht. Bei einer Ersatzkasse stieg der Beitragssatz z. B. von 12,3% auf 13,5 % des Arbeitslohnes.

4. Sammelt Pressemeldungen über prozentuale Erhöhungen und prüft, ob sie richtig formuliert sind.

Bist du fit?

1. Gib den Anteil in Prozent an.

a) 0,42 m von 2,00 m **b)** 200 g von 1 500 g **c)** 18 kg von 0,24 t **d)** 3 648 ml von 152 *l*

2. Berechne den Prozentwert. Runde gegebenenfalls sinnvoll.

a) 17% von 258 € **b)** 9,5% von 68,7 kg **c)** 120% von 341,7 *l* **d)** 0,35% von 7 140 m

3. Berechne den Grundwert. Runde sinnvoll.

a) 23% von G sind 125 m **b)** 61,7% von G sind 438,07 € **c)** 122% von G sind 462,9 t

4. In der Musikschule sind 324 Schüler(innen) angemeldet. Davon spielen 128 ein Streich- und 65 ein Blasinstrument. Zum Klavierunterricht sind 42 Schüler(innen) angemeldet und 20 nehmen Gesangunterricht.
Wie groß ist der Anteil sonstiger Instrumente in Prozent?
Zeichne ein Streifen- und ein Kreisdiagramm für die Verteilung auf die einzelnen Abteilungen.

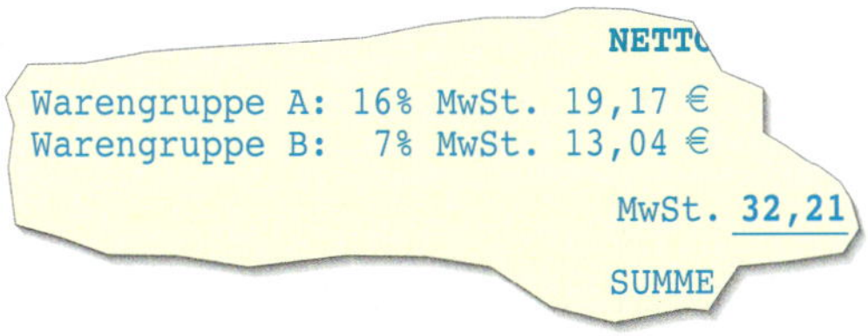

5. Auf der Rechnung des Großmarktes wird die Mehrwertsteuer von 16% gesondert ausgewiesen. Für Bücher und Lebensmittel gilt ein ermäßigter Steuersatz von 7%.
Wie hoch war der Rechnungsbetrag, von dem der Rechnungsschnipsel stammt?

6. Durch einen Anbau konnte die Wohnfläche eines Einfamilienhauses von 148 m² auf 176 m² vergrößert werden. Um wie viel Prozent wurde die Wohnfläche vergrößert?

7. Familie Knausrig hat mit einem Finanzprogramm einen Haushaltsplan für die jährlichen Ausgaben von 26 235 € erstellt.
Wie viel ist im Monat für die einzelnen Posten zur Verfügung zu stellen?

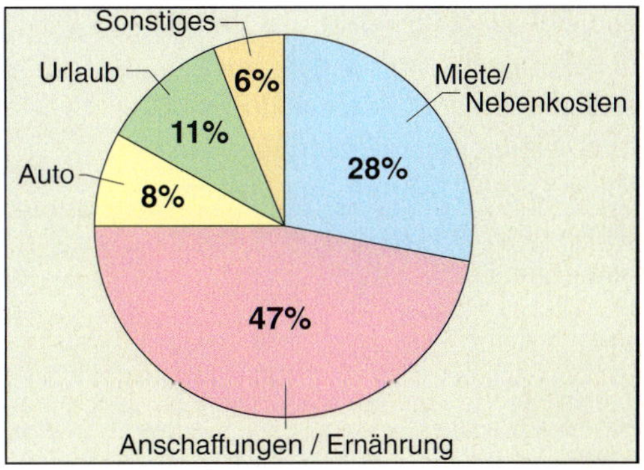

8. Ein Softwarehaus schreibt in einer Pressemitteilung: „In den letzten 18 Monaten wurde der Umsatz um 200% gesteigert.“ Vor 18 Monaten betrug der Umsatz 1,5 Mio. €.
Wie groß ist der Umsatz nach der Erhöhung?

9. Bei einem Räumungsverkauf werden alle Wintersportartikel um 15% gesenkt. Hannah kauft ein Paar Schlittschuhe. Wegen eines Farbfehlers erhält sie nochmals 10% Rabatt.
Wie viel muss Hannah für die Schlittschuhe bezahlen? Wie viel % hat sie insgesamt gespart?

10. Aus den Wirtschaftsseiten. Berechne die Vergleichszahlen.

Im Jahr 2004 verbrauchte jeder Bundesbürger pro Tag nur noch 127 Liter Wasser. Damit ist der Verbrauch in den letzten zehn Jahren um 5% gesunken.

Die Apotheken in Deutschland haben im vergangenen Jahr ein Umsatzplus von 4,5% auf 26,9 Mrd. € erzielt.

Bei unserem neuen Automodell brauchen Sie nur noch 5,6 *l* Benzin. Damit haben wir den Kraftstoffverbrauch um 32% gesenkt.

Die japanische Tochterfirma hat im 2. Quartal ihren Gewinn gegenüber dem Vorjahreszeitraum um 122% auf 1,92 Billionen Yen gesteigert.

Projekt

Prozente

Vorschlag 1:
Der Tag in Prozenten

Habt ihr euch schon einmal Gedanken darüber gemacht, wie euer Tag aufgegliedert ist? Wie viel Prozent vom Tag verschlaft ihr? Wie viel Prozent vom Tag lernt, spielt oder esst ihr usw.? Macht eine Umfrage und versucht, die Ergebnisse auch nach Alter und Geschlecht zu sortieren.

Wenn man Zeitung liest, Nachrichtenmagazine im Fernsehen ansieht oder Werbeanzeigen durchblättert, stößt man immer wieder auf ein Zeichen: das Prozentzeichen %. Warum ist dieses Zeichen so wichtig für Wirtschaft, Politik und unser tägliches Zusammenleben?
Ihr habt im Mathematikunterricht schon mit dem Rechnen mit Prozenten begonnen oder es ist schon abgeschlossen. In diesem Projekt soll es auch nicht unbedingt nur um das Prozentrechnen gehen, sondern ihr sollt herausfinden, wo überall in unserem täglichen Leben der Prozentbegriff eine Rolle spielt. Ihr könnt Preisnachlässe erfragen, Umfragen machen, Diagramme erstellen und dabei feststellen, dass man solche viel leichter versteht, wenn man mit Prozenten arbeitet. Vielleicht seid ihr schon Projektprofis und wisst, wie man Projektgruppen zusammenstellt und Projektergebnisse präsentiert.

Vorschlag 2:
Geldgeschäfte und Politik

Bei Prozenten denkt man oft gleich an Geld. Habt ihr schon mal Prozente bekommen? Was ist der Unterschied zwischen Zinsen und Prozenten? Warum gibt oder verlangt die Bank Zinsen? Warum sind Prozente so wichtig? Was ist z. B. eine Wahlbeteiligung?

Vorschlag 3:
Das Prozent auf einen Blick

Woher kommt das Prozentzeichen? Wie wurde das Zeichen früher geschrieben? Warum hat man es eingeführt? Versucht, die wichtigsten Begriffe beim Prozentrechnen zu erklären.
Ihr könnt z. B. auch eine Umfrage machen, um festzustellen, was die Leute über Prozentrechnung wissen, was z. B. der Unterschied zwischen Prozentwert und Grundwert ist.

Vorschlag 4: Produkte und Prozente

Auf vielen Waren gibt es Angaben in Prozent.
Was soll uns das sagen? Untersucht möglichst viele Produkte eines Supermarktes oder einer Kaufhausabteilung auf Prozentzeichen. Fragt die Verkäuferin oder den Verkäufer, ob sie wissen, was mit den Prozentangaben auf dem Etikett gemeint ist.

Diesmal wollen wir euch aber etwas Neues vorschlagen:
Es wäre schön, wenn ihr eure prozentigen Ideen in einer kleinen Zeitung zusammenstellt. Ein Redaktionsteam soll die Arbeit in den Gruppen steuern und die Ergebnisse mit einem Textverarbeitungsprogramm darstellen. Nebenbei fällt dann vielleicht auch ein kleiner Artikel für die Lokalpresse ab über ein besonders interessantes Ergebnis bei einer euren Umfragen. Beim Artikelschreiben hilft bestimmt eure Deutschlehrerin oder euer Deutschlehrer. Ihr könnt natürlich wie gewohnt die Ergebnisse im Rahmen einer kleinen Vortragsrunde vor der Klasse oder an einem Elternabend präsentieren.
Wir haben hier für euch ein paar Ideen und Fragen rund um das Prozentprojekt vorbereitet, die ihr aufgreifen könnt.
Im Internet findet ihr das Projekt unter *www.elemente-der-mathematik.de*

Vorschlag 5: Unsere Schule in Prozent

Eine Schulstatistik der anderen Art: Findet heraus, in welchem Monat die meisten Schülerinnen und Schüler Geburtstag haben. Welcher Prozentsatz der Schülerinnen und Schüler hat schwarze, braune oder blonde Haare? Wie viel Prozent der Schülerinnen und Schüler kommen im Sommer mit dem Fahrrad?

Vorschlag 6: Die Prozentredaktion

In dieser Gruppe müssen die Arbeitsgruppen koordiniert und die Ergebnisse mit einem Textverarbeitungsprogramm zusammengestellt werden. Ihr seid auch für die mathematische Richtigkeit der Beiträge eurer Mitschüler verantwortlich. Ihr überprüft aber auch die Rechtschreibung.

Wahlthema
Tabellenkalkulation

Vielleicht hast du im Fach Informatik bereits mit einer Tabellenkalkulation gearbeitet. Auch im Mathematikunterricht kann man diese Programme benutzen, um umfangreiche und komplizierte Berechnungen schnell und sicher durchzuführen und die Ergebnisse grafisch darzustellen.

Aufbau einer Tabelle

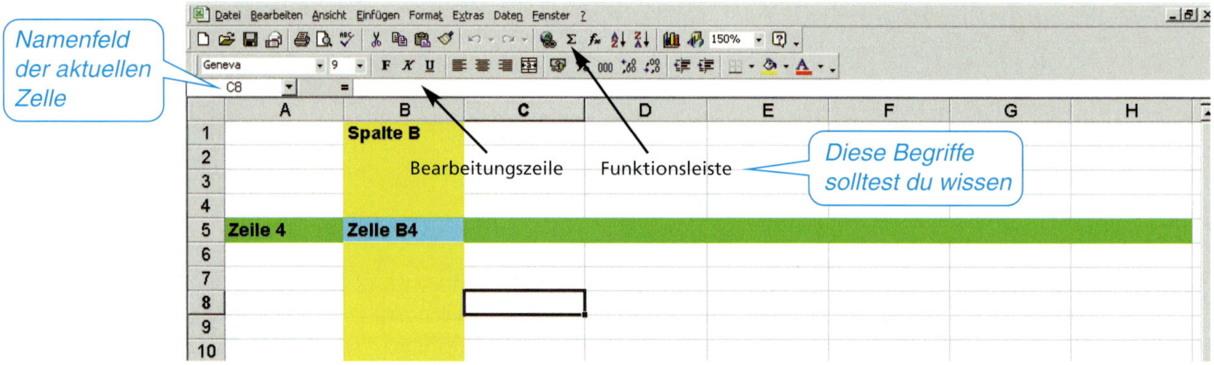

Berechnen von Termen

* Multiplikation
^ Potenzschreibweise
/ Division bzw. Bruchstrich

1. Übertrage die Tabelle in dein Heft und berechne mit Tabellenkalkulation. Erstelle drei Beispiele für deinen Nachbarn. Kontrolliert gemeinsam.

Term	Eingabe	Ergebnis (auf 2 Stellen nach dem Komma gerundet)
$6 - 4{,}8 \cdot 2{,}3 + 146$	$= 6 - 4{,}8 * 2{,}3 + 146$	
$(2{,}5 - 16{,}4) \cdot (48 + 245{,}6)$		
$\frac{47{,}2}{-3 \cdot 21{,}8}$		

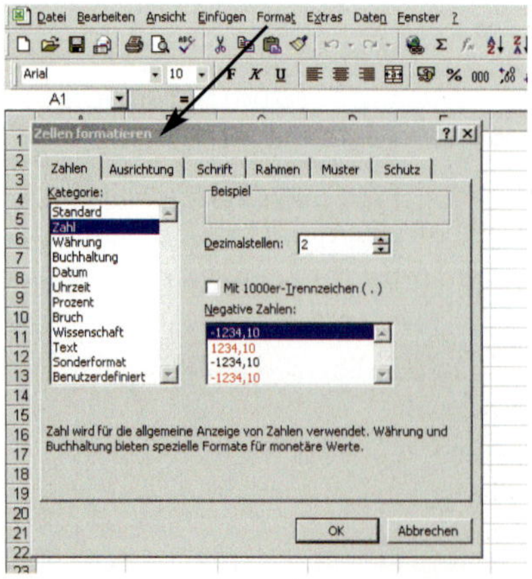

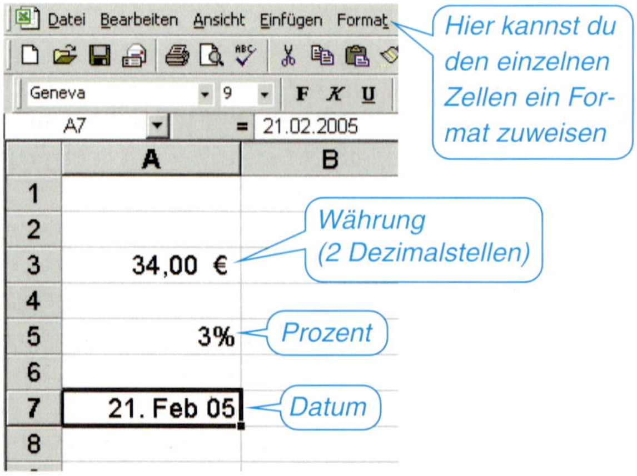

2. Wir wollen nun für verschiedene Seitenlängen eines Würfels den Oberflächeninhalt des jeweiligen Würfels berechnen.

Rechts siehst du, wie man mit einer Tabellenkalkulation dafür einfach und schnell Wertetabellen erstellen kann.

In der Spalte A stehen die Werte, die in den Term eingesetzt werden.

In der Spalte C stehen die jeweiligen Termwerte für den Term $6a^2$.

Für die Variable a wurde der Wert aus der Zelle A4 eingesetzt.

Durch Ziehen mit gedrückter linker Maustaste an der quadratischen Ecke der markierten Zelle C4 bis zur Zelle C8 werden automatisch alle weiteren Termwerte berechnet.

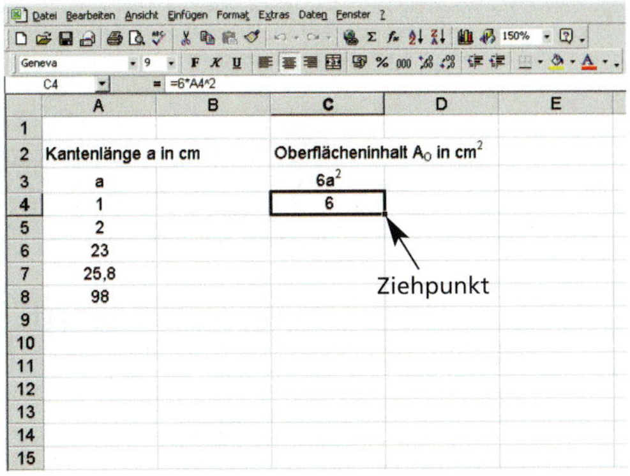

a) Probiere die Termwertberechnung mit deinem Kalkulationsprogramm aus.

b) Wähle weitere Terme zur Berechnung von Größen aus und erstelle die entsprechenden Wertetabellen.

3. Teste dich an folgenden Aufgaben. Entwirf für folgende Berechnungen ein Rechenblatt.

a	b	$\frac{a \cdot b}{100}$	$\frac{a}{b} \cdot 100$
3	50		
22	7		
18	22		

Berechnungsformeln mit Tabellenkalkulation

	A	B	C	D	E
1	3	50	=(A1*B1)/100	=A1/B1*100	
2	22	7	=(A2*B2)/100	=A2/B2*100	
3	18	22	=(A3*B3)/100	=A3/B3*100	
4					
5					
6					

Welche Werte stehen in diesen Zellen?

4. Alexander möchte seine Handykosten im Überblick behalten. Dazu will er mit seiner Tabellenkalkulation eine Wertetabelle für eine monatliche maximale Gesprächsdauer von 2 Stunden erstellen.

Entwirf eine solche Tabelle, bei der man die Kosten im Minutentakt entnehmen kann.

Seine Freundin Anne ist bei einem anderen Mobilfunkanbieter. Sie muss im Monat sogar eine Grundgebühr von 7,50 Euro bezahlen. Dafür kostet die Minute aber nur 15 Cent.

Wer von beiden hat den kostengünstigeren Tarif?

Adressierung von Zellen

Will man bei Berechnungen auf Zellinhalte zurückgreifen, unterscheidet man zwei Möglichkeiten, die **absolute** und die **relative Adressierung**.

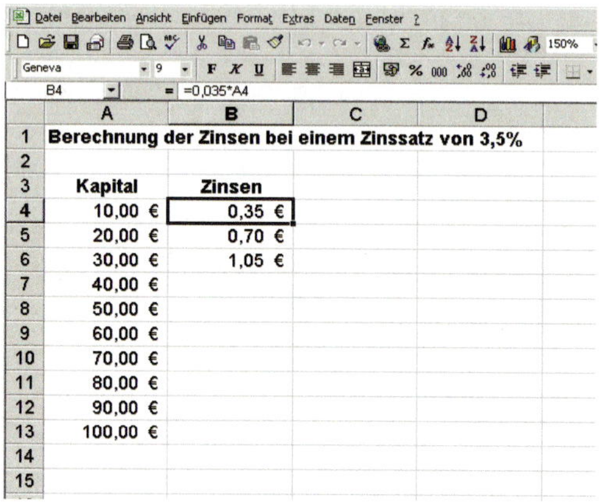

	A	B	C	D
1	**Berechnung der Zinsen bei einem Zinssatz von 3,5%**			
2				
3	**Kapital**	**Zinsen**		
4	10,00 €	0,35 €		
5	20,00 €	0,70 €		
6	30,00 €	1,05 €		
7	40,00 €			
8	50,00 €			
9	60,00 €			
10	70,00 €			
11	80,00 €			
12	90,00 €			
13	100,00 €			
14				
15				

Zieht man mit gedrückter linker Maustaste an der Zelle B4, wird in der Zelle B5 die Formel ***=0,035 * A5*** erscheinen.
Kontrolliere die Ergebnisse von B6 bis B13.
Die Formelinhalte verändern sich in den Zellen B6 bis B13 immer **relativ** zu den Inhalten in A6 bis A13.
Sollen nun die Zinsen für andere Zinssätze berechnet werden, muss man die Formel in der Eingabezeile ändern und die Spalte für die Zinsen neu ausfüllen.
Teste die Rechnung mit einem Zinssatz von 4,5%.

Will man für verschiedene Zinssätze schnell eine Kalkulation durchführen und möchte man dabei nicht mühsam die Eingabezeile verändern, dann verwendet man die *absolute Adressierung*.

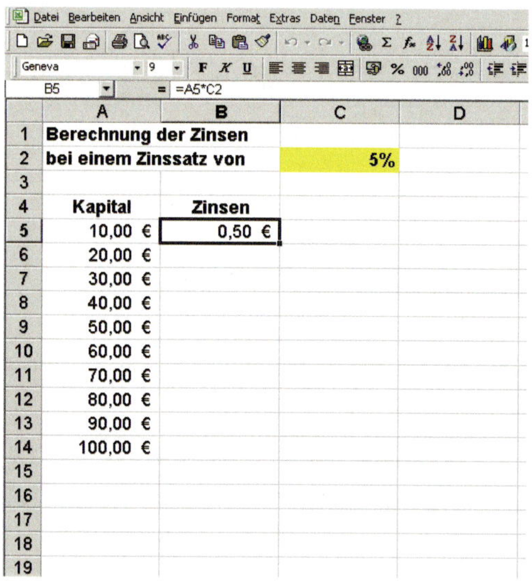

	A	B	C	D
1	**Berechnung der Zinsen**			
2	**bei einem Zinssatz von**		**5%**	
3				
4	**Kapital**	**Zinsen**		
5	10,00 €	0,50 €		
6	20,00 €			
7	30,00 €			
8	40,00 €			
9	50,00 €			
10	60,00 €			
11	70,00 €			
12	80,00 €			
13	90,00 €			
14	100,00 €			
15				
16				
17				
18				
19				

Wenn man jetzt mit der Maus an dem Punkt ziehen würde, um die Tabelle zu vervollständigen, so würde in der nächsten Zelle B6 die Formel ***=A6 * C3*** erscheinen. Das möchte man natürlich nicht.
Das Kapital von 20 Euro sollte hier ebenfalls mit dem Zinssatz von 5% multipliziert werden. Dieser Zinssatz steht in Zelle C2. Wir müssen uns also *immer* auf die Zelle C2 beziehen.
Wenn man sich **absolut** auf die Zelle C2 beziehen will, so schreibt man stattdessen C2. In Zelle B6 muss also ***=A5 * C2*** stehen.
Kontrolliere, was anschließend in den Zellen B6 bis B14 steht, wenn du die Tabelle durch Ziehen am Punkt vervollständigt hast.
Verändere den Zinssatz in Zelle C2 und beobachte die Veränderungen in der Tabelle.

5. Bestimme zu folgenden Guthaben die Zinsen für ein Jahr.

Zinssatz	2%	2,5%	1,75%	4,3%
Guthaben	Zinsen	Zinsen	Zinsen	Zinsen
1 000 €				
8 700 €				
520,70 €				
12 000 €				
2 000 000 €				

6. *Energieräuber*

Im Haushalt werden viele Geräte nach Benutzung im sogenannten „Stand-by-Betrieb" gelassen. Informiere dich über den stündlichen Energieverbrauch verschiedener Geräte (Fernseher, Videogerät, PC, Elektroherd mit Uhr …) in diesem stillen Betrieb.

Kalkuliere mit deinem Programm für diese Geräte die jährlichen Kosten im Stand-by-Betrieb. Schätze dabei Zeiten.

Ermittle die Gesamtkosten aller Geräte im Stand-by-Betrieb und bestimme den Anteil an der Gesamtstromrechnung.

Welche Schlussfolgerung ziehst du?

7. Anke möchte den Wert des Terms $2 \cdot a + 3 \cdot b$ mithilfe ihres Kalkulationsprogrammes berechnen. Sie hat die rechts abgebildete Tabelle erstellt.

Immer, wenn sie die Werte für a oder b verändert, verändert sich auch der Termwert für $2 \cdot a + 3 \cdot b$.

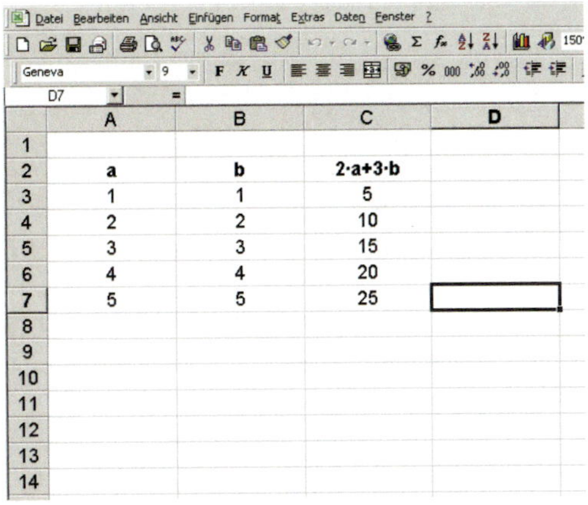

	A	B	C	D
1				
2	a	b	2·a+3·b	
3	1	1	5	
4	2	2	10	
5	3	3	15	
6	4	4	20	
7	5	5	25	
8				
9				
10				
11				
12				
13				
14				

a) Setze für b überall den Wert 2. Beschreibe, wie sich die Termwerte verändern.

b) Beschreibe die Veränderungen, wenn für a überall die gleiche Zahl eingesetzt wird und sich der Wert für b jeweils um 1 ändert.

c) Der Termwert soll 36 betragen. Finde durch Probieren verschiedene Einsetzungen für a und b.

8. Julia möchte ein Kantenmodell eines Quaders herstellen. Sie hat noch einen Draht von 1,20 m Länge, den sie so weit wie möglich ausnutzen will.

a) Erstelle ein Tabellenblatt, aus dem sich für verschiedene Kantenlängen a, b und c ermitteln lässt, wie lang der benötigte Draht ist.

b) Finde verschiedene Möglichkeiten, sodass Julia ihren vorhandenen Draht ohne Abfall benutzen kann.

Diagramme

Ein weiterer Vorteil von Tabellenkalkulationen ist die Erstellung von Diagrammen zu einer bestehenden Datentabelle. Damit kann man verschiedene Daten schnell auswerten und veranschaulichen. Der Diagrammassistent kann dir dabei eine wertvolle Hilfe sein.

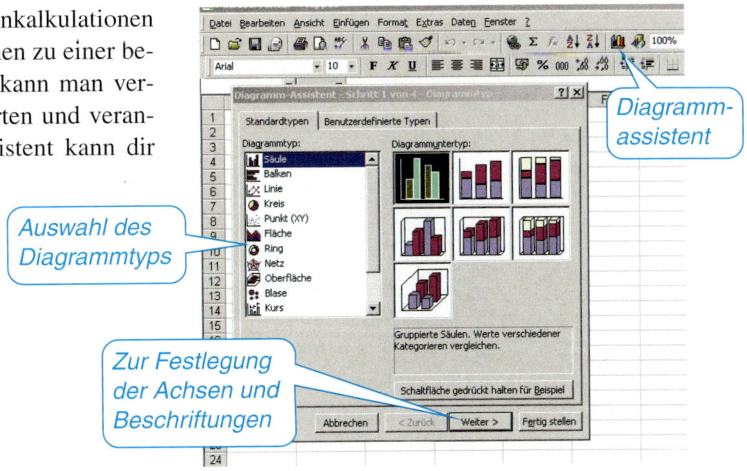

Du findest zum Beispiel folgende Diagrammtypen:

<table>
<tr><th>Diagrammtyp</th><th>Beispiel</th></tr>
<tr><td>Kreisdiagramm</td><td>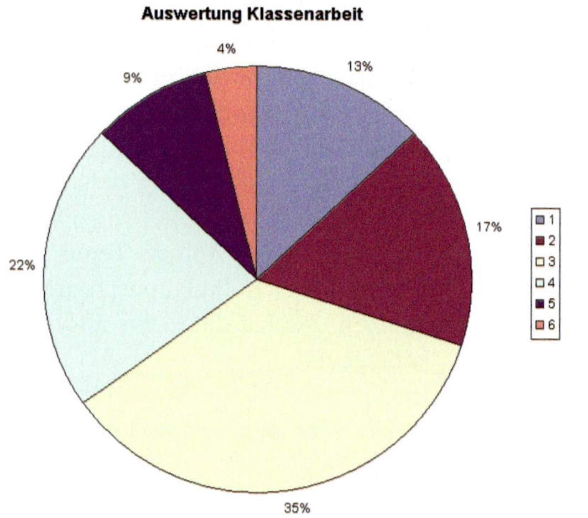
</td></tr>
<tr><td>Säulendiagramm</td><td>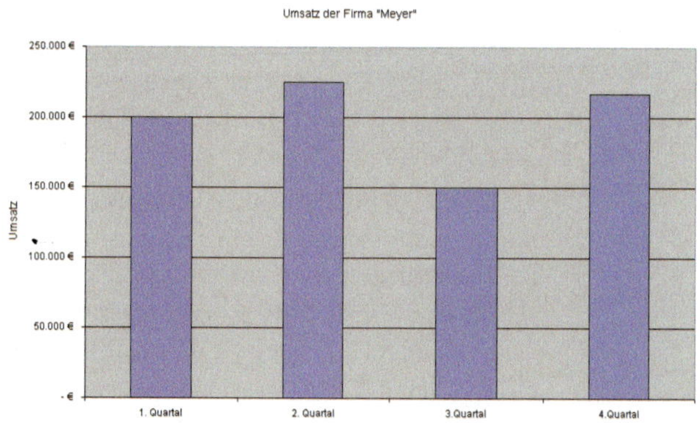
</td></tr>
<tr><td>Liniendiagramm</td><td>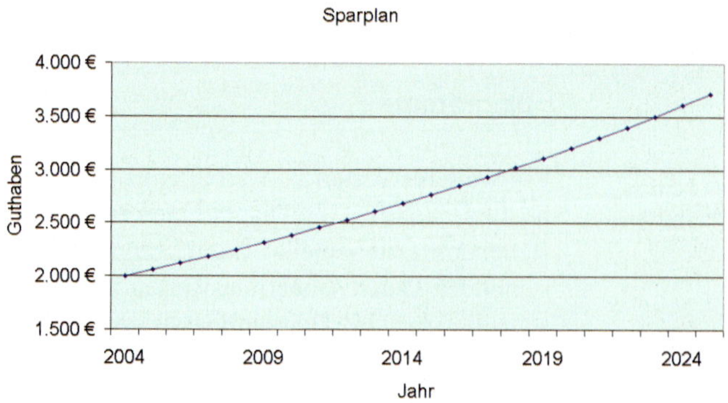
</td></tr>
</table>

9. Informiere dich im Kapitel „Darstellen von Daten“ (Seite 212) über die Verwendungsmöglichkeiten der einzelnen Diagrammtypen.

10. Stelle die Handykosten aus Aufgabe 4 (Seite 177) in einem geeigneten Diagramm dar. Begründe deine Wahl.

11. Essen soll schmecken, aber auch gesund sein und Spaß machen. Die Pyramide zeigt, wie es geht. Man erkennt es auf einem Blick: Die Basis unserer Nahrung sollte aus Getreide stammen.

a) Erläutere, welche Informationen noch in der Pyramide „versteckt" sind.

b) Erstelle einen „Ernährungskreis", der uns die gleichen Informationen gibt und stelle ihn mithilfe der Tabellenkalkulation dar.

c) Experimentiere mit weiteren Diagrammformen.
Welche sind geeignet, welche nicht? Begründe deine Entscheidungen.

d) Beobachte deine Ernährungsgewohnheiten mindestens eine Woche lang und vergleiche mit der Ernährungspyramide. Schätze ein, ob du dich gesund ernährst und was du vielleicht verbessern könntest.

12. Führe zu einem selbst gewählten Thema eine Befragung in der Klasse durch. Erstelle ein Datenblatt und ein Diagramm.
Präsentiere dein Ergebnis vor der Klasse.

13. Die Marktanteile großer Fernsehsender im Jahr 2000 sind aus nebenstehender Tabelle ersichtlich.
Erstelle ein aussagekräftiges Kreisdiagramm, aus dem auch die Prozentangaben zu erkennen sind.

Programm	Marktanteil
ARD	15,7%
ZDF	15,5%
RTL	13,7%
Dritte	11,9%
SAT 1	9,1%
PRO 7	8,0%

14. *Auf welches Datum fällt der Ostersonntag?*

Nach einem sehr alten kirchlichen Beschluss soll Ostern zu Beginn des Frühlings gefeiert werden. Es ist festgelegt, dass der Ostersonntag am ersten Sonntag sein soll, der auf den ersten Vollmond im Frühling folgt.

Dies führt zu komplizierten Berechnungen, die erst vor 200 Jahren der große Mathematiker Carl Friedrich Gauß (1777–1855) übersichtlich zusammenfassen konnte.

Für das abgelaufene 20. Jahrhundert und das 21. Jahrhundert gibt es eine weitere Vereinfachung.

Erstelle mit deiner Tabellenkalkulation eine übersichtliche Liste, aus der man das Datum für den Ostersonntag in den Jahren von 2000 bis 2050 ablesen kann. Lege dabei mehrere Spalten (A, B, C, …) für die Zwischenergebnisse an.

Auf der folgenden Seite findest du einen Rechenweg zum Kalkulieren.

Rechenweg:

1. Schreibe in **Spalte A** die Jahreszahlen bis 2050.

2. Subtrahiere von der Jahreszahl die Zahl **1900** und schreibe das Ergebnis in **Spalte B**.

3. Dividiere den Inhalt von **B** durch **19** und schreibe den Rest in **Spalte C**.

4. Addiere zum siebenfachen Inhalt von **C** die Zahl 1, dividiere ohne Rest durch 19 und schreibe das Ergebnis in **Spalte D**.

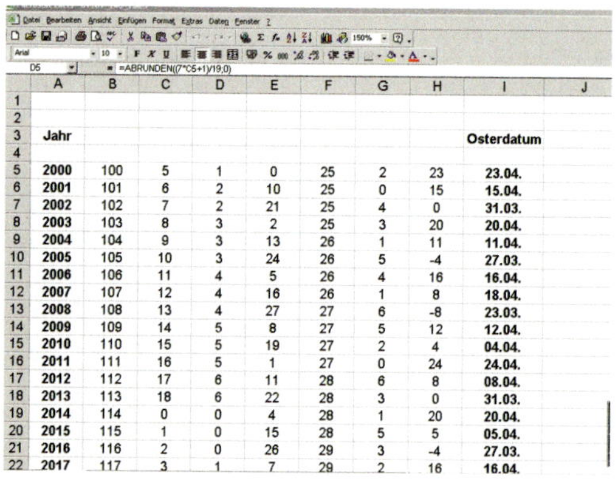

	A	B	C	D	E	F	G	H	I
1									
2									
3	**Jahr**								**Osterdatum**
4									
5	**2000**	100	5	1	0	25	2	23	**23.04.**
6	**2001**	101	6	2	10	25	0	15	**15.04.**
7	**2002**	102	7	2	21	25	4	0	**31.03.**
8	**2003**	103	8	3	2	25	3	20	**20.04.**
9	**2004**	104	9	3	13	26	1	11	**11.04.**
10	**2005**	105	10	3	24	26	5	-4	**27.03.**
11	**2006**	106	11	4	5	26	4	16	**16.04.**
12	**2007**	107	12	4	16	26	1	8	**18.04.**
13	**2008**	108	13	4	27	27	6	-8	**23.03.**
14	**2009**	109	14	5	8	27	5	12	**12.04.**
15	**2010**	110	15	5	19	27	2	4	**04.04.**
16	**2011**	111	16	5	1	27	0	24	**24.04.**
17	**2012**	112	17	6	11	28	6	8	**08.04.**
18	**2013**	113	18	6	22	28	3	0	**31.03.**
19	**2014**	114	0	0	4	28	1	20	**20.04.**
20	**2015**	115	1	0	15	28	5	5	**05.04.**
21	**2016**	116	2	0	26	29	3	-4	**27.03.**
22	**2017**	117	3	1	7	29	2	16	**16.04.**

5. Addiere zum elffachen Inhalt von **C** die Zahl 4, subtrahiere davon den Inhalt von **D** und bestimme den Rest bei der Division durch 29. Schreibe diesen in **Spalte E**.

6. Dividiere den Inhalt von **B** durch 4, vernachlässige den Rest und schreibe das Ergebnis in **Spalte F**.

7. Addiere zum Inhalt von **B** den Inhalt von **F** und die Zahl 31 und subtrahiere das Ergebnis von **E**. Bilde den Rest bei der Division durch 7 und schreibe das Ergebnis in **Spalte G**.

8. Subtrahiere von der Zahl 25 die Inhalte von **E** und **G** und schreibe diese Differenz in **Spalte H**.

9. Wenn der Inhalt von **H** positiv ist, dann ist der Ostersonntag im April und **H** gibt den Tag an. Ist dies nicht der Fall, ist der Ostersonntag im März und **H** + 31 gibt den Tag an.

Informiere dich über dir nicht bekannte Rechenbefehle bei deinem Lehrer oder in der Hilfe des Programms.

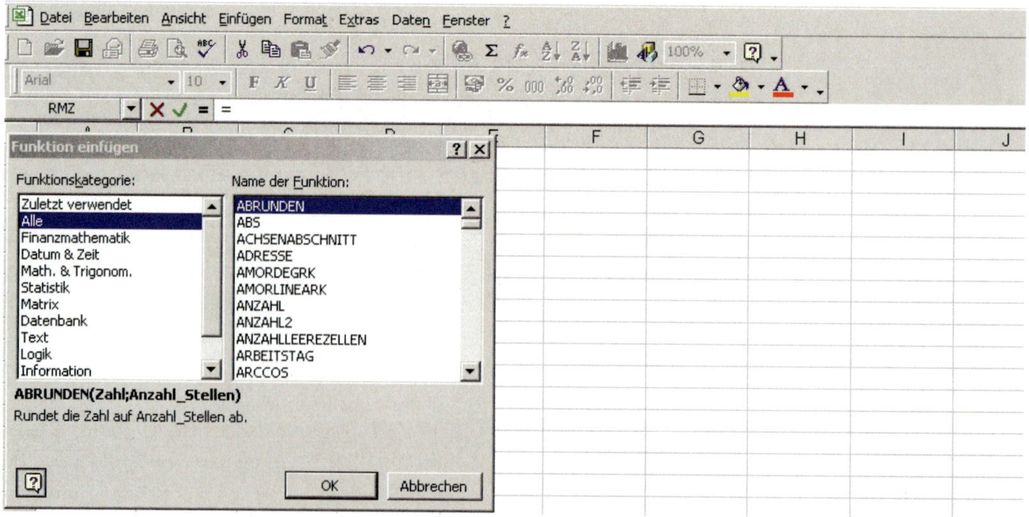

5. DARSTELLEN UND BERECHNEN VON PRISMEN UND PYRAMIDEN

Unten siehst du ein Modell von Dom und Severi-Kirche in Erfurt. Es besteht aus vielen Einzelteilen, die die Form von Prismen oder Pyramiden haben.

- Wo erkennst du Prismen und Pyramiden? Gib auch ihren Namen an und skizziere einen möglichen Grundriss.
- Einige Dächer wurden aus Prismen und Pyramiden zusammengesetzt. Beschreibe sie.
- Baut ein Modell eines Gebäudes in eurem Heimatort.

In diesem Kapitel lernst du, wie man Volumen und Oberflächeninhalt von Pyramiden berechnet. Außerdem lernst du, wie Zweitafelbilder von Prismen, Pyramiden und aus ihnen zusammengesetzten Körpern angefertigt werden.

5.1 Wiederholung von Prisma und Pyramide

Wiederholung

1. Stephanie und Sarah haben für den Mathematikunterricht Körpermodelle und Netze hergestellt.

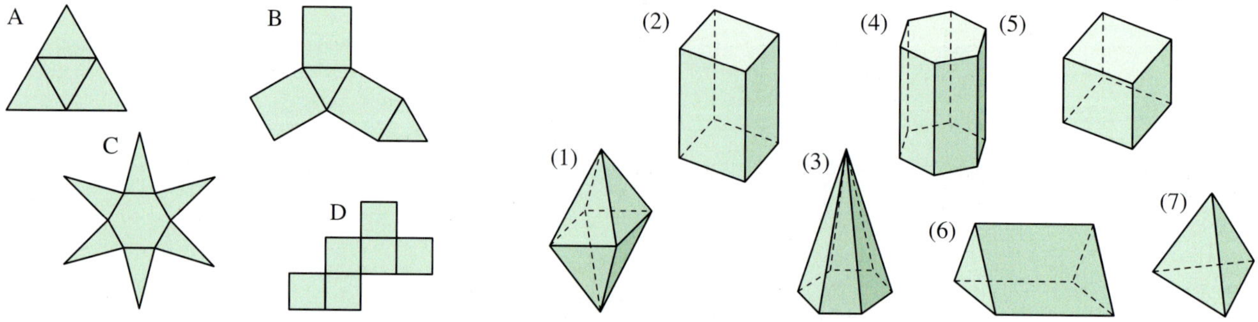

a) Welche Körper sind Prismen, welche sind Pyramiden? Begründe.

b) Zu welchen Körpern gehören die vier Netze? Skizziere die fehlenden Netze.

Information

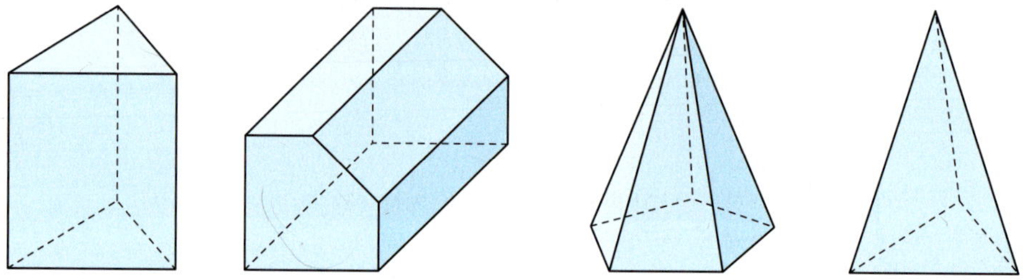

Die abgebildeten Körper sind gerade **Prismen**.
Die beiden *Grundflächen* sind Vielecke.
Sie sind parallel und kongruent zueinander.
Alle *Seitenflächen* sind Rechtecke.
Der Abstand der beiden Grundflächen ist die *Höhe* des Prismas.

Die abgebildeten Körper sind **Pyramiden**.
Die *Grundfläche* ist ein Vieleck.
Alle *Seitenflächen* sind Dreiecke.
Der Abstand der Spitze von der Grundfläche ist die *Höhe* der Pyramide.

Nach der Form der Grundflächen heißen die Körper dreiseitig, vierseitig, …

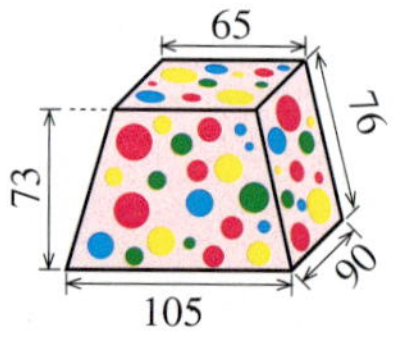

2. Eine Firma stellt die abgebildete Geschenkverpackung her (Maße in mm).

a) Berechne den Materialverbrauch und das Fassungsvermögen.

b) Stelle selbst eine solche Verpackung her.

Für den **Oberflächeninhalt A_O** eines Prismas mit dem Grundflächeninhalt A_G und dem Mantelflächeninhalt A_M gilt:

$\mathbf{A_O = 2 \cdot A_G + A_M}$

Für das **Volumen V** eines Prismas mit dem Grundflächeninhalt A_G und der Körperhöhe h gilt:

$\mathbf{V = A_G \cdot h}$

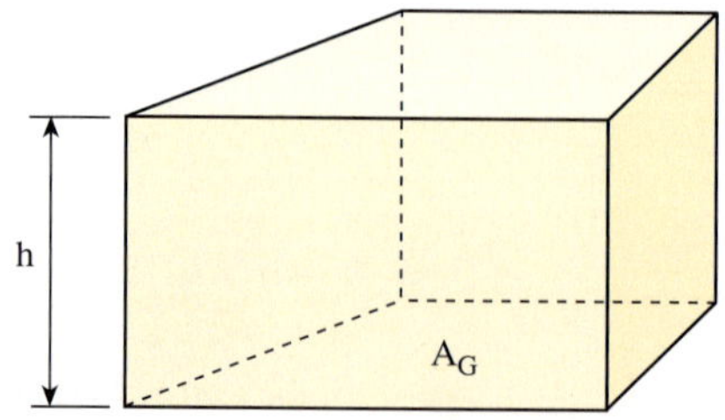

Übungsaufgaben

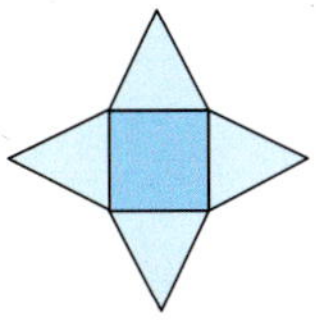

3. Zeichnet folgende Vielecke auf farbigen Karton und schneidet sie aus:
10 Rechtecke mit den Seitenlängen a = 3 cm und b = 6 cm;
10 gleichseitige Dreiecke und 10 Quadrate mit den Seitenlängen s = 3 cm;
10 gleichschenklige Dreiecke mit den Schenkeln a = b = 6 cm und der Basis c = 3 cm;
4 regelmäßige Sechsecke mit den Seitenlängen s = 3 cm.
Legt aus diesen Vielecken Netze von Prismen oder Pyramiden.
Gebt den Namen der Körper an und skizziert dazugehörige Schrägbilder.
Ihr könnt auch noch weitere passende Vielecke herstellen.

4. Sebastian hat das Umrechnen von Einheiten geübt. Kontrolliere seine Aufgaben.

a) (1) 4,5 cm = 45 km
(2) 6,3 km = 63 km
(3) 305 cm = 3,5 m

b) (1) $3{,}47\ cm^2 = 347\ dm^2$
(2) $600\ dm^2 = 6\ m^2$
(3) $8{,}9\ cm^2 = 89\ mm^2$

c) (1) $5{,}234\ dm^3 = 5\,234\ cm^3$
(2) $7\,431\ cm^3 = 74{,}31\ l$
(3) $2{,}7\ l = 2\,700\ cm^3$

5. Eine Pyramide ist 7 cm hoch und hat als Grundfläche ein Rechteck mit den Seitenlängen a = 5 cm und b = 6 cm. Befindet sich die Spitze senkrecht über dem Diagonalenschnittpunkt der Grundfläche, so heißt die Pyramide **gerade**. Sonst heißt sie **schiefe Pyramide**.

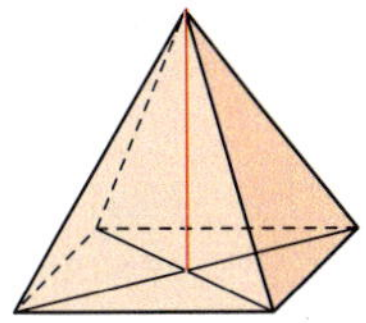

a) Zeichnet verschiedene Schrägbilder der geraden Pyramide.

b) Die Spitze der Pyramide liegt senkrecht über einem Eckpunkt der Grundfläche. Zeichnet verschiedene Schrägbilder der schiefen Pyramide.

c) Beschreibt euch gegenseitig die Lage der Spitze einer schiefen Pyramide möglichst genau und zeichnet dazu passende Schrägbilder.

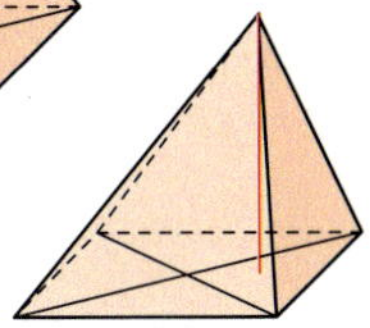

6. Berechne Volumen und Größe der Oberfläche des abgebildeten Körpers (Maße in cm).

a)

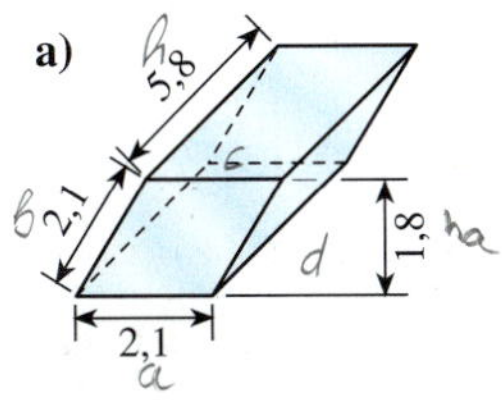

b)

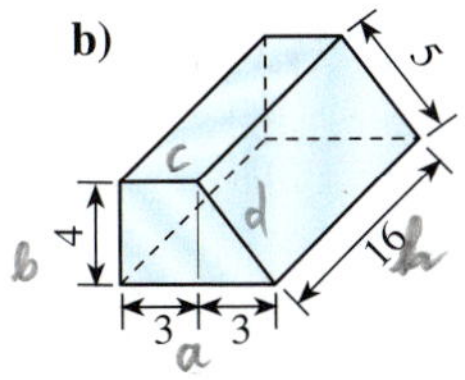

c)

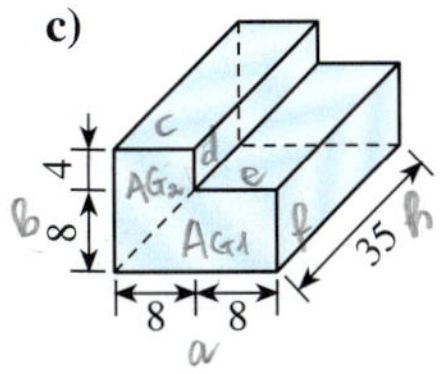

7. In der Physiksammlung befinden sich dreiseitige Prismen aus Metall. Lorenz möchte wissen, aus welchen Metallen sie bestehen. Dazu hat er die Masse m, die Körperhöhe h und die Maße der Grundfläche bestimmt. (Ermittle fehlende Größen zeichnerisch.)

a) m = 724 g; h = 8,5 cm. Die Grundfläche ist ein rechtwinkliges Dreieck mit den Längen a = 3 cm und b = 5 cm für die beiden kürzeren Seiten.

b) m = 544 g; h = 7,4 cm. Die Grundfläche ist ein unregelmäßiges Dreieck mit der Seitenlänge a = 5 cm und der dazugehörigen Höhe h_a = 3,5 cm.

c) m = 216 g; h = 6,2 cm. Die Grundfläche ist ein gleichseitiges Dreieck mit a = 3 cm.

8. Entscheide, ob die folgenden Aussagen wahr oder falsch sind. Begründe.
(1) Es gibt Pyramiden, deren Netze nur aus gleichschenkligen Dreiecken bestehen.
(2) Die Oberfläche von Prismen besteht nur aus Vierecken.
(3) Die Mantelfläche von Prismen besteht nur aus Rechtecken.
(4) Alle Seitenflächen einer Pyramide besitzen dieselbe Höhe.

5.2 Zweitafelbild von Prisma und Pyramide

5.2.1 Zweitafelbild von Prisma

Einführung

Bei einer Ballonfahrt sieht Tom nur das Dach eines Hauses aus seinem Wohnviertel. Zu welchem Haus könnte die Draufsicht (der Grundriss) passen?

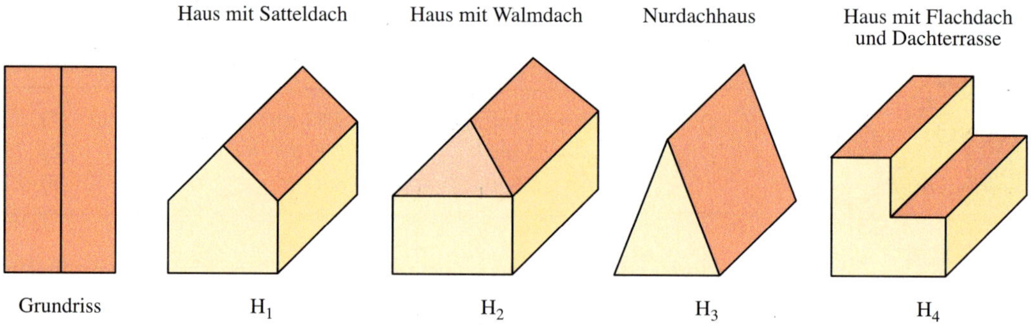

Du weißt, dass verschiedene Körper den gleichen Grundriss (Draufsicht) haben können. Die abgebildeten Häuser H_1 H_3 und H_4 haben die Form von Prismen. Sie haben den gleichen Grundriss, aber verschiedene Gestalt.
Man kann sich Körper besser vorstellen, wenn man außer der Draufsicht noch die Vorderansicht zeichnet. Die Vorderansicht heißt Aufriss.
Damit Grundriss und Aufriss eines Körpers in der Zeichenebene dargestellt werden können, denkt man sich die Aufrissebene in die Grundrissebene geklappt.

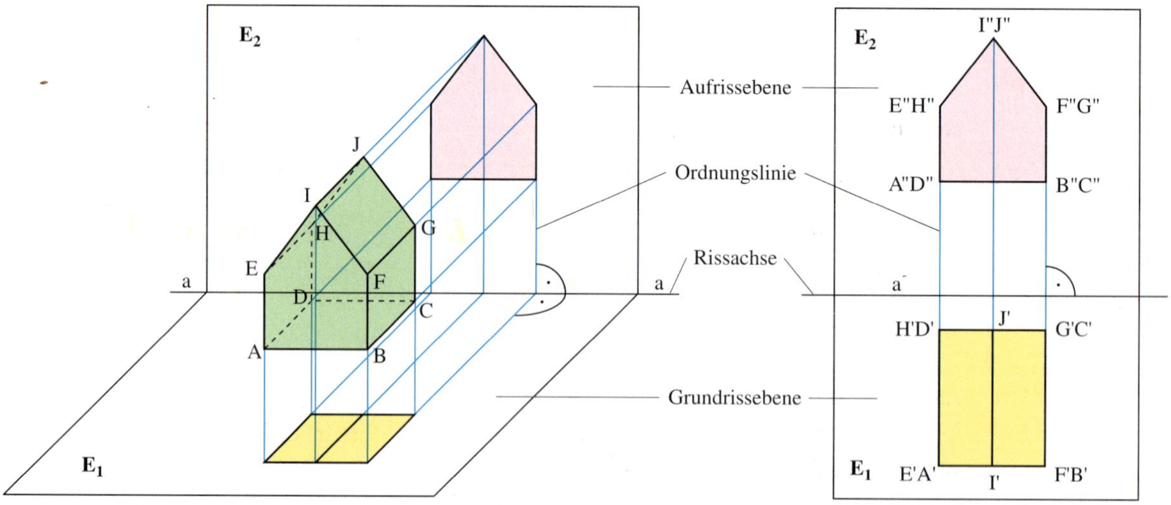

Grundriss (Draufsicht) und **Aufriss** (Vorderansicht) nennt man zusammen das **Zweitafelbild** des Körpers.
Die Schnittgerade beider Ebenen (Tafeln) ist die **Rissachse**.
Grund- und Aufriss eines Punktes liegen auf einer Ordnungslinie, die senkrecht zur Rissachse verläuft.

Punkt A im Grundriss: A'
Punkt A im Aufriss: A''

Weiterführende Aufgabe

1. *Verschiedene Zweitafelbilder eines Körpers*

Zeichne ein Zweitafelbild dieses dreiseitigen Prismas. Bezeichne die Bildpunkte.

a) Das Prisma steht auf der Grundfläche ABC, die Grundkante $\overline{AB}$ verläuft parallel zur Rissachse.

b) Das Prisma liegt auf der Fläche ABED, die Kante $\overline{AD}$ verläuft parallel zur Rissachse.
Beachte: Bestimme die Höhe der Grundflächen zeichnerisch.

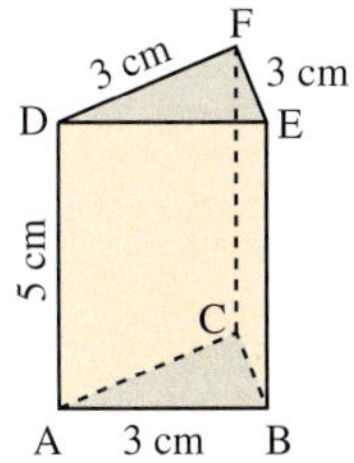

Übungsaufgaben

2. Der Körper rechts ist aus sechs Würfeln mit der Kantenlänge 2 cm zusammengesetzt.
Zeichne den Grundriss und den Aufriss des Körpers.

3. Zeichne das begonnene Zweitafelbild in dein Heft und vervollständige es. Entnimm die Maße (in mm) dem Schrägbild.

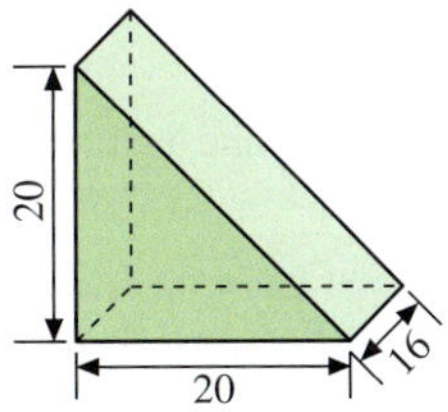

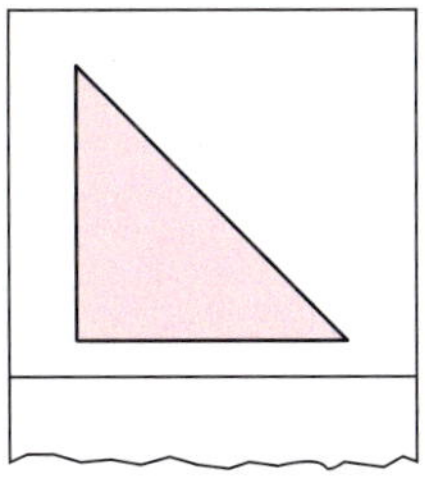

4. Verschiedene Körper können den gleichen Grundriss oder den gleichen Aufriss haben. Skizziere zu der angegebenen Ansicht das Schrägbild von zwei passenden Körpern und ergänze zu einem Zweitafelbild.

a) Aufriss

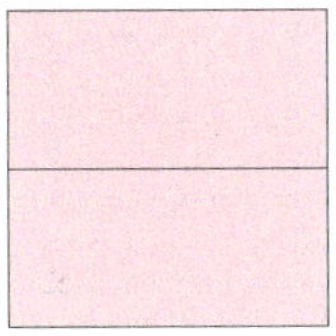

b) Grundriss

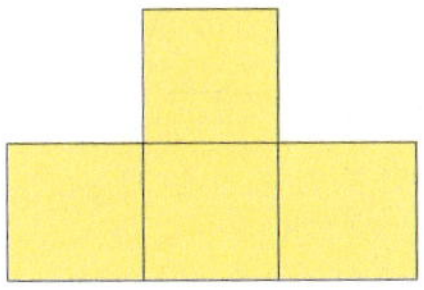

c) Grundriss

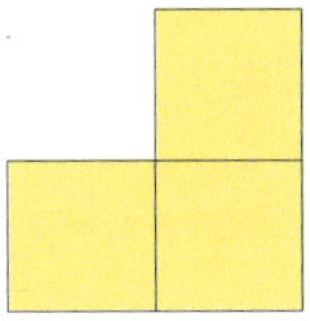

5. Ein Prisma besitzt die abgebildete Grundfläche und ist 6 cm hoch. Zeichne Schrägbild und Zweitafelbild des Körpers
(1) auf der Grundfläche stehend; (2) auf einer Seitenfläche liegend.

a)

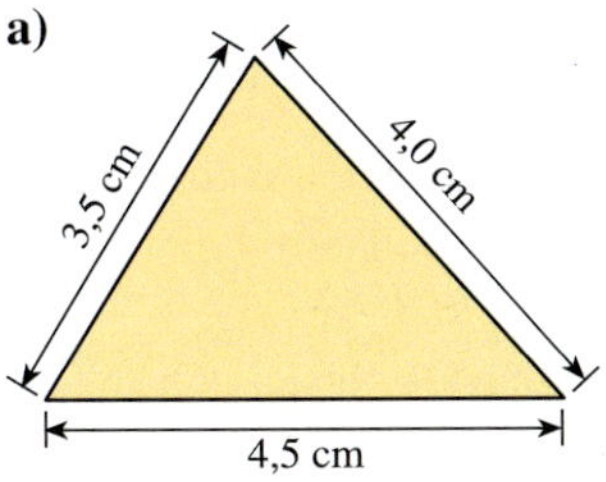

b)

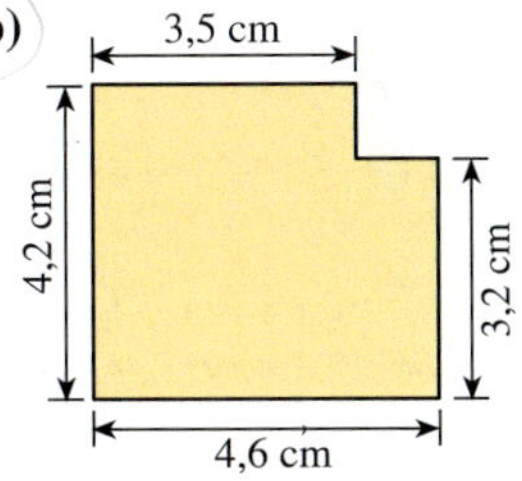

c)

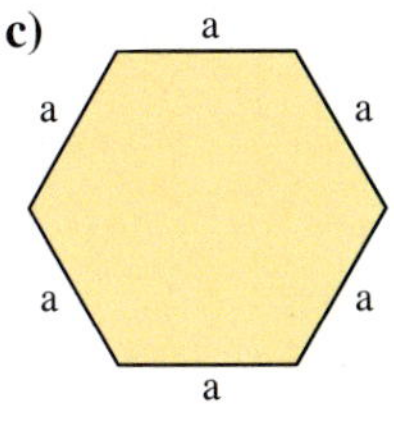

6. Skizziert das Zweitafelbild eines Körpers. Tauscht die Blätter aus und skizziert dann ein passendes Schrägbild.

5.2.2 Zweitafelbild einer Pyramide

Aufgabe 1

1. Gegeben ist eine quadratische Pyramide mit der Grundkantenlänge a = 4 cm und der Körperhöhe h = 5 cm. Die Spitze S der Pyramide befindet sich senkrecht über dem Schnittpunkt der Diagonalen des Quadrats.
Zeichne ein Zweitafelbild der Pyramide.

(1) Die Körperkante $\overline{AB}$ verläuft parallel zur Rissachse.
(2) Die Diagonale $\overline{AC}$ verläuft parallel zur Rissachse.

Überlege, welche Körperkanten und Höhen in wahrer Länge abgebildet werden.

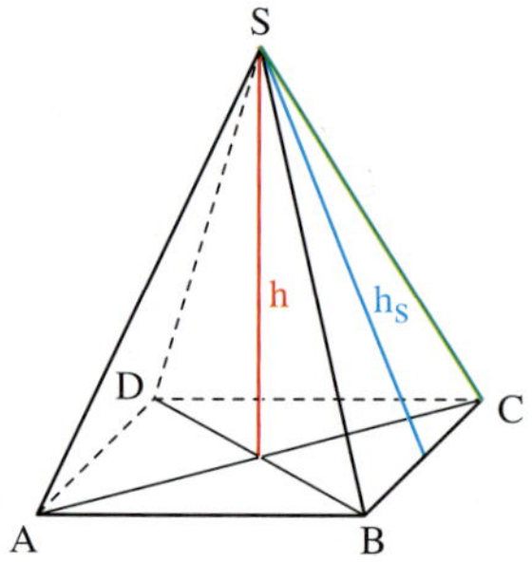

Lösung

1. Schritt:
Die Grundkanten der Pyramide werden in der Grundrissebene in wahrer Länge abgebildet. Deshalb beginnen wir mit dem *Grundriss.*

2. Schritt:
Zeichne die Ordnungslinien ein.

3. Schritt:
Die Körperhöhe erscheint in der Aufrissebene in wahrer Länge. Mit ihrer Hilfe zeichnen wir den *Aufriss*.

Du kannst auch mit dem Aufriss beginnen.

(1)

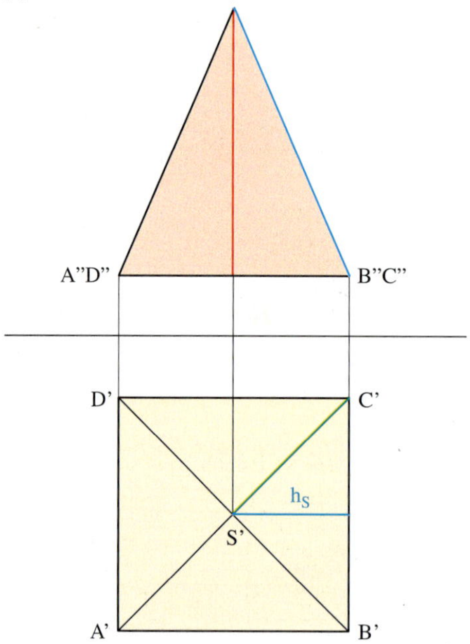

(2)

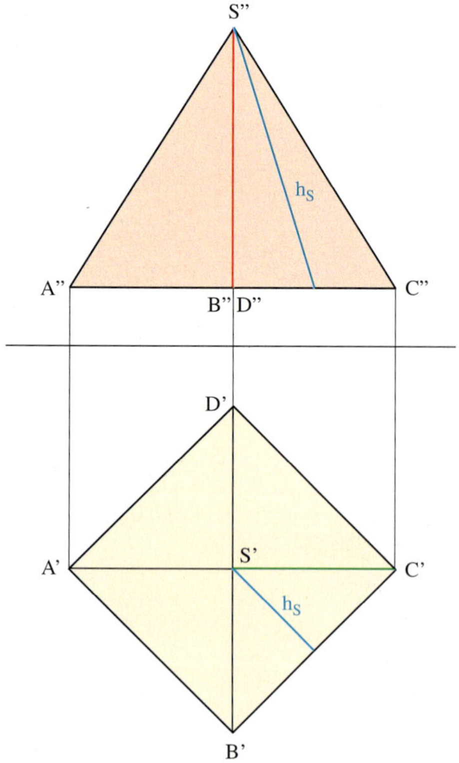

Die Körperkante $\overline{CS}$ erscheint im Grund- und im Aufriss verkürzt.
Die Höhe h_s der Seitenfläche BSC wird im Aufriss in wahrer Länge abgebildet.

Die Körperkante $\overline{CS}$ erscheint im Aufriss in wahrer Länge.
Die Höhen h_s der Seitenflächen werden im Grund- und im Aufriss verkürzt dargestellt.

Übungsaufgaben

2. Zeichne ein Zweitafelbild einer Pyramide, deren Grundfläche ein Quadrat mit der Seitenlänge 5 cm ist. Überlege, welche Körperkanten und Höhen in wahrer Länge abgebildet werden.

a) Die Spitze liegt 6 cm senkrecht über dem Schnittpunkt der Diagonalen des Quadrats.

b) Die Spitze liegt 6 cm senkrecht über einem Eckpunkt des Quadrats.

c) Die Spitze liegt 6 cm senkrecht über dem Mittelpunkt einer Quadratseite.

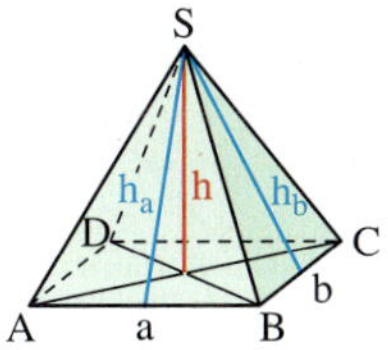

3. Zeichne das Zweitafelbild der rechteckigen Pyramide mit a = 4,0 cm, b = 3,6 cm und der Höhe h = 7,0 cm.
Gib an, welche Kanten und Höhen in wahrer Länge abgebildet werden.

a) Die Kante $\overline{AB}$ verläuft parallel zur Rissachse.

b) Die Kante $\overline{BC}$ verläuft parallel zur Rissachse.

c) Die Diagonale $\overline{AC}$ verläuft parallel zur Rissachse.

4. Eine dreiseitige Pyramide ist 7 cm hoch und besitzt als Grundfläche ein gleichseitiges Dreieck mit der Seitenlänge a = 5,0 cm.
Wird die Lage der Spitze verändert, so entstehen verschiedene Pyramiden. Zeichne von mindestens drei unterschiedlichen Pyramiden die Zweitafelbilder und die passenden Schrägbilder. Beschreibe die Lage der Spitze möglichst genau.

5. Ein (regelmäßiges) *Tetraeder* ist eine Pyramide, die von vier zueinander kongruenten gleichseitigen Dreiecken begrenzt wird.
(1) Zeichne ein Netz des Tetraeders mit der Kantenlänge 6 cm und schneide es aus.
(2) Falte das Netz zu einem Körper. Bestimme Körperhöhe und Höhe der Seitenflächen.
(3) Zeichne ein Schrägbild und ein Zweitafelbild des Tetraeders.

6. Eine Pyramide ist 8 cm hoch und besitzt die abgebildete Grundfläche. Zeichne Schrägbild und Zweitafelbild einer Pyramide (1) auf einer Grundfläche; (2) auf der Spitze stehend.

a)
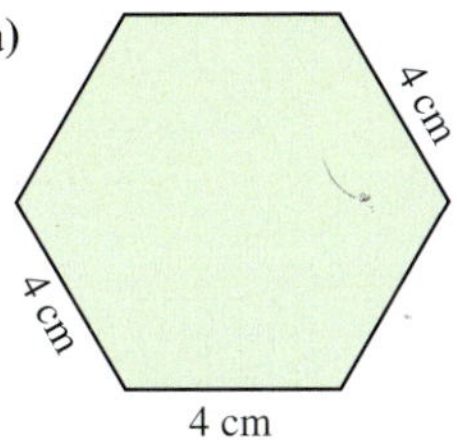

b)
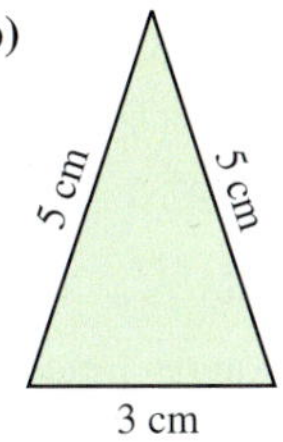

c)
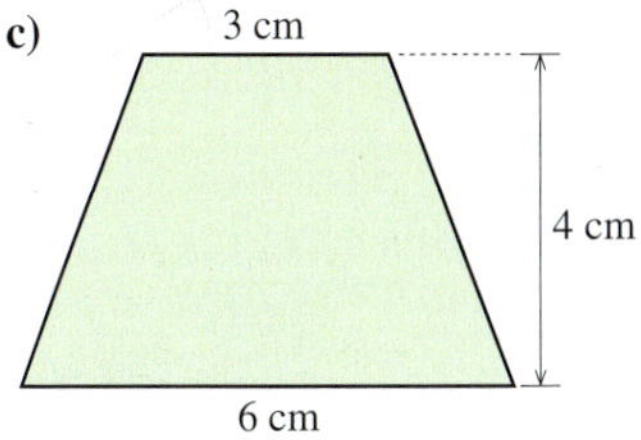

7. Laura hat für verschiedene Pyramiden Zweitafelbilder gezeichnet. Kontrolliere.

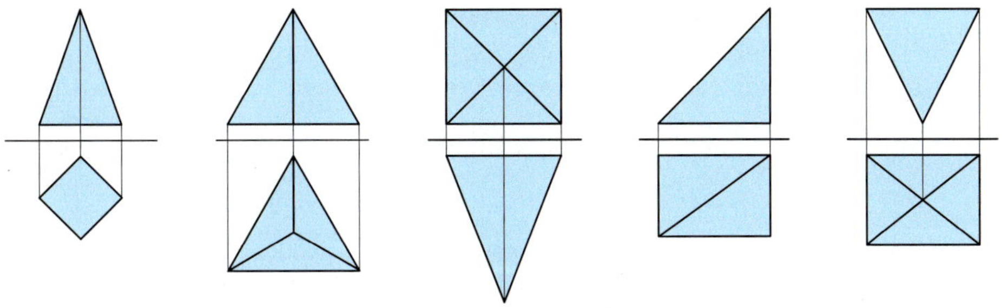

8. Skizziert das Schrägbild einer Pyramide. Tauscht die Blätter aus und skizziert dann ein passendes Zweitafelbild. Beschreibt die Körper.

5.2.3 Wahre Länge von Strecken und wahre Größe von Flächen

Aufgabe 1

Rechts siehst du das Schrägbild einer quadratischen Pyramide mit der Grundkantenlänge a = 2 cm und der Höhe h = 3 cm.
Die Körperkante a und die Höhe h werden im Schrägbild in wahrer Länge gezeichnet.
Wenn wir das Netz der Pyramide herstellen wollen, brauchen wir die wahre Größe und Gestalt einer Seitenfläche.
Die wahre Länge der Seitenkante s kannst du dem Schrägbild aber nicht entnehmen.

Bestimme die wahre Länge der Seitenkante s und die wahre Größe der Seitenfläche F mithilfe eines geeigneten Zweitafelbildes.
Gib zwei verschiedene Möglichkeiten an.

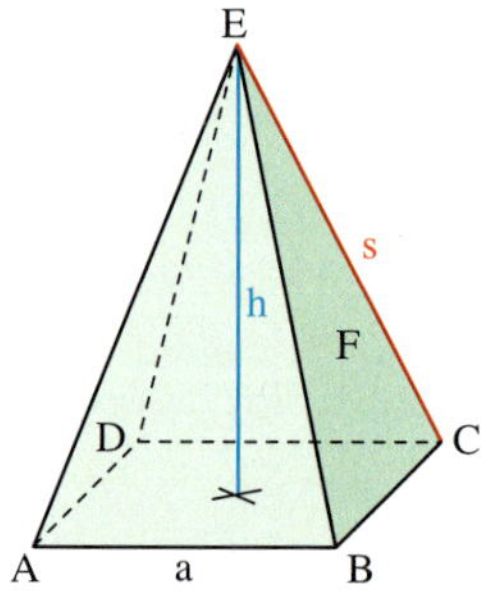

Lösung

Es gibt mehrere Möglichkeiten, die wahre Länge der Seitenkante s zu bestimmen.

1. Möglichkeit

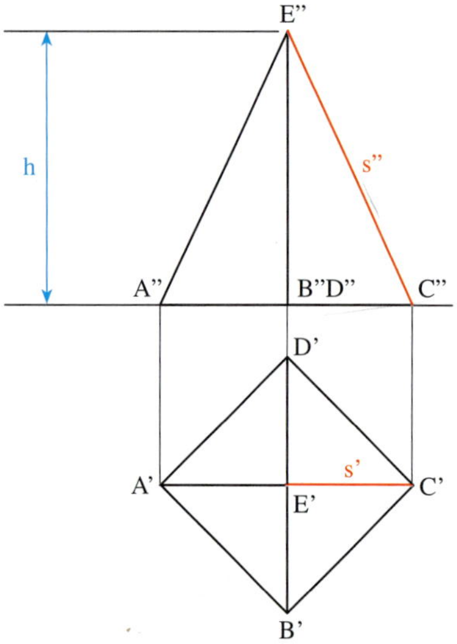

Die gesuchte Körperkante muss parallel zur Aufrissebene verlaufen.
Die Pyramide wird so aufgestellt, dass die Diagonale $\overline{AC}$ parallel zur Rissachse verläuft.
Die wahre Länge der Körperkante $\overline{EC}$ erscheint im Aufriss: $s \approx 3{,}3$ cm.
Mithilfe von a und s können wir jetzt die Seitenfläche F zeichnen.

2. Möglichkeit

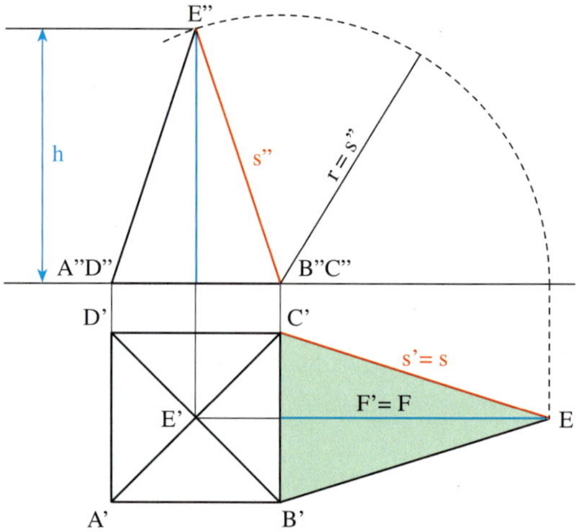

Die Seitenfläche F wird in die Grundrissebene geklappt. Dort erscheint sie in wahrer Größe und Gestalt.
Die wahre Länge der Körperkante $\overline{EC}$ beträgt $s \approx 3{,}3$ cm.
Hier kann auch die wahre Länge der Seitenhöhe gemessen werden.
Im Aufriss erscheint die Höhe der Seitenfläche ebenfalls in wahrer Länge.

Übungsaufgaben

2. Für das Modell einer Stadt werden verschiedene pyramidenförmige Dächer mit der Höhe 7 cm benötigt. Zeichne die Netze und stelle daraus die Pyramiden her. Bestimme fehlende Strecken aus geeigneten Zweitafelbildern. Überprüfe die Körperhöhen.

5.3 Oberflächeninhalt einer Pyramide *Zum Selbstlernen*

Du weißt schon, wie der Oberflächeninhalt eines Prismas berechnet wird.
Hier lernst du, wie man den Oberflächeninhalt einer Pyramide berechnet.

Oberflächeninhalt einer quadratischen Pyramide

Für Schaufensterdekorationen werden Pyramiden mit quadratischer Grundfläche benötigt.
Wie viel cm^2 Pappe sind zur Herstellung einer Pyramide nötig? Entnimm die Maße der Zeichnung.
(Verschnitt soll nicht berücksichtigt werden.)

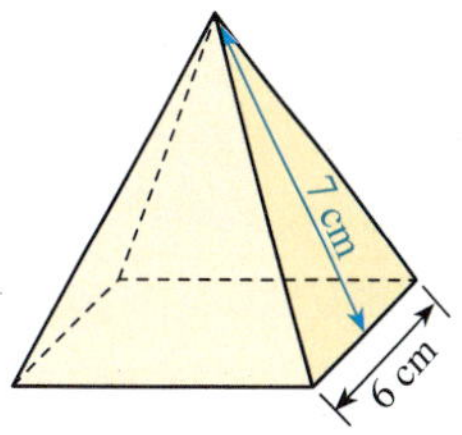

Zur Herstellung einer Pyramide zeichnen wir ein passendes Netz. Aus dem Netz ergibt sich die Oberfläche der Pyramide.
Es besteht aus der quadratischen Grundfläche und den vier Seitenflächen. Alle Seitenflächen zusammen ergeben die Mantelfläche.

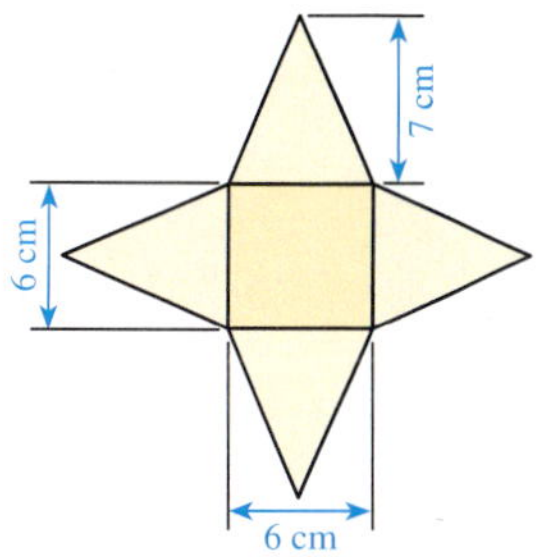

1. Schritt: Wir berechnen die Größe A_G der Grundfläche mit der Seitenlänge a = 6 cm.
$A_G = a \cdot a$
$A_G = 6\text{ cm} \cdot 6\text{ cm} = 36\text{ cm}^2$

2. Schritt: Wir berechnen die Größe A_S einer Seitenfläche mit der Länge s = 6 cm der Grundseite und der Höhe $h_s = 7$ cm einer Seitenfläche.
$A_S = \frac{1}{2} \cdot s \cdot h_s$
$A_S = \frac{1}{2} \cdot 6\text{ cm} \cdot 7\text{ cm} = 21\text{ cm}^2$

3. Schritt: Wir berechnen die Größe A_M der Mantelfläche.
$A_M = 4 \cdot A_S$
$A_M = 4 \cdot 21\text{ cm}^2 = 84\text{ cm}^2$

4. Schritt: Zuletzt berechnen wir die Größe A_O der Oberfläche.
$A_O = A_M + A_G$
$A_O = 84\text{ cm}^2 + 36\text{ cm}^2 = 120\text{ cm}^2$

Ergebnis: Zur Herstellung einer Pyramide werden 120 cm^2 Pappe benötigt.

Bestimmen der Höhe einer Seitenfläche durch Konstruktion

Wie viel cm^2 Pappe werden zur Herstellung der rechts abgebildeten quadratischen Pyramide benötigt?

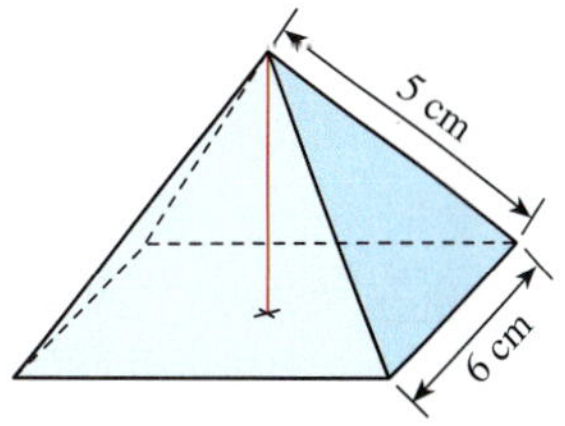

Damit wir die Mantelfläche berechnen können, brauchen wir die Höhe h_s einer Seitenfläche. Diese können wir nur durch Konstruktion bestimmen.

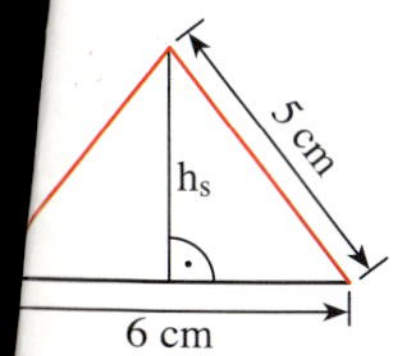

Wir konstruieren das gleichschenklige Dreieck nach dem Kongruenzsatz sss und messen die Höhe $h_s = 4$ cm. Jetzt können wir wie im vorigen Beispiel den Oberflächeninhalt berechnen.
(1) $A_G = 6\text{ cm} \cdot 6\text{ cm} = 36\text{ cm}^2$
(2) $A_S = \frac{1}{2} \cdot 6\text{ cm} \cdot 4\text{ cm} = 12\text{ cm}^2$
(3) $A_M = 4 \cdot A_s = 48\text{ cm}^2$
(4) $A_O = A_G + A_M = 84\text{ cm}^2$.

Ergebnis: Es werden 84 cm^2 benötigt.

3. Ein Quader hat die Kantenlängen a = 4 cm; b = 6 cm; c = 3 cm.

a) Bestimme mithilfe geeigneter Zweitafelbilder die wahre Länge der Flächendiagonale $\overline{AC}$ und der Raumdiagonale $\overline{AG}$.

b) Wie muss man das Zweitafelbild zeichnen, wenn man die wahre Länge der Strecke $\overline{AF}$ messen will?

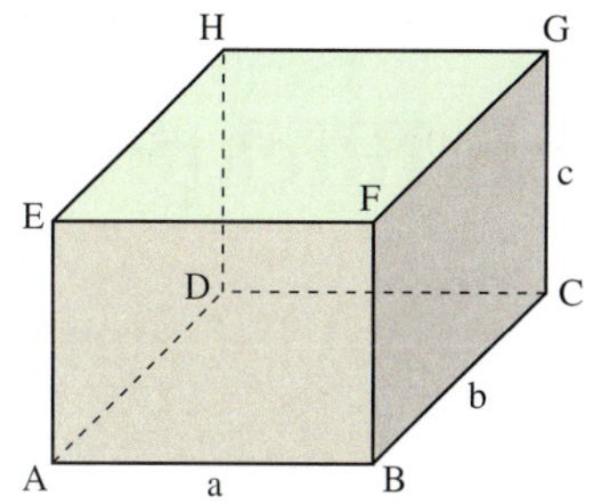

4. Zeichne ein Zweitafelbild des Körpers (Maße in cm). Bestimme hieraus die Länge der angegebenen Strecke.

a) $\overline{BG}$

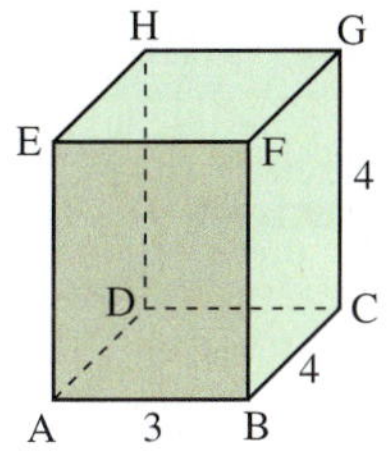

b) $\overline{FG}$

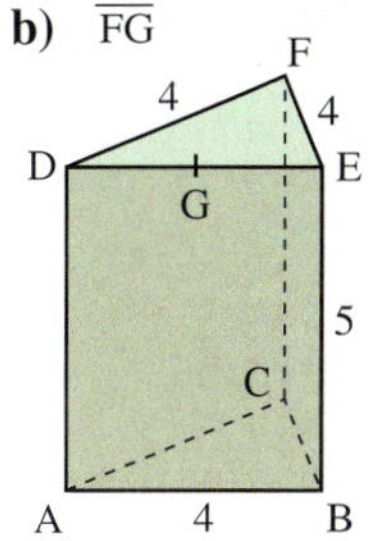

c) $\overline{SC}$

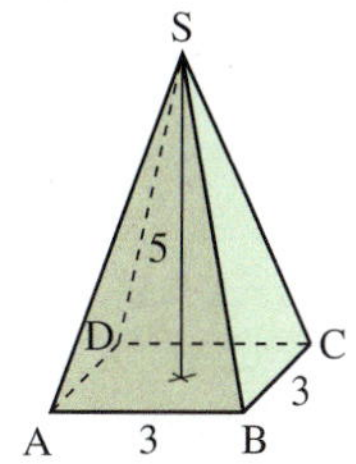

d) $\overline{GB}$

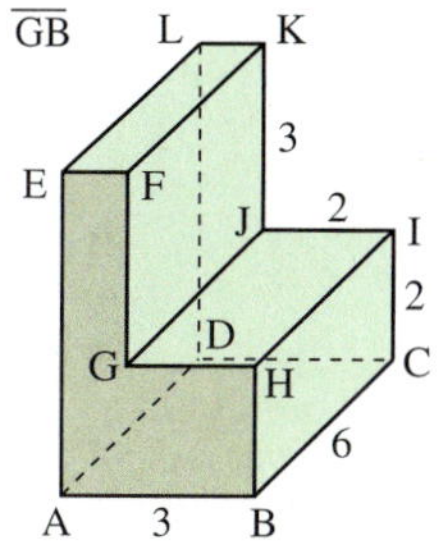

5. a) Zeichne von diesem Haus ein Zweitafelbild so, dass du die wahre Länge der Strecken $\overline{AC}$, $\overline{BE}$ und $\overline{KH}$ bestimmen kannst. Miss die Länge dieser Strecken.

b) Zeichne Zweitafelbilder der beiden Prismen. Bestimme die wahre Länge der Strecke $\overline{PS}$ durch Messen in einer geeigneten Ansicht des Prismas.

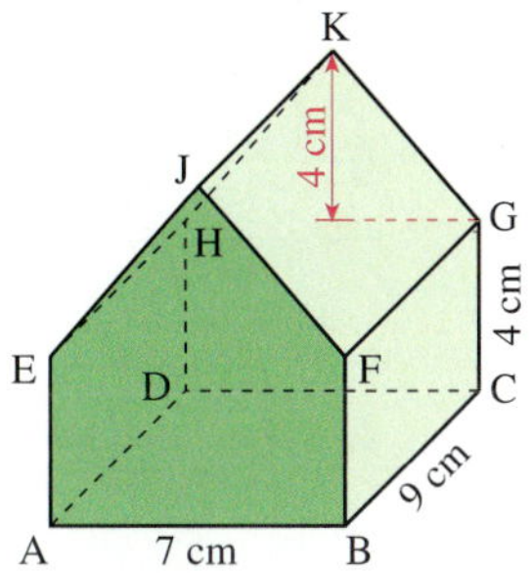

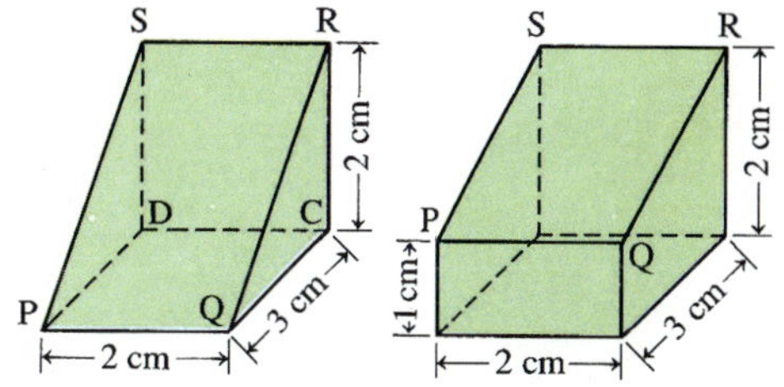

6. Eine Pyramide besitzt als Grundfläche ein Rechteck mit den Seitenlängen a = 4 cm und b = 5 cm. Außerdem ist gegeben

a) Körperhöhe h = 8 cm;

b) Länge der Seitenkante s = 9 cm;

c) Höhe der Seitenfläche $h_a = 7$ cm.

Zeichne ein geeignetes Zweitafelbild und konstruiere die beiden verschiedenen Seitenflächen in wahrer Größe und Gestalt.

7. Zeichne ein Zweitafelbild des Walmdachs in einem geeigneten Maßstab und bestimme daraus die wahre Länge des Dachbalkens s und der Höhe h_a. Ermittle auch den Inhalt der Dachfläche BCF.

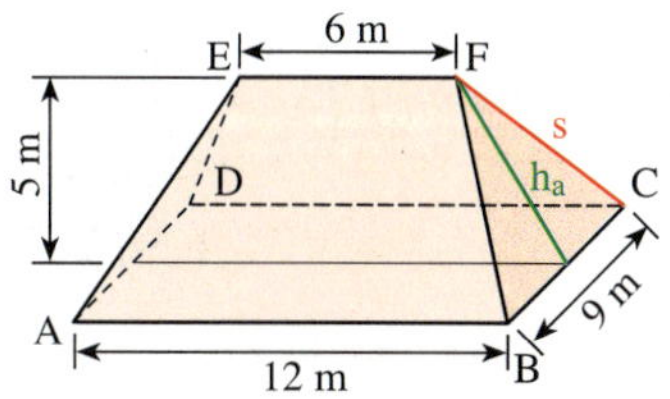

Im Blickpunkt

Dreitafelprojektion

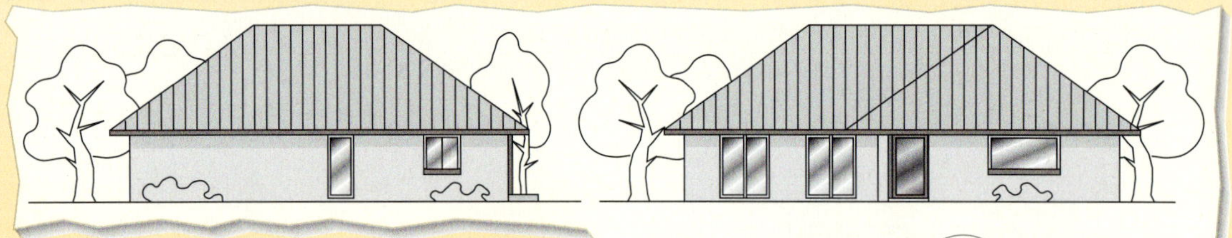

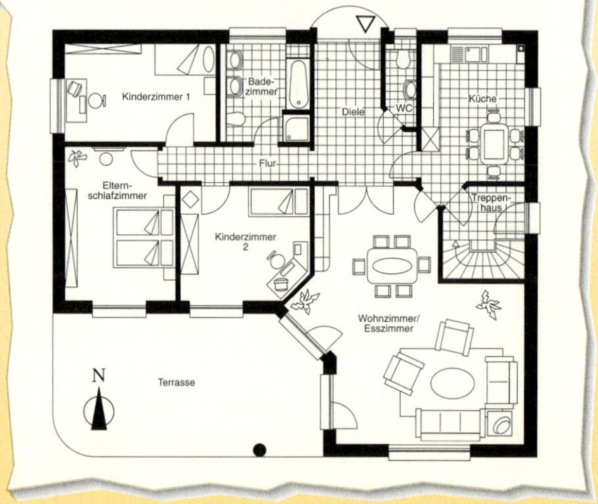

1. Wir haben zur Darstellung von Körpern Schrägbilder und Zweitafelbilder gezeichnet. Überlege Vor- und Nachteile der beiden Darstellungsmöglichkeiten eines Körpers. Architekten zeichnen dagegen von geplanten Gebäuden einen Grundriss und mehrere Ansichten. Begründe.

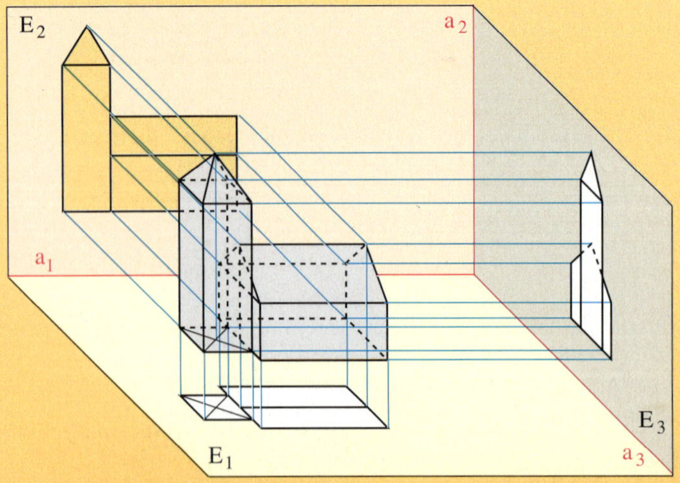

2. Für technische Zeichnungen verwendet man oft eine so genannte Dreitafelprojektion.
Der Körper wird aus drei verschiedenen Blickrichtungen (von oben, von vorne und von links) mit parallelen Lichtstrahlen beschienen, die dann auf drei zueinander senkrechten Tafeln Schattenbilder liefern. Du kennst schon die Bilder in den Ebenen E_1 und E_2.
Das Bild in der Ebene E_1 heißt **Grundriss**; es vermittelt den Eindruck, man sehe den Körper von oben.
Das Bild in der Ebene E_2 heißt **Aufriss**; es vermittelt den Eindruck, man sehe den Körper von vorne.
Das Bild in der Ebene E_3 heißt **Seitenriss**, es vermittelt den Eindruck, man sehe den Körper von links.

Um Grundriss, Aufriss und Seitenriss in einer Zeicheneben[e] Seitenrissebene E_3 zunächst in die Aufrissebene und klap[pt] ebene um. Diese Darstellung nennt man **Dreitafelprojekti[on]** Vergleiche die Dreitafelprojektion mit der Darstellung eine[r]

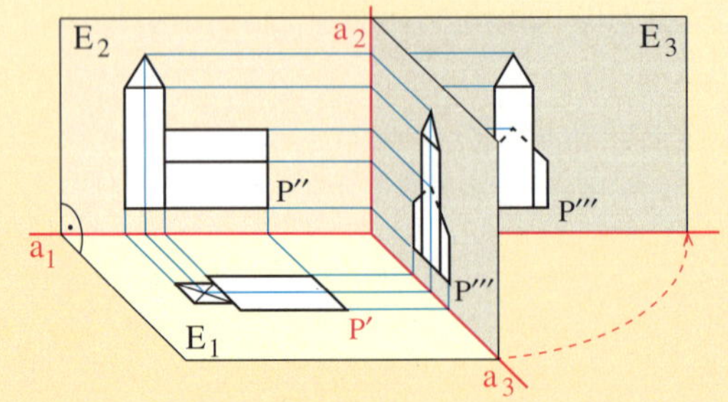

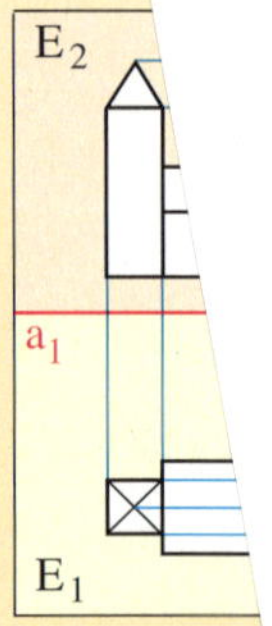

3. Zeichne eine Dreitafelprojektion des Körpers.

a)

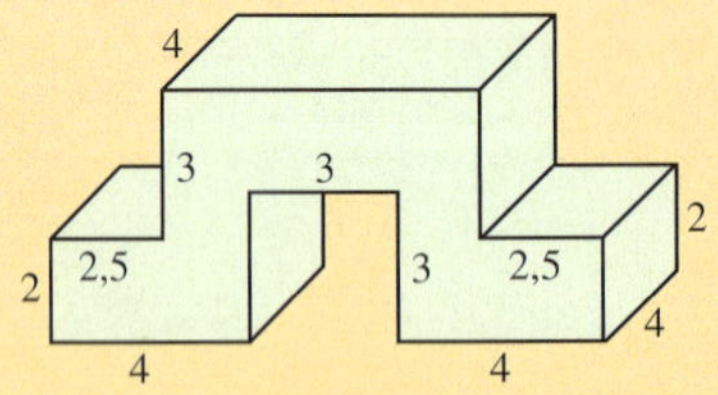

b)

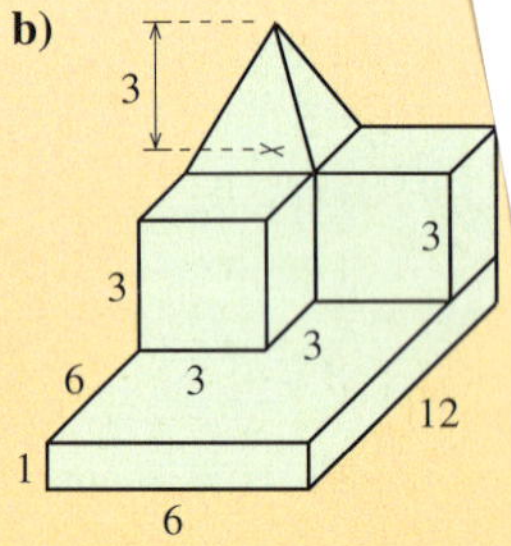

4. Konstruiere zu den beiden Rissen den dritten Riss. Skizziere auch ein S[…]

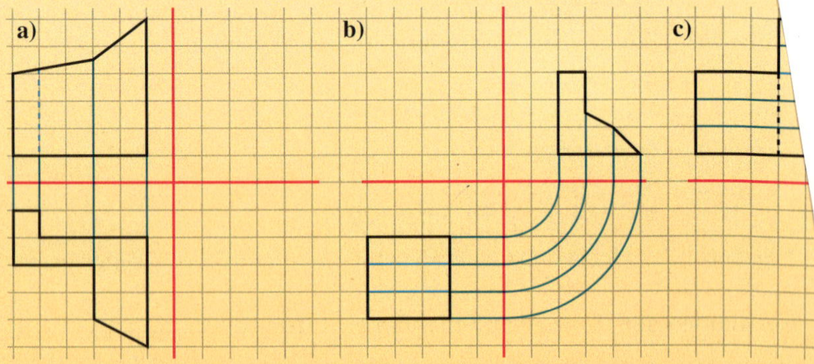

5. Verschiedene Körper können sowohl in ihren Grundrissen als auch in ihren Aufrissen übereinstimmen. Das Bild rechts zeigt ein Beispiel. Gib einen weiteren Körper mit demselben Grundriss und Seitenriss an.

6. Das Logo des Bundeswettbewerbs Mathematik kann man als Dreitafelprojektion eines Körpers auffassen. Beschreibe den Körper.

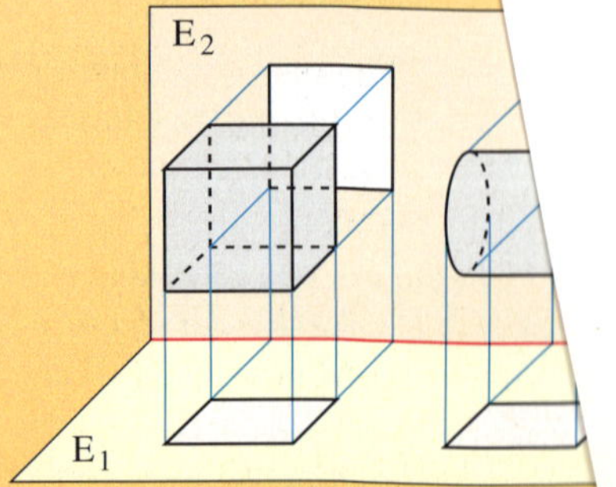

Ziel

Zum Erarb[…]

Zum Selbst[…]

Zum Üben

1. *Bestimmen der Höhe einer Seitenfläche aus dem Zweitafelbild*

Berechne den Oberflächeninhalt einer quadratischen Pyramide mit der Grundkante a = 10 cm und der Körperhöhe h = 8 cm.
Entnimm die Höhe einer Seitenfläche aus einem geeigneten Zweitafelbild.

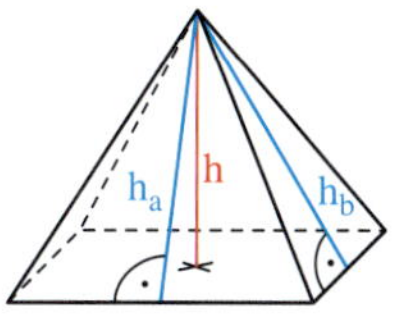

2. *Oberflächeninhalt einer rechteckigen Pyramide*

Gegeben ist eine rechteckige Pyramide mit den Grundkantenlängen a = 6 cm und b = 4 cm sowie der Körperhöhe h = 5 cm.
(*Beachte:* Diese Pyramide hat zwei verschiedene Seitenhöhen.)

a) Bestimme zeichnerisch die Seitenhöhen h_a und h_b.

b) Zeichne ein Netz der Pyramide.

c) Berechne die Größe der Oberfläche.

3. Der Fuß einer Stehlampe hat die Form einer quadratischen Pyramide. Er wird aus Stahlblech gefertigt und pulverbeschichtet.
Wie groß ist die zu beschichtende Fläche?
Entnimm die Abmessungen aus dem Schrägbild.

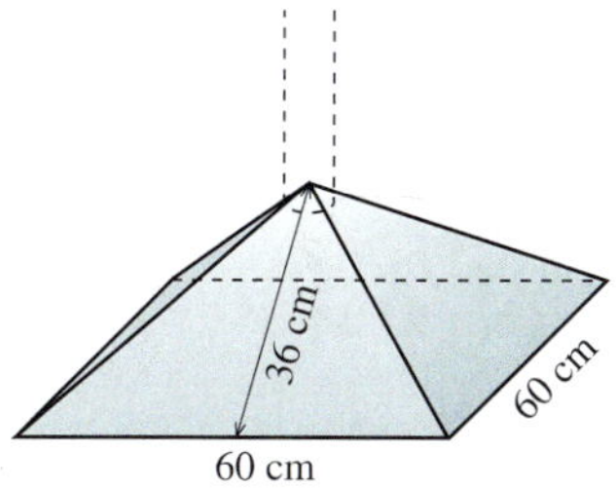

4. Eine quadratische Pyramide hat eine Grundfläche von 37,8 cm^2 und eine Seitenfläche von 42,5 cm^2. Berechne den Oberflächeninhalt.

5. Eine dreiseitige Pyramide hat eine Mantelfläche von 74,7 dm^2 und eine Grundfläche von 15,3 dm^2. Wie groß ist die Oberfläche?

6. Ein 36 m hoher Turm mit quadratischer Grundfläche hat ein pyramidenförmiges Dach. Die Grundkante des Daches ist 6 m lang und die Höhe einer Seitenfläche beträgt 8,50 m.
Das Dach soll neu mit Schindeln gedeckt werden. Für wie viel m^2 müssen Schindeln bestellt werden, wenn noch 5% Verschnitt dazu gerechnet werden?

7. **a)** Vergleiche den Materialverbrauch für die beiden quadratischen Pyramiden.

b) Verändere entweder die Länge der Grundkante oder die Seitenhöhe so, dass beide Pyramiden gleichen Materialverbrauch haben.

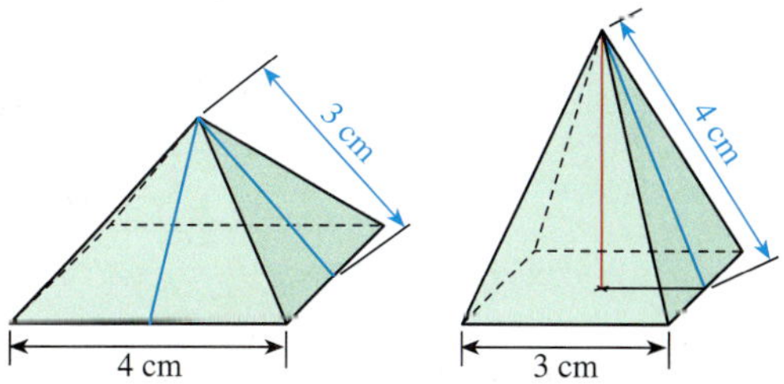

8. Eine Zuckertüte hat die Form einer sechsseitigen Pyramide. Die Grundkanten sind 12,6 cm und die Seitenkanten 86 cm lang. Jede Seitenfläche ist 85,7 cm hoch. Wie viel m^2 Pappe werden zur Herstellung von 250 Zuckertüten benötigt? Für Verschnitt und Klebefalze müssen noch 7% dazu gerechnet werden. Vergleiche diese Fläche mit der Grundfläche deines Klassenraumes.

9. Der Oberflächeninhalt einer quadratischen Pyramide beträgt 180 dm^2.

a) Wie groß ist die Grundfläche, wenn eine Seitenfläche 27 dm^2 groß ist?

b) Wie groß ist die Mantelfläche, wenn die Grundfläche 68 dm^2 groß ist?

c) Wie groß ist eine Seitenfläche, wenn die Grundfläche 37 dm^2 groß ist?

d) Wie hoch ist eine Seitenfläche, wenn die Grundfläche 64 dm^2 groß ist?

Zum Selbstlernen

5.4 Volumen einer Pyramide

Einführung

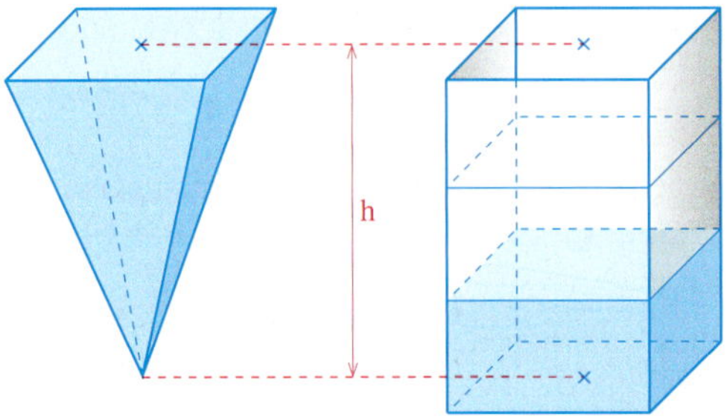

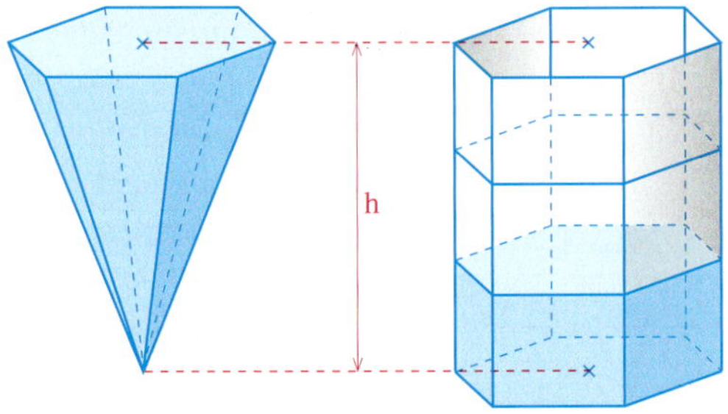

Das Wasser aus der Pyramide mit der Grundflächengröße A_G und der Körperhöhe h ist in den Quader mit gleich großer Grundfläche und derselben Höhe gegossen worden.
Aufgrund der Umfüllversuche vermuten wir:

$$V_{\text{Pyramide}} = \frac{1}{3} V_{\text{Quader}}$$

Das Wasser aus der Pyramide mit der Grundflächengröße A_G und der Körperhöhe h ist in das Prisma mit gleich großer Grundfläche und derselben Höhe gegossen worden.

$$V_{\text{Pyramide}} = \frac{1}{3} V_{\text{Prisma}}$$

Für das **Volumen V einer Pyramide** mit der Grundflächengröße A_G und der Höhe h gilt:

$$\mathbf{V = \frac{1}{3} A_G \cdot h}$$

Beispiel: $A_G = 36\ \text{cm}^2$; $h = 8\ \text{cm}$
$V = \frac{1}{3} \cdot 36\ \text{cm}^2 \cdot 8\ \text{cm}$
$V = 96\ \text{cm}^3$

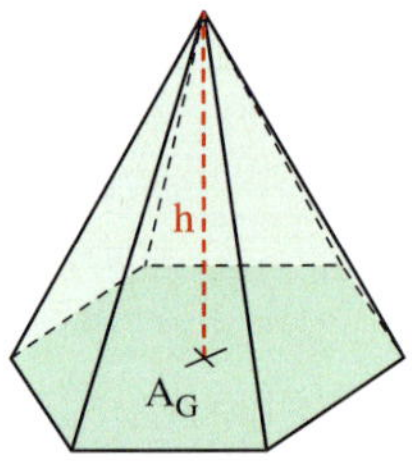

Übungsaufgaben

1. Phillip hat das Volumen von Prismen und Pyramiden genauer untersucht. Er füllte die Körper mit trockenem Sand und stellte fest:
Haben Prisma und Pyramide gleiche Grundfläche und gleiche Höhe, so passen drei Pyramidenfüllungen in das entsprechende Prisma. Dabei spielt es keine Rolle, ob die Pyramide gerade oder schief ist.

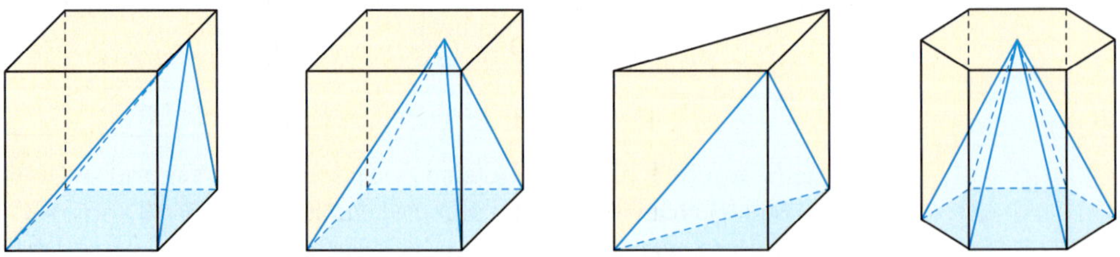

rechteckige Grundfläche — dreieckige Grundfläche — sechseckige Grundfläche

Stellt verschiedene Prismen und passende Pyramiden her. Überprüft Phillips Feststellung.

2. Berechne das Volumen der vierseitigen (geraden) Pyramide mit der Höhe $h = 9{,}8$ cm.
Zeichne ein Schrägbild und ein passendes Zweitafelbild.

a) Die Grundfläche ist ein Quadrat mit der Seitenlänge $a = 6{,}3$ cm.

b) Die Grundfläche ist ein Rechteck mit den Seitenlängen $a = 11{,}3$ cm und $b = 7{,}2$ cm.

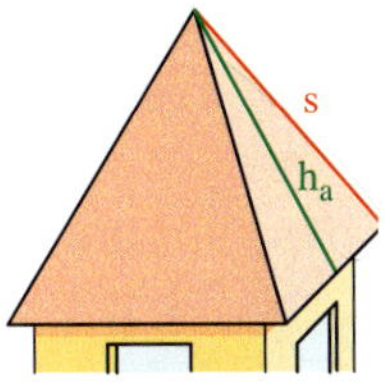

3. Ein quadratischer Turm erhält ein pyramidenförmiges Dach mit der Grundkantenlänge a = 7,85 m und der Höhe h = 8,25 m. Wie groß ist der Dachraum?
Bestimme die Länge s des Dachbalkens und die Höhe h_a mithilfe eines Zweitafelbildes in einem geeigneten Maßstab. Ermittle den Flächeninhalt einer Dachfläche.

4. Eine Pyramide ist 7,5 cm hoch und besteht aus Eisen. Wie schwer ist die Pyramide?
Zeichne ein Schrägbild und ein passendes Zweitafelbild.

a) Die Grundfläche ist ein gleichschenkliges Dreieck mit der Basis g = 6,4 cm und der dazugehörigen Höhe h = 3,4 cm.

b) Die Grundfläche ist ein rechtwinkliges Dreieck mit den Längen a = 6,5 cm und b = 4,8 cm der Seiten, die den rechten Winkel einschließen.

c) Die Grundfläche ist ein Trapez mit den Längen a = 6,8 cm und c = 4,2 cm der zueinander parallelen Seiten sowie der Höhe h_a = 5,3 cm.

5. Zeichne zu dem Zweitafelbild der Pyramide das passende Schrägbild. Entnimm die erforderlichen Maße aus dem Zweitafelbild und verdopple sie. Bestimme auch Volumen und Oberflächeninhalt der vergrößerten Pyramide.

a)

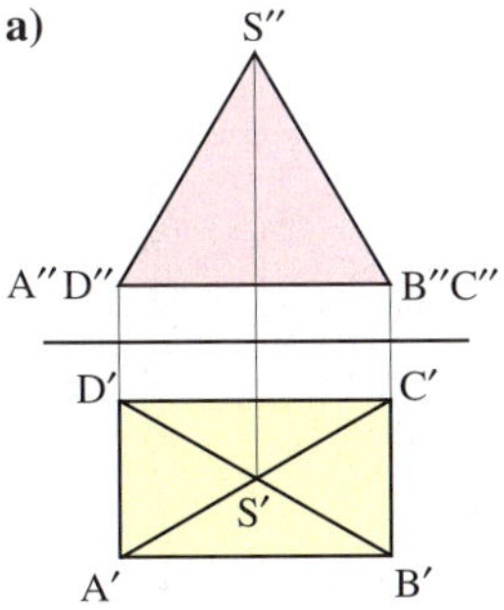

b)

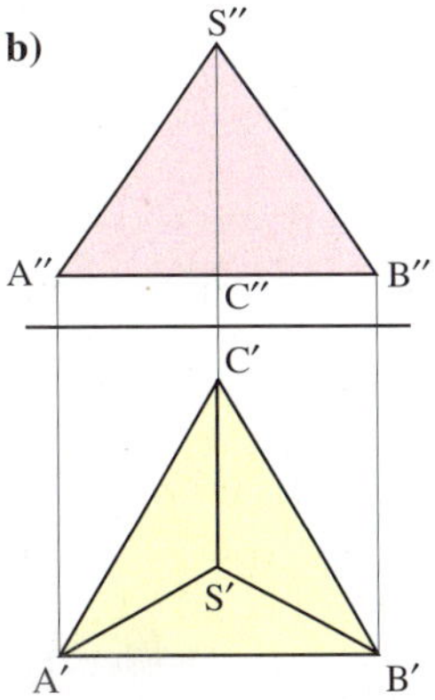

c)

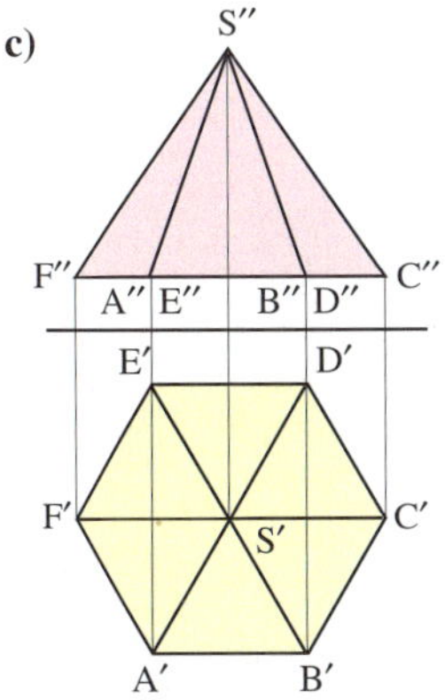

6. Eine Pyramide besitzt als Grundfläche ein Quadrat mit der Seitenlänge 6 cm.
Berechne Volumen und Oberflächeninhalt der Pyramide. Zeichne ein Schrägbild und ein passendes Zweitafelbild. Bestimme fehlende Streckenlängen durch geeignete Konstruktionen.
Die Spitze der Pyramide liegt 7 cm senkrecht über **a)** einem Eckpunkt des Quadrats;
b) dem Schnittpunkt der Diagonalen des Quadrats; **c)** dem Mittelpunkt einer Quadratseite.

7. Das Volumen einer quadratischen Pyramide beträgt 120 dm^3.

a) Wie groß ist die Höhe, wenn die Grundfläche 18 dm^2 groß ist?

b) Wie groß ist die Grundfläche, wenn die Pyramide 15 dm hoch ist?

c) Wie lang ist eine Seitenkante, wenn die Pyramide 4,8 dm hoch ist?

8. Untersucht, wie sich das Volumen einer quadratischen Pyramide verändert, wenn

a) die Größe der Grundfläche verdoppelt [verdreifacht, …] wird;

b) die Höhe verdoppelt [verdreifacht, …] wird;

c) die Länge der Grundkanten verdoppelt [verdreifacht, …] wird, aber die Höhe bleibt;

d) die Höhe und die Längen der Grundkanten verdoppelt werden.

5.5 Zusammengesetzte Körper

Aufgabe 1

Für eine Bau-Messe wird der rechts abgebildete Werbeträger aus Styropor $\left(\varrho = 0{,}03\,\frac{\text{g}}{\text{cm}^3}\right)$ angefertigt (Maße in cm).

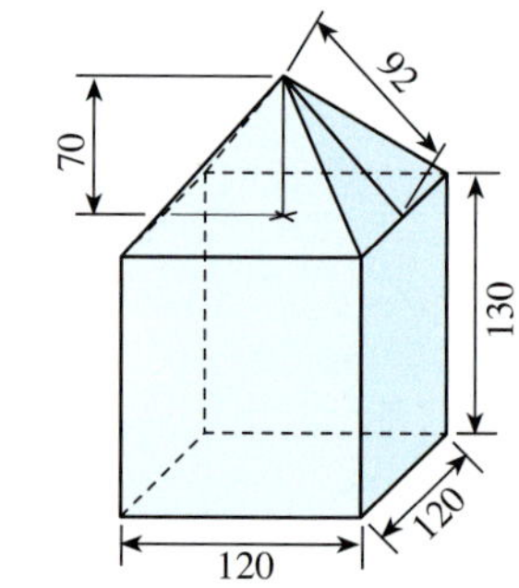

a) Wie schwer ist dieser Werbeträger?

b) Wie groß ist die Werbefläche?

Lösung

Wir zerlegen den Körper in bekannte Teilkörper.
Der Werbeträger besteht aus einem Quader mit quadratischer Grundfläche und einer aufgesetzten geraden Pyramide.

a) Für die Berechnung der Masse benötigen wir das Volumen. Der Quader hat die Seitenlängen a = b = 120 cm und c = 130 cm, also das Volumen:

$V_Q = a \cdot b \cdot c$

$V_Q = 120\text{ cm} \cdot 120\text{ cm} \cdot 130\text{ cm} = 1\,872\,000\text{ cm}^3$

Die Pyramide hat die Grundkantenlängen a = b = 120 cm und die Körperhöhe h = 70 cm, also das Volumen:

$V_P = \frac{1}{3} A_G \cdot h$

$V_P = \frac{1}{3} \cdot (120\text{ cm})^2 \cdot 70\text{ cm} = 336\,000\text{ cm}^3$

Daraus ergibt sich das Gesamtvolumen:

$V = V_Q + V_P = 2\,208\,000\text{ cm}^3$

Ergebnis: 1 cm^3 Styropor wiegt 0,03 g. Der Werbeträger wiegt also 66 240 g, das sind 66,240 kg.

b) Um die Größe der Werbefläche zu berechnen, müssen wir berücksichtigen, dass nicht alle Flächen des Quaders und der Pyramide beklebt werden können. Nur die Mantelflächen können zur Werbung genutzt werden.

Die Mantelfläche des Quaders besteht aus vier gleich großen Rechtecken mit den Seitenlängen a = 120 cm und c = 130 cm.

Die Größe der Mantelfläche des Quaders wird berechnet:

$A_Q = 4 \cdot a \cdot c$

$A_Q = 4 \cdot 120\text{ cm} \cdot 130\text{ cm} = 4 \cdot 15\,600\text{ cm}^2 = 62\,400\text{ cm}^2$

Die Mantelfläche der Pyramide besteht aus vier gleich großen Dreiecken mit der Länge der Grundseite a = 120 cm und der Höhe einer Seitenfläche $h_a = 92$ cm.

$A_P = 4 \cdot \frac{1}{2} \cdot a \cdot h_a$

$A_P = 4 \cdot \frac{1}{2} \cdot 120\text{ cm} \cdot 92\text{ cm} = 4 \cdot 5\,520\text{ cm}^2 = 22\,080\text{ cm}^2$

Daraus ergibt sich die Größe der Gesamtfläche:

$A = A_Q + A_P = 62\,400\text{ cm}^2 + 22\,080\text{ cm}^2 = 84\,480\text{ cm}^2$

Damit wir uns die Fläche besser vorstellen können, rechnen wir die Angabe in m^2 um.

Ergebnis: Die Werbefläche hat eine Größe von rund 8,45 m^2.

Übungsaufgaben

2. Bestimme das Volumen des Dachraumes auf verschiedene Weisen.

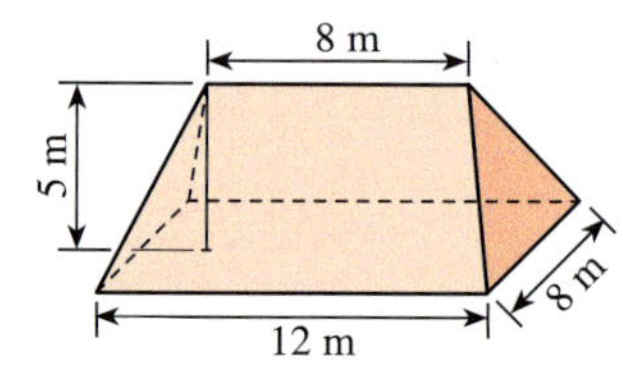

3. Ein Marmordenkmal ist 1,70 m hoch. Es besteht aus einem Würfel mit der Kantenlänge a = 90 cm und einer aufgesetzten quadratischen Pyramide mit der Grundkantenlänge 70 cm.

a) Wie viel wiegt das Denkmal? (Dichte von Marmor: $\varrho = 2{,}6\,\frac{\text{g}}{\text{cm}^3}$)

b) Zeichne verschiedene Zweitafelbilder des Denkmals in einem geeigneten Maßstab.

4. Zu dem links abgebildeten Grundriss können verschiedene zusammengesetzte Körper gehören. Skizziere jeweils ein Schrägbild und das dazugehörige Zweitafelbild. Beschreibe den Körper.

5. Wie schwer ist das Bauteil aus Stahl (Maße in mm)? Skizziere auch die Zweitafelbilder.

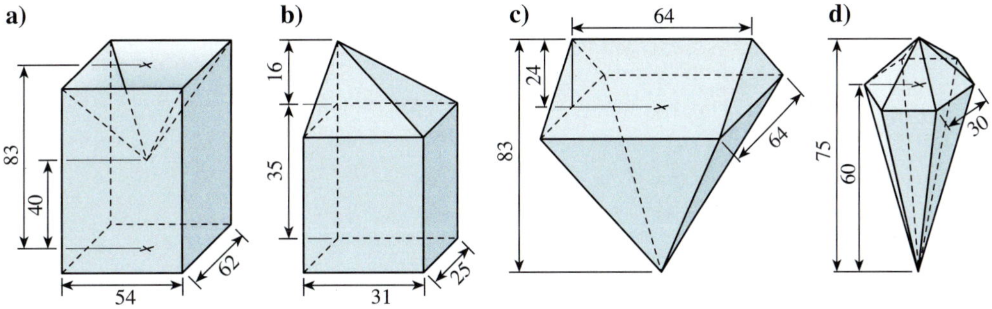

6. Übertrage den Grundriss eines Körpers in dein Heft. Lege selbst geeignete Maße fest. Ergänze einen passenden Aufriss und skizziere das entsprechende Schrägbild. Beschreibe den Körper.

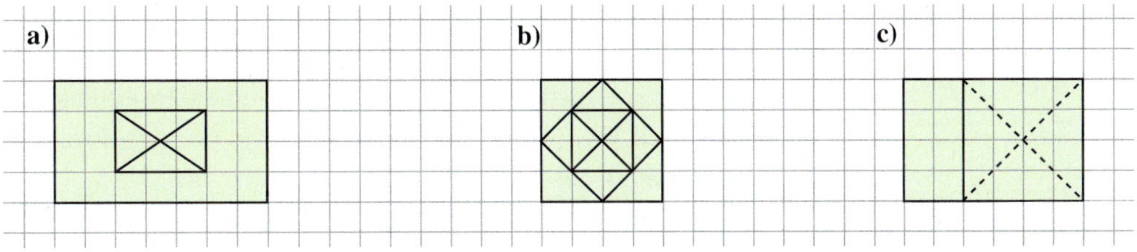

7. Wintergärten werden meistens von außen an Hauswände gesetzt. Berechne die Größe der verglasten Fläche und des umbauten Raumes (Maße in cm).

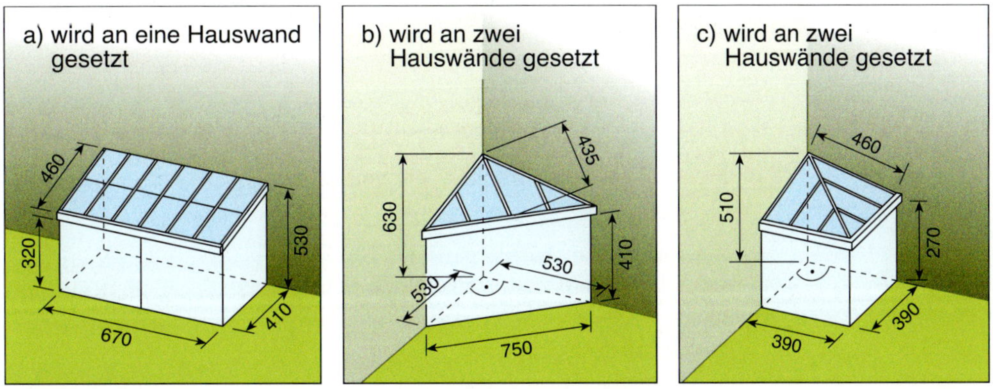

5.6 Vermischte Übungen

1. Die größte Pyramide ist die um 2600 v. Chr. erbaute Cheops-Pyramide. Sie war ursprünglich 146 m hoch, die Seitenlänge der quadratischen Grundfläche betrug ca. 233 m.

a) Berechne das Volumen der ursprünglichen Cheopspyramide.

b) Heute beträgt die Länge der Grundseite nur noch ungefähr 227 m, die Höhe nur ungefähr 137 m. Wie viel m^3 Stein sind inzwischen verwittert? Gib diesen Anteil auch in Prozent an.

c) Von der heutigen Pyramide soll ein maßstabgerechtes Modell aus Pappe hergestellt werden. Wähle einen geeigneten Maßstab aus und berechne den Materialverbrauch für das Modell.

2. Die Abbildung zeigt Netze von Körpern.

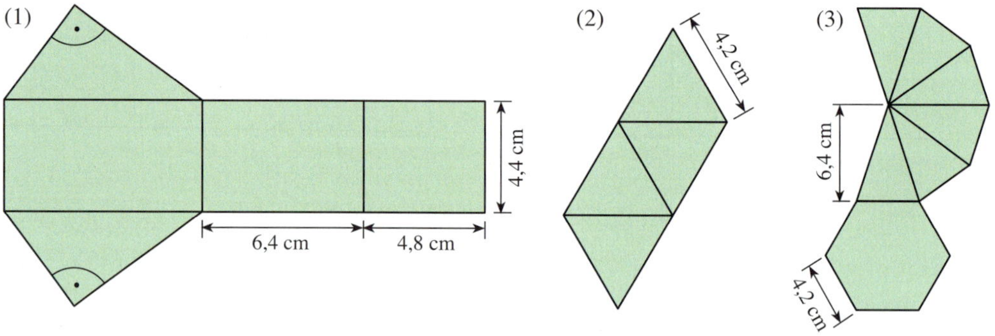

a) Gib den Namen der Körper an und zeichne ein Schrägbild.

b) Bestimme den Oberflächeninhalt und das Volumen. Ermittle fehlende Streckenlängen zeichnerisch.

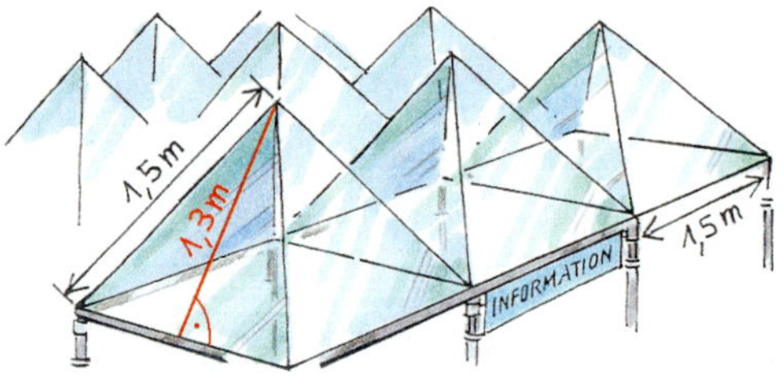

3. Die Überdachung eines Informationsstandes besteht aus 9 quadratischen Glaspyramiden ohne Boden. Diese sind aus Fensterglas von 1 cm Dicke hergestellt worden, das 2,5 g pro cm^3 wiegt. Wie schwer ist das Glasdach? Schätze zuerst.

4. Eine Fläche eines Körpers ist ein gleichseitiges Dreieck.
Skizziere mindestens drei verschiedene Körper im Schrägbild.
Beschreibe die Körper und gib gegebenenfalls ihre Namen an.

5. Zeichne zu dem Aufriss passende Grundrisse und skizziere das dazugehörige Schrägbild.
Beschrifte die Eckpunkte.
Beschreibe die Körper möglichst genau und gib gegebenenfalls ihre Namen an.

a)

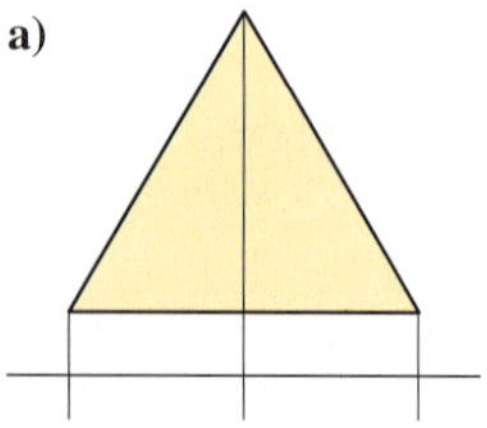

b)

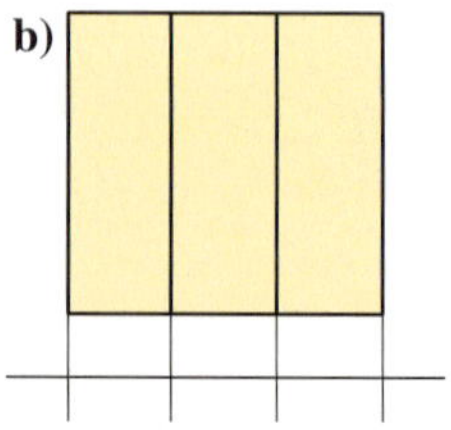

6. Skizziere ein Schrägbild des vorgegebenen Körpers (Maße in cm).
Berechne V und A_O (entnimm fehlende Maße einer entsprechenden Zeichnung).

a)
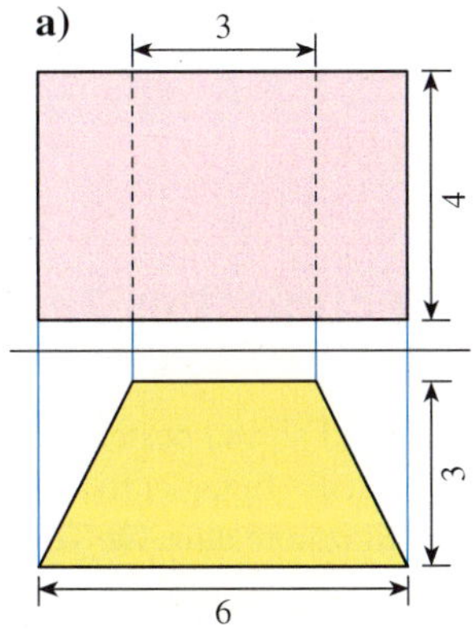

b)
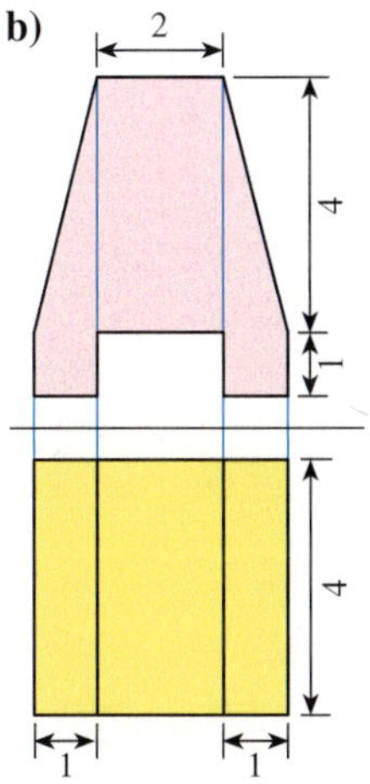

7. Aus einem Möbelkatalog für Sideboards:

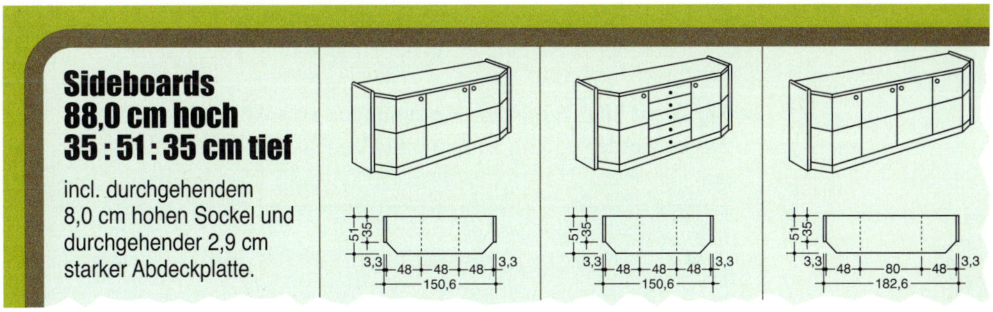

Vergleiche die drei verschiedenen Ausführungen des Sideboards.

8. Aus einem Lehrmittelkatalog: Alle Modelle sind aus Rundstahl hergestellt.

a)
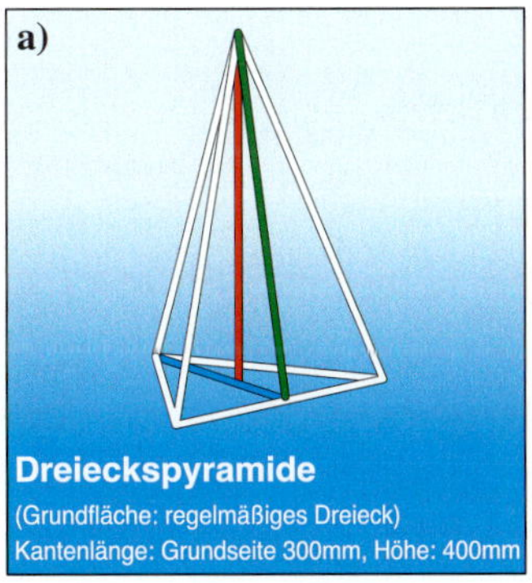
Dreieckspyramide
(Grundfläche: regelmäßiges Dreieck)
Kantenlänge: Grundseite 300mm, Höhe: 400mm

b)
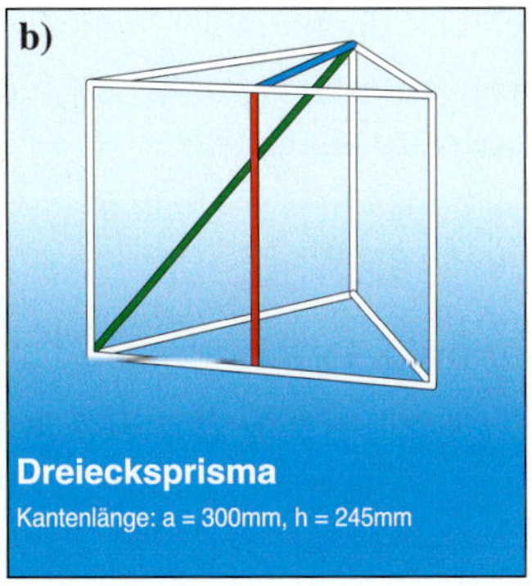
Dreiecksprisma
Kantenlänge: a = 300mm, h = 245mm

c)
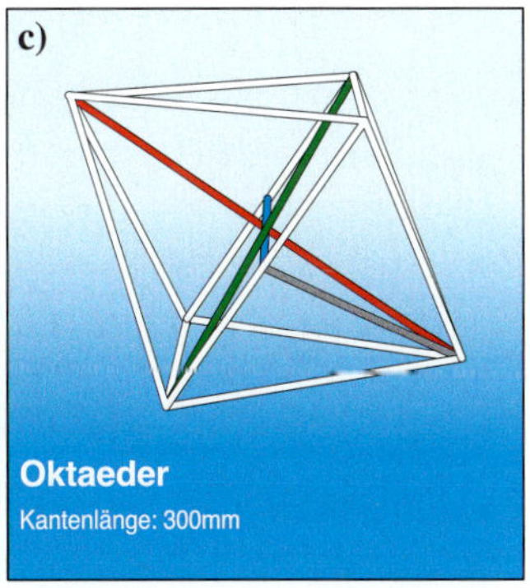
Oktaeder
Kantenlänge: 300mm

Wie viel Rundstahl wird zur Herstellung benötigt? Bestimme fehlende Größen zeichnerisch.

9. Wählt euch ein Prisma, eine Pyramide oder einen zusammengesetzten Körper aus und baut ihn aus Pappe oder anderen Materialien.
Stellt zu diesem Körper ein Info-Poster her.
Darauf könnten Eigenschaften wie Oberflächeninhalt und Volumen sowie Abbildungen (z. B. Fotos aus der Umwelt) des gewählten Körpers zusammengestellt sein.

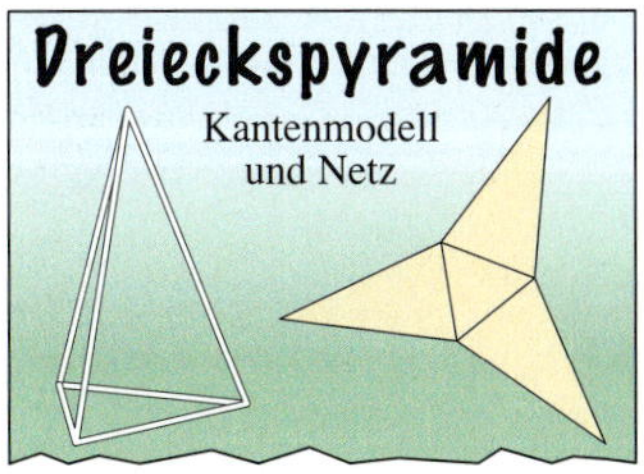

Im Blickpunkt

Im Blickpunkt

Technisches Zeichnen

1. Ein Fahrrad besteht aus einer Vielzahl von Einzelteilen. Je nach Verwendungszweck konstruierten die Ingenieure verschiedene Werkstücke.
Skizziere einzelne Teile eines Fahrrads.

Lesen technischer Zeichnungen
Bevor ein Facharbeiter ein Werkstück herstellt, muss er wissen, welche *Form* es haben soll. Der Konstrukteur gibt ihm dafür keine Beschreibung, sondern eine Zeichnung. Diese technische Zeichnung gibt auch Informationen über die *Größe* des Werkstücks. Dafür verwendet der Konstrukteur **Maßpfeile**. Die **Maßzahlen** geben die Längen in mm an.
Ein Facharbeiter muss eine technische Zeichnung lesen können.

2. Du siehst hier technische Zeichnungen von Werkstücken. Da sie aus rechteckigem Blech angefertigt werden sollen, genügt eine Ansicht.

(1)

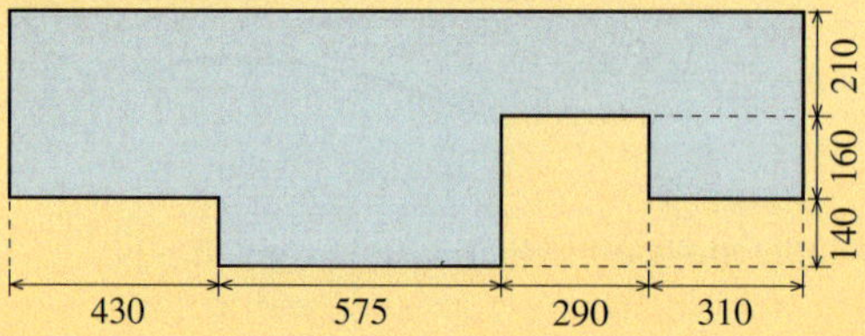

(2)

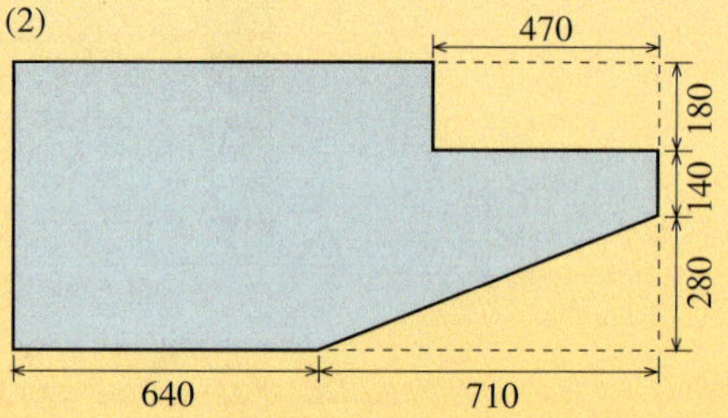

a) Beschreibe die Form der Werkstücke.

b) Welche Seitenlängen muss ein rechteckiges Blech mindestens haben, um dieses Werkstück herstellen zu können?

c) Gib den Materialverschnitt in Prozent an.

Anfertigen technischer Zeichnungen
Willst du selbst eine technische Zeichnung anfertigen, brauchst du einen Bleistift mit einer weichen und einen mit einer harten Mine. Mit dem weichen Bleistift kannst du die Körperkanten zeichnen. Benutze beim Zeichnen von Hilfslinien und Maßpfeilen den harten Bleistift.
Achte darauf, dass die Maßzahl am Maßpfeil immer von unten oder von rechts gelesen werden kann.

3. In einer Firma wird das abgebildete Werkstück aus Stahl hergestellt (Maße in cm).

a) Fertige von dem Werkstück technische Zeichnungen mit den Ansichten von vorn, von rechts und von oben an.

b) Die Werkstücke werden in einer Kiste zu 50 Stück verpackt.
Wie schwer ist der Inhalt einer Kiste?

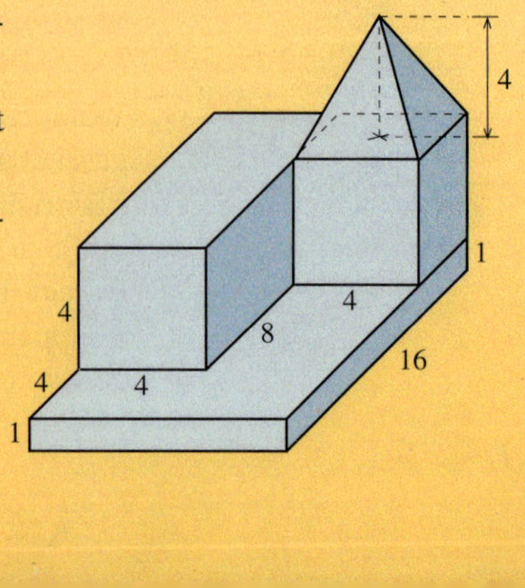

Bist du fit?

1. Berechne die Größe der Dachfläche und die Größe des Dachraumes.
Zeichne das Zweitafelbild in einem geeigneten Maßstab.

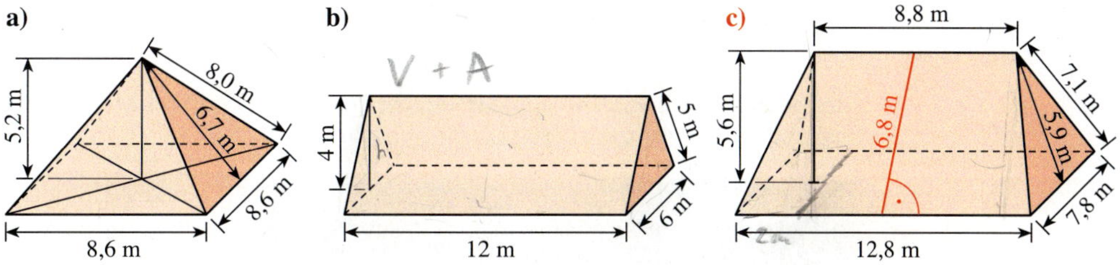

2. Die abgebildeten Netze gehören zu Prismen oder Pyramiden.

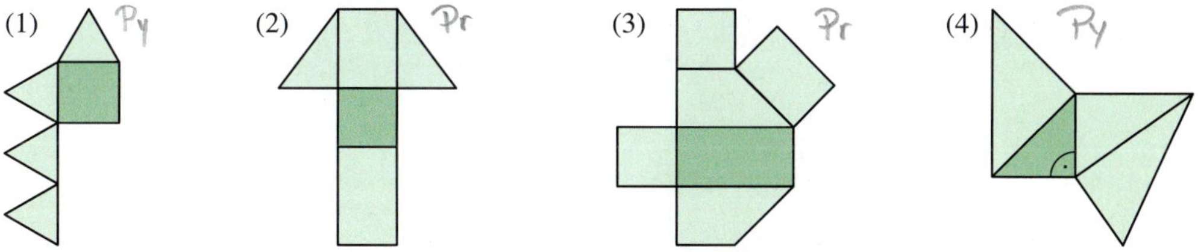

Gib den Namen des Körpers an und beschreibe ihn möglichst genau. Skizziere Schrägbild und Zweitafelbild.

3. Die Abbildung zeigt das Netz eines Körpers (Maße in mm).

a) Bestimme das Volumen und den Oberflächeninhalt. Ermittle fehlende Maße mithilfe eines geeigneten Zweitafelbildes.

b) Zeichne ein Schrägbild in einem geeigneten Maßstab.

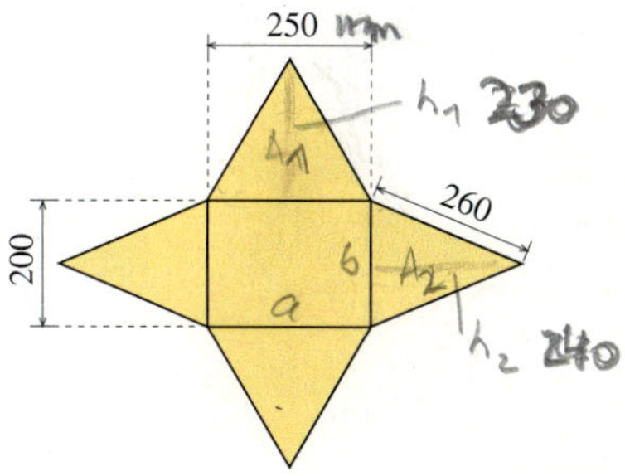

4. Für eine Schaufensterdekoration wird auf jede Seitenfläche eines Würfels eine passende quadratische Pyramide aufgesetzt.
Der so entstandene Stern wird mit Silberfolie beklebt.
Die Kanten des Würfels sind 12 cm lang und die Seitenhöhen 34 cm.
Wie viel cm² Silberfolie wird für den Stern benötigt?

5. Ein Hersteller bietet 20 cm hohe Sandkisten mit unterschiedlichen Grundflächen an.

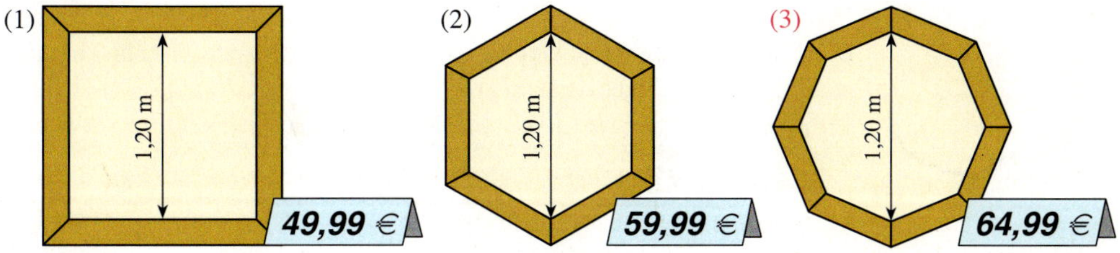

Wie viel kostet eine Sandkiste mit Füllung ungefähr, wenn sie nur bis zu zwei Drittel der Höhe gefüllt werden soll? Bestimme fehlende Größen durch geeignete Konstruktionen. 1 dm³ Spielsand wiegt etwa 2 kg.

Wahlthema
Platonische Körper

Platonische Körper

Betrachte das Bild *Sterne* von dem niederländischen Grafiker M. C. Escher und beschreibe die Körper, die du siehst. Welche kennst du schon?

Vielecke mit lauter gleich langen Seiten und gleich großen Innenwinkeln heißen *regelmäßig*.

Bei der Untersuchung von Körpern fanden schon in frühester Zeit die regelmäßigen Körper besondere Beachtung und Bewunderung. Das sind Körper, die von regelmäßigen Vielecken begrenzt werden. Einige solcher Körper kennst du schon:

- *Würfel:* Sie sind nur von sechs zueinander kongruenten Quadraten begrenzt; an jeder Ecke stoßen drei Quadrate zusammen.
- *Tetraeder:* Die Begrenzungsflächen sind vier zueinander kongruente gleichseitige Dreiecke; an jeder Ecke stoßen drei Dreiecke zusammen.

Platonische Körper sind Körper, bei denen
(1) die Begrenzungsflächen zueinander kongruente, regelmäßige Vielecke derselben Art sind,
(2) in jeder Ecke gleich viele dieser Vielecke zusammenstoßen.
Platonische Körper nennt man auch *regelmäßige Körper*.

Würfel = Hexaeder
hexa bedeutet sechs

tetra: vier
okta: acht
dodeka: zwölf
ikosa: zwanzig
-eder: Seite

Die Namen der platonischen Körper stammen aus dem Griechischen und geben an, wie viele Seitenflächen der Körper besitzt.
Tetraeder, Oktaeder und *Ikosaeder* sind von vier bzw. acht bzw. zwanzig gleichseitigen Dreiecken begrenzt.
Beim *Hexaeder* stehen sechs Quadrate rechtwinklig aufeinander.
Zwölf regelmäßige Fünfecke bilden die Begrenzungsflächen des *Dodekaeders*.

Körper, die nur von Vielecken begrenzt werden heißen **Polyeder**. Besondere Polyeder sind die platonische Körper.

Es gibt genau fünf platonische Körper:

Tetraeder

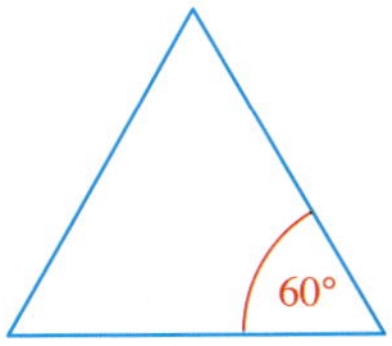

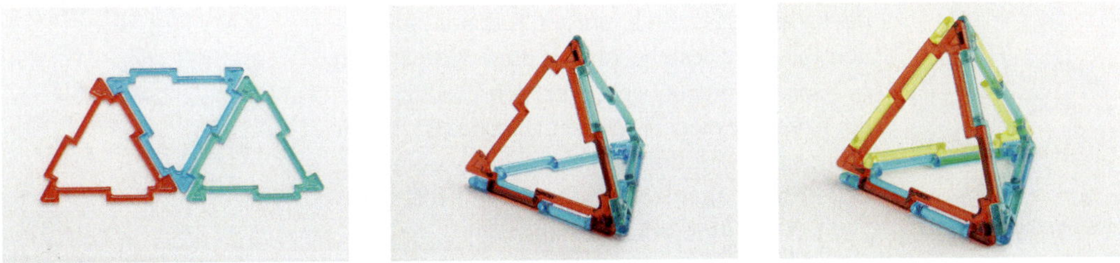

Oktaeder

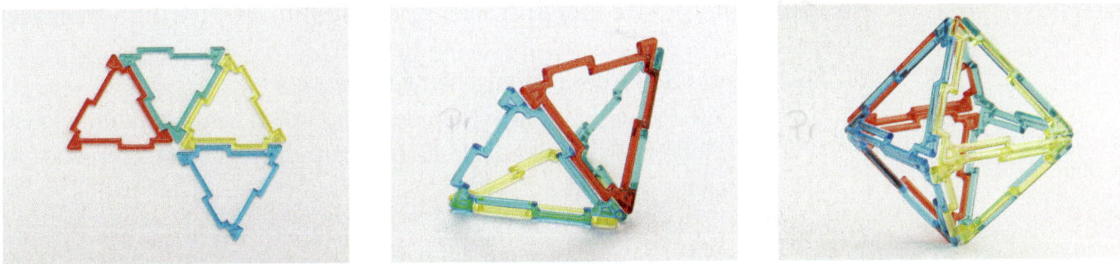

Ikosaeder

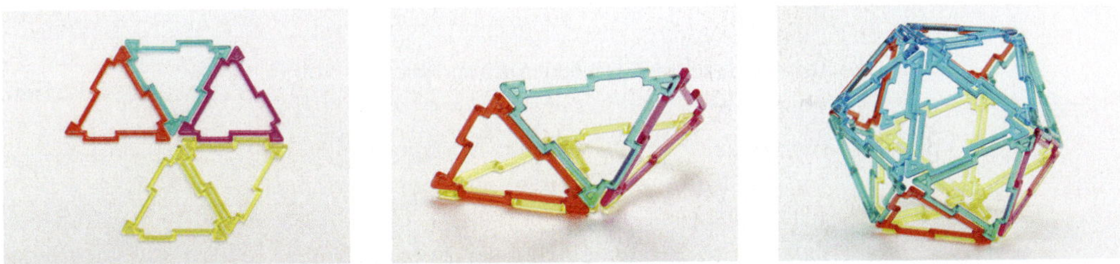

Hexaeder

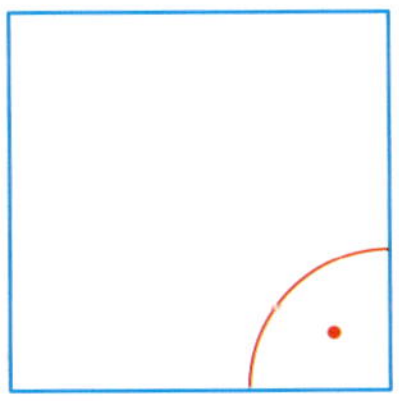

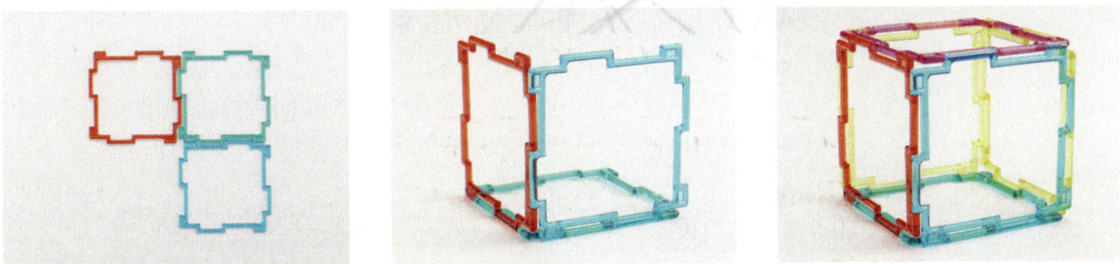

Dodekaeder

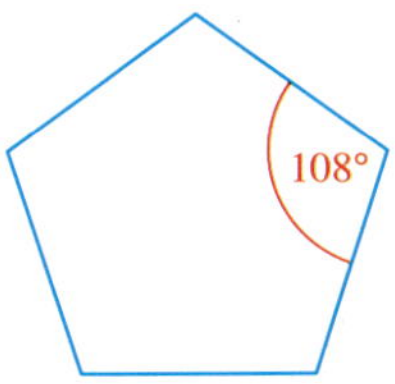

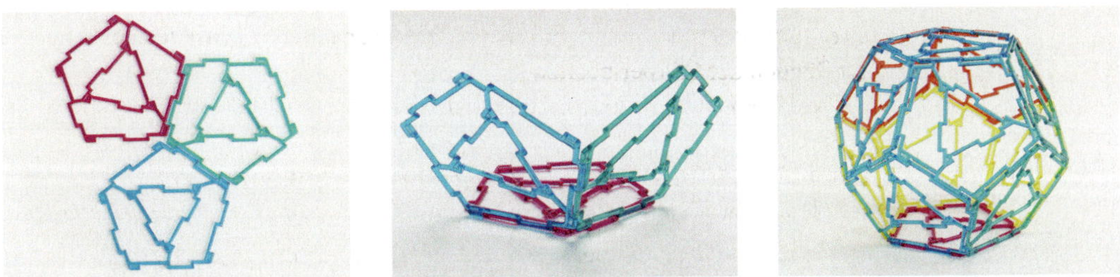

1. Betrachte die Abbildungen oben und begründe, dass es genau fünf dieser Körper gibt.

Platon
(427–347 v. Chr.),
griechischer Philosoph

Benannt wurden diese Körper nach Platon, der wie viele andere griechische Philosophen nach den Grundbausteinen der Welt suchte. Er ging davon aus, dass die kleinsten Teilchen, aus denen die Welt besteht, regelmäßige Körper sein müssen. So brachte er sie mit den vier Elementen Erde (Hexaeder), Wasser (Ikosaeder), Feuer (Tetraeder) und Luft (Oktaeder) in Verbindung und ordnete dem Dodekaeder (zwölf Flächen – zwölf Sternbilder) das Weltall zu.

Bei den nachfolgenden drei Aufgaben ist es sinnvoll, arbeitsteilig vorzugehen.

2. Zeichnet die Netze der platonischen Körper.
Um eine Vorstellung vom Aussehen der Netze zu haben, könnt ihr euch zum Beispiel einen Satz Würfel besorgen. Rollt nun diese Körper auf einer Unterlage ab und zeichnet die Umrisse der Flächen nach.

3. Baut Modelle der platonischen Körper.
Als Materialien könnt ihr verwenden: Rundstäbe und Draht, Strohhalme, Garn und Stopfnadel, Knetgummi und Holzspieße, Papier und Kleber.

4. Stellt Würfel und Tetraeder durch Flechten von Papier her.

Tetraeder:
Fertigt nach nebenstehender Vorlage drei verschiedenfarbige Streifen aus Tonpapier an.
Faltet jeden Streifen entlang der gestrichelten Linien nach oben, sodass sich der Streifen nur in eine Richtung krümmt.
Legt nun die drei Streifen mit der Krümmung nach oben übereinander.

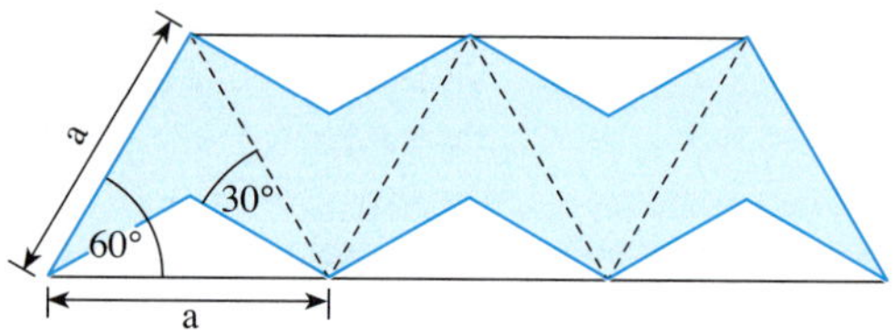

Das mittlere Dreieck, welches alle drei Streifen enthält, bildet die Grundfläche des Tetraeders. Mit Büroklammern fixieren und die Seiten zusammenfalten.

5. a) Zähle die Ecken, Kanten und Flächen der Körper. Übertrage die Tabelle in dein Heft und ergänze sie.

Platonischer Körper	Flächenform	Anzahl der Ecken	Anzahl der Flächen	Anzahl der Kanten
Tetraeder				
Hexaeder				
Oktaeder				
Dodekaeder				
Ikosaeder				

b) Finde eine Gesetzmäßigkeit zwischen den drei Größen.

Leonard Euler
(1707 – 1783)

Eine wichtige Entdeckung für die Theorie der platonischen Körper war der Polyedersatz von Euler, der eine Gesetzmäßigkeit zwischen den Anzahlen der Ecken, Kanten und Flächen angibt.

Polyedersatz von Euler:
Hat ein konvexes Polyeder F Flächen, E Ecken und K Kanten, so gilt: $\mathbf{F + E - K = 2}$.
Hinweis: Konvex heißt ein Körper, wenn die Verbindung von zwei Eckpunkten vollständig zum Körper gehört. Das bedeutet, dass die Sternkörper, die du auf Seite 209 kennenlernst, nicht dazu gehören.

6. Nenne Gemeinsamkeiten von
a) Tetraeder, Würfel und Oktaeder; **b)** Tetraeder, Oktaeder und Ikosaeder.

7. Untersuche Tetraeder, Würfel und Oktaeder auf ihre Symmetrieeigenschaften. Beschreibe auch die Lage der Symmetrieebenen.

8. Gegeben ist ein Tetraeder mit einer Kantenlänge von 6 cm.
a) Stelle den Körper im Schrägbild und im Zweitafelbild dar.
b) Ermittle Volumen und Oberflächeninhalt des Körpers.

Aus der Geschichte

Seit Jahrtausenden beschäftigen sich die Menschen mit regelmäßigen Körpern. Das Hexaeder (Würfel) ist schon im Altertum bekannt gewesen. Pythagoras soll das Dodekaeder entdeckt haben. Unter der Bezeichnung Pyramide kannte er auch das Tetraeder.
Theaitetos von Athen, ein Freund von Platon, entdeckte Oktaeder und Ikosaeder. Er konstruierte als erster alle fünf Körper nur unter Verwendung von Zirkel und Lineal.
Im Buch XIII der *Elemente* des Euklid findet man ca. 300 v. Chr. den Nachweis, dass es nur diese fünf regelmäßigen Körper gibt.

Johannes Kepler
(1571 – 1630)

Johannes Kepler beschreibt 1596 in seinem Werk *Mysterium Cosmographicum* sein Planetenmodell (1596):

„Die Erdbahn ist das Maß für alle anderen Bahnen. Ihr umschreibe ein Dodekaeder; die dies umspannende Sphäre ist der Mars. Der Marsbahn umschreibe ein Tetraeder; die dieses umspannende Sphäre ist der Jupiter. Der Jupiterbahn umschreibe einen Würfel, die diesen umspannende Sphäre ist der Saturn. Nun lege in die Erdenbahn ein Ikosaeder; die diesen einbeschriebene Sphäre ist die Venus. In die Venusbahn lege ein Oktaeder; die diesem einbeschriebene Sphäre ist der Merkur. Da hast du den Grund für die Anzahl der Planeten."

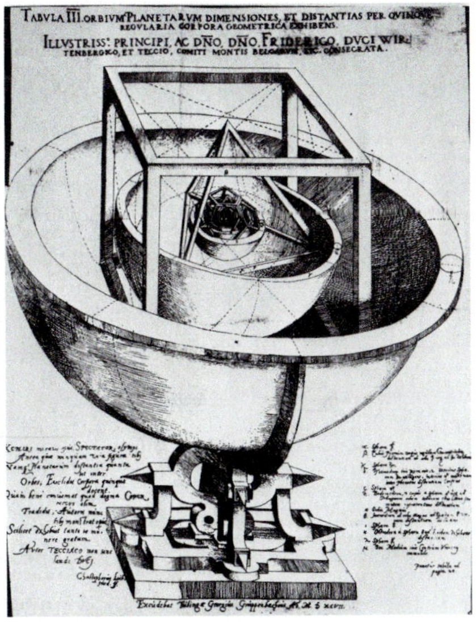

Bei diesem Modell wird die Eigenschaft ausgenutzt, dass jeder der platonischen Körper eine Inkugel besitzt, auf der die Mittelpunkte sämtlicher Flächen liegen und eine Umkugel, auf der sämtliche Körperecken liegen.

1. Welche Planeten waren zu Keplers Zeiten noch nicht bekannt?

2. Nenne die Planeten in der richtigen Reihenfolge. Kennst du eine Eselsbrücke?

Archimedes
(285–212 v. Chr.)

Archimedische Körper

Archimedes untersuchte besondere Körper auf ihre Eigenschaften. Dabei ließ er zu, dass verschiedene regelmäßige Vielecke als Seitenflächen vorkommen. Die dreizehn möglichen Körper, die er fand, erhielten den Namen *archimedische Körper* (auch halbregelmäßige Körper).

Archimedische Körper (auch *halbregelmäßige Körper* genannt) sind Körper, bei denen
(1) die Begrenzungsflächen aus zwei oder drei Arten untereinander kongruenter, regelmäßiger Vielecke bestehen,
(2) an jeder Ecke Vielecke in der gleichen Weise zusammenstoßen.

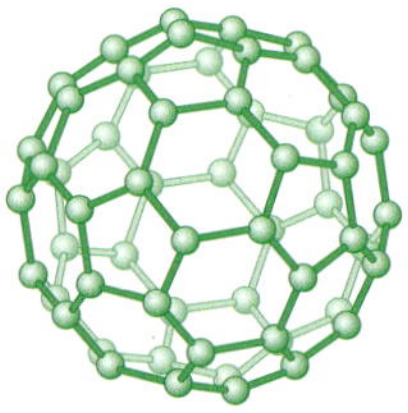

Der wohl bekannteste archimedische Körper ist das abgestumpfte Ikosaeder (Bild rechts), besser als Fußball bekannt.

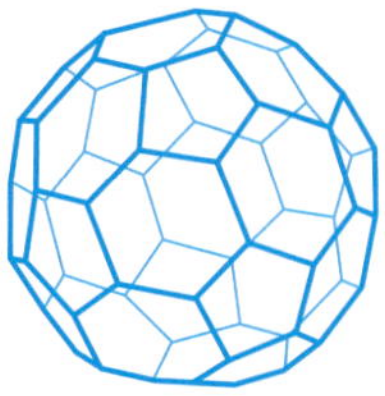

Ein Kohlenstoff-Molekül nimmt auch diese Form an. Im Idealfall besteht es aus genau 60 Kohlenstoffatomen. Diese sind zu 12 regelmäßigen zueinander kongruenten Fünfecken und 20 zueinander kongruenten Sechsecken angeordnet und bilden ein fast perfekt rundes, hohles Gebilde. In jeder Ecke stoßen zwei Sechsecke und ein Fünfeck zusammen.
Diese Moleküle nennt man auch Fullerene, weil der Erfinder und Architekt Buckminster Fuller (1895–1983) nach diesem Prinzip große Hallen konstruierte.

1. a) Erkunde in Lehrbüchern, Nachschlagewerken oder im Internet andere archimedische Körper. Zeichne sie oder kopiere sie und gestalte damit eine Heftseite.

b) Wähle zwei archimedische Körper aus und stelle sie her. Du kannst dazu aus verschiedenen Materialien (Styropor, Blumensteckmasse, Kartoffel) den jeweiligen Körper herausschneiden.

Das Kubooktaeder (Würfel + Oktaeder) erhält man aus einem Würfel (Bild 1) oder einem Oktaeder (Bild 2). Dazu schneidet man jeweils die Ecken so ab, dass durch die Mittelpunkte der Seitenkanten geschnitten wird.

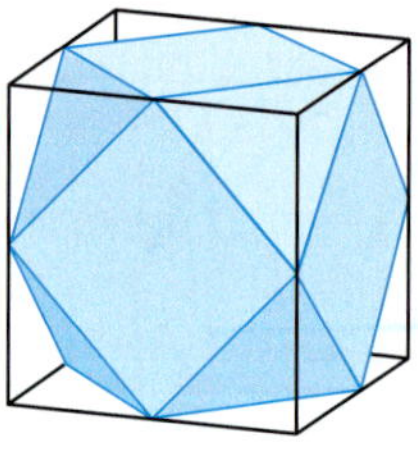

Bild 1

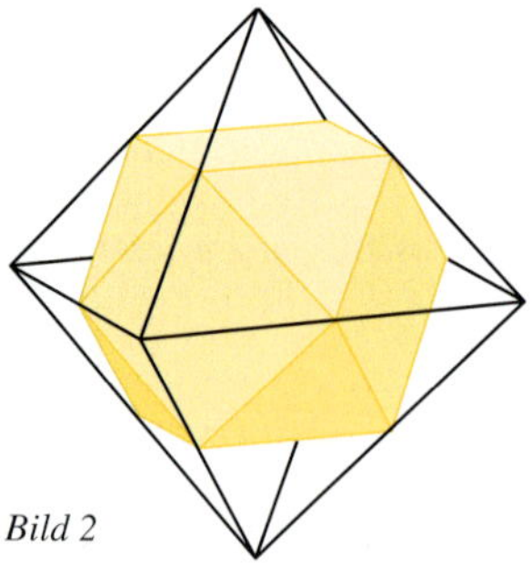

Bild 2

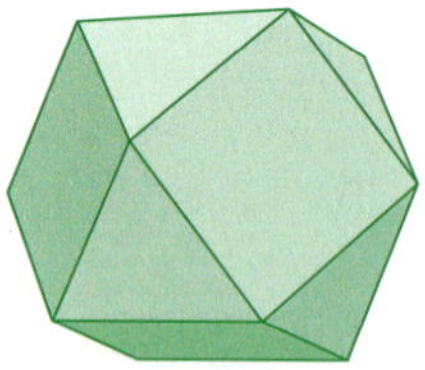

Kubooktaeder

2. Aus einem Würfel mit der Kantenlänge 6 cm wird ein Kubooktaeder (Bild 1) herausgeschnitten.

a) Stelle das Kubooktaeder im Schrägbild dar. Zeichne auch das Zweitafelbild.

b) Berechne das Volumen und den Oberflächeninhalt.

c) Fertige den Körper aus stärkerem Papier oder Pappe an. Ein mögliches Körpernetz mit Klebeflächen siehst du rechts.

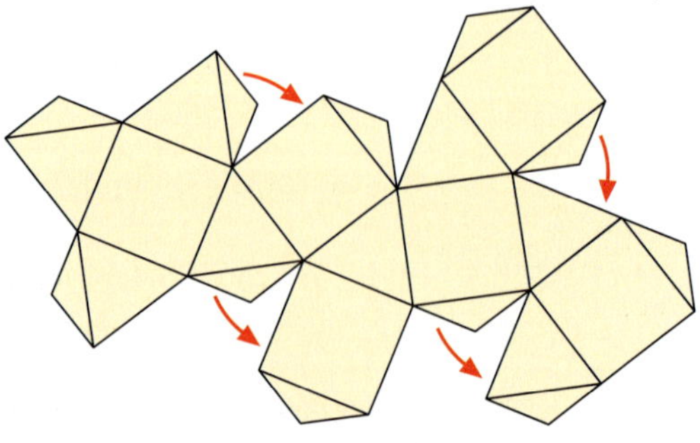

Sternkörper

Bei den platonischen Körpern wölben sich die Flächen nach außen, es sind konvexe Körper. Wenn die Winkel, die durch zwei aneinander stoßende Flächen an einer gemeinsamen Kante gebildet werden, auch größer als 180° sein können, dann entstehen noch weitere besondere Körper, die **Sternkörper**. Der Stern im Bild 3 heißt *Keplerstern*. Er ist der einfachste Sternkörper.

1. Betrachte die folgenden Abbildungen. Beschreibe die Entstehung des Keplersterns.

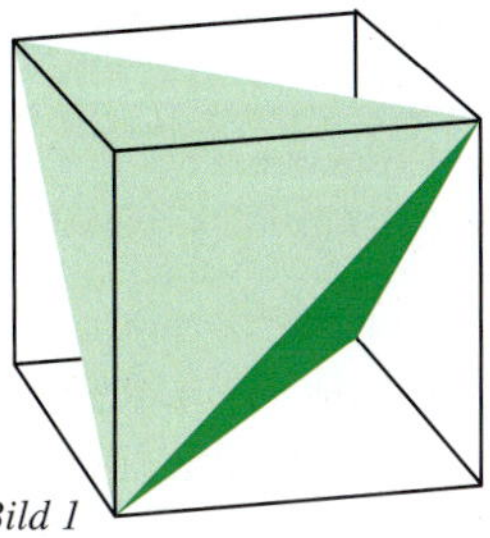
Bild 1

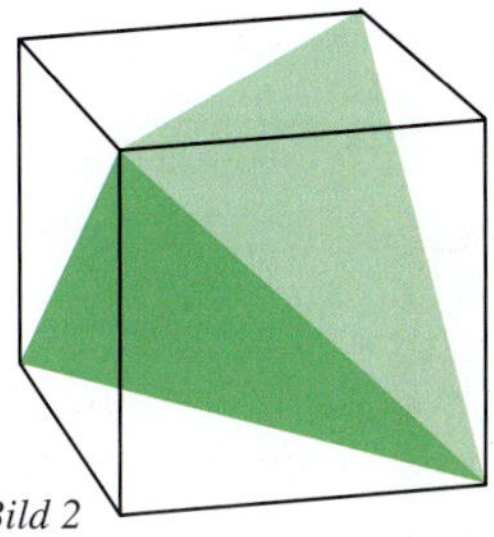
Bild 2

Bild 3

2. Zeichne selbst das Schrägbild eines Keplersterns.

Du brauchst: farbigen Fotokarton, Geodreieck, Zirkel, Schere, Kleber

3. Baue einen Keplerstern. *Hinweis:* Du kannst auf ein großes Tetraeder vier kleine Tetraeder (siehe Bild oben) aufkleben. Eine andere Möglichkeit ist, ein Tetraeder achtmal anzufertigen und anschließend zusammen zu kleben. Vergiss nicht die Klebeflächen mit aufzuzeichnen.

Ein Stern mit zwölf Zacken (Bild 5) entsteht, wenn die Kanten eines Dodekaeders verlängert werden bis sie sich schneiden (Bild 4).
Aus dem Ikosaeder (Bild 6) entsteht so ein Stern mit zwanzig Zacken (Bild 7).

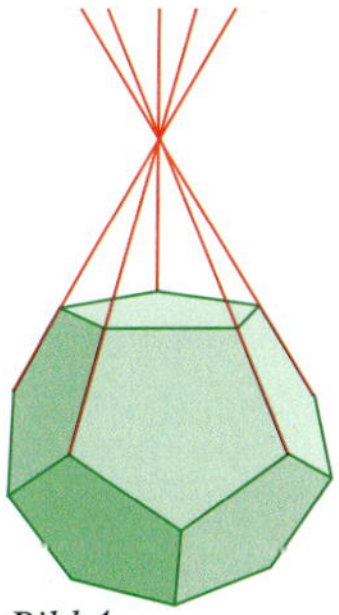
Bild 4

Bild 5

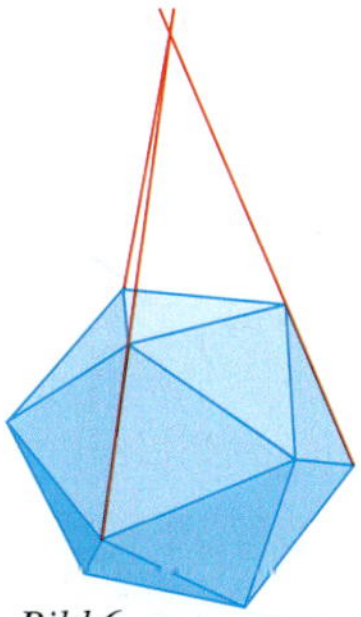
Bild 6

Bild 7

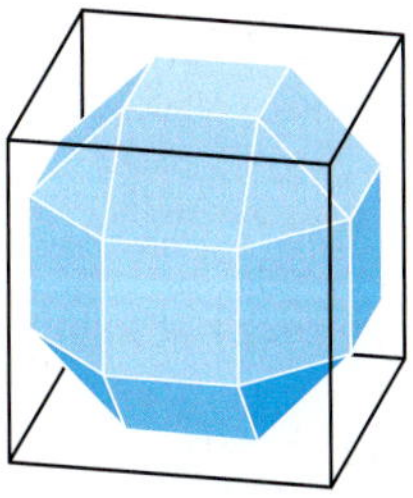

Sternkörper kann man auch herstellen, indem man archimedische Körper als Kern verwendet und Pyramiden aufsetzt.
Seit Beginn des 19. Jahrhunderts wird der *Herrnhuter Stern* als Weihnachtsschmuck verwendet. Er entsteht, wenn von einem Würfel Kanten und Ecken abgeschnitten und dann die Pyramiden aufgesetzt werden.

4. Skizziere das Netz und den Kern des Herrnhuter Sterns im Aufriss.

5. Aus wie vielen dreiseitigen und vierseitigen Pyramiden besteht der Herrnhuter Stern? Im Internet findet ihr mehr Informationen und den Bastelbogen.

6. Fertigt Sterne an. Ihr könnt dafür die Arbeit aufteilen.

Der Fußball

Im Beisein von Bundeskanzler Schröder und „Kaiser Franz“ wurde am 12. September 2003 der Fußball Globus der FIFA vor dem Brandenburger Tor der Öffentlichkeit übergeben. Der Globus, nach Entwürfen des Architekten Buckminster Fuller, gestaltet von Multi-Media-Künstler André Heller, ist Teil des begleitenden Kunst- und Kulturprogramms der Bundesregierung und des lokalen Organisationskommitees der FIFA zur WM 2006.
Drei Jahre lang wird der Fußball-Globus durch die zwölf Austragungsstädte der Fußball-Weltmeisterschaft reisen und eine Drehscheibe für die zahllosen Themen sein, die mit dem Begriff Fußball verknüpft sind.
Tagsüber ist die Raumskulptur ein großer Fußball. Das Innere dient als Ort der Information und Interaktion. Am Abend verwandelt sich der Fußball in einen Globus. 60 Tonnen Stahl bilden das Skelett des Fußball Globus. Für die Tragkonstruktion wurden mehr als 250 m Rohr mit einem Durchmesser von 193,7 mm verarbeitet. Die Konstruktion entspricht der klassischen Fußballform und besteht aus 16 Fünf- und 20 Sechsecken mit insgesamt 55 Knotenpunkten. Die Gesamtfläche der Fünf- und Sechseckigen Membrane (obere und untere Lage) beträgt 1 400 m^2.

(Meldung aus dem Internet)

1. Aus welchen regelmäßigen Vielecken besteht der Fußball-Globus?

2. Begründe, dass es nicht möglich ist, den Fußball nur mit einer Art von Vielecken zu bauen.

3. Ermittle mithilfe eines Fußballs die Anzahl der jeweiligen Vielecke und zähle die Ecken aus. Vergleiche dein Ergebnis mit den im Text oben angegebenen Werten.

4. Wie viele Fußballfelder könnten mit dem Stoff ausgelegt werden?

5. Erkunde die Maße eines Fußballs.

6. Welche zwölf Städte gehören zu den Austragungsorten der WM 2006 in Deutschland?

7. Im Sommer 2004 stand der Fußball-Globus auch auf dem Leipziger Markt. Das Gerüst, auf dem der Fußball stand hatte eine Höhe von 2,50 Metern.
Lies die nachfolgenden Meldungen und finde die Fehler.

Mit seinen Ausmaßen von 20 Metern Breite und Höhe beherrscht er bereits das Bild des Leipziger Marktplatzes – der Fußballglobus.
(Leipziger Amtsblatt)

Der Fußball-Globus auf dem Rathausmarkt wirkt tagsüber wie ein gewaltiger Fußball mit 15 Metern Durchmesser.
(Internetmeldung aus Hamburg)

Wirkt der Fußball-Globus bei Tag mit seinen schwarz-weißen Rauten für etliche gleichgültige Zeitgenossen vielleicht langweilig, so verwandelt sich das große Rund im Dunkeln in ein oszillierendes Lichtobjekt, … *(Hallo Leipzig)*

8. Begründe, dass der Fußball ein archimedischer Körper ist.

Projektvorschläge

Neben dem Herstellen einiger besonderer Körper aus verschiedenen Materialien und in unterschiedlichen Größen könnt ihr euch noch mit den Anwendungen der platonischen Körper beschäftigen. Bereitet eine Präsentation vor oder gestaltet aus den zusammengestellten Materialien eine Ausstellung.

1. *Natur:*
- Strahlentierchen nehmen deren Form an.
- Mineralien bestechen durch ihre regelmäßigen Formen und ihre Farbenvielfalt. Auch hier finden wir geformte Exemplare.
- • Erkundet, wo überall in der Natur platonische Körper, archimedische Körper oder Sternkörper vorkommen.

2. *Kunst:*
- Das kleine Sterndodekaeder wurde schon um 1425 auf einem Mosaik von Uccello (San Marco Kathedrale, Venedig) dargestellt.
- Leonardo da Vinci, Dali und Escher sind nur einige Künstler, die sich in ihren Werken mit den besonderen Körpern beschäftigten.
- • Findet weitere Beispiele.
- • Beschäftigt euch mit dem Leben und Wirken ausgewählter Künstler.
- • Fertigt verschiedene Sternkörper an.
- Mehrere identische Tetraeder kann man zu einem Ring zusammensetzen, der sich kontinuierlich durch sein Zentrum drehen kann. Je nach Anzahl der verwendeten Tetraeder gibt es quadratische, sechseckige, zehneckige, aber auch verdrillte Tetraederringe. Diese Ringe sind unter dem Begriff *Kaleidozyklen* bekannt geworden.
- • Sucht im Internet nach Anleitungen und Netzen zum Bau von Kaleidozyklen. Fertigt verschiedene Kaleidozyklen an und gestaltet sie ansprechend.

3. *Architektur:*
- In Bottrop befindet sich ein 50 Meter hoher Tetraeder. Er dient als Aussichtsplattform.
- Tetrapoden werden an der Ostseeküste eingesetzt, um künstliche Riffe zu bilden.
- Auf Spielplätzen finden wir Oktaeder, bei denen ein Teil fest im Boden verankert ist.
- • Fotografiert in eurer Umgebung, auf Klassenfahrt oder Exkursion Gebäude und Gegenstände, die die Form von platonischen bzw. archimedischen Körpern oder Sternkörpern besitzen. Schneidet aus Reiseprospekten, Werbeblättern, Zeitschriften usw. geeignete Bilder aus.

4. Im Internet findet ihr Informationen zur Geschichte der Entdeckung der besonderen Körper.
- • Tragt diese Informationen zusammen, schreibt kurze Aufsätze über wichtige Personen.

6. DARSTELLEN VON DATEN

6.1 Einführung

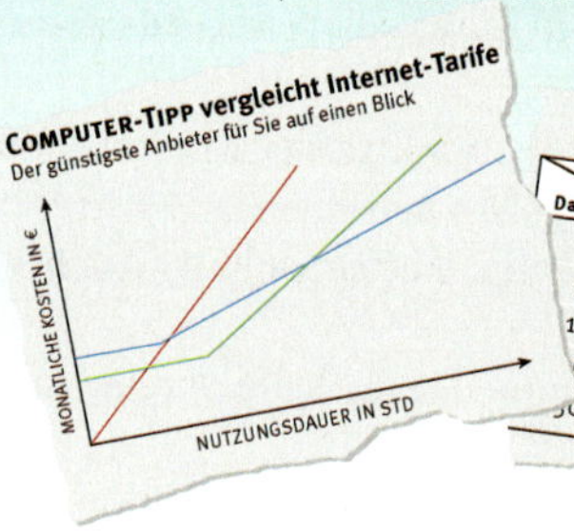

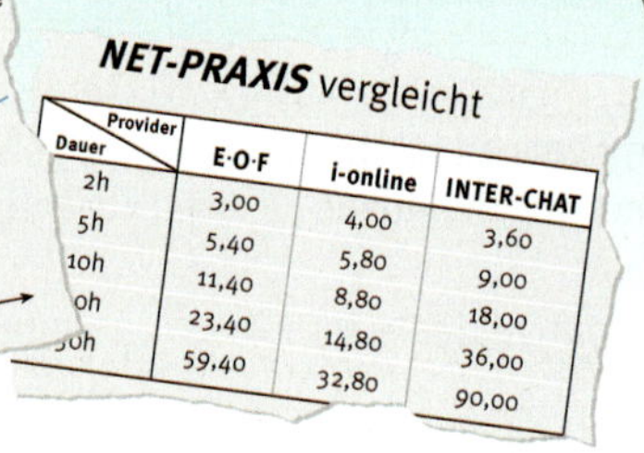
NET-PRAXIS vergleicht

Provider / Dauer	E·O·F	i-online	INTER-CHAT
2h	3,00	4,00	3,60
5h	5,40	5,80	9,00
10h	11,40	8,80	18,00
…0h	23,40	14,80	36,00
…0h	59,40	32,80	90,00

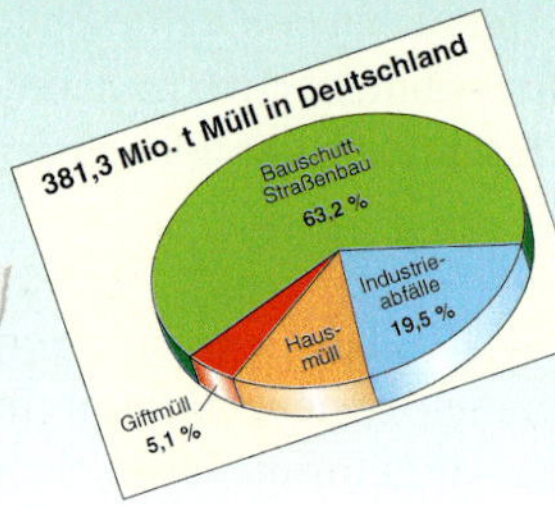

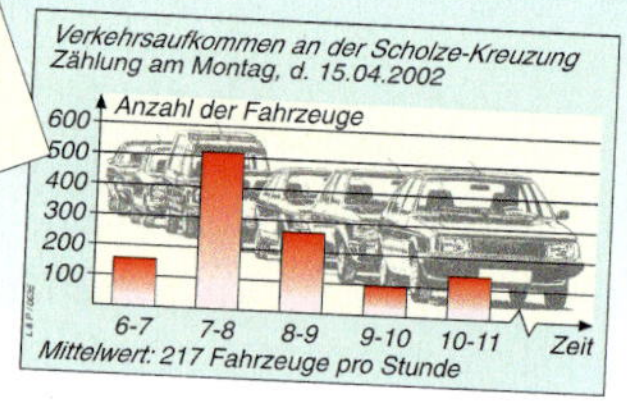

Tagtäglich werden Daten gesammelt, aufbereitet und weitergegeben. Sie werden in Tabellen zusammengefasst und in Diagrammen veranschaulicht.

Absatzentwicklung von Tiefkühlkost in Deutschland (in Tonnen, ohne Speiseeis)	
1974	730 976
1979	861 088
1984	1 059 219
1989	1 366 234
1994	1 958 826
1999	2 582 767
2004	3 022 365

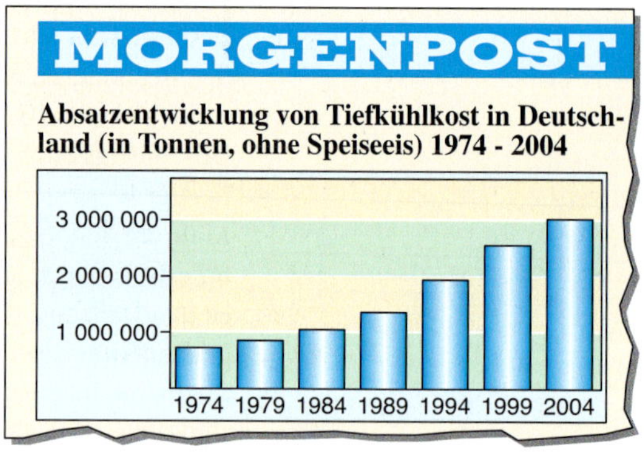

Das Beispiel zur Tiefkühlkost zeigt, dass Tabellen zumeist genaue Zahlen beinhalten, aber auch schnell unübersichtlich werden. Hier wäre eine Erklärung oder Zusammenfassung für den Leser hilfreich.

Für das Erfassen der Daten „auf einen Blick“ ist das Diagramm eher geeignet. Es lassen sich jedoch nur ungenaue bzw. gerundete Werte ablesen. Die Informationsvermittlung erfolgt hier über ein Bild und erspart einen Erklärungstext.

Man kann direkt an den Längen der Säulen erkennen, dass in den letzten dreißig Jahren der Absatz an Tiefkühlkost ungefähr auf das Vierfache gestiegen ist. Diese Aussage entnimmt man der Tabelle nur nach näherem Betrachten.

Beim „Lesen“ von Diagrammen musst du sorgfältig arbeiten, denn sie enthalten oft mehr Informationen als auf den ersten Blick ersichtlich ist. Oberflächliche Betrachtungen können zu falschen Aussagen führen. Deshalb ist es notwendig, die Beschreibung des Diagramms von seiner Auswertung zu trennen.

Vorgehen beim Lesen von Diagrammen

1. *Beschreiben des Diagramms*
   Wozu soll das Diagramm etwas aussagen?
   Welche Zahlenarten werden benutzt? Spielt die Anordnung eine Rolle? etc.
2. *Auswerten des Diagramms*
   Welche Aussagen lassen sich formulieren?

6.2 Säulendiagramme

In einem Säulendiagramm entsprechen die Längen der Säulen den dargestellten Zahlen oder Größen. Die Säulen müssen dabei gleich breit sein, damit die Darstellung beim Betrachter keinen falschen Eindruck erzeugt.
Säulendiagramme eignen sich besonders gut, um verschiedene Größen und Anzahlen anschaulich vergleichen zu können – z. B. in ihrer zeitlichen Entwicklung.
Werden die Säulen nicht senkrecht, sondern waagerecht gezeichnet, spricht man auch vom *Balkendiagramm*.

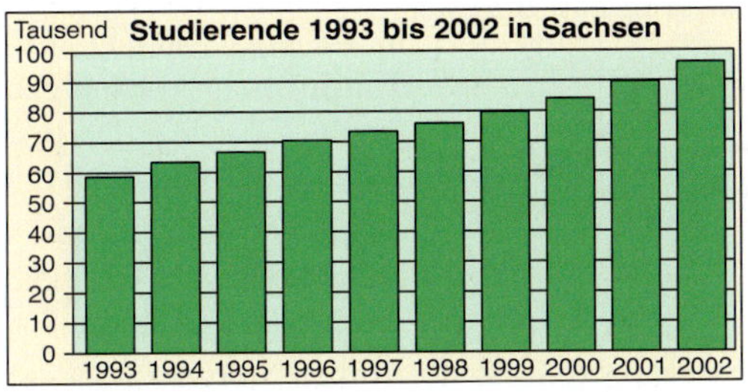

(1) *Beschreibung*

Das abgebildete Säulendiagramm gibt die Anzahl der Studierenden in Sachsen in den Jahren von 1993 bis 2002 wieder. Dabei werden die absoluten Zahlen in Tausende zusammengefasst und dargestellt. Das Diagramm muss aus dem Jahr 2003 oder später stammen, da es sich bei den Werten nicht um Prognosen handelt.

(2) *Auswertung*

Die Zahl der Studierenden in Sachsen hat von 1993 bis 2002 kontinuierlich zugenommen. Lag sie 1993 noch bei knapp unter 60 000 Studierenden, so stieg sie bis 2002 auf ca. 95 000 an, nahm also innerhalb dieser zehn Jahre um etwa 35 000 zu. Der Zuwachs der Studierendenzahlen verlief dabei recht gleichmäßig.

Allgemein gelten für Säulendiagramme folgende Gütekriterien:

1. Jedes Diagramm hat eine Überschrift.
2. Die Achsen stehen senkrecht aufeinander, sind gleichmäßig eingeteilt und beschriftet. Die Säulen sind gleich breit.
   In der Regel beginnt die senkrechte Achse bei null. Ausnahmen werden besonders hervorgehoben.
3. Die Längen der Säulen entsprechen den dargestellten Zahlen bzw. Größen, d. h. sie sind proportional zu ihnen.

1. Beschreibe das folgende Diagramm und werte es aus. Prüfe bei der Beschreibung auch das Einhalten der Gütekriterien.

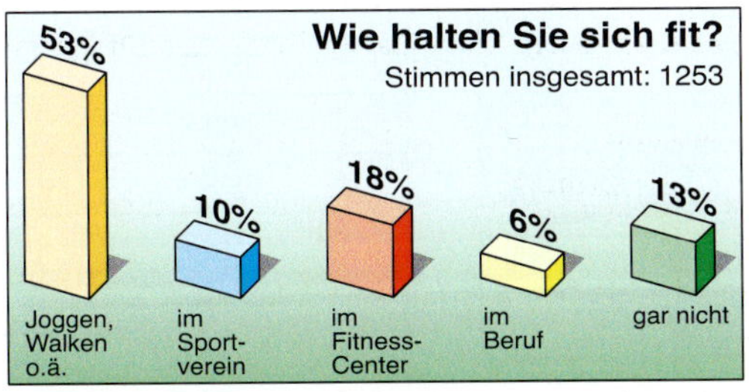

Pro-Kopf-Verbrauch von Mineral- und Heilwasser in Deutschland (in Liter)	
1980	39,6
1990	82,7
2000	100,3
2001	108,6
2002	115,2
2003	129,1
2004	123,0

2. Stelle die Daten aus der Tabelle rechts in einem Säulendiagramm dar. Beachte dabei die Gütekriterien.

6.3 Liniendiagramme

In einem Liniendiagramm entsprechen die Abstände der Linie zur waagerechten Achse den dargestellten Zahlen. Liniendiagramme eignen sich besonders gut, um zeitliche Entwicklungen darzustellen. Gegenüber Säulendiagrammen haben sie den Vorteil, dass sich mit ihnen eine größere Zahl von Daten in *einem* Diagramm abbilden lässt, ohne dass die Abbildung unübersichtlich wird.

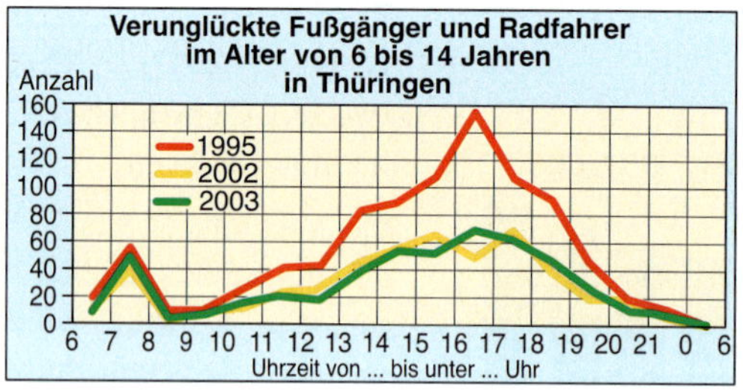

(1) *Beschreibung*

Das abgebildete Liniendiagramm gibt die Anzahl der verunglückten Fußgänger und Radfahrer im Alter von 6 bis 14 Jahren im Bundesland Thüringen in Abhängigkeit von der Uhrzeit des Unglücks wieder. Dargestellt wird diese Verteilung für die Jahre 1995, 2002 und 2003 jeweils durch eine eigene Linie.

(2) *Auswertung*

Die meisten Unfälle ereigneten sich entweder in den frühen Morgenstunden zwischen 7:00 Uhr und 8:00 Uhr oder am Nachmittag zwischen 13:00 Uhr und 19:00 Uhr. Die Linie für das Jahr 1995 liegt durchgehend über denen der beiden anderen Jahre, wobei sie am Nachmittag Spitzenwerte erreicht, die mehr als doppelt so hoch sind wie die von 2002 und 2003. Die Kurven von 2002 und 2003 hingegen zeigen kaum merkliche Unterschiede.

1. Entnimm der oberen Grafik noch drei weitere Aussagen. Versuche, Gründe für die Verläufe der einzelnen Kurven und die Unterschiede zwischen den Kurven zu finden.

Allgemein gelten für Liniendiagramme folgende Gütekriterien:

1. Jedes Diagramm hat eine Überschrift.
2. Die Achsen stehen senkrecht zueinander, sind gleichmäßig eingeteilt und beschriftet.
   In der Regel beginnt die senkrechte Achse bei null. Ausnahmen werden besonders hervorgehoben.
3. Die Abstände der Linie zur waagerechten Achse entsprechen den dargestellten Werten, d.h. sie sind proportional zu ihnen.

2. Beschreibe das folgende Liniendiagramm und werte es aus. Prüfe bei der Beschreibung auch das Einhalten der Gütekriterien.

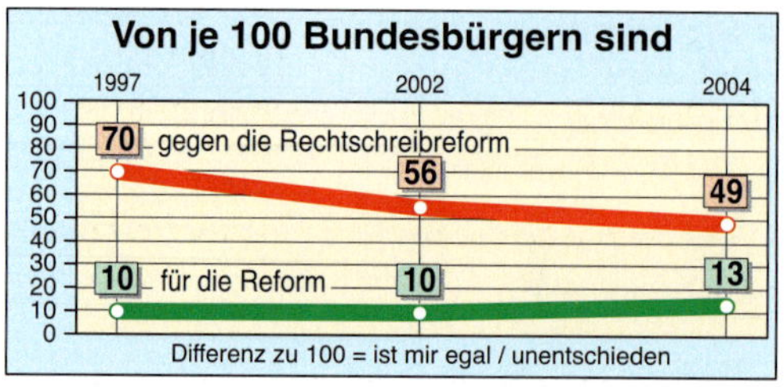

Tiefkühlkost Pro-Kopf-Verbrauch in Deutschland (in Kilogramm, ohne Speiseeis)	
1974	11,8
1979	14,0
1984	17,2
1989	22,0
1994	23,9
1999	31,5
2004	36,6

3. Stelle die Daten aus der Tabelle rechts in einem Liniendiagramm dar. Beachte dabei die Gütekriterien.

6.4 Kreisdiagramme

In einem Kreisdiagramm entsprechen die Winkelgrößen der Kreisausschnitte den dargestellten Zahlen. Kreisdiagramme eignen sich nur, wenn die Aufteilung eines Ganzen in bestimmte Anteile darzustellen ist.

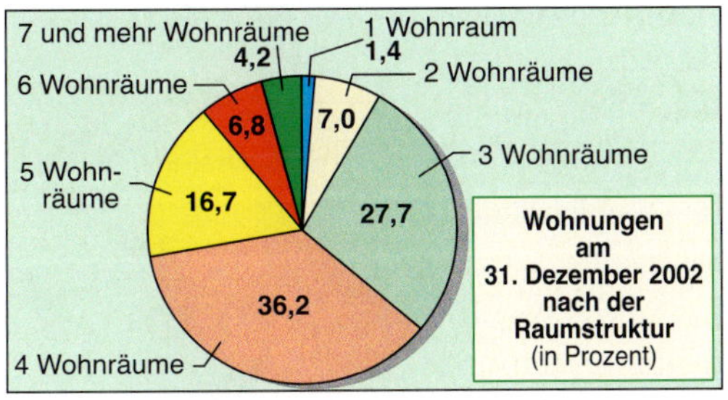

(1) *Beschreibung*

Das abgebildete Kreisdiagramm gibt den prozentualen Anteil an Wohnungen mit 1, 2, …, 7 und mehr Wohnräumen in Sachsen am 31. 12. 2002 wieder.
Die absolute Anzahl an Wohnungen, auf die die Prozentangaben Bezug nehmen, ist nicht genannt.

(2) *Auswertung*

Knapp über einem Drittel der Wohnungen besteht aus vier, knapp unter einem Drittel aus drei Wohnräumen. Das letzte Drittel verteilt sich je zur Hälfte auf 5-Raum-Wohnungen und auf Wohnungen mit weniger als drei oder mehr als fünf Wohnräumen.

1. Entnimm der oberen Grafik noch drei weitere Aussagen. Versuche, Gründe für diese Verteilung der Raumstruktur zu finden.

Allgemein gelten für Kreisdiagramme folgende Gütekriterien:

1. Jedes Diagramm hat eine Überschrift.
2. Die Größen der Zentriwinkel der Kreisausschnitte entsprechen den dargestellten Anteilen, d.h. sie sind proportional zu ihnen. (360° bzw. 100% ist das Ganze.)
3. Die Summe der einzelnen Anteile ergibt (auch nach erfolgten Rundungen) ein Ganzes bzw. 100%.

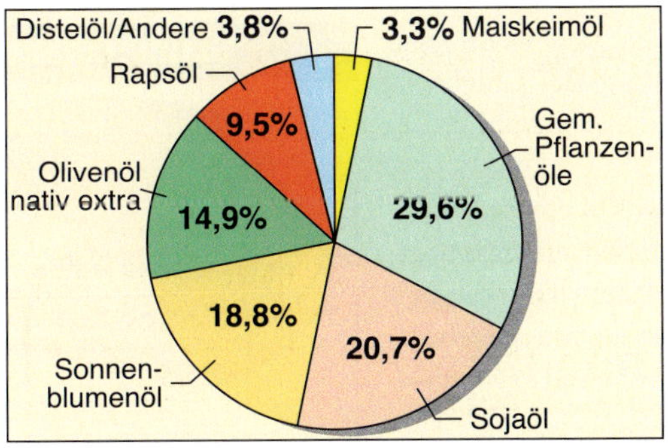

Sitzverteilung im Dresdner Stadtrat (2004)	
CDU	30%
PDS	24%
Bündnis 90/Grüne	13%
SPD	11%
FDP	9%
Bürgerfraktion	9%
Fraktionslose	4%

2. Beschreibe das vorstehende Diagramm links und werte es aus. Prüfe bei der Beschreibung auch das Einhalten der Gütekriterien.

3. Stelle die Daten aus der vorstehenden Tabelle rechts in einem Kreisdiagramm dar. Beachte dabei die Gütekriterien.

6.5 Vermischte Übungen

1. a) Beschreibe die Grafik rechts und werte sie aus.
Notiere mindestens drei Aussagen.

b) Gib an, wie viele Liter kräftig sprudelndes Mineralwasser 2002 jeder Bundesbürger im Schnitt getrunken hat.

c) Berechne den Pro-Kopf-Verbrauch an Mineralwasser der Sorten kohlensäurefrei und wenig Kohlensäure.

d) Gib die prozentualen Anteile von Wasser und Schorle/Limonaden am Gesamtverbrauch an. Was stellst du fest?

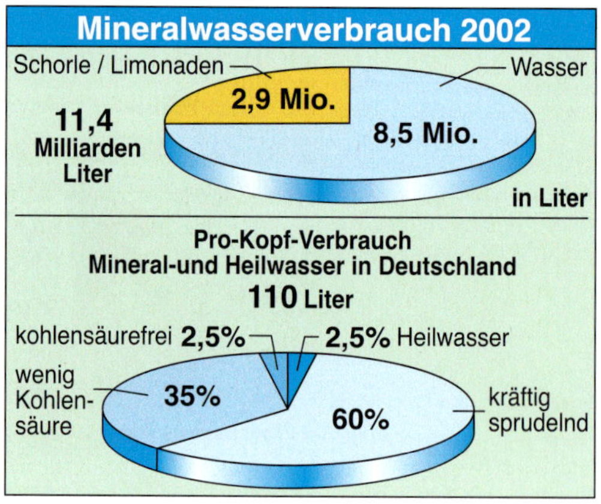

2. a) Welche Arten von Diagrammen eignen sich zur Darstellung der Daten aus der Tabelle rechts?

b) Zeichne ein geeignetes Diagramm, wenn
(1) die Reihenfolge der Bundesländer „auf einen Blick" erkennbar sein soll;
(2) Ost- und Westdeutschland getrennt betrachtet werden sollen.
Beachte die Gütekriterien.

Ganztagsschulen in Deutschland (bereits geförderte und geplante Schulen)					
Land	geförd.	geplant	Land	geförd.	geplant
BaWü	335	150	Nieders.	186	242
Bayern	388	484	NRW	785	516
Berlin	127	112	Rheinl.-Pf.	252	79
Brandenb.	66	59	Saarland	177	84
Bremen	27	7	Sachsen	122	55
Hamburg	86	41	Sach.-Anh.	51	17
Hessen	181	83	Schl.-Hol.	92	40
Meck.-V.	74	34	Thüringen	81	40

3. Beschreibe die Grafik rechts und werte sie aus. Prüfe auch die Einhaltung der Gütekriterien. Nimm Stellung zu der Darstellung.

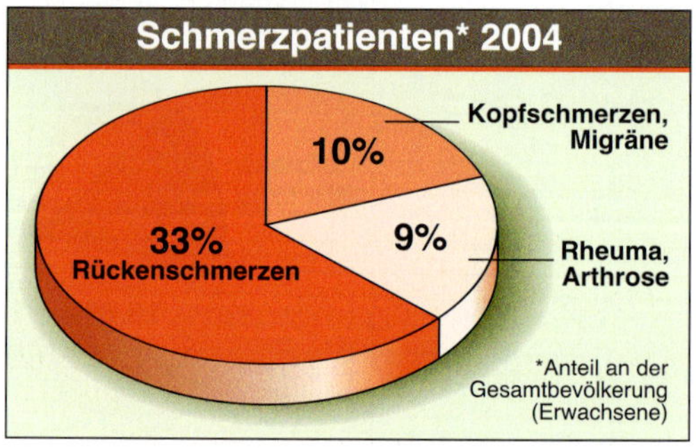

4. Stelle die Daten eines Industriebetriebes aus der folgenden Tabelle in einem geeigneten Diagramm dar. Vergleiche dein Diagramm mit dem deines Nachbarn. Nehmt gegebenenfalls Stellung zu den Vor- und Nachteilen eurer Darstellungen.

	2000	2001	2002	2003	2004
Umsatz (in Millionen Euro)	450	950	840	1 300	2 250
Arbeitskräfte	6 000	9 500	10 000	12 000	17 000

5. **a)** Prüfe, ob die Darstellung der Pkw-Zulassungen den Gütekriterien entspricht.

b) Prüfe nach, ob die Prozentangaben stimmen. Wodurch können eventuelle Abweichungen zustande kommen?

c) Zeichne ein Diagramm, in dem die prozentuale Entwicklung der Pkw-Zulassungen abzulesen ist.

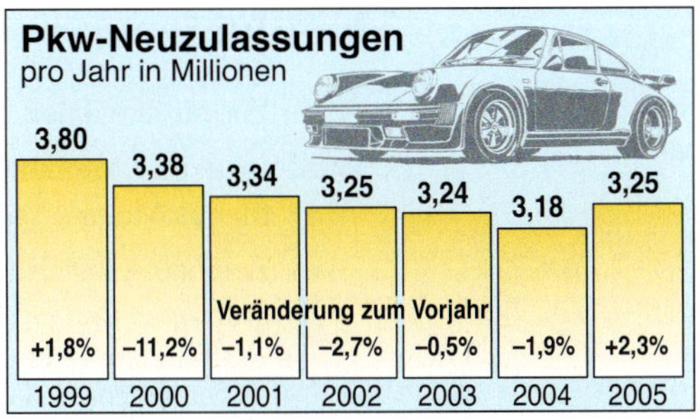

6. Stimmen die folgenden Aussagen mit der rechts abgebildeten Grafik überein? Berichtige gegebenfalls.

(1) Im Jahre 2002 verunglückten in Thüringen 13 714 Personen.

(2) Das waren durchschnittlich 376 Personen pro Tag.

(3) Zwischen 12 und 18 Uhr verunglückten etwa fünfmal mehr Personen als zwischen 0 und 6 Uhr.

(4) Die meisten Unfälle passierten zwischen 16 und 18 Uhr.

(5) Fast die Hälfte aller Personen verunglückte zwischen 10 und 20 Uhr.

(6) In der ersten Tageshälfte verunglückten mehr als ein Drittel der Personen.

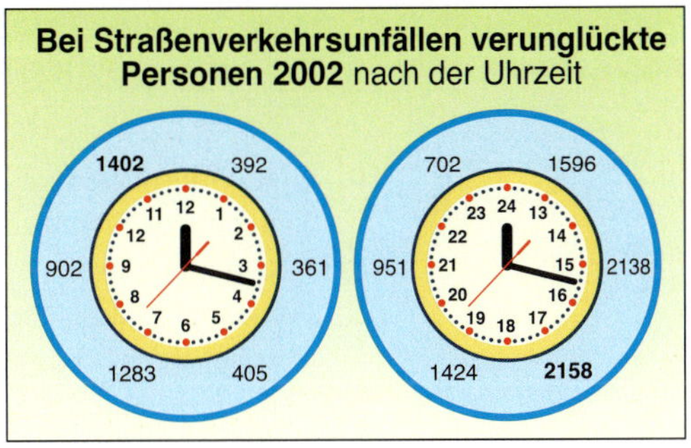

7. Lies den folgenden Zeitungstext und veranschauliche die Zahlen in geeigneten Diagrammen.

Zahlen und Fakten

Im vorigen Jahr wurden weltweit 800 Millionen Tonnen Gemüse und 500 Millionen Tonnen Obst erzeugt, in Sachsen alles in allem 175 000 Tonnen. Im Schnitt aß jeder Bundesbürger 120 Kilogramm Obst und 84 Kilogramm Gemüse. Beim Obst beißt er bevorzugt in Äpfel (21,45 kg pro Haushalt), es folgen Bananen (17,70 kg) beziehungsweise Zitrusfrüchte (Orangen: 10,43 kg; Clementinen/ Mandarinen sechs kg). Beim Gemüse liegt die Tomate (10,89 kg) vorn vor der Gurke (7,44 kg) und der Möhre (6,82 kg). *(LVZ vom 14.02.05)*

8. **a)** Welche Informationen kannst du den beiden Diagrammen entnehmen? Notiere für jedes Diagramm mindestens drei Aussagen.

b) Begründe, warum ein Liniendiagramm bzw. ein Kreisdiagramm hier nicht geeignet ist.

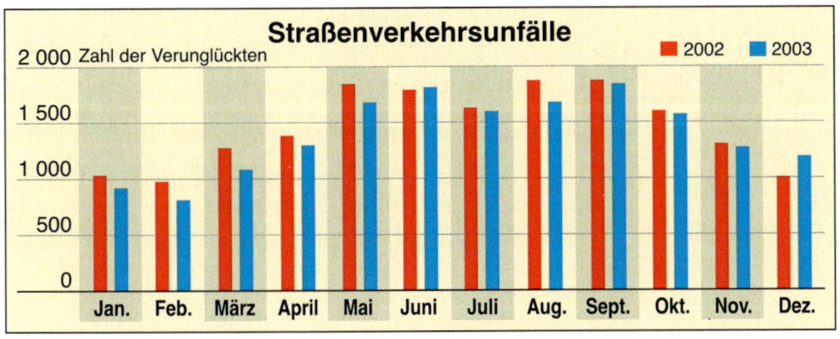

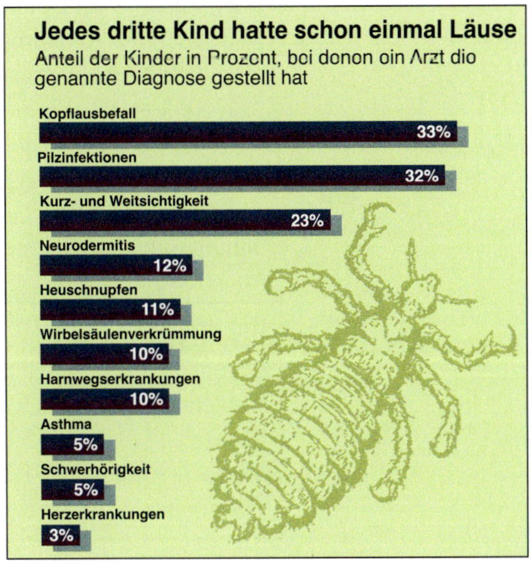

9. **a)** Welche Informationen kannst du dem Zeitungsausschnitt rechts entnehmen? Formuliere einen „Zeitungstext“ dazu.

b) Ist deiner Meinung nach der Titel „Grafik des Monats“ gerechtfertigt?

c) Zeichne selbst ein aussagekräftiges Diagramm.

Die Jugend liebt es mobil

GRAFIK DES MONATS

Prozentanteil der Haushalte mit mobilem Telefon ohne Festnetz-Anschluss

unter 25-Jährige	24,8
25- bis 35-Jährige	7,7
35- bis 45-Jährige	4,4
45- bis 55-Jährige	4,1
55- bis 65-Jährige	2,3
65- bis 70-Jährige	1,6
70-Jährige und mehr	1,0

10. Lisa und Anne erledigen gemeinsam ihre Hausaufgaben in Mathematik. Sie sollen den Anteil der Schüler und Schülerinnen ihrer Klasse, die eine Fremdsprache lernen, im Diagramm darstellen. Lisa meint, dass es egal wäre, ob sie ein Kreis- oder ein Säulendiagramm zeichnen.
Anne meint, dass ein Kreisdiagramm nicht in Frage kommt.
Wer hat Recht? Begründe.

11.

Teenies geben für Handy 2,5 Milliarden Euro aus
Die Studie zeigt: Junge Leute haben immer mehr Geld zur Verfügung

München (dpa). Das Handy ist für Kinder und Jugendliche längst ein teures Gut geworden. Rund 2,5 Milliarden Euro geben sie pro Jahr für ihr Mobiltelefon aus. Davon entfallen allein 190 Millionen Euro auf das herunterladen von Spielen oder Klingeltönen. Den größten Teil ihres Geldes investieren die jungen Menschen zwischen sechs und 19 Jahren allerdings mit 3,4 Milliarden Euro in Bekleidung und modischen Accessoires. Fürs Ausgehen geben sie jährlich 2,3 Milliarden Euro aus. Trotz der schwierigen Wirtschaftslage haben die Kinder und Jugendlichen immer mehr Geld. Ihnen stehen im laufenden Jahr rund 19 Milliarden Euro zur Verfügung – etwa 600 Millionen Euro mehr als im Vorjahr. Dies ist nach Angaben der Forscher auch deshalb erstaunlich, weil diese Altersgruppe auf Grund des demografischen Wandels um 110 000 auf 12,11 Millionen geschrumpft ist.

a) Stelle die Anteile der Ausgaben für Handy, Bekleidung und Ausgehen an den Gesamtausgaben in einem geeigneten Diagramm dar.

b) Zeichne ein Diagramm, in dem sowohl die Zunahme des zur Verfügung stehenden Geldes als auch die Abnahme der Anzahl der Kinder und Jugendlichen dieser Altersklasse zu sehen ist. Gib auch die prozentualen Veränderungen an.

c) Wie viel Euro gibt ein Kind oder Jugendlicher durchschnittlich im Jahr aus?

TAB **12.** Nachfolgend findest du Daten zum Schulbesuch an allgemein bildenden Schulen in Deutschland.

Schulbesuch an allgemein bildenden Schulen (in 1 000)			
Bundesland	2001/02	2002/03	2003/04
Brandenburg	310,8	289,4	273,2
Niedersachsen	983,9	982,9	991,2
Sachsen	453,6	419,2	390,8
Sachsen-Anhalt	291,2	270,2	250,4
Thüringen	258,4	239,4	222,3

a) Veranschauliche die Daten aus der Tabelle links in einem geeigneten Diagramm.
Eine Tabellenkalkulation kann dabei hilfreich sein (vgl. S. 179).

b) Politiker und Wissenschaftler interessieren sich sehr für die zukünftige Entwicklung solcher Zahlen. Hilf ihnen und gib jeweils eine Prognose für das Schuljahr 2009/10 ab.

13. Welche Darstellungsmöglichkeiten würdest du zu folgenden Daten wählen? Begründe deine Wahl.

a) Bevölkerungszahlen der zehn größten Städte Deutschlands.

b) Entwicklung des Euro-Kurses im Vergleich zum Dollar im letzten Jahr

c) Ergebnis der letzten Klassenarbeit in Mathematik.

d) Ergebnis der letzten Bundestagswahl.

14. **a)** Bewerte das rechts abgebildete Diagramm. Welche Angaben fehlen? Was kann man dennoch ablesen?

b) Welche Bedeutung haben die Schnittpunkte der Linien?

c) Welchen Internetanbieter würdest du nach dieser Grafik wählen? Begründe.

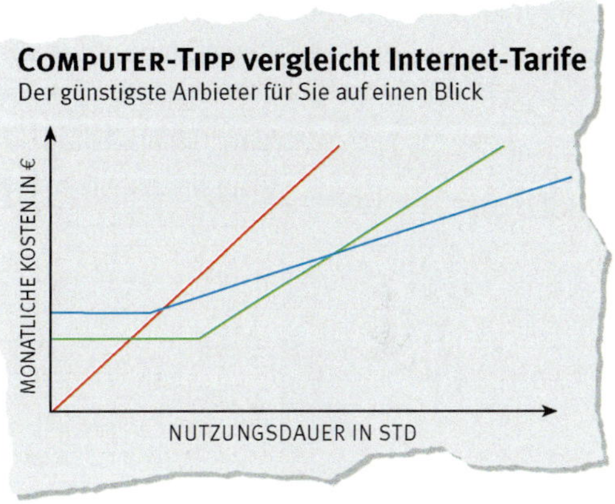

15. Sucht in Zeitungen, Zeitschriften, Werbeprospekten u. a. nach Diagrammen und schneidet sie aus.
Sortiert sie in der Klasse nach Säulen-, Linien-, Kreis- und sonstigen Diagrammen. Teil euch in Gruppen auf und untersucht die einzelnen Diagrammtypen.
Wählt jeweils das (mathematisch) beste und schlechteste Diagramm aus und begründet eure Wahl bzw. erstellt eine Übersicht zu den unbekannten Diagrammtypen und beschreibt sie.

16.

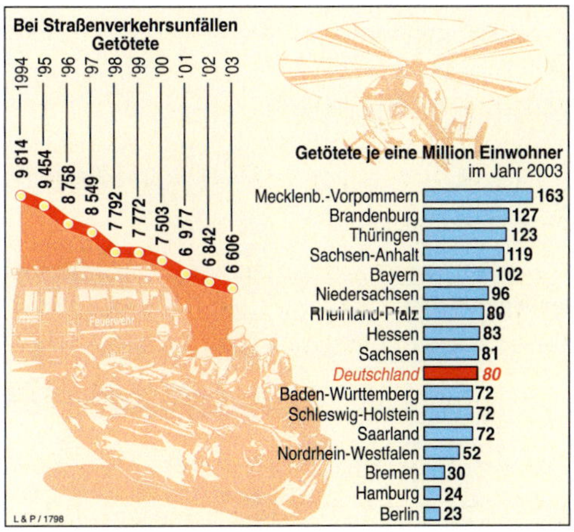

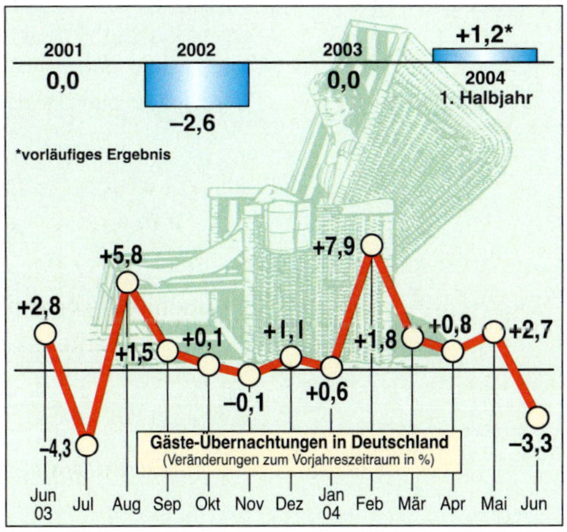

a) Beschreibe die beiden Diagramme.

b) Untersuche die Diagramme auf die Einhaltung der Gütekriterien.

c) Zeichne gegebenenfalls neu und beschreibe, wie sich der Eindruck, den das Diagramm jetzt hervorruft, ändert.

6.6 Anwendung: Afrika

1. Der Kontinent Afrika

Erkunde die Flächengrößen und Einwohnerzahlen aller Kontinente und notiere sie in einer Tabelle. Stelle die Daten in einem geeigneten Diagramm dar. Vergleiche die Angaben zu Afrika mit denen der anderen Kontinente.

2. Bevölkerungsentwicklung

Vergleiche die zu erwartende Bevölkerungsentwicklung Afrikas mit der Entwicklung auf den anderen Kontinenten.
Ermittle aus dem Diagramm den jeweiligen Anteil Afrikas an der Weltbevölkerung.

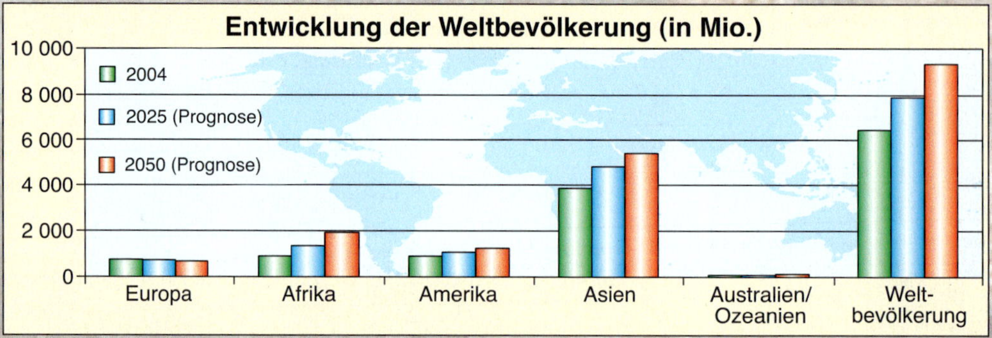

3. Flüsse und Seen Afrikas

(1) Vergleiche die Länge und die Stromgebiete der afrikanischen Flüsse mit der Elbe. Stelle den Vergleich anschaulich dar.

Ströme in Afrika	Länge (in km)	Stromgebiet (in Mio. km^2)
Nil	6 671	2,87
Kongo	4 320	3,69
Niger	4 160	2,09
Sambesi	2 660	1,33
Limpopo	1 600	0,44
Elbe	1 165	0,14

Der Nil bei Luxor

(2) Veranschauliche die Wasserflächengröße und die größte Tiefe der fünf größten afrikanischen Seen mit dem Bodensee.

See	durchschnittliche Fläche (in km^2)	größte Tiefe (in m)
Victoriasee	69 490	81
Tanganjikasee	34 240	1 436
Malawisee	22 490	702
Tschadsee	16 300	6
Turkanasee	7 100	73
Bodensee	540	252

4. Klima

Hier findest du die Klimadiagramme einiger Städte Afrikas. Was kannst du über das Klima der entsprechenden Regionen aussagen, in denen diese Städte liegen? Siehe auch im Atlas nach, wo diese Städte liegen. Vergleiche auch mit dem Klima in Sachsen.

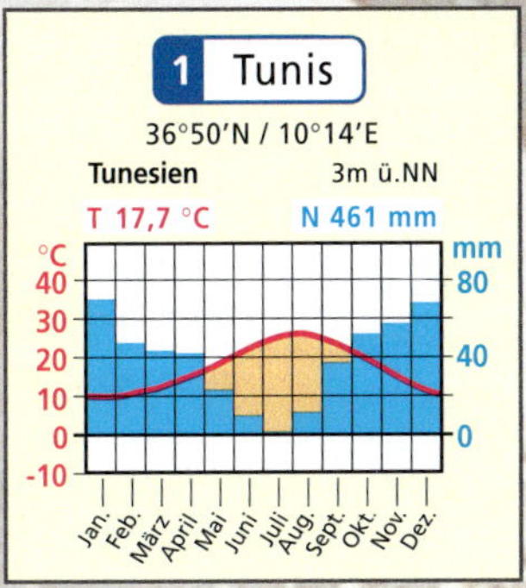

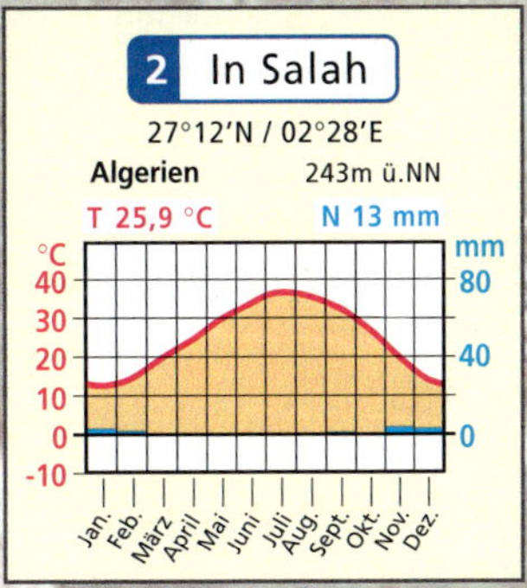

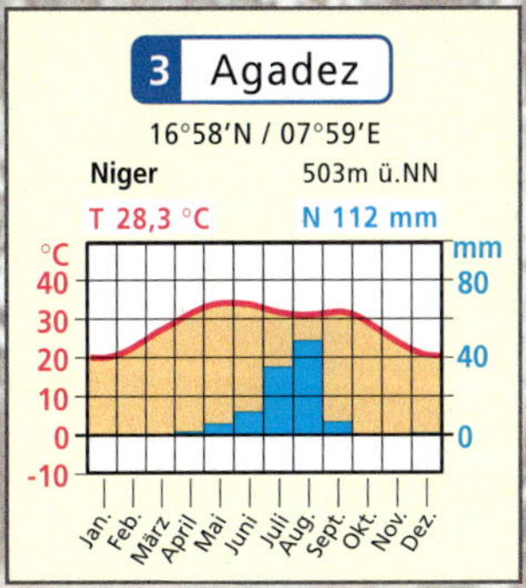

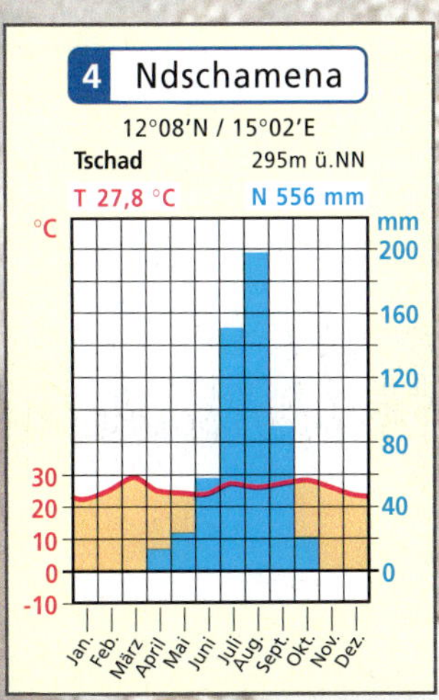

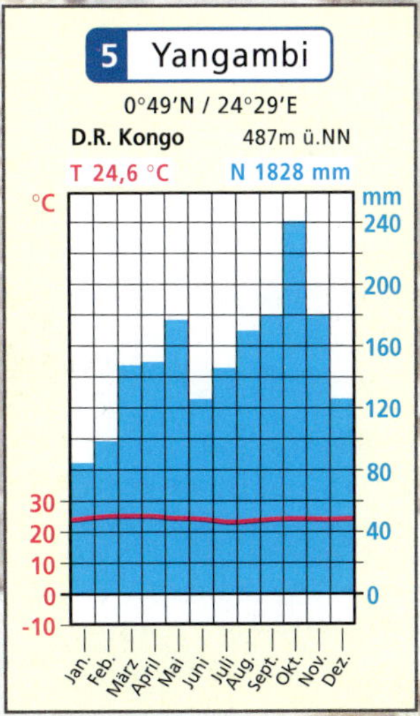

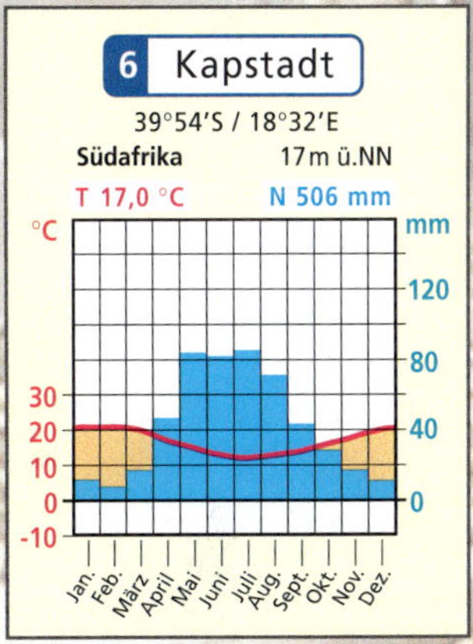

5. Die Republik Südafrika

Informiere dich über die Geschichte Südafrikas und stelle sie in einem Zeitstrahl dar.
In der folgenden Statistik ist die Entwicklung der Anzahl der Schüler von Südafrika angegeben. Welche Ursache hat die ungewöhnliche Einteilung von Schülern in Weiße, Mischlinge, Asiaten und Schwarzafrikaner?
Vergleiche die Entwicklung der Schülerzahlen für die einzelnen Gruppen miteinander und stelle sie für die Gruppe mit den deutlichsten Veränderungen in einem Liniendiagramm dar. Welchen Zusammenhang gibt es zur Geschichte des Landes?

Schulbildung in weiterbildenden Schulen in Südafrika

	1960	1970	1980	1990
Weiße	245 600	310 600	358 700	382 000
Mischlinge	28 600	59 000	126 900	229 999
Asiaten	16 800	40 182	59 700	91 000
Schwarzafrikaner	47 600	122 500	573 000	1 967 000

Bist du topfit? – Test 1

1. Gib folgende Angaben mithilfe von Prozentsätzen an.

a) Die Hälfte aller Schüler der Klasse 7 a kommt mit dem Bus zur Schule. ____% der Schüler kommen mit dem Bus.

b) Von 20 Plätzen in einem Parkstreifen sind 15 belegt. ____% der Plätze sind belegt.

c) Bei einem Lesewettbewerb bekam jeder Dritte einen Preis. ____% bekamen einen Preis.

d) Jeder 10. Radfahrer fuhr abends ohne Licht. ____% fuhren ohne Licht.

e) Bei einer Lotterie gewinnt jedes vierte Los. ____% der Lose erzielen einen Gewinn.

2. Ordne die Zahlen nach ihrer Größe. Beginne mit der kleinsten.
-2; $3{,}1$; $0{,}31$; $|-2|$; $+6$; $\sqrt{5}$; $\frac{-1}{2}$; $-2\frac{1}{10}$; $0{,}03$; $0{,}\overline{3}$

3. Die Figur rechts besteht aus einem Quadrat und einem gleichseitigen Dreieck.
Gib die Größe des markierten Winkels an.

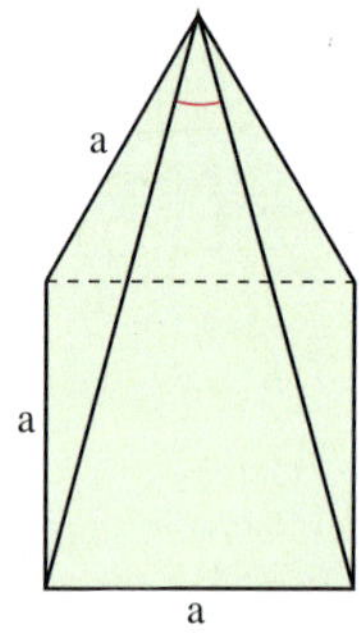

4. In einer Klasse sind m Mädchen und j Jungen. Was bedeuten die Gleichungen?

a) $m = j$ **b)** $j = 2m$ **c)** $m = j + 4$ **d)** $j = 2m - 1$

5. Gib an, wie viele Prismen dargestellt sind.

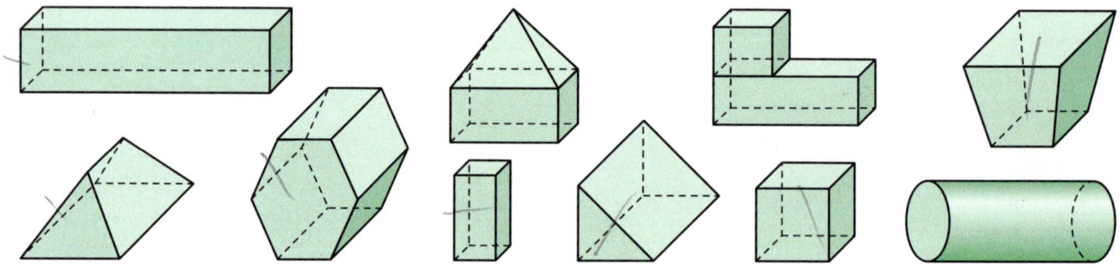

6. Bei einer geraden quadratischen Pyramide wird der Inhalt der Grundfläche halbiert. Wie ändert sich das Volumen der Pyramide?
(1) verdoppelt sich (2) halbiert sich (3) bleibt gleich (4) wird viermal kleiner

7. In einem Dampfentsafter lassen sich 4,5 Kilogramm Obst entsaften. Familie Herbst erntet 25 kg Äpfel und möchte Saft daraus herstellen.

a) Gib an, wie viele Mal der Dampfentsafter gefüllt werden muss.

b) Aus 2 kg Äpfel erhält man 1,2 *l* Saft. Dieser wird in Flaschen mit einem Fassungsvermögen von 0,75 *l* abgefüllt.
Wie viele Flaschen Apfelsaft erhält Familie Herbst?

8. Skizziere das Schrägbild eines Quaders und notiere die Formel zur Berechnung des Oberflächeninhalts. Stelle die Formel nach der Seitenlänge a um.

Bist du topfit? – Test 2

1. Berechne ohne Taschenrechner.

a) $-2 + 3 - 4 \cdot (-1)$
b) $16 : (-4) + 3 - 7$
c) $-13 \cdot 0 - 3 \cdot (-5)$
d) $-2^2 + 8 \cdot 5 - 10$
e) $\frac{12 - 14 + 9}{2 \cdot (-5) + 6}$

2. Der Minutenzeiger einer Uhr überstreicht die markierten Winkel. Wie viel Zeit ist verstrichen?

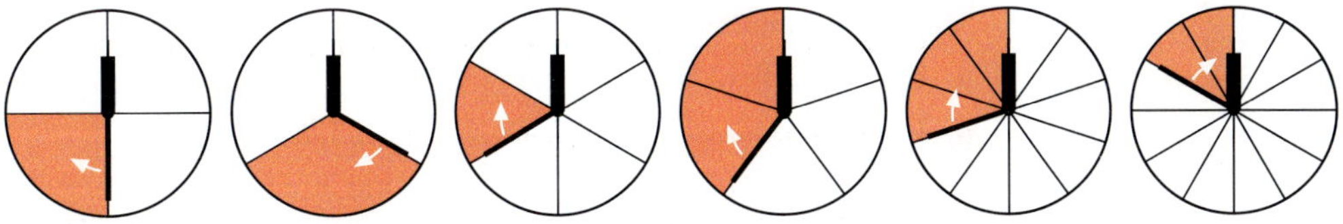

3. Welche Abbildung gibt die Symmetrieachsen in einem Rechteck richtig wieder?

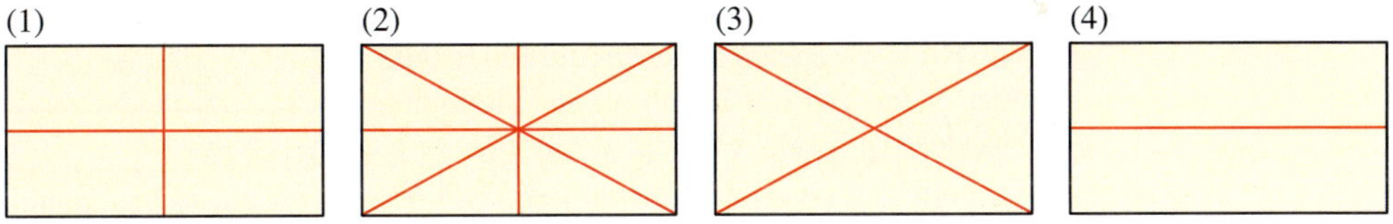

4. Trage die Punkte A(−4|3); B(1|−3,5); C(5,5|0) und D(0|4) in ein Koordinatensystem ein. Verbinde sie. Bestimme die Innenwinkel der Figur, ihren Umfang und ihren Flächeninhalt.

5. Der Flächeninhalt eines Trapezes wird mit der Formel $A = \frac{a + c}{2} \cdot h$ berechnet. Die nach c umgestellte Gleichung lautet:

(1) $c = \frac{2A}{h} - a$ (2) $c = \frac{2A - a}{h}$ (3) $c = \frac{A}{h} \cdot \frac{2}{a}$ (4) $c = \frac{A - a}{2h}$

6. Gegeben sind Aufriss und Grundriss eines Körpers. Skizziere ein mögliches Schrägbild.

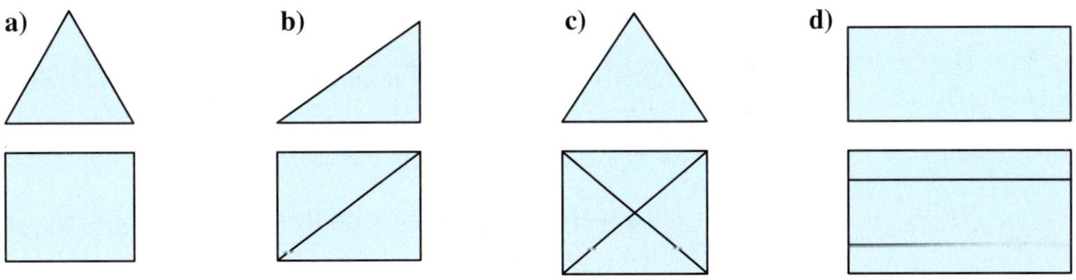

7. Sechs Vermessungsteams bestimmen die Höhe des Cityhochhauses (155,40 m) in Leipzig. In der Tabelle sind die Messwerte der einzelnen Teams angegeben.

a) Berechne die Abweichungen der Teams vom genauen Wert. Notiere in der Tabelle.

b) Erstelle eine Rangfolge für die Güte der Messwerte.

c) Ermittle die durchschnittliche Abweichung vom genauen Wert.

Team	Gemessene Höhe in m	Abweichung ± in m	Abweichung in %
A	153,74		
B	158,25		
C	157,10		
D	154,00		
E	156,98		
F	156,75		

Bist du topfit? – Test 3

1. Bequem zu rechnen!

a) 10% von 24 m
b) 50% von 780 kg
c) 60% von 40 min
d) 75% von 1 €
e) 25% von 300 Büchern
f) 250% von 350 ha
g) 2% von 38 100 Einwohnern
h) 20% von 45 *l*
i) 200% von 75 €

2. Manches stimmt hier nicht .... Begründe deine Meinung.

a) Ein Fußballfeld ist 2 m^2 groß.
b) In der Medizinspritze befinden sich noch 5 ml Impfstoff.
c) Frau Schwalbe hat heute 3 m^3 Benzin mit ihrem Motorroller getankt.
d) Mit dem neuen Gartenrasenmäher mäht man 500 m^2 Rasen in einer Stunde.
e) Die Terrasse hat eine Länge von 0,008 km.

3. Im Biologieunterricht geht es um den Schutz der Natur. Für die Erholung der Menschen ist der Wald sehr wichtig. Rund 10,7 Mio. Hektar von Deutschland sind mit Wald bedeckt.
Die Schüler Anna, Ben und Charlotte sollen die Verteilung der Baumarten in Deutschland grafisch veranschaulichen.

Baumart	Anteil in Mio. ha
Eiche	0,863
weitere Laubgehölze	2,675
Kiefer, Lärche	3,317
weitere Nadelgehölze	3,745

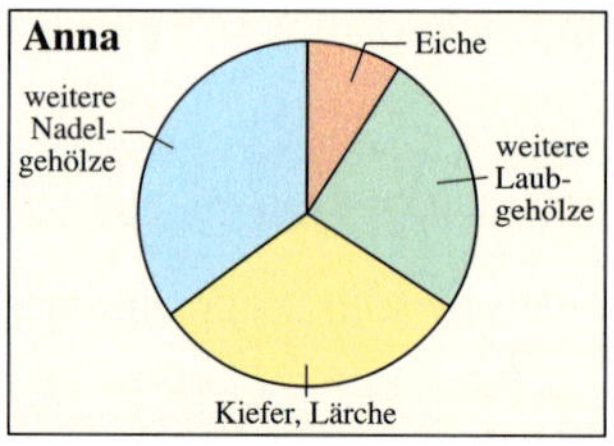

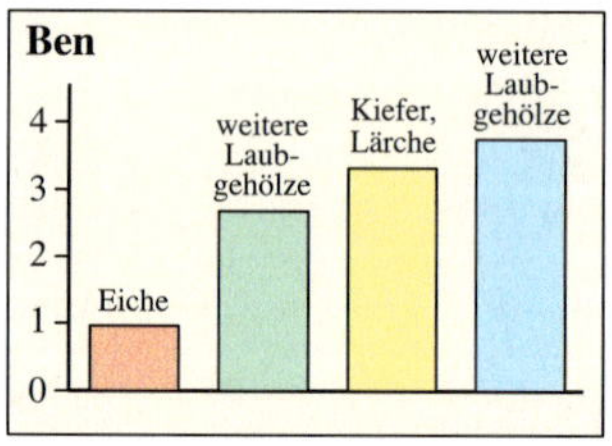

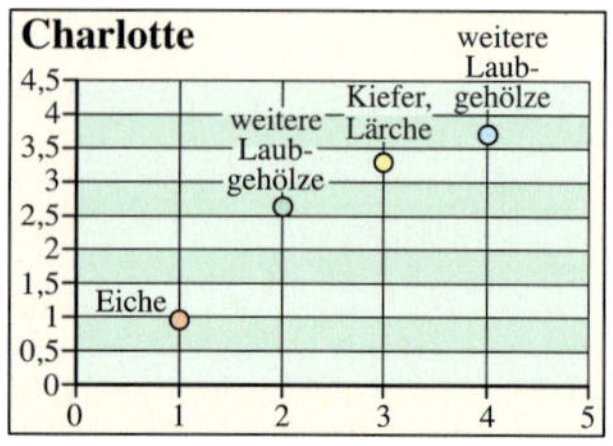

a) Wie beurteilst du die Darstellungen? **b)** Bestimme die Prozentanteile für jede Baumart.

4. Der Nettopreis (Preis ohne Mehrwertsteuer) für einen Liter Superbenzin setzt sich etwa zusammen aus:
25,3 Ct für den Hersteller; 4,7 Ct für den Tankstellenbesitzer; 70,8 Ct für die Mineralöl- und Ökosteuer.

a) Veranschauliche diese Anteile in einem Kreisdiagramm.
b) Zum Nettopreis kommt noch die Mehrwertsteuer hinzu. Der Mehrwertsteuersatz in Deutschland beträgt 16%. Berechne den Verkaufspreis für 50 *l* Superbenzin.
c) Der Tankstellenbesitzer verringert für eine Werbeaktion seinen Anteil am Nettopreis auf 3,5 Cent. Berechne den neuen Verkaufspreis für diese Benzinmenge.

5. a) Zeichne einen Winkel von $\delta = 75°$. Verdopple die Größe des Winkels zeichnerisch (ohne Zuhilfenahme des Winkelmessers).
b) Zeichne nun Winkel, deren Größe $\frac{1}{6}$ [80%; 220%] von δ betragen.

Bist du topfit? – Test 4

1. In einem Werbeprospekt wird für verschiedene Kreuzfahrten geworben.

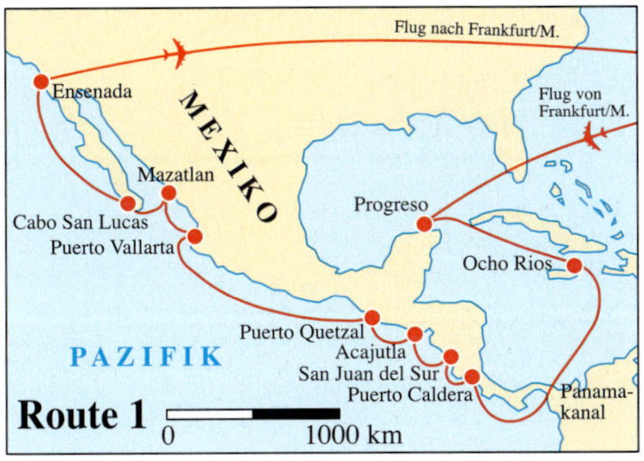

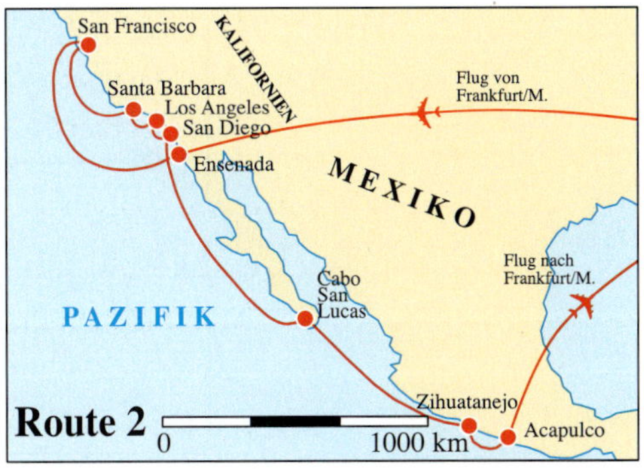

(Quelle: Rtv Beilage SZ 19.94. 2005)

a) Bestimme näherungsweise die Fahrstrecke des Kreuzfahrtschiffes für Route 1 (Progreso → Ensenada) und Route 2 (Ensenada → San Francisco → Acapulco).

b) Der Preis für die Fahrt auf Route 1 beträgt pro Person 3 599 €. Ermittle mithilfe deiner Ergebnisse aus Teilaufgabe a) einen möglichen Reisepreis für die Route 2.

c) Im Prospekt wird der Preis für Route 2 mit 3 399 € angegeben. Erläutere Gründe für die Abweichung zu dem von dir ermittelten Preis.

2. Ermittle die gesuchten Winkelgrößen. Begründe.

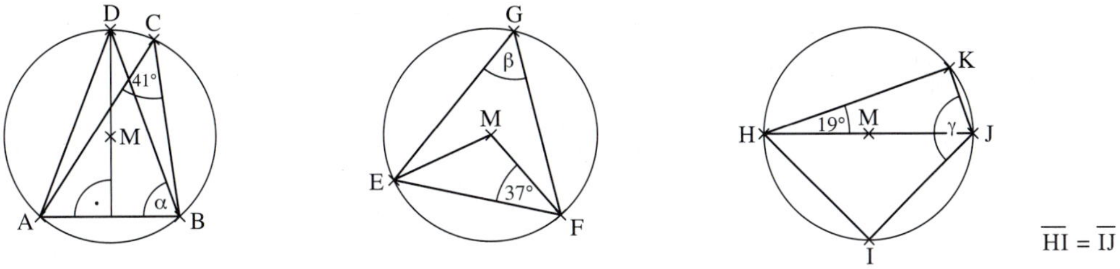

3. Erst nachdenken – dann entscheiden. Eine Antwort ist immer richtig.

a) Tim und Florian starten ihre Autos auf der Autorennbahn zur gleichen Zeit. Tim's Auto benötigt immer 17 s, Florians Auto immer 20 s für eine Runde.
Wann treffen sich die Autos das erste Mal wieder an der Startlinie?
(1) nach 40 s (2) nach 34 s (3) nach 170 s (4) nach 340 s (5) nach 37 s

b) Sommer auf dem Zeltplatz. Anja, Linn und Corinne haben nach einem Abend am Lagerfeuer insgesamt 14 Mückenstiche zu beklagen. Corinne hat doppelt so viele wie Linn und sogar viermal so viele wie Anja abbekommen. Wie viele Mückenstiche hat Linn?
(1) 12 (2) 7 (3) 4 (4) 6 (5) 2

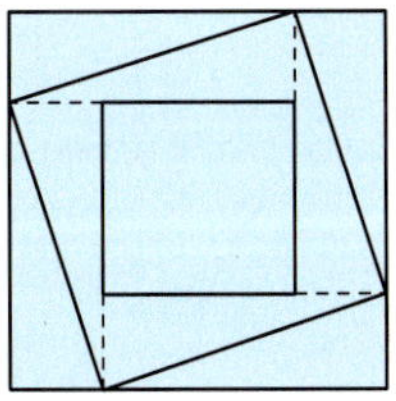

c) In der Abbildung siehst du drei Quadrate. Das größte Quadrat hat einen Flächeninhalt von 100 cm², das kleinste einen Inhalt von 60 cm².
Welchen Anteil am Gesamtflächeninhalt hat das mittlere Quadrat?
(1) 75 % (2) 50 % (3) 80 % (4) 125 % (5) 60 %

d) Welche Gleichung passt zu dem Zahlenrätsel?
„Der vierte Teil einer Zahl ist um 10 größer als der dritte Teil der gesuchten Zahl."
(1) $4x - 10 = 3x$ (2) $\frac{x}{4} - 10 = \frac{x}{3}$ (3) $\frac{x}{3} - 10 = \frac{x}{4}$ (4) $\frac{x}{4} + 10 > \frac{x}{3}$ (5) $3x + 10 = 3x$

Bist du fit? – Lösungen

Seite 47

1. a)

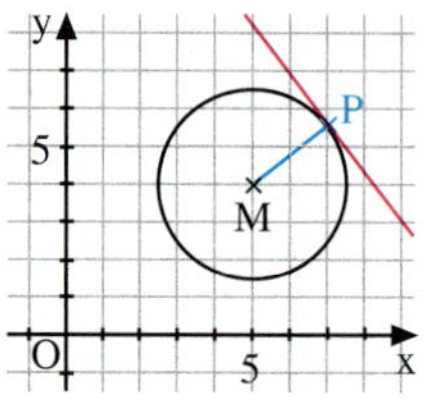

b) (1)

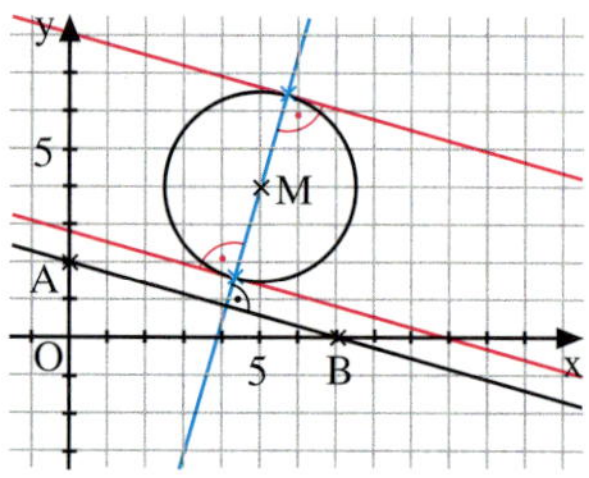

(2)

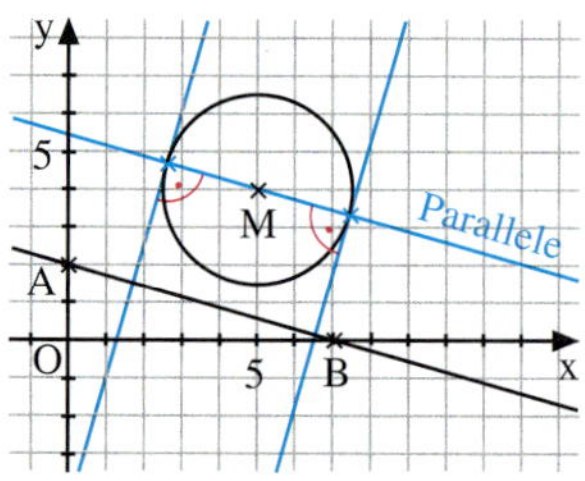

c)

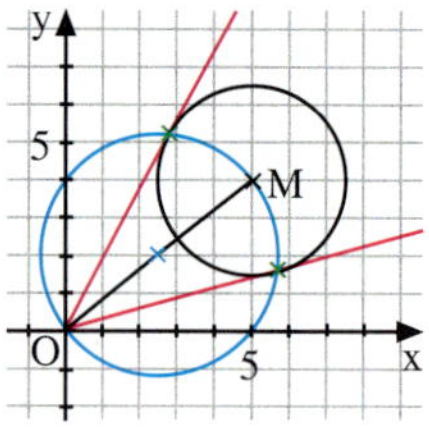

2. (1) Orthogonale zu g durch M; Schnittpunkt P
(2) Kreis M durch P

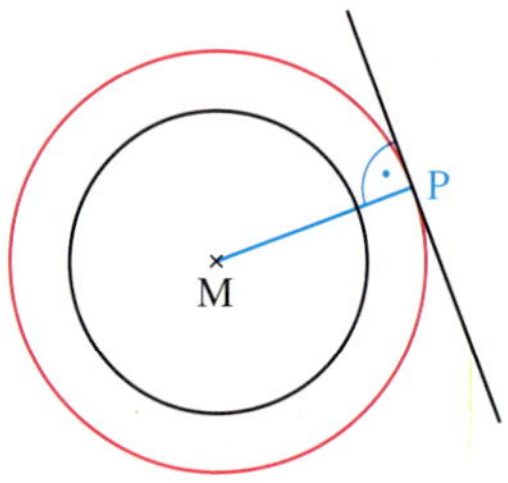

3. Inkreismittelpunkt: $M_1(5|4)$
Umkreismittelpunkt: $M_2(4|4)$

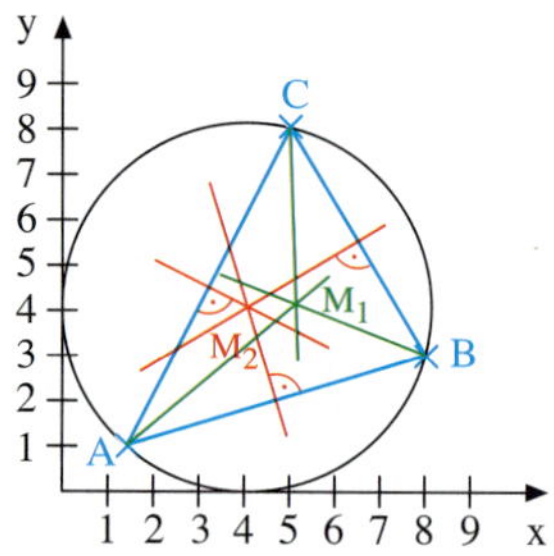

4. a) (1) Kreis mit r = 3,1 cm; Punkt A auf dem Kreis
(2) Kreis A mit Radius c = 4,2 cm; Schnittpunkt B
(3) Winkel $\alpha = 67°$; Schnittpunkt C

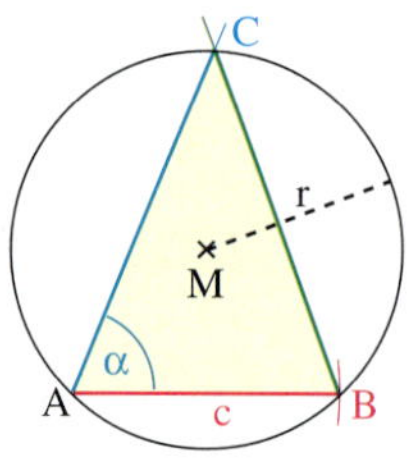

$a \approx 5{,}7$ cm
$b \approx 5{,}85$ cm
$\beta \approx 70°$
$\gamma \approx 43°$

b) (1) Winkel $\gamma = 97°$
(2) Parallelen zu den Sehnen im Abstand $\varrho = 1{,}4$ cm; Schnittpunkt M
(3) Kreis um M mit Radius $\varrho = 1{,}4$ cm
(4) Thaleskreis über $\overline{AM}$; Schnittpunkt D
(5) Halbgerade $\overline{AD}$; Schnittpunkt B

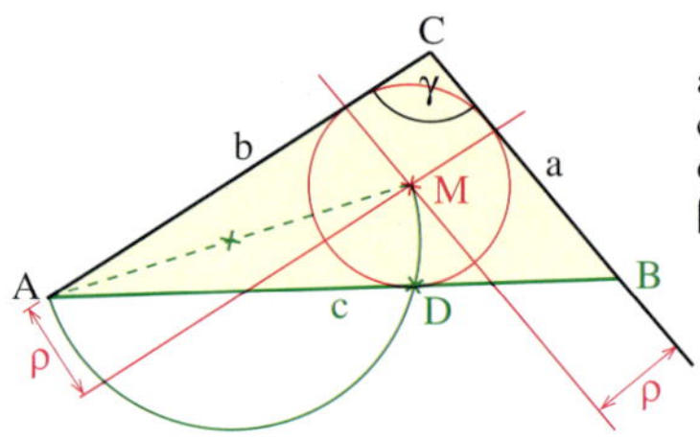

$a \approx 4{,}1$ cm
$c \approx 7{,}95$ cm
$\alpha \approx 31°$
$\beta \approx 52°$

c) (1) Strecke mit a = 4,7 cm
(2) Winkel $\gamma = 63°$
(3) Thaleskreis über a; Schnittpunkt A

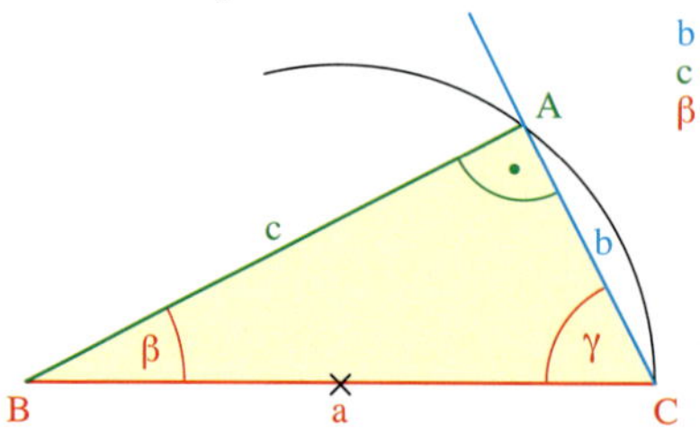

$b \approx 2$ cm
$c \approx 4{,}1$ cm
$\beta \approx 25°$

d) (1) Strecke mit c = 6,0 cm
(2) Thaleskreis über c
(3) Parallele zu c mit Abstand $h_c = 2{,}5$ cm
(4) Schnittpunkte C und C′ (nicht eindeutig)

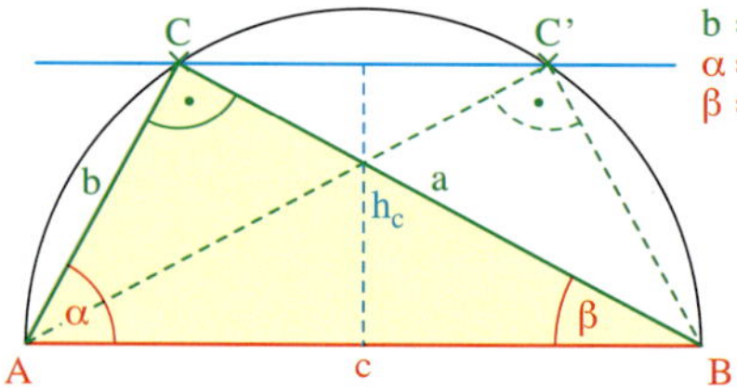

$a \approx 5{,}3$ cm
$b \approx 2{,}8$ cm
$\alpha \approx 64°$
$\beta \approx 31°$

Seite 47

5. $\alpha + \gamma = 180°$; also $\alpha = 72°$ $\beta + \delta = 180°$; also $\delta = 121°$

6. a) (1) Mittelsenkrechte m auf $\overline{AB}$
(2) Winkel $\alpha = 30°$ [15°; 45°]
(3) Schnittpunkt mit m ist Kreismittelpunkt

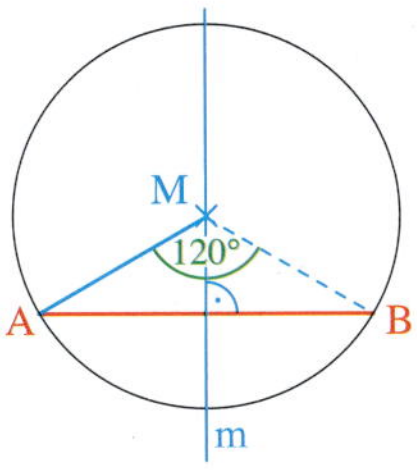

b) (1) Mittelsenkrechte m auf $\overline{AB}$
(2) Winkel $\alpha = 25°$ [35° bzw. 325°]
(3) Schnittpunkt mit m ist Kreismittelpunkt
(4) Peripheriewinkel s. Abb.

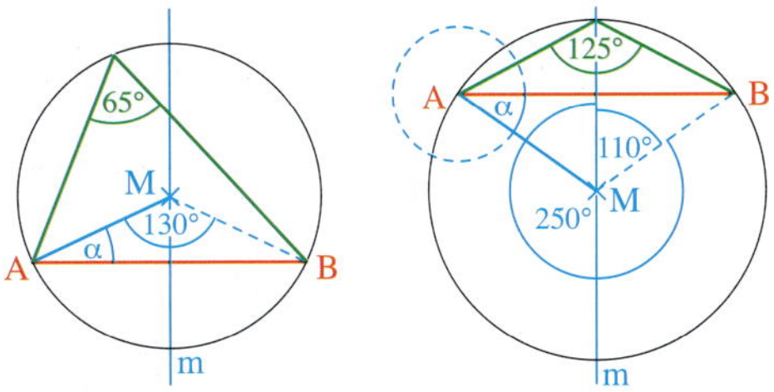

7. Die Punkte liegen auf dem Thaleskreis über $\overline{AB}$.
[(1) Mittelsenkrechte m auf $\overline{AB}$, $\alpha = 60°$, Schnittpunkt mit m ist Kreismittelpunkt]

8. (1) Strecke mit c = 6,1 cm, Mittelsenkrechte m auf $c = \overline{AB}$
(2) Winkel $\alpha' = 55°$, Schnittpunkt mit m ist Kreismittelpunkt
(3) Zentriwinkel ergibt sich zu $\varepsilon = 70°$; Peripheriewinkel zu $\gamma = 35°$
(4) Winkel $\alpha = 58°$ erzeugt das gesuchte Dreieck mit C auf dem Kreis aus (2).

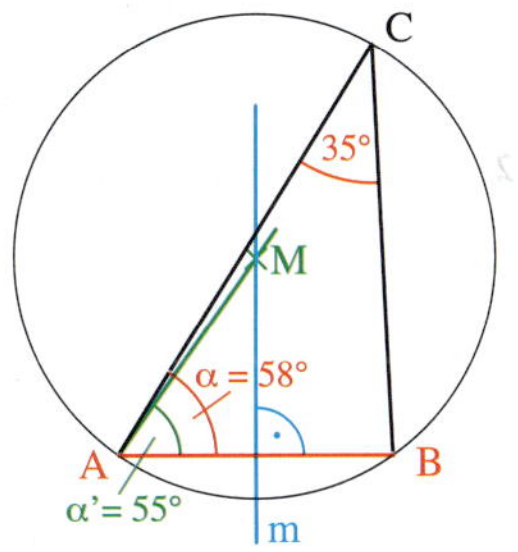

9. a) (1) Strecke mit a = 4,2 cm
(2) Winkel $\beta = 75°$, Strecke b = 3,9 cm
(3) Schnittpunkt von m_a und m_b ist Mittelpunkt des Umkreises
(4) Schnittpunkt des Umkreises mit Kreis mit r = c = 2,9 cm um C liefert D

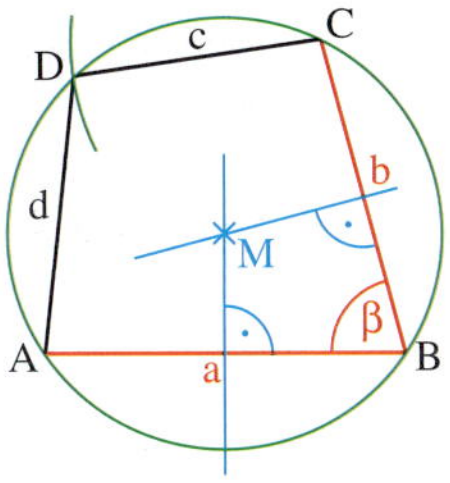

b) (1) Strecke mit c = 4 cm
(2) Schnittpunkt von m_c und Kreis um D mit r = 4,5 cm ist Umkreismittelpunkt
(3) freier Schenkel des Winkels mit $\delta = 110°$ (= 180° – β) schneidet Umkreis in A
(4) Kreis um D mit f = 5 cm schneidet Umkreis in B

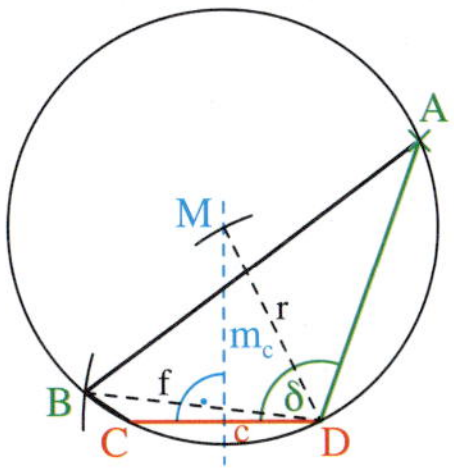

10. a) (1) Teildreieck ABH_a durch Thaleskreis über c
(2) Schnittpunkt von a mit Kreis mit r = b = 3,9 cm um A ergibt C

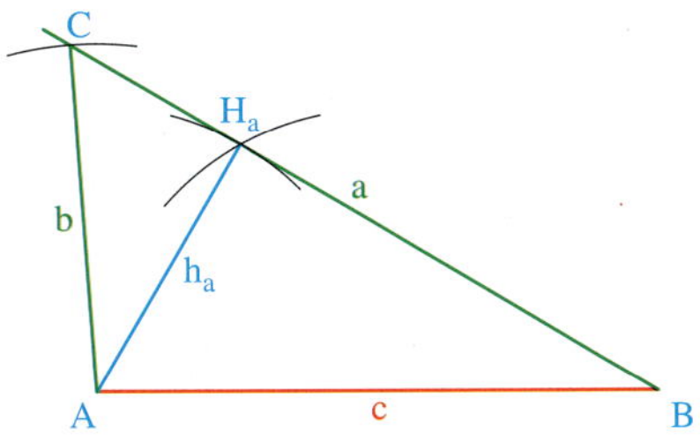

b) (1) Teildreieck BCS_c
(2) S_c halbiert $\overline{AB}$

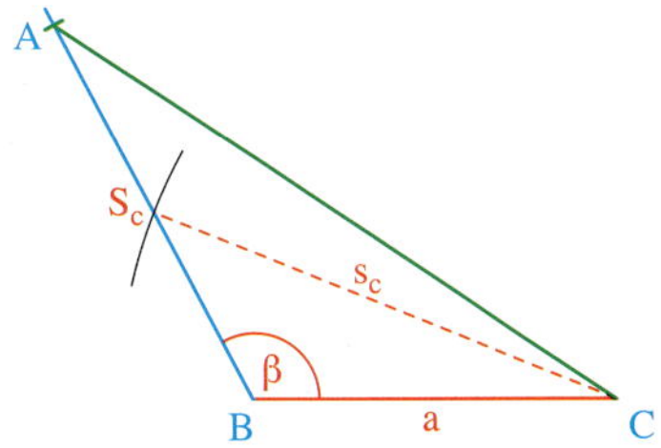

Seite 47

c) (1) Teildreieck BCW_γ
(2) Verdoppeln von γ durch Spiegelung von B an w_γ
(3) Schnittpunkt der Schenkel ist A

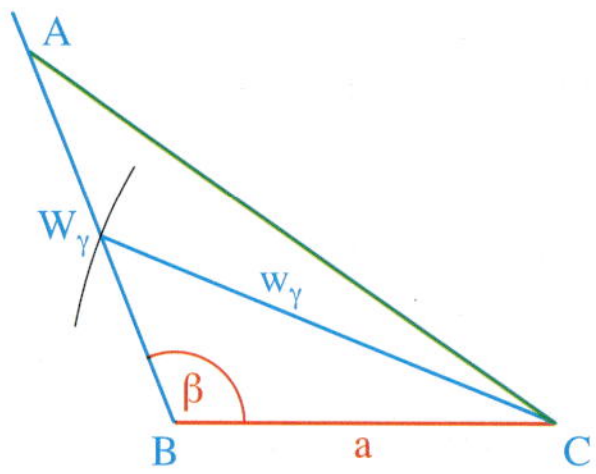

d) (1) ABC ist stumpfwinklig
(2) h_a auf bel. Strecke s errichten, in A Winkel $\alpha' = 45°$ ($= 180° - 90° - (180° - 135°)$), Schnittpunkt von freiem Schenkel C und s ist B
(3) a auf s über B hinaus abtragen ergibt C

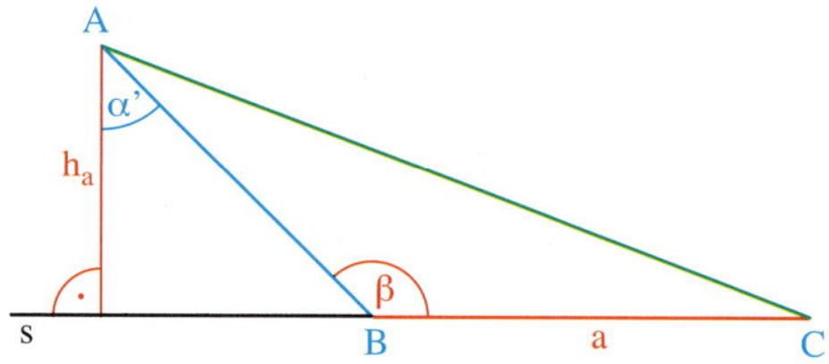

11. Konstruiere je einen Kreis so, dass eine Gebäudeseite Sehne mit dem Zentriwinkel $\varepsilon = 60°$ ist, dann ist jeder Peripheriewinkel $\gamma = 30°$ groß. Der Schnittpunkt dieser beiden Kreise ist der gesuchte Punkt.

Seite 84

1. a) +17,1 °C; −3,2 °C; −38,9 °C; +20,6 °C; −11,38 °C; +100,55 °C
b) 17,1 m über NN; 3,2 m unter NN; 38,9 m unter NN; 20,6 m über NN; 11,38 m unter NN; 100,55 m über NN
c) 17,10 € Haben; 3,20 € Soll; 38,90 € Soll; 20,60 € Haben; 11,38 € Soll; 100,55 € Haben

2.

Zahl	−2,5	−11,5	+13 oder −13	$-2\frac{1}{7}$	$-\frac{11}{8}$	+100	+3,3	–
entgegengesetzte Zahl	+2,5	11,5	−13 oder +13	$+2\frac{1}{7}$	$+\frac{11}{8}$	−100	−3,3	–
Betrag	2,5	11,5	13	$2\frac{1}{7}$	$\frac{11}{8}$	100	3,3	$-\frac{1}{3}$

3. a) $-3{,}5 = -3\frac{1}{2}$; $-3{,}4$; $-\frac{1}{9}$; $-0{,}1$; 0; $\frac{13}{5}$; 2,8

b) $|-3{,}5| = 3{,}5$; $|+2{,}8| = 2{,}8$; $|-0{,}1| = 0{,}1$; $|-3\frac{1}{2}| = 3\frac{1}{2}$; $|\frac{15}{3}| = \frac{15}{3}$; $|-\frac{1}{9}| = \frac{1}{9}$; $|0| = 0$; $|-3{,}4| = 3{,}4$;
0; 0,1; $\frac{1}{9}$; $\frac{13}{5}$; 2,8; 3,4; $3\frac{1}{2} = 3{,}5$

4. a) Wie hoch ist die Temperatur jetzt? $-3 \xrightarrow{+6} +3$ — Die Temperatur beträgt +3 °C.
b) Wie viel Euro ist nun auf dem Konto? $+17{,}50 \xrightarrow{-75{,}75} -58{,}25$ — Auf dem Konto sind nun 58,25 € Schulden.
c) Wie hoch war der Wasserstand vorher? $+11 \xrightarrow{+6} +17$ — Der Wasserstand betrug 11 dm.
d) Wie hoch ist die Temperatur jetzt? $-2 \xrightarrow{+3{,}5} +1{,}5 \xrightarrow{-5{,}5} -4$ — Die Temperatur beträgt nun −4 °C.

5. a) −3,2; −5; +11,4
b) −40; +9; −4,5
c) +4,9; −11; −25
d) +10; +2; −14,6

6. A′(−3|−2); B′(6|7); C′(7|3); D′(4|2); E′(3|−4)

7. a) 6; −24; −55
b) 96; −63; −96
c) −64; 3; 95
d) −5; −5; 5
e) 3; 3; −3
f) $-\frac{1}{4}$; $-\frac{5}{4}$; $\frac{5}{4}$
g) −12,6; 1,6; 0,1
h) 3 + 4 = 7; 2,3 − 2,3 = 0; $\frac{1}{2} - \frac{1}{2} = 0$

8. a) 4,483 **b)** −3

9. (1) Die Behauptung ist falsch, denn z. B. ist $|-3| = |+3| = 3$, aber $(-3) - (+3) = -6$.
(2) Die Behauptung ist falsch, denn z. B. ist $(+2) + (-3) = -1$ und $(+2) - (-3) = +5$.

Seite 114

1. a) −24; 60
b) −7; 7
c) 6; −3
d) 0; 8
e) −512; 25

2. a) $\frac{1}{12}$ **b)** $-\frac{1}{2}$ **c)** 4 **d)** $-\frac{7}{4}$ **e)** $\frac{2}{9}$

Seite 114

3. **a)** −10; −9; 0 **b)** −4; −4; 0 **c)** 0,36; −0,9; −1,4 **d)** −2,5; 15; 13

4. **a)** $12 \cdot (-29) = -348$; In einem Jahr werden 348 € abgebucht.
b) $(-7{,}1) + (+4{,}9) = -2{,}2$; Die Temperatur fiel um 2,2 Grad.
c) $(-1{,}5) : 5 = -0{,}3$; Der Wasserstand ist stündlich um 0,3 dm gesunken.

5. **a)** −13,2 **d)** −17,8 **g)** 9 **j)** 7
b) −5,7 **e)** $-\frac{17}{60}$ **h)** −1 025 **k)** −69
c) 2,2 **f)** $-\frac{23}{10}$ **i)** $\frac{7}{6}$ **l)** $-\frac{1}{2}$

6. **a)** 6,6 **b)** 2 **c)** −12,5 **d)** 4,9 **e)** −2 **f)** $-3\frac{1}{10}$

7. **a)** $\left((-2) + \frac{1}{5}\right) \cdot \left((-1) - \frac{1}{4}\right) = \frac{9}{4}$ **b)** $(-3)^4 : (-9) = -9$

8. **a)** Die Aussage ist falsch, denn z.B. ist das Reziproke von −2 gleich $-\frac{1}{2}$, also kleiner als 1. −2 ist aber auch kleiner als 1.
b) Durch null darf man nicht dividieren, der Divisor darf nicht gleich null sein.

9. **a)** 14 **b)** 0,1 **c)** $\frac{2}{3}$ **d)** 200

10. **a)** $3 < \sqrt{15} < 4$ **b)** $12 < \sqrt{150} < 13$ **c)** $14 < \sqrt{200} < 15$ **d)** $18 < \sqrt{325} < 19$ **e)** $31 < \sqrt{1000} < 32$

11. **a)** 9,4868 **b)** 2,2079 **c)** 2,3805

Seite 146

1. **a)** 11; 27; 15,6; 24; 20; 21,5
b) 11; $-\frac{5}{3}$; $5\frac{25}{27}$; $-10\frac{2}{3}$; 32; −64
c) 65; −15; 28,89; −9,75; 4,25; −1,937
d) 5; 21; −3,51; 8,25; −1,75; 1,0625
e) 40; 0; 15,39; −2,25; 1,75; −0,6875

2. **a)** −2,5 **b)** $-\frac{2}{3}$ **c)** $\frac{1}{2}$ **d)** 7

3. **a)** 7 **b)** $-\frac{25}{7}$ **c)** 2,4 **d)** 8 **e)** $L = \mathbb{Q}$ **f)** $L = \{\ \}$

4. **a)** 20; −6 **b)** 2 **c)** 0 **d)** 2; −3

5. z.B.: **a)** $4x + 3 = 11$; $(7 - x) \cdot \frac{1}{2} = \frac{5}{2}$
b) $2x - 3 = 0$; $(10 - x) \cdot 2 = 17$
c) $(-2x + 1) \cdot \frac{2}{7} = 2$; $8 - x = 11$
d) $5 \cdot x = -2$; $x + \frac{2}{5} = 0$

6. **a)** 12 **b)** 17 **c)** 12

7. **a)** 7 **b)** 153 **c)** 18

8. $u = 4a + 2b + 2c$ $a = \frac{u - 2b - 2c}{4}$ $a = 5{,}75$

9. $7x + 1{,}85 = 6{,}40$ Ein Stück Kuchen kostet 0,65 €.

10. **a)** 75 cm **b)** 110 cm

Seite 173

1. **a)** 21% **b)** $13\frac{1}{3}$% **c)** 7,5% **d)** 2,4%

2. **a)** 43,86 € **b)** 6,5265 kg ≈ 6,527 kg **c)** 410,04 *l* **d)** 24,99 m

3. **a)** 543,48 m **b)** 710,00 € **c)** 379,4 t

4. Streichinstrument: 128 von 324 ≈ 39,5% ≈ 40%
Blasinstrument: 65 von 324 ≈ 20,1% ≈ 20%
Klavierunterricht: 42 von 324 ≈ 13,0% ≈ 13%
Gesangunterricht: 20 von 324 ≈ 6,2% ≈ 6%
Sonstige Instrumente: 69 von 324 ≈ 21,3% ≈ 21%
Bei einer Streifenlänge von 10 cm betragen die einzelnen Längen 40 mm, 20 mm, 13 mm, 6 mm und 21 mm.

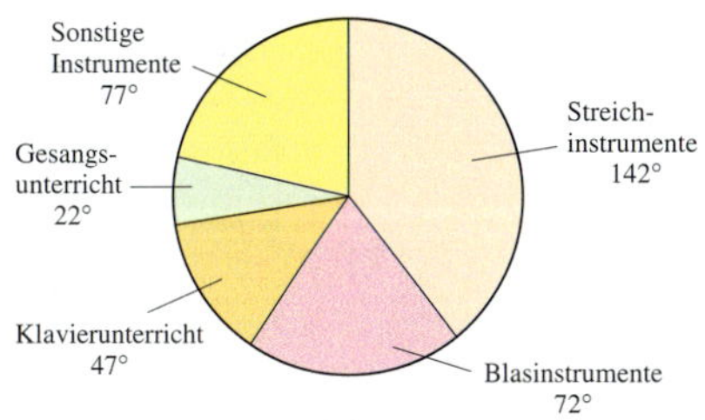

Seite 173

5. Warengruppe A: 19,17 € : 0,16 ≈ 119,81 €
Warengruppe B: 13,04 € : 0,07 ≈ 186,29 €

Rechnungsbetrag ohne Mehrwertsteuer: 186,29 € + 119,81 € = 306,10 €

Rechnungsbetrag mit Mehrwertsteuer: 306,10 € + 32,21 € = 338,31 €

6. 28 m^2 von 148 m^2 ≈ 18,9% ≈ 19%

7. Miete/Nebenkosten: 7 345,80 € Auto: 2 098,80 € Sonstiges: 1 574,10 €
Anschaffungen/Ernährung: 12 330,45 € Urlaub: 2 885,85 €

8. 300% von 1,5 Mio. € = 3 · 1,5 Mio. € = 4,5 Mio. €

9. Sie muss 38,25 € bezahlen, damit hat sie 23,5% gespart.

10. (I) ≈ 134 *l* (II) 25,7 Mrd. € (III) 8,2 *l* (IV) 0,865 Bill. Yen

Seite 203

1. a) Dachraum: $V = \frac{1}{3} A_G \cdot h = \frac{1}{3} \cdot 73{,}96\ m^2 \cdot 5{,}2\ m = 128{,}197\ m^3$

Seitenfläche: $A_S = \frac{1}{2} \cdot 8{,}6\ m \cdot 6{,}7\ m = 28{,}81\ m^2$

Dachfläche: $A_M = 4 \cdot A_S = 4 \cdot 28{,}81\ m^2 = 115{,}24\ m^2$

b) Dachraum: $V = A_G \cdot h = 12\ m^2 \cdot 12\ m = 144\ m^3$

Seitenfläche: $A_S = 5\ m \cdot 12\ m = 60\ m^2$

Dachfläche: $A = 4 \cdot A_S = 4 \cdot 60\ m^2 = 240\ m^2$

c) *Berechnung des dreiseitigen Prismas:*

Grundfläche: $A_G = \frac{1}{2} \cdot 7{,}8\ m \cdot 5{,}6\ m = 21{,}84\ m^2$

Volumen: $V = A_G \cdot h = 21{,}84\ m^2 \cdot 8{,}8\ m = 192{,}192\ m^3$

Berechnung der Pyramide mit rechteckiger Grundfläche:

Größe der Grundfläche: $A_G = 7{,}8\ m \cdot 4{,}0\ m = 31{,}2\ m^2$

Volumen: $V = \frac{1}{3}\ AG \cdot h = \frac{1}{3} \cdot 31{,}2\ m^2 \cdot 5{,}6\ m = 58{,}24\ m^3$

Dachraum: $V = 192{,}192\ m^3 + 58{,}24\ m^3 = 250{,}4312\ m^3$

Berechnung der Dachfläche:

Dreiecksfläche: $A_D = \frac{1}{2} \cdot 7{,}8\ m \cdot 5{,}9\ m = 23{,}01\ m^2$

Trapezfläche: $A_T = \frac{1}{2} \cdot (12{,}8\ m + 8{,}8\ m) \cdot 6{,}8\ m = 73{,}44\ m^2$

Dachfläche: $A = 2 \cdot A_D + 2 \cdot A_T = 46{,}02\ m^2 + 146{,}88\ m^2 = 192{,}9\ m^2$

2. a) gerade Pyramide mit quadratischer Grundfläche

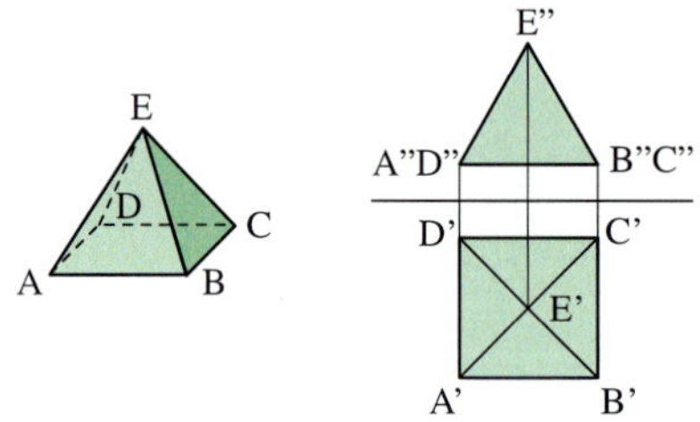

b) dreiseitiges Prisma mit einem rechtwinkligen Dreieck als Grundfläche

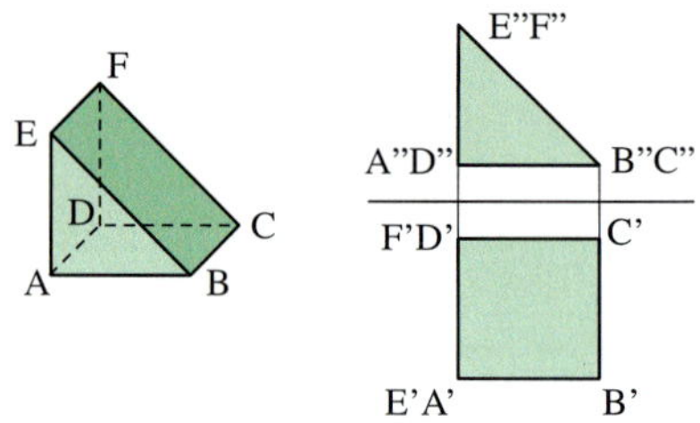

c) vierseitiges Prisma mit einem rechtwinkligen Trapez als Grundfläche

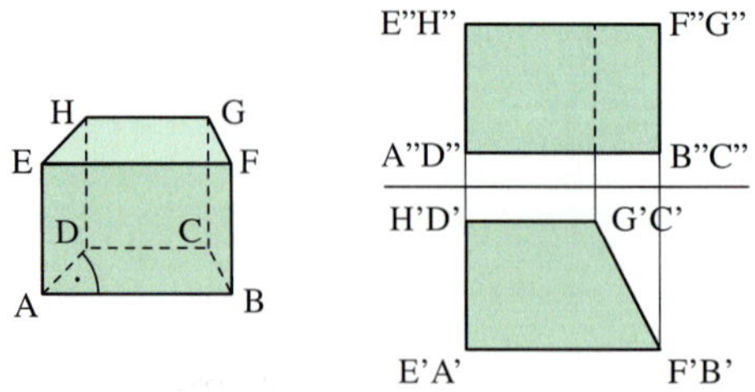

d) dreiseitige Pyramide mit einer rechtwinkligen Fläche

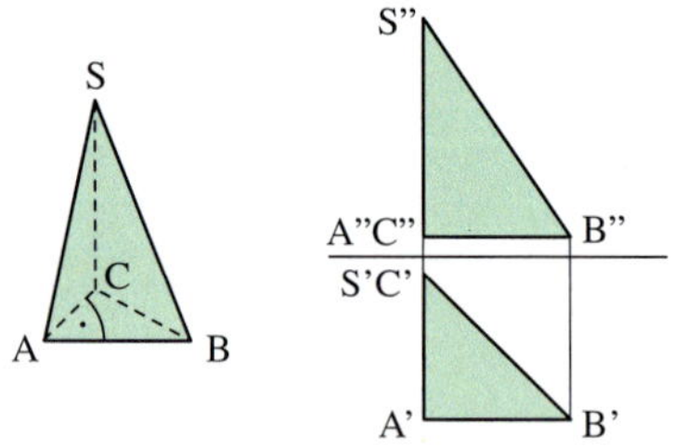

Seite 203

3. **a)** Für das Zweitafelbild wählen wir z.B. den Maßstab 1:20 und bestimmen:
Höhen der Seitenflächen: $h_a \approx 24$ cm; $h_b \approx 23$ cm; Körperhöhe: $h \approx 20$ cm
Grundfläche: $A_G = 25 \text{ cm} \cdot 20 \text{ cm} = 500 \text{ cm}^2$

Volumen: $V = \frac{1}{3} A_G \cdot h \approx \frac{1}{3} \cdot 500 \text{ cm}^2 \cdot 20 \text{ cm} \approx 3\,333 \text{ cm}^3 \approx 3{,}3 \text{ dm}^3$

Seitenflächen: $A_1 \approx \frac{1}{2} \cdot 20 \text{ cm} \cdot 24 \text{ cm} = 240 \text{ cm}^2$;

$A_2 \approx \frac{1}{2} \cdot 25 \text{ cm} \cdot 23 \text{ cm} = 287{,}5 \text{ cm}^2$

Oberfläche: $A_O = A_G + 2 \cdot A_1 + 2 \cdot A_2 \approx 500 \text{ cm}^2 + 480 \text{ cm}^2 + 575 \text{ cm}^2$
$= 1\,555 \text{ cm}^2$
$A_O \approx 16 \text{ dm}^2$

b) Maßstab: 1:10

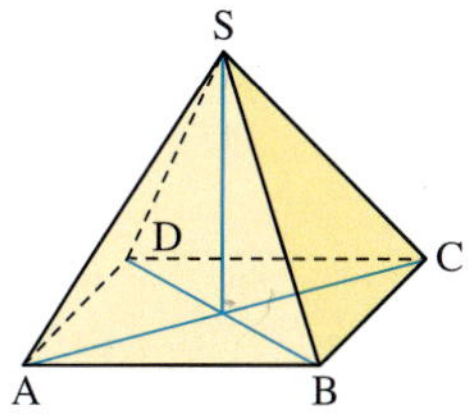

4. Die Oberfläche besteht aus den sechs Mantelflächen der quadratischen Pyramiden, also aus 24 Dreiecksflächen:
$A_O = 24 \cdot \frac{1}{2} \cdot 12 \text{ cm} \cdot 34 \text{ cm} = 4\,896 \text{ cm}^2 \approx 49 \text{ dm}^2$

5. Alle Sandkisten haben die Form von Prismen und werden bis zur gleichen Höhe ($h \approx 1{,}3$ dm) gefüllt.
(1) $V \approx (12 \text{ dm})^2 \cdot 1{,}3 \text{ dm} \approx 187 \text{ dm}^3$; $m \approx 374$ kg; mindestens: 15 Säcke; Mindestpreis: 97,99 €
(2) Das Sechseck wird in sechs gleichseitige Dreiecke zerlegt. Wir konstruieren ein gleichseitiges Dreieck mit der Seitenlänge $a = 6$ cm und messen die Höhe $h_a = 5{,}2$ cm. Das sind im Sandkasten etwa 5,2 dm.
$V \approx 6 \cdot \frac{1}{2} \cdot 6 \text{ dm} \cdot 5{,}2 \text{ dm} \cdot 1{,}3 \text{ dm} \approx 122 \text{ dm}^3$; $m \approx 144$ kg; mindestens: 10 Säcke Mindestpreis: 91,99 €
(3) Das Achteck wird in acht gleichschenklige Dreiecke zerlegt. Wir konstruieren ein gleichschenkliges Dreieck mit den Schenkellängen 6 cm und dem Winkel an der Spitze 45°. Hier messen wir die Länge der Basis $g \approx 4{,}6$ cm und die dazugehörige Höhe $h_g \approx 5{,}5$ cm. Das sind im Sandkasten etwa 4,6 dm und 5,5 dm.
$V \approx 8 \cdot \frac{1}{2} \cdot 4{,}6 \text{ dm} \cdot 5{,}5 \text{ dm} \cdot 1{,}3 \text{ dm}^3 \approx 132 \text{ dm}^3$; $m \approx 264$ kg; mindestens: 11 Säcke Mindestpreis: 100,19 €

Lösungen zu Bist du topfit?

Test 1

1. **a)** 50% **b)** 75% **c)** $33\frac{1}{3}$% **d)** 10% **e)** 25%

2. $-2\frac{1}{10} < -2 < -\frac{1}{2} < 0{,}03 < 0{,}31 < 0{,}\overline{3} < |-2| < \sqrt{5} < 3{,}1 < +6$

3. 15°

4. **a)** In der Klasse sind genau so viele Mädchen wie Jungen.
b) In der Klasse sind doppelt so viele Jungen wie Mädchen.
c) In der Klasse sind vier Mädchen mehr als Jungen.
d) In der Klasse fehlt ein Junge, um doppelt so viele Jungen wie Mädchen zu haben.

5. acht Prismen

6. (2)

7. **a)** Der Dampfentsafter muss mindestens sechsmal gefüllt werden.
b) Sie erhält 20 Flaschen.

8.

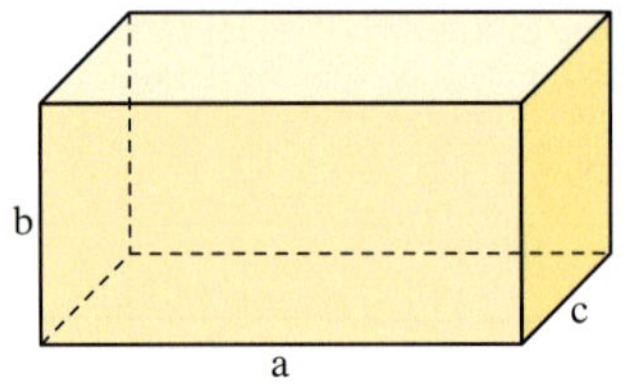

$O_A = 2 \cdot (ab + ac + bc)$

$a = \frac{O_A - 2bc}{2b + 2c}$

Test 2

1. **a)** 5 **b)** −8 **c)** 15 **d)** 26 **e)** $-\frac{7}{4}$

2. **a)** 15 min **b)** 20 min **c)** 10 min **d)** 24 min **e)** 18 min **f)** 10 min

3. (1)

4. $\alpha = 65°$; $\beta = 90°$; $\gamma = 75°$; $\delta = 130°$
Umfang: 25 cm; Flächeninhalt: 34,4 cm^2

5. (1)

6. a) b) c) d)

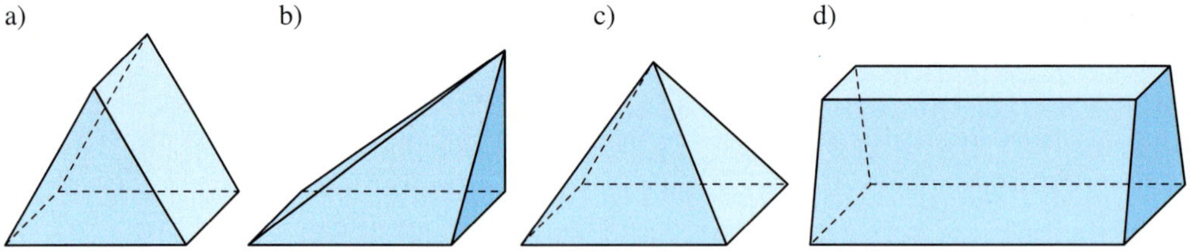

7. **a)**

Team	Abweichung (in m)	prozentuale Abweichung
A	− 1,66	1,07%
B	+ 2,85	1,8%
C	+ 1,7	1,09%
D	− 1,4	0,9%
E	+ 1,58	1,02%
F	+ 1,35	0,87%

b) F, D, E, A, C, B
c) 1,125%

Test 3

1. **a)** 2,4 m **b)** 390 kg **c)** 24 min **d)** 0,75 € **e)** 75 Bücher **f)** 875 ha **g)** 762 Einwohner **h)** 9 *l* **i)** 150 €

2. –

3. **b)** Eiche: 9 %; weitere Laubgehölze: 25 %
Kiefer, Lärche: 31 %; weitere Nadelgehölze: 35 %

4.

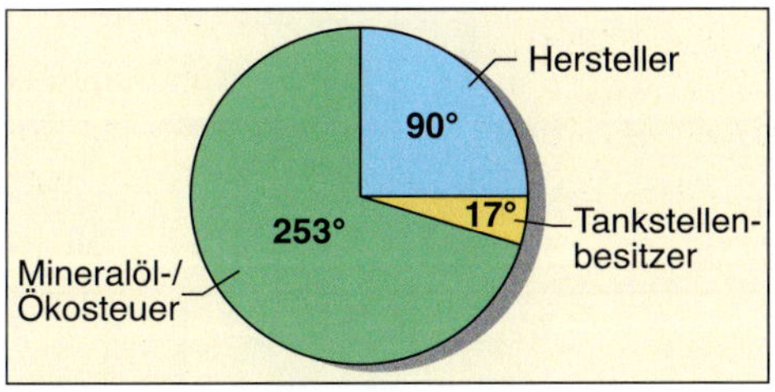

b) netto: 1,008 €
brutto: ≈ 1,17 €
50 *l* kosten ≈ 58,46 €.

c) netto: 0,996 €
brutto: ≈ 1,16 €
50 *l* kosten ≈ 57,77 €.

5. **b)** 12,5° [60°; 165°]

Test 4

1. **a)** Route 1: ≈ 5 500 km
Route 2: ≈ 4 500 km

b) 5 500 km ≙ 3 599 €
4 500 km ≙ x
x ≈ 2 944 €

c) fixe Kosten, Transferkosten etc. bleiben

2. **a)** $\alpha = 69{,}5°$ **b)** $\beta = 53°$ **c)** $\gamma = 116°$

3. **a)** (4) **b)** (3) **c)** (3) **d)** (4)

Einheiten und ihre Zusammenhänge

Längen

10 mm = 1 cm	1 000 m = 1 km
10 cm = 1 dm	
10 dm = 1 m	
Die Verwandlungszahl ist 10.	

Flächeninhalte

100 mm^2 = 1 cm^2	100 m^2 = 1 a
100 cm^2 = 1 dm^2	100 a = 1 ha
100 dm^2 = 1 m^2	100 ha = 1 km^2
Die Verwandlungszahl ist 100.	

Volumina

1 000 mm^3 = 1 cm^3	*Weitere Einheiten:*
1 000 cm^3 = 1 dm^3	1 cm^3 = 1 ml
1 000 dm^3 = 1 m^3	1 dm^3 = 1 *l*
Die Verwandlungszahl ist 1 000.	1 000 ml = 1 *l*

Massen

1 000 mg = 1 g
1 000 g = 1 kg
1 000 kg = 1 t

Verzeichnis mathematischer Symbole

$a = b$	a gleich b
$a \neq b$	a ungleich b
$a < b$	a kleiner b
$a > b$	a größer b
$a \approx b$	a ungefähr gleich b
$a + b$	a plus b; Summe aus a und b
$a - b$	a minus b; Differenz aus a und b
$a \cdot b$	a mal b; Produkt aus a und b
$a : b$	a durch b; Quotient aus a und b
a^n	a hoch n; Potenz aus Basis (Grundzahl) a und Exponent (Hochzahl) n
p %	Prozent
AB	Verbindungsgerade durch die Punkte A und B; Gerade durch A und B
$\overline{AB}$	Verbindungsstrecke der Punkte A und B; Strecke mit den Endpunkten A und B
$\overrightarrow{AB}$	Strahl mit dem Anfangspunkt A durch den Punkt B
$g \parallel h$	g ist parallel zu h
$g \perp h$	g ist senkrecht zu h
ABC	Dreieck mit den Eckunkten A, B und C
ABCD	Viereck mit den Eckpunkten A, B, C und D
$P(x \mid y)$	Punkt mit den Koordinaten x und y, wobei x die erste Koordinate und y die zweite Koordinate ist.
$\sphericalangle PSQ$	Winkel mit dem Scheitel S und den Schenkeln $\overrightarrow{SP}$ und $\overrightarrow{SQ}$
$\{1; 2; 3\}$	Menge mit den Elementen 1, 2, 3
$\{\ \}$	leere Menge
$\mathbb{N}$	Menge der natürlichen Zahlen
$\mathbb{Z}$	Menge der ganzen Zahlen
$\mathbb{Q}$	Menge der rationalen Zahlen
$\mathbb{Q}_+$	Menge der positiven rationalen Zahlen bzw. der gebrochenen Zahlen

Stichwortverzeichnis